机电控制系统

李 勇 编著

上海交通大学出版社

内 容 提 要

本书稿主要内容有机电控制系统概述、电力电子简介、通用变频器原理及功能、现场总线通信、PLC和变频器的控制系统设计，既可以反映现代工业控制技术，又能满足工科学生的本科教学要求，能使学生学到应用于生产第一线的先进知识，为毕业后进入社会打下扎实的基础。

图书在版编目(CIP)数据

机电控制系统/李勇编著. —上海：上海交通大学出版社，2012（2018重印）

ISBN 978-7-313-07729-5

Ⅰ. 机…　Ⅱ. 李…　Ⅲ. 机电一体化—控制系统—高等学校—教材　Ⅳ. TH-39

中国版本图书馆CIP数据核字(2011)第188772号

机电控制系统

李　勇　编著

上海交通大学出版社出版发行

（上海市番禺路951号　邮政编码200030）

电话：64071208　出版人：谈　毅

江苏凤凰数码印务有限公司 印刷　全国新华书店经销

开本：787mm×1092mm 1/16　印张：15.25　字数：375千字

2012年1月第1版　2018年8月第2次印刷

ISBN 978-7-313-07729-5/TH　定价：30.00元

前　言

“机电控制系统”课程是本人多年来一直在讲授的一门课，这本书是根据自己的教学经验在原先自编教材的基础上修改、整理，并添加了一些内容后完成的。

从名称上看，该课程涉及面非常广泛，如果面面俱到，将所有的科目内容都罗列在内，作为一门课程显然是不恰当的。以现代港口、物流机电设备控制技术为背景，是编写这本教材的基本思路。现代起重设备，如众人熟知的岸边集装箱起重机控制系统中，包含了可编程序控制器、通用变频器、现场总线等现代应用技术。当然这些技术在其他行业同样也得到了日新月异的发展，具有广泛的应用领域。围绕着这些现代技术，分别从理论和应用设计层面进行叙述，强调实用性，是本教材的基本内容。本教材既可以反映现代工业控制技术，又能满足工科学生的本科教学要求，能使学生学到应用于生产第一线的先进知识，为毕业后进入社会打下扎实的基础。

本书共7章，内容主要包括：机电控制系统概述，电力电子简介，通用变频器原理及功能，现场总线通信，PLC和变频器的控制系统设计。

由于编者水平有限，在章节结构和内容上，书中定将存在不少问题和缺点，恳请读者批评指正。

编　者

2011年5月

目录

第1章　机电控制系统与机电控制技术概论 …… 1

1.1　机电控制系统的基本概念及发展概况 …… 1
1.1.1　机电控制系统 …… 1
1.1.2　控制的基本概念 …… 1
1.1.3　机电控制基本理论 …… 2
1.1.4　机电控制系统的发展概况 …… 3
1.2　机电控制系统的一般构成 …… 4
1.2.1　机电控制系统的构成 …… 4
1.2.2　控制装置 …… 4
1.2.3　执行装置 …… 5
1.2.4　传感器 …… 6
1.2.5　机械部分 …… 7
1.3　机电控制系统的基本控制方式 …… 7
1.3.1　开环控制方式 …… 8
1.3.2　按偏差调节的闭环控制方式 …… 9
1.3.3　复合控制方式 …… 10
1.4　机电系统关键技术 …… 10
1.4.1　机械技术与精密机械技术 …… 11
1.4.2　计算机与信息处理技术 …… 11
1.4.3　自动控制技术 …… 11
1.4.4　传感与检测技术 …… 12
1.4.5　执行与驱动技术 …… 12
1.4.6　系统总体技术 …… 12
1.5　岸边集装箱起重机控制系统 …… 13
1.5.1　岸桥的总体结构及其功能 …… 14
1.5.2　岸桥电气控制系统的组成 …… 15
本章习题 …… 18

第2章　电力电子器件 …… 19

2.1　电力电子器件简介 …… 20
2.1.1　电力电子器件的发展过程 …… 20
2.1.2　电力电子器件的分类 …… 21

2.2 常用的电力电子器件 …… 24
2.2.1 不可控器件——电力二极管 …… 24
2.2.2 电流半控双极型器件—晶闸管(SCR) …… 27
2.2.3 电压全控单极型器件—功率场效应晶体管(Power MOSFET) …… 33
2.2.4 电压全控复合型器件—绝缘栅双极型晶体管 IGBT …… 35
2.2.5 电压全控混合型器件—智能功率模块 IPM …… 38
本章习题 …… 41

第 3 章 通用变频器原理及功能 …… 42

3.1 交—直—交变频调速基本原理 …… 42
3.1.1 异步电动机交流调速方法 …… 42
3.1.2 变频交流调速相关技术 …… 44
3.1.3 交—直—交变频器的基本电路 …… 46
3.1.4 三相电压型逆变器基本工作原理 …… 49
3.1.5 变频器的调压——脉宽调制(PWM)控制技术 …… 52
3.2 不同控制方式的交—直—交变频调速系统 …… 57
3.2.1 恒压频比控制的变压变频调速系统 …… 57
3.2.2 矢量控制的调速系统 …… 60
3.2.3 直接转矩控制的调速系统概述 …… 67
3.3 通用变频器的外部接口电路 …… 70
3.3.1 变频器主电路端子连接 …… 70
3.3.2 变频器控制端子 …… 71
3.4 通用变频器的主要控制功能 …… 73
3.4.1 变频器频率设定功能 …… 73
3.4.2 变频器运转控制功能 …… 76
3.4.3 变频器的升速和启动功能 …… 78
3.4.4 变频器的降速与制动功能 …… 81
3.4.5 通用变频器的 V/f 控制功能 …… 85
3.4.6 通用变频器的矢量控制功能 …… 86
3.4.7 变频器的 PID 控制功能 …… 89
3.4.8 变频器的保护功能 …… 93
本章习题 …… 93

第 4 章 工业控制现场总线 …… 95

4.1 数据通信基础 …… 95
4.1.1 数字数据传输方式 …… 95
4.1.2 数据串行通信方式 …… 98
4.1.3 OSI 参考模型及网络通信协议 …… 99
4.1.4 通信传输介质 …… 112

4.1.5 网络拓扑结构 …… 115
4.1.6 介质访问控制 …… 117
4.2 工业网络常用标准串行通信接口 …… 119
4.2.1 RS232C 串行通信接口 …… 120
4.2.2 RS422 串行通信接口 …… 122
4.2.3 RS485 串行通信接口 …… 123
4.2.4 USB 总线接口 …… 124
4.2.5 蓝牙技术简介 …… 126
4.3 工业控制现场总线 …… 127
4.3.1 工业自动化的发展及现场总线的产生 …… 127
4.3.2 现场总线技术特点 …… 130
4.3.3 主流现场总线简介 …… 134
本章习题 …… 137

第 5 章 Modbus 通信协议 …… 139

5.1 Modbus 通信协议概述 …… 139
5.1.1 Modbus 通信协议特点 …… 139
5.1.2 Modbus 的传输网络 …… 140
5.1.3 Modbus 的查询—回应周期 …… 141
5.1.4 Modbus 的两种传输模式 …… 141
5.2 Modbus 消息帧格式(Modbus Message Framing) …… 143
5.2.1 消息帧包含的信息 …… 143
5.2.2 差错校验方法(奇偶校验、LRC 校验、CRC 校验) …… 145
5.2.3 消息帧格式 …… 146
本章习题 …… 151

第 6 章 基于 PLC 的控制系统设计 …… 152

6.1 PLC 控制系统设计原则与步骤 …… 152
6.1.1 PLC 控制系统设计原则 …… 152
6.1.2 PLC 控制系统设计的内容与步骤 …… 153
6.2 PLC 应用系统程序设计 …… 155
6.2.1 PLC 应用系统程序设计过程 …… 156
6.2.2 PLC 应用系统程序设计方法 …… 156
6.3 系统的安全性可靠性设计 …… 164
6.3.1 可靠性概念 …… 164
6.3.2 抗干扰设计 …… 166
6.3.3 环境技术条件设计 …… 169
6.3.4 冗余系统设计 …… 170
6.3.5 供电系统设计 …… 171

6.3.6 安全电路设计 …… 173
6.3.7 系统故障自我诊断 …… 178
6.3.8 PLC 程序可靠性设计 …… 180
本章习题 …… 183

第 7 章 PLC 和变频器在起重机控制系统设计中的应用 …… 184

7.1 起重机起升机构组成与控制要求 …… 184
7.1.1 起重机的起升机构和控制结构 …… 184
7.1.2 起重机控制要求 …… 186
7.1.3 起升控制系统的主要器件 …… 187
7.2 起重机控制系统设计—变频器端子控制方式 …… 199
7.2.1 控制系统技术设计 …… 199
7.2.2 控制系统 PLC 控制程序设计 …… 205
7.3 起重机控制系统设计—变频器其他控制方式 …… 220
7.3.1 起重机控制系统设计—变频器模拟量控制方式 …… 220
7.3.2 起重机控制系统设计—USS 通讯控制方式 …… 222
本章习题 …… 229

参考文献 …… 232

附录 …… 233

附录 1 …… 233
附录 2 …… 236

第1章　机电控制系统与机电控制技术概论

1.1　机电控制系统的基本概念及发展概况

1.1.1　机电控制系统

机械技术是一门古老的学科，从机械的发展史可见，机械代替人类从事各种有益的工作，弥补了人类体力和能力的不足。特别是作为工业革命象征的蒸汽机的发明，使机械技术得到了快速的发展，为人类社会的进步与发展做出了卓越的贡献。

随着社会的进步，特别是生产工艺的发展，人们对机械系统的要求越来越高，如一些精密机床的加工精度要求达到百分之几毫米，甚至几微米，人们认识到有些问题单从机械角度进行解决越来越难了。20世纪60年代以来，一系列高新技术，如微电子技术、信息技术、自动化技术、生物技术、传感技术、光纤通信技术等，都以空前的速度向前发展。由于新材料、新能源的运用，也使得高新技术逐渐向传统产业渗透，并引起传统产业的深刻变革。

为了实现各种复杂的任务，机械系统已不再是单纯的机械结构了，机械技术更多的是与电子技术、信息技术、自动控制技术等技术结合在一起，组成一个有机体，并逐渐形成以控制技术为支柱的机电系统，即机电控制系统。

1.1.2　控制的基本概念

所谓控制(control)，即“为达到某种目的，对某一对象施加所需的操作”，如温度控制、压力控制、人口控制等。

在机电系统中，“控制”更是无处不在，任何技术设备、机器和生产过程都必须按照预定的要求运行。例如，数控机床要加工出高精度的零件，就必须保证其刀架的位置准确地跟随指令进给；发电机要正常供电，就必须维持其输出电压恒定，尽量不受负荷变化和原动机转速波动的影响；热处理炉要提供合格的产品，就必须严格控制炉温等。其中发电机、机床、烘炉就是用于工作的机器设备；电压、刀架位置、炉温是表征这些机器设备工作状态的物理量；而额定电压、进给的指令、规定的炉温，就是对以上物理量在运行过程中的要求。

通常，把这些工作的机器设备称为被控对象或被控量，对于要实现控制的目标量，如电压、刀架位置、炉温等称为控制量，而把所希望的额定电压、规定的炉温、电机的转速等称为目标值或希望值(或参考输入)。因此，控制的基本任务可概括为:使被控对象的控制量等于目标值。

为了实现各种复杂的控制任务，首先要将被控对象和控制装置按照一定的方式连接起来，组成一个有机体，称为机电控制系统。在机电控制系统中，主要采取自动控制技术。所谓自动控制，是指在没有人直接参与的情况下，利用外加的设备或装置(称为控制装置或控制器)操纵被控对象，使机器、设备或生产过程的某个工作状态或参数自动地按照预定的规律运行。

自动控制技术不仅在机电控制领域得到广泛的应用,而且在现代科学技术的许多领域中起着越来越重要的作用。例如,人造卫星准确地进入预定轨道运行并顺利回收;钢铁冶炼炉的温度维持恒定;通信领域的程控交换机对电话进行自动转接和信息交换;火炮的自动瞄准系统将敌方目标自动锁定;汽车的无人驾驶系统等。这一切都是以高水平的自动控制技术为前提。

自动控制是相对人工控制概念而言的,指的是在没人参与的情况下,利用按照控制理论设计出的控制装置,使被控对象或过程自动地按预定的规律运行。

机电控制系统就是应用自动控制工程学的研究成果,把机械作为控制对象,研究怎样通过采用一定的控制方法来适应对象特性变化,从而达到期望的性能指标。

1.1.3 机电控制基本理论

控制在各个领域广泛深入的应用促进了控制理论的产生和发展,并逐渐形成系统的自动控制理论。其发展初期,是以反馈理论为基础的自动调节原理,主要用于工业控制。第二次世界大战期间,为了设计和制造飞机及船用自动驾驶仪、火炮定位系统、雷达跟踪系统以及其他基于反馈原理的军用装备,从而在客观上促进并完善了自动控制理论的发展。20 世纪 50 年代中期,经典控制系统理论已经发展成熟并趋于完备,已形成完整的自动控制理论体系,这就是以传递函数为基础的经典控制理论,它主要研究单输入—单输出、线性定常系统的分析和设计问题,并在不少工程技术领域中得到成功的应用。经典控制系统理论的数学基础是拉普拉斯变换,系统的基本数学模型为传递函数,主要的分析和综合方法是频率响应法。经典频率响应法对于单输入—单输出线性定常系统的分析和综合很有成效。但是,经典线性系统理论也具有明显的局限性,较突出的是难以有效地处理多输入—多输出系统,并且难以揭示系统更深层次的特性。

20 世纪 60 年代初,在蓬勃发展的航天技术的推动下,系统控制理论在 1960 年前后开始了从经典阶段到现代阶段的过渡,其重要标志之一是卡尔曼(R. E. Kalman)系统地把状态空间法引入到系统与控制理论中来。状态空间法的一个基本特点是,采用状态空间这种内部描述取代先前的传递函数那种外部输入—输出描述,并直接在时间域内对系统进行分析和综合。状态空间法可同时适用于单输入—单输出系统和多输入—多输出系统、线性定常系统和线性时变系统,这大大扩充了其所能处理问题的领域。在状态空间法的基础上,卡尔曼进一步提出了能控性和能观测性这两个表征系统结构特性的重要概念,这是线性系统理论中两个已经被证明为最基本的概念。能控性和能观测性的引入,导致了线性系统的分析和综合在指导原则上的一种根本性的变化,它集中表现为使用系统的“内部研究”代替传统的“外部研究”,并使分析和综合过程建立在严格的理论基础上。建立在状态空间法基础上的线性系统的分析和综合方法,主要研究具有高性能、高精度的多变量、变参数系统的控制问题,采用的方法是以状态方程为基础的时域法,通常称为现代线性系统理论。

但是,经过这两种对应的控制理论的发展和变化,控制理论于 20 世纪 80 年代开始走向将古典控制与现代控制相融合的道路,并且在创建包含两种形态的理论体系方面,从本质上实现了重大的规范性(paradigm)的变化。其演变结果,导致近年来创建了作为鲁棒控制理论体系的反馈控制理论。基于上述原理的反馈控制理论,不仅在数学上更为严密,而且还转变成一种适合于应用的理论。当今存在于古典控制与现代控制之间的“篱笆”,也正在逐渐地拆除。

在这种情况下,作为支撑控制工程的两大支柱,古典控制与现代控制这两种控制理论依然占据着重要位置。特别是在古典控制理论中发展起来的频域设计方法，以及在现代控制理论中引进的适合于设计计算的系统表示方法（状态空间法），都在鲁棒控制理论中原封不动地被继承了下来，其重要性非但没有消失，反而变得比以前更为重要。尤其是近年来在计算机计算能力迅速提高的背景下，以计算机应用为前提的数字控制理论，就变得更加重要了。

目前，现代控制理论还在继续发展，并且已经跨越学科界限，系统与控制理论的其他分支，如最优控制理论、最优估计理论、随机控制理论、非线性系统理论、大系统理论等，都有着不同程度的发展，正在向着以控制论、信息论、仿生学为基础的智能控制理论深入发展。

1.1.4　机电控制系统的发展概况

原始的机械设备由工作机构、传动机构和原动机组成，其控制方式由工作机构和传动机构的机械配合实现。随着机电控制系统的发展，机电控制元件也从最初的继电器—接触器逐渐过渡到可编程序控制器、单片微机等智能控制系统，使系统的性能不断提高，使工作机构、传动机构的结构大为简化。机电控制系统的发展从其所用控制器件来看，主要经历了以下几个阶段：

1. 断续控制方式

最早的机电控制系统出现在20世纪初，它主要由继电器、接触器、按钮、开关等元器件组成，主要控制对象是三相交流异步电动机，即对电动机的起动、制动、反转、有级调速等进行控制。从控制性质上看，这种控制是断续的，所以这种以继电器—接触器为控制元件的控制方式属于断续控制或开关量控制，其控制速度慢，控制精度也较差，但也有着简单、易掌握、价格低、易维修等优点，因此许多通用机械设备至今仍采用这种控制系统。

2. 连续控制方式

连续控制也经历了直流发电机—电动机调速系统、晶闸管控制和晶体管控制等控制方式。连续控制系统可随时检查控制对象的工作状态，并根据输出量与给定量的偏差对被控对象自动进行调整，它的快速性及控制精度都大大超过了最初的断续控制，并简化了控制系统，减少了电路中的触点，提高了可靠性，使生产效率大为提高，如龙门刨床、轧钢机和造纸机等采用了直流发电机—电动机的连续控制方式。由于晶闸管、晶体管具有控制特性好、反应快、效率高、可靠性高、维护容易等特点，在连续控制方式中得到大量而广泛地应用。

3. 顺序控制方式

所谓顺序控制，就是对机械设备的动作和生产过程按预先规定的逻辑顺序自动进行的一种控制。20世纪60年代末发展起来的顺序控制器（也称程序控制器），具有逻辑运算、顺序操作、程序分支和程序循环等功能。其主要特点是，编制程序和改变程序方便，通用性和灵活性强，原理简单易懂，工作比较稳定可靠，使用维修方便，装置体积小，设计和制造周期短，可用于代替大量继电器。近年来，可编程序控制器（PLC）在工业过程自动化系统中的应用日益广泛。可编程序控制器是以微处理器为核心的数字运算操作的电子系统装置，专门为在工业环境下应用而设计，它采用可编程序的存储器，用以在其内部存储执行逻辑运算、顺序控制、定时/计数和算术运算等面向用户的操作指令，并通过数字式或模拟式的输入、输出接口，控制各种类型的机械或生产过程。PLC应用广泛，有广阔的发展前景。

20世纪80年代以来，机电一体化技术（mechatronics）的快速发展，使机电一体化产品（或系统）得以实现、使用和发展。如出现了计算机数控（CNC控制）、柔性生产系统（FMS）、计算机集成制造系统(CIMS)、虚拟制造系统(VMS)和现代制造技术和系统,其中柔性生产系统即是由数控机床、工业机器人、自动搬运车等组成的统一由中心计算机控制的机械加工自动线,它是实现自动化车间和自动化工厂的重要组成部分。机械制造自动化的高级阶段是走向设计和制造一体化,即利用计算机辅助设计(CAD)与计算机辅助制造(CAM)形成产品设计与制造过程的完整系统,对产品构思和设计直至装配、试验和质量管理这一全过程实现自动化,以实现制造过程的高效率、高柔性、高质量,实现计算机集成制造系统(CIMS)。

1.2 机电控制系统的一般构成

1.2.1 机电控制系统的构成

机电控制系统的构成可以与人体的构造进行对应,大致可以分为四个组成部分。

1. 控制部分

控制部分相当于人的大脑和神经系统,是机电控制系统的中枢部分,用于对机电系统的控制信息和来自传感器的反馈信息进行运算处理和判断,并向执行部分发出动作指令。

2. 执行部分

执行部分相当于人的手足,将来自控制部分的电信号转换为机械能,以驱动机械部分进行运动。

3. 检测部分

检测部分相当于人的五官,是用于检测系统运动和动作的传感装置,用以实现对输出端的机械运动结果的测量、监控和反馈。

4. 机械部分

机械部分相当于人的骨骼,是能够实现某种运动的机构。

1.2.2 控制装置

控制装置是机电控制系统的中枢部分和控制核心,用以实现对给定控制信息和检测的反馈信息的综合处理,并向执行机构发出命令。

随着微电子和计算机技术的发展,计算机技术在机电控制系统中起着越来越重要的作用。目前机电系统的控制装置广泛采用计算机技术。20 世纪 70 年代以来,单片机(single-chip microcomputer)发展很快,由于单片机优越的控制性能,以及计算机强大的信息处理能力使得控制技术提高到一个新的水平,计算机的引入对控制系统的性能、结构及控制理论都产生了深远的影响。

单片机的种类繁多,常见的有 Intel 公司的 MCS-51 系列、Motorola 公司的 MC68 系列、TI(美国德州)公司的 MSP430 系列、Microchip 公司的 PIC 系列、华邦公司的 W77 和 W78 系列等。作为系统的控制器,单片机将来自各传感器的检测信号与外部输入命令进行集中、存储、分析、转换,并根据信息处理结果,按照一定的程序和节奏发出相应的指令,控制整个系统有目的地运行。由于单片机的结构和指令系统是针对工业控制的要求而设计,使用单片机实现常规的逻辑顺序控制、差补控制,可以简化机械设计,提高控制性能。同模拟控制器相比,单片机能够实现更加复杂的控制理论和算法,并具有更好的柔性和抗干扰能力,实现了机电的有机结合。

同时单片机的成本低、集成度高，可灵活组成各种智能控制装置，能解决各种复杂的任务，而且单片机从设计制造开始，就考虑了工业控制环境的适应性，因而其抗干扰能力较强，特别适合于在机电控制系统中应用。

现代工业控制中应用较为普遍的可编程序控制器(Programmable Controller，PLC)，其核心也是由一个单片机构成，自1969年第一台可编程序控制器面世以来，经过几十年的发展，可编程序控制器已经成为一种最重要、最普及、应用场合最多的工业控制计算机。可编程序控制器已进入过程控制、位置控制等场合的所有控制领域，在这些场合只需可编程序控制器即可构成包括逻辑控制、过程控制、数据采集及控制和图形工作站等经济合算、体积小巧、设计调试方便的综合控制系统。

随着大规模集成电路(LSI)和超大规模集成电路(VLSI)及微处理器等技术的快速发展，先进的数字信号处理(digital signal processing，DSP)技术也逐渐在机电控制系统中得到应用。

控制装置作为机电系统的控制核心，必须具备以下基本条件：

1. 实时的信息转换和控制功能

机电系统的控制部分应能提供各种数据实时采集和控制的功能，即稳定性好、反应速度快。

2. 人机交互功能

一般控制器都具有输入指令、显示工作状态的界面。较复杂的系统还有程序调用、编辑处理等功能，以利于操作者使用接近于自然语言的方式来控制机器，机器的功能也更加完善。

3. 机电部件接口的功能

这些机电部件主要是被控制对象的传感器和执行机构。接口包括机械和电气的物理连接。按信号的性质分为开关量、数字量和模拟量接口；按接口的功能分为主要完成信息联接传递的通信接口和能独立完成部分信息处理的智能接口；按通信方式又可分为串行接口和并行接口等。控制器必须具有足够的接口以满足与被控制机电设备的运动部件、检测部件连接的需要。

4. 对控制软件运行的支持功能

简单的控制器通常采用汇编语言实现控制功能，控制器的微处理器可以采用裸机形式，即全部运行程序均以汇编形式编写固化。对于较复杂的控制要求，需要有监控程序或操作系统支持，以利于完成复杂的控制任务。

1.2.3　执行装置

机电控制系统的执行装置亦称为执行元件，是各类工业机器人、CNC机床、各种自动机械、信息处理计算机外围设备、办公设备、各种光学装置等机电系统或产品必不可少的驱动部件。执行元件是机电控制系统中的能量转换元件，即在控制装置的指令下，将输入的各种形式的能量转换为机械能，并完成所要求的动作，如数控机床的主轴转动、工作台的进给运动，以及工业机器人手臂升降、回转和伸缩运动等都要用到驱动部件。

根据使用能量的不同，可以将执行装置分为电气式、液压式和气动式三大类。

1. 电气式执行装置

电气式执行装置是将电能转变成电磁力,并利用电磁力驱动运行机构运动。常用的电气式执行元件包括控制用电动机(步进电动机、直流和交流伺服电动机)、静电电动机、超声波电动机及电磁铁等。对控制用电动机的性能除了要求稳速运转性能之外,还要求具有良好的加速、减速性能和伺服性能等动态性能,以及频繁使用时的适应性能和便于维修性能。

2. 液压式执行装置

液压式执行装置是先将电能变换为液压能并用电磁阀改变压力油的流向,从而使液压执行元件驱动运行机构运动。液压执行机构的功率—重量比和扭矩—惯量比大,加速性能好,结构紧凑尺寸小,在同样的输出功率下,液压驱动装置具有重量轻、惯量小、快速性好等优点。液压式执行元件主要包括往复运动的油缸、回转油缸、液压马达等,其中油缸占绝大多数。目前,世界上已开发各种数字式液压式执行元件,如电—液伺服马达和电—液步进马达。电—液式马达的最大优点是具有比电动机更大的转矩,可以直接驱动运行机构,过载能力强,适合于重载的高加减速驱动,而且使用方便。

液压系统也有其固有的一些缺点,如液压元件易漏油,会污染环境,也可能引起火灾,液压系统易受环境温度变化的影响。因此对液压系统管道的安装、调整,以及整个油路防止污染及维护等性能都要求较高;另外,液压能源的获得、存储和输送不如电能方便。因此,在中、小规模的机电系统中更多地使用电动驱动装置。

3. 气动式执行装置

气动式与液压式的原理相同,只是将介质由油改为气体而已。由于气动控制系统的工作介质是空气,来源方便,不需回气管道,不污染环境,因此在近些年得到大量地应用。气动执行装置的主要特点是动作迅速、反应快、维护简单、成本低,同时由于空气粘度很小,压力损失小,节能高效,适用于远距离输送;工作环境适应性好,特别在易燃、易爆、多尘、强振、辐射等恶劣环境中工作更为安全可靠。但气动式执行装置由于空气可压缩性较大,负载变化时系统的动作稳定性较差,也不易获得较大输出力或力矩,同时需要对气源中的杂质和水分进行处理,排气时噪声较大。

由于现代控制技术、电子、计算机技术与液压、气动技术的结合,使液压、气动控制也在不断发展,并大大提高了其综合技术指标。液压、气动执行装置和电气执行装置一样,根据其各自的特点,在不同的行业和技术领域得到相应的应用。

1.2.4 传感器

传感器是将机电控制系统中被检测对象的状态、性质等信息转换为相应的物理量或者化学量的装置,传感器的作用类似于人的感觉器官,它将被测物理量,如位置、位移、速度、压力、流量、温度等信息进行采集和处理,以供控制系统分析处理之用。如果没有传感器对原始信息进行准确、可靠地捕获和转换,一切准确的测试与过程控制将无法实现。

从信号的获取、变换、加工、传输、显示和控制等方面来看,以电量形式表示的电信号最为方便。对计算机控制系统来说,也就是将待测物理量通过传感器转换成电压或电流信号,传送到控制计算机的输入接口,再由计算机进行分析处理,因此,机电控制系统中的传感器一般将被测信号转换为电信号。传感器的种类繁多,按被测对象的不同可分为位移传感器、位置传感器、速度传感器、力传感器、转矩传感器等。

1.2.5　机械部分

对于绝大多数的机电系统及机电产品来说，机械部分在质量、体积等方面都占绝大部分，因此机械部分是机电系统的基本支撑，它主要包括机械传动部件、机身、框架、连接件等，如原动机、工作机和传动装置一般都采用机械结构。这些机械结构的设计和制造问题都属于机械技术的范畴，机电产品技术性能、水平和功能的提高，要求机械本体在机械结构、材料、加工工艺及几何尺寸等方面适应产品高效、多功能、可靠、节能、小型、轻量、美观等要求，在这方面除了要充分利用传统的机械技术外，还要大力发展精密加工技术、结构优化设计方法等；要研究开发新型复合材料，以便使机械结构减轻质量，缩小体积，以改善在控制方面的快速响应特性；要研究高精度导轨、高精度滚珠丝杠、高精密度的齿轮和轴承，以提高关键零部件的精度和可靠性；并通过使零部件标准化、系列化、模块化来提高其设计、制造和维修的水平。

机械部分中的传动装置，除要求具有较高的定位精度之外，还应具有良好的动态响应特性，即要求响应速度要快、稳定性要好。常用的机械传动部件主要包括齿轮传动、带传动、丝杠传动、挠性传动、间隙传动和支承与轴系等。其主要功能是传递转矩和转速。因此，它实质上是一种转矩、转速转换器，其目的是使执行元件与负载之间在转矩与转速方面得到最佳匹配。

机械传动部件对伺服系统的伺服特性有很大影响，特别是其传动类型、传动方式、传动刚性，以及传动的可靠性对机电一体化系统的精度、稳定性和快速响应性有很大影响。因此，在机电系统设计过程中应选择传动间隙小、精度高、体积小、重量轻、运动平稳、传递转矩大的传动部件，如带传动、蜗轮蜗杆传动及各类齿轮减速器（如谐波齿轮减速器），不但可以改变速度，也可改变转矩。随着机电一体化技术的发展，要求传动机构不断适应新技术的要求，具体内容有以下三个方面：

1. 精密化

对于某种特定的机电一体化产品来说，应根据其性能的要求提出适当的精密度要求，虽然不是越精密越好，但由于要适应产品高定位精度等性能要求，对机械传动机构的精密度要求也越来越高。

2. 高速化

产品工作效率的高低，直接与机械传动部分的运动速度相关，因此，机械传动机构应能适应高速运动的要求。

3. 小型化、轻量化

随着机电一体化系统（或产品）向精密化、高速化方向发展，必然要求其传动机构小型化、轻量化，以提高运动灵敏度（响应性）、减小冲击、降低能耗。为了与电子部件的微型化相适应，也要尽可能做到使机械传动部件短小、轻薄化。

1.3　机电控制系统的基本控制方式

下面以人练习击打高尔夫球的过程来类比分析机电控制系统在工作时的基本控制方式。

人在练习击打高尔夫球时，为了准确、有效地击中高尔夫球且尽可能地靠近目标位置，总是要对目标位置的距离、地势的走向等进行观察，同时还要判断出风向、风力的大小等各种干扰因素，然后决定挥杆的力度和方向并做出相应的挥杆动作。在练习的过程中，根据高尔夫球的落点来修正挥杆的力度和方向，也就是需要再分析、再判断、再修正，循环往复地进行，直至高尔夫球的落点与预期的目标一致。这一练习过程如图 1.1 所示。

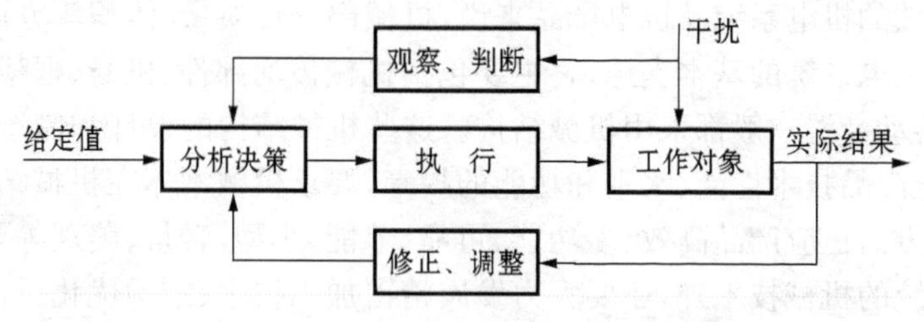

图 1.1 控制过程

机电控制系统的基本任务是，使被控对象的控制量等于目标值。在控制过程中，观察的任务由系统的传感装置来完成，比较分析的任务由系统的控制部分来完成，执行则由各类执行装置来完成，由此得出机电控制系统的控制过程如图 1.2 所示。

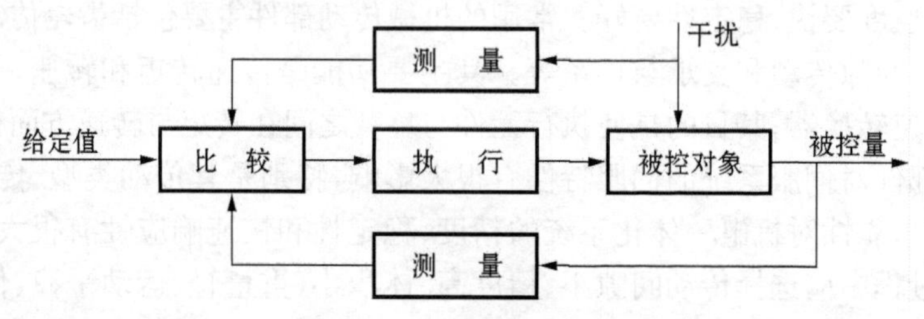

图 1.2 控制过程框图

从图 1.2 所示的机电控制系统的控制过程来看，参与控制的信号来自三条通道，即给定值、干扰量、被控量，这些信号是控制的主要依据。

下面根据不同的信号源来分析自动控制的几种基本控制方式。

1.3.1 开环控制方式

开环控制方式是指控制装置与被控对象之间只有顺向作用而没有反向联系的控制过程，信号由给定值至被控量是单向传递。按这种方式组成的系统称为开环控制系统，其特点是系统的输出量不会对系统的控制作用产生影响。开环控制系统可以按给定值操纵方式组成，也可以按干扰补偿控制方式组成。

1. 按给定值操纵的开环控制

按给定值操纵的开环控制方式，测量的是给定值，需要控制的是被控量，控制装置与被控对象之间的联系如图 1.3 所示。其控制作用直接由系统的输入量产生，给定一个输入量，就有一个输出量与之相对应，控制精度完全取决于所用的元件及校准的精度。

图 1.3 按给定值操纵的系统原理框图

这种开环控制方式的特点是控制较简单、成本低、调整方便，但没有纠偏能力、控制精度难以保证、抗扰动性较差，系统受到外部干扰或工作过程中特性参数发生变化，都会直接波及被控量，使被控量异于给定值，而系统无法自动修正偏差。

在精度要求不高或扰动影响较小的情况下，这种控制方式还有一定的实用价值，特别是如果系统的结构参数稳定，而外部干扰较弱时，常采用此类控制方式，如自动化流水线、自动售货机、自动洗衣机、数控车床及指挥交通的红绿灯转换等。

图1.4所示是经济型数控机床上一种常见的步进电动机开环伺服系统。该系统的工作原理是：步进电动机作为伺服系统的驱动元件，其实质是实现数字脉冲到角度位移的变换，它不用位置检测元件实现定位，而是由驱动装置本身实现。外部给定的指令脉冲送入步进电动机，步进电动机转轴转过的角度正比于指令脉冲的个数，运动角速度由送入脉冲的频率决定。很明显，外部输入的指令脉冲即为外部输入的给定值，步进电动机的转动角度和速度均由此给定值决定，因此它是一种按给定值操纵的开环控制系统，其控制精度和动态性能取决于步进控制器和步进电动机，一旦被控量出现差错，系统无法自行纠正。

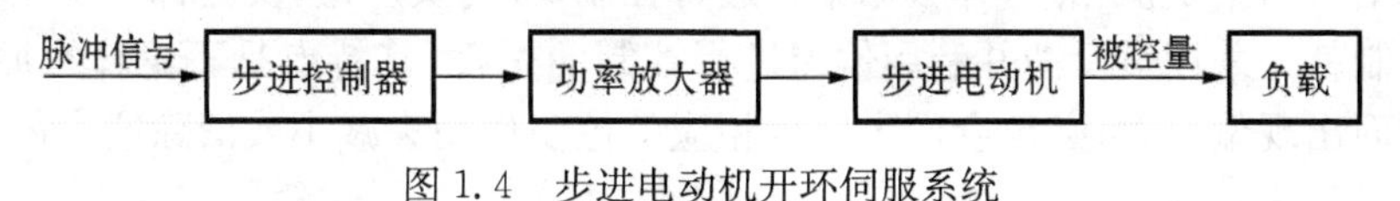

图1.4　步进电动机开环伺服系统

2. 按干扰补偿的开环控制

按干扰控制的开环控制系统利用可测量的扰动量，产生一种补偿作用，以减小或抵消扰动对输出量的影响，控制的是被控量，测量的是破坏系统正常运行的干扰量，这种控制方式也称顺馈控制或前馈控制，即干扰量经测量、计算、执行至被控对象，信号也是单向传递的，控制装置与被控对象之间的结构联系如图1.5所示。

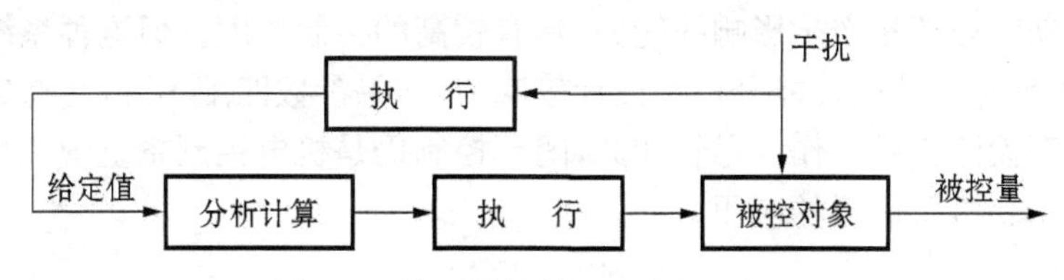

图1.5　按干扰补偿的系统原理框图

这种控制方式因为是测量干扰，所以只能对可测干扰进行补偿，而对于不可测干扰及系统内部参数的变化对被控量造成的影响，系统自身无法控制。因此控制精度仍然受到原理上的限制。

例如，在一般的直流电机转速控制系统中，转速常随负载的增加而下降，且其转速的下降与电枢电流的变化有一定的关系。如果设法将负载引起的电流变化测量出来，并按其大小产生一个附加的控制作用，用以补偿由它引起的转速下降，就可以构成按干扰补偿控制的开环控制系统。这种按干扰补偿控制的开环控制方式是直接从扰动取得信息，并以此来改变被控量，其抗扰动性好，控制精度也较高，但它只适用于扰动可测量的场合，而且需对不同的干扰进行检测补偿。

1.3.2　按偏差调节的闭环控制方式

按偏差调节的闭环控制方式，是应用最为广泛的一种控制系统。在反馈控制系统中，需要控制的是被控量，而测量的是被控量对给定值的偏差。系统根据偏差进行控制，只要被控量偏离给定值，系统就会自行纠偏，不断修正被控量的偏差，故称这种控制方式为按偏差调节的闭环控制。从而实现对被控对象进行控制的任务，这就是反馈控制的原理。控制装置与被控对象之间的联系如图 1.6 所示。

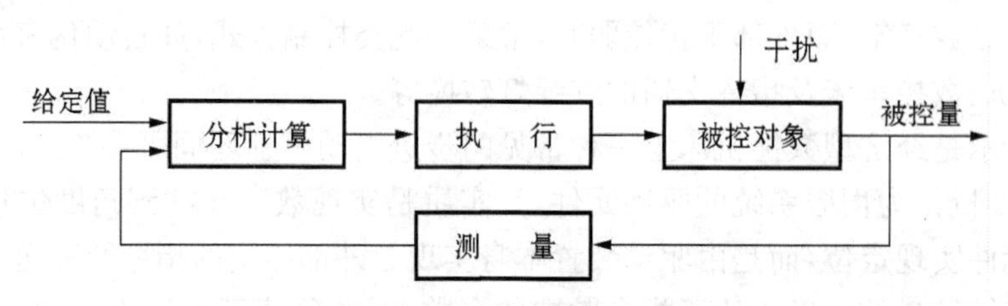

图 1.6　按偏差调节的系统原理框图

这种控制方式的特点是，由于被控量要返回来与给定值进行比较，所以控制信号必须沿前向通道和反馈通道往复循环地进行闭路传送，形成闭合回路，故称之为闭环控制或反馈控制。反馈回来的信号与给定值相减，即根据偏差进行控制，称为负反馈，反之称为正反馈。

反馈控制就是采用负反馈并利用偏差进行控制的过程，其特点是不论什么原因使被控量偏离期望值而出现偏差时，必定会产生一个相应的控制作用去减小或消除这个偏差，逐渐使被控量与期望值趋于一致。

为了完成自动控制的任务，按偏差调节的闭环控制按负反馈原理组成，所以负反馈闭合回路是按偏差调节的自动控制系统在结构联系和信号传递上的重要标志。这种控制方式的控制精度较高，因为无论是系统外部干扰的作用，还是系统内部结构参数的变化，只要被控量偏离给定值，系统就会自行纠偏。但给定值受到干扰，或反馈通道(测量回路)受到干扰，系统没有纠偏的能力。可以说，按反馈控制方式组成的反馈控制系统，具有抑制任何前向通道上的内扰动、系统的外扰动对被控量产生影响的能力，具有较高的控制精度。但这种系统使用的元器件多，线路复杂，特别是系统的性能分析和设计较麻烦，如果参数匹配不好，会造成被控量有较大的摆动，系统甚至无法正常工作。尽管如此，闭环控制仍是机电控制系统中一种重要的基本控制方式，在工程中获得了广泛的应用。

1.3.3　复合控制方式

复合控制是开环控制和闭环控制相结合的一种控制方式，它是在闭环控制回路的基础上，附加一个输入信号或扰动作用的顺馈通路，来提高系统的控制精度。

反馈控制在外部扰动影响出现之后才能进行修正工作，在外部扰动影响出现之前则不能进行修正工作。按扰动控制方式进行控制在技术上较按偏差控制方式简单，但它只适用于扰动可测量的场合，而且一个补偿装置只能补偿一个扰动因素，对其余扰动均不起补偿作用。因此，比较合理的一种控制方式是把按偏差控制与按扰动控制结合起来，对于主要扰动采用适当的补偿装置实现按扰动控制，同时，再组成反馈控制系统实现按偏差控制，以消除其余扰动产生的偏差。这种按偏差控制和按扰动控制相结合的控制方式称为复合控制方式。

这样，系统的主要扰动已被补偿，反馈控制系统就比较容易设计，控制效果也会更好。复合控制中的顺馈通路相当于开环控制，因此，对补偿装置的参数稳定性要求较高，否则，会因补偿装置参数的漂移而削弱其补偿效果。

1.4　机电系统关键技术

机电一体化是在以机械、电子技术和计算机科学为主的多门学科相互渗透、相互结合过程中逐渐形成和发展起来的一门新兴边缘技术学科，而机电一体化产品是在机械产品的基础上，采用微电子技术和计算机技术生产出来的新一代产品。初级的机电一体化产品是指采用微电子技术代替和完善机械产品中的一部分，以提高产品的性能；而高级的机电一体化产品是利用机电一体化技术使机械产品实现自动化、数字化和智能化，使产品性能实现质的飞跃。因此，机电一体化是在机械产品中的机构主功能、动力功能、信息处理功能和控制功能上引进电子技术和计算机技术，并将机械装置和电子设备以及计算机软件等有机结合起来构成的系统总称。

机电一体化技术同时也是工程领域不同种类技术的综合及集合，它是建立在机械技术、微电子技术、计算机和信息处理技术、自动控制技术、电力电子技术、伺服驱动技术以及系统总体技术基础之上的一种高新技术。概括起来，机电一体化共性关键技术主要有以下六大技术。

1.4.1　机械技术与精密机械技术

机械技术是机电一体化的基础。机电一体化产品中的主功能和构造功能，往往是以机械技术为主实现的。在机械与电子相互结合的实践中，不断对机械技术提出更高的要求，使现代机械技术相对于传统机械技术发生了很大变化。新材料、新工艺、新原理、新机构等不断出现，现代设计方法不断发展和完善，以满足机电一体化产品对机械部分提出的结构更新颖、体积更小、质量更轻，精度更高、刚度更大、动态性能更好等要求。特别是关键部件，如导轨、滚珠丝杠、轴承、传动部件等的材料、精度对机电一体化产品的性能、控制精度等多方面的要求。

1.4.2　计算机与信息处理技术

信息处理技术包括信息的输入、识别、变换、运算、存储及输出技术，它们大都依靠计算机来进行，因此计算机技术与信息处理技术是密切相关的。信息处理技术包括信息的交换、存取、运算、判断和决策等，实现信息处理的主要工具是计算机。计算机技术包括计算机硬件技术和软件技术、网络与通信技术、数据库技术等。机电一体化系统中主要采用工业控制机（包括可编程控制器，单、多回路调节器，单片微控器，总线式工业控制机，分布式计算机测控系统等）进行信息处理。在机电一体化产品中，计算机与信息处理装置指挥整个产品的运行。信息处理是否正确、及时，直接影响到产品工作的质量和效率。因此，计算机应用及信息处理技术已成为促进机电一体化技术和产品发展的最活跃的要素。

1.4.3　自动控制技术

有关自动控制的概念和基本理论见本章的第一节。自动控制技术范围很广，包括自动控制理论、控制系统设计、系统仿真、现场调试、可靠运行等从理论到实践的整个过程。由于被控对象种类繁多，所以控制技术的内容极其丰富，包括高精度定位控制、速度控制、自适应控制、自诊断、校正、补偿、检索等控制技术。

机电一体化系统中自动控制技术主要包括位置控制、速度控制、最优控制、模糊控制、自适应控制等。

自动控制技术的难点在于自动控制理论的工程化与实用化，这是由于现实世界中的被控对象往往与理论上的控制模型之间存在较大差距，使得从控制设计到控制实施往往要经过反复调试与修改，才能获得比较满意的结果。由于微型机的广泛应用，自动控制技术越来越多地与计算机控制技术联系在一起，成为机电一体化中十分重要的关键技术。

1.4.4 传感与检测技术

检测传感技术是机电一体化系统中的关键技术，它研究的对象是传感器及其信号检测装置。传感器是能感受被测量，并按照一定规律转换成可用输出信号的器件或装置。检测电路的作用是将传感器的输出信号转换成易于测量的电压或电流信号。通常传感器输出信号是微弱的，需要由信号检测装置加以放大，并进行有关信号处理工作，如阻抗匹配、微分、积分、线性化补偿等。

在机电一体化产品中，传感器作为感受器官，将所测得的各种参量如位移、位置、速度、加速度、力、温度、酸度和其他形式的信号等通过检测装置转换为统一规格的电信号输入到信息处理系统中，并由此产生出相应的控制信号以决定执行机构的运动形式和动作幅度。因此检测与传感是实现自动控制的关键环节，传感器检测的精度、灵敏度和可靠性将直接影响到机电一体化的性能。

机电一体化要求传感器能快速、精确地获取信息并经受各种严酷环境的考验，但是由于目标检测与传感技术还不能与机电一体化的发展相适应，使得不少机电一体化产品不能达到满意的效果或无法实现设计。因此，大力开展检测与传感技术的研究对发展机电一体化具有十分重要的意义。

1.4.5 执行与驱动技术

机电驱动技术的主要研究对象是执行元件及其驱动装置。执行元件分为电动、气动、液压等多种类型。驱动装置主要指各种电动机的驱动电源电路，目前多采用电力电子器件及集成化的功能电路构成，如交流变频驱动器。

在机电一体化设备中经常遇到高速、大惯量、高精度、多位置定位，类似还有高精度温度自动控制，快速精确自动称量，变输入工况下的恒力矩，恒功率、恒速度控制等问题。要实现上述驱动和控制利用简单开关量控制技术是无法实现的，利用比较复杂的比例控制技术也只能解决中等控制精度和响应速度的工况，应用伺服驱动和控制技术才能根本解决此类技术难题。

伺服驱动技术包括电气、气动、液压等动力驱动技术，工作原理是伺服驱动装置接受控制系统的指令和输入信号后，经过一定的转换和放大，经伺服驱动执行元件(如直流伺服电机、功率步进电机、交流伺服电机、电液伺服阀等)产生动力，由机械传动系统传至执行机构并按用户程序规定的规则和规律完成连续变量的输出，从而达到实时、高精度控制的目地。伺服驱动和控制技术在很大程度上决定了机电一体化设备的性能。

伺服驱动和控制技术是机电一体化设备中高附加值技术。

1.4.6 系统总体技术

系统总体技术是一种从整体目标出发，用系统工程的观点和方法，将系统总体分解成相互有机联系的若干功能单元，并以功能单元为子系统继续分解，直至找到可实现的技术方案，然后再把功能和技术方案组合成总体设计方案，形成经过分析、评价和优选的综合应用技术。

系统总体技术所包含的内容很多，接口技术是重要内容之一，机电一体化产品的各功能单元通过接口连接成一个有机的整体。接口技术是将机电一体化产品的各个部分有机地连接成一体。中央控制器发出的指令必须经过接口设备的转换才能变成机电一体化产品的实际动作。而由外部输入的检测信号也只有先通过接口设备才能为中央控制器所识别。系统总体技术是最能体现机电一体化设计特点的技术，其原理和方法还在不断发展和完善。

机电一体化系统是一个技术综合体，利用系统总体技术将各种有关技术协调配合、综合运用而达到整体系统的最优化。

机电一体化的发展有一个从自发到自为的过程。早在"机电一体化"这一概念出现之前，世界各国从事机械总体设计、控制功能设计和生产加工的科技工作者，已为机械与电子的有机结合自觉不自觉地做了许多工作，如电子工业领域的自动调谐系统，计算机外围设备和雷达伺服系统，天线系统，机械工业领域的数控机床，以及导弹、人造卫星的导航系统等，都可以说是机电一体化系统。目前，人们已经开始认识到机电一体化并不是机械技术、微电子技术以及其他新技术的简单组合、拼凑，而是有机地相互结合和融合，是有其客观规律的。简言之，机电一体化这一新兴学科有其技术基础、设计理论和研究方法，只有对其有了充分理解，才能正确地进行机电一体化工作。

机电一体化的目的是使系统(产品)高附加值化，即多功能化、高效率化、高可靠化、省材料省能源化，并使产品结构向轻、薄、短、小、巧化方向发展，不断满足人们生活的多样化需求和生产的省力化、自动化需求。因此，机电一体化的研究方法应该改变过去那种拼拼凑凑的"混合"设计法，应该从系统的角度出发，采用现代设计分析方法，充分发挥边缘学科技术的优势。

机电一体化作为多门技术学科相互渗透、相互结合为辅的综合技术领域，涉及知识非常广泛，所以本书只是从应用设计的层面，围绕着现代起升机构控制系统，阐述机电控制系统涉及的技术和设计方法，主要包括以下几个方面的内容：电力电子器件、变频器的原理和应用、现场总线技术、PLC系统程序的设计方法、系统的安全性可靠性设计。

1.5　岸边集装箱起重机控制系统

岸边集装箱起重机(简称岸桥或桥吊)是码头上用于将集装箱吊起进行装卸作业的起重机，是码头的心脏。桥吊的作业能力决定着一个码头的货物吞吐能力。

20世纪60年代出现的集装箱是运输业的一次伟大革命，也是一次创造性的技术进步，它数十倍地提高了劳动生产率，带来了巨大的财富，改变了港口、运输船、装卸机械的面貌。如今，它已成为所有国家发展外贸不可或缺的工具。

桥吊从始至今总共经历了四代升级：第一代桥吊能吊起30.5 t的货物重量，起升高度可达18～20 m，可向海面伸出28 m远，采用直流发电机—直流电动机(G-M)系统；第二代桥吊能吊起35.5 t重的货物，起升高度可达到25 m，可向海面伸出40 m远，采用可控硅直流调速系统；第三代桥吊能吊起50 t重货物，能升到32 m高，可向海面伸出50 m，采用智能交流变频驱动控制系统；第四代桥吊能吊起70 t重货物，能升高42 m，能向海面伸出70 m远，采用智能交流变频驱动装置。

桥吊是集装箱船与码头前沿之间装卸集装箱的主要设备，个别码头还利用桥吊的大跨距和大后伸距直接进行堆场作业。桥吊的装卸能力和速度直接决定码头作业生产率，因此桥吊是港口集装箱装卸的主力设备。桥吊伴随着集装箱运输船舶大型化的蓬勃发展和技术进步而在不断更新换代，科技含量越来越高，正朝着大型化、高速化、自动化和智能化，以及高可靠性、长寿命、低能耗、环保型方向发展。可吊两个 40 in 集装箱的吊具也已研发成功，提高了桥吊装卸效率。

1.5.1 岸桥的总体结构及其功能

岸边集装箱起重机的外形如图 1.7 所示，主要由金属结构、四大机构（起升机构、小车行走机构、大车行走机构、俯仰机构）、吊具、机房、司机室等组成。

图 1.7 桥吊外形图

岸边集装箱起重机的金属结构主要有带行走机构的门架、臂架机构、拉杆等。臂架又可分为海侧臂架、陆侧臂架以及中间臂架三部分。

为了提高集装箱桥吊的装卸效率，并降低集装箱桥吊的自重，集装箱桥吊的起升机构多采用简单钢丝绳卷绕系统。

传统起重机上小车的驱动方式有两种，即牵引式小车或者自行式小车。现在又出现了一种新型的驱动方式—差动式小车，小车上既无牵引绳，又无自行机构，即起升绳在差动减速箱的作用下，也起着驱动小车的作用。差动式小车是利用差动的原理，通过特殊的绕绳法，将集装箱的升降运动与小车的水平运动结合在一起，由同一个减速箱来完成，因而它大大简化了起重机的结构。

岸边集装箱起重机的功能是沿着与码头岸线平行的轨道行走，完成集装箱船的装船与卸船作业的。通常桥吊装卸船作业的一个工作循环耗时 60 s 左右。

桥吊卸船与装船的作业步骤：

1. 卸船作业步骤

(1) 船靠码头前，将桥吊运行至码头岸线的大致作业位置；

(2) 船靠码头后,将桥吊移至具体的作业位置;
(3) 按照装卸顺序,将小车移至船上待卸箱的正上方,放下吊具;
(4) 吊具上的扭锁装置将集装箱锁定后,吊起船上的集装箱;
(5) 小车沿悬臂向陆侧方向移动,将集装箱吊至码头前沿等待着的水平运输机械上;
(6) 松开扭锁装置,吊具与集装箱分离;
(7) 吊具起升,小车向海侧方向移动,进入下一个操作。

2. 装船作业步骤

(1) 船靠码头前,将桥吊运行至码头岸线的大致作业位置;
(2) 船靠码头后,将桥吊移至具体的作业位置;
(3) 按照装卸顺序,将小车移至水平运输机械上待装箱的正上方,放下吊具;
(4) 待吊具上的扭锁装置将集装箱锁定后,吊起水平运输机械上的集装箱;
(5) 小车沿悬臂向海侧方向移动,将集装箱吊至船上的指定位置;
(6) 松开扭锁装置,吊具与集装箱分离;
(7) 吊具起升,小车向陆侧方向移动,进入下一个操作。

1.5.2 岸桥电气控制系统的组成

机械结构是集装箱起重机的身体,电气系统则是集装箱起重机的大脑。图1.8是典型的现代桥吊电气控制系统,主要由电气房的PLC主控制系统、司机室的操作控制组成,桥吊远端的监控室通过有线或无线的因特网对桥吊进行运行状态实时检测、故障诊断、生产数据管理等工作。

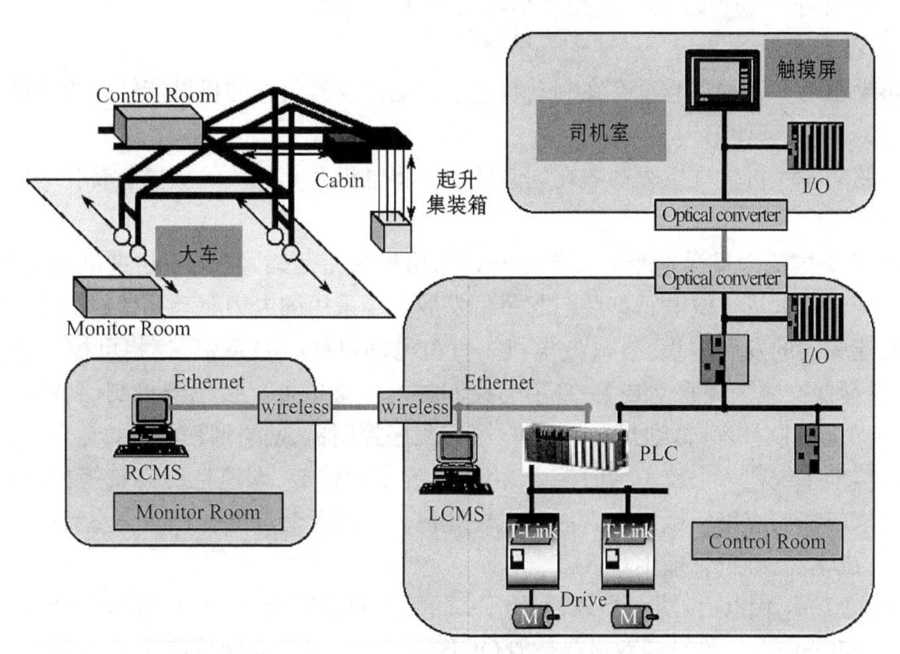

图1.8 典型现代桥吊电气控制系统

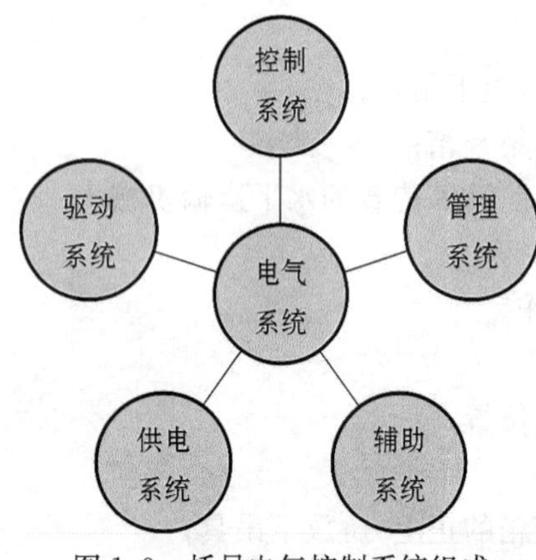

图 1.9 桥吊电气控制系统组成

从功能上来分，桥吊电气控制系统由如图 1.9 所示的五个子系统组成。

1. 驱动系统

驱动系统控制的对象是电动机，实现对电动机轴上的两个物理量的精确控制：速度和转矩。

集装箱起重机最主要的机构是集装箱的垂直提升，因此位能负载是提升机构的典型特征。上升时传动电动机作电动状态运转，下降时传动电动机作制动或发电状态运转。电力传动要求能在四个象限工作，并且能够有效地控制货物下降的速度。

驱动系统有以下几种分类方式：

1) 按电机类型分

直流驱动——直流驱动器控制直流电动机，作为机械动力源；

交流驱动——交流驱动器控制交流电动机，作为机械动力源。

2) 按控制方式分

速度控制——电机轴以一定的速度运转，转矩由负载决定；

转矩控制——电机轴以一定的转矩输出，转速由负载决定。

3) 按应用方式分

恒转矩应用——速度改变，转距不变，功率随速度变化；

恒功率应用——速度增大，转距减小，但功率保持不变。

4) 按再生能力分

非再生驱动——驱动器没有在制动状态下将电机及其负载的机械能转化为电能并返回电网的能力；

再生驱动——再生是指驱动器在制动状态下将电机及其负载的机械能转化为电能返回电网的能力。

1956 年美国泛太平洋轮船公司首先开始采用集装箱运输，集装箱起重机由此诞生，当时采用的是柴油发电机组供电。集装箱起重机发展至今采用的电力驱动系统经历了一个从直流驱动到交流驱动的发展过程：直流发电机—直流电动机(G-M)系统、三相可控硅直流调速系统、全数字智能交流变频驱动装置；采用的控制技术从继电器—接触器控制，到模拟量和数字化 PID 调节器控制技术，再到目前的 PLC 可编程序控制器、网络通信技术。

直流传动系统在一个较长的时期内，由于它的起动性能、调速性能和转矩控制性能较好，在调速要求较高的应用领域里一直占据主导地位。但相对交流电动机而言直流电动机的结构比较复杂，成本高，维护管理困难。

20 世纪 70 年代以后，功率晶体管(BJT)、门极关断晶闸管(GTO)、功率 MOS 场效应晶体管(Power MOSFET)、绝缘栅双极晶体管(IGBT)、MOS 控制晶闸管(MCT)、集成门极换向晶闸管(IGCT)、电子注入增强门极晶体管(IEGT)等一批新型电力电子器件的问世，交流变频技术得到飞速发屉，交流传动控制技术也取得突破性进展。目前码头上采用的都是交流变频驱动的集装箱起重机。

2. 控制系统

控制系统的基本功能是实现对工作流程的控制、安全连锁与保护、向驱动系统发布命令、向监控管理系统提供实时状态和数据。控制系统的组成以PLC为基础，将面向底层的I/O输入输出模块、驱动器和起重机上的CMS(Crane Monitor System，起重机监测系统)通过不同的通信网络联成一个整体。

3. 监控管理系统

现代桥吊的控制系统越来越复杂，控制过程的自动化水平越来越高，设备一旦出现故障，可能要花很多的精力和时间来查寻，将会严重影响装卸工作，延误船期。

监控管理系统能实时检测系统的状态，采集系统的运行数据，自动进行系统的故障诊断和预防性的维修，减少设备故障维护时间，提高设备的可用性；向上位机传送桥吊生产的数据，便于设备的管理和生产数据的统计。

4. 辅助系统

(1) 防摇系统：解决吊具周期摇摆问题，提高工作效率。

(2) 集卡定位系统：便于桥吊起升吊具与集装箱卡车对位。

(3) GPS系统(Global Position System，全球定位系统)：用于集装箱堆场上RTG(Rubber-Tired Container Gantry Crane，轮胎式集装箱门式起重机)的大车自动行走控制、RTG箱位自动管理、集卡位置监控等。

(4) CCTV (Crane Closed Television)系统：对码头面上的集卡位置进行监视，对设备维修人员和其他人员的安全监视，对轨道上的异物进行监视，对集装箱编号监视(实现理货功能)。

(5) 照明系统：从大梁上向下照向地面的投光灯工作照明，桥吊楼梯、走道、机房内的日光灯、白炽灯辅助照明以及应急灯应急照明。

(6) 电话系统：在桥吊的上下前后、司机室、电气房等处安装电话，便于有关人员在各处相互联系。

5. 供电系统

岸边集装箱起重机设备主要是由电缆卷盘高压供电，将三相交流10.5 kV电源从码头引入进起重机电气房的高压柜，通过高压变压器变换成若干个电压等级的交流电压，分别用于四大机构的驱动电柜及其辅助机构。

岸边集装箱起重机的电源类别可以分为四类：

1) 高压主进线电源

高压主进线电源是整个桥吊系统动力的来源，是三相交流电，电压高达10.5 kV，频率为50 Hz。

2) 起升/大车/小车/俯仰驱动电源

四大机构的驱动电源是由主进线电源经过变压器变压以后得到的，电压为440 V，频率为50 Hz。

3) 控制电源

主进线电源除了将一部分电源转变为驱动电源，还将通过另一个变压器，将所得的电压用于控制方面。控制电源分成两类，一类是110 V的交流电源(110AC)，用于各类信号继电器；另一类是24V的直流电源(24DC)，主要为各类感应限位触点(接近开关)供电。

4）照明电源

三相四线制 380 V/220 V，频率为 50 Hz。

本章习题

1. 机电控制系统的发展从其所用控制器件来看，主要经历了哪几个阶段？
2. 机电一体化系统有哪些关键技术，各有什么特点？
3. 机电控制系统大致可以分成几个组成部分？叙说各部分的作用。
4. 什么是开环控制方式、闭环控制方式和复合控制方式？
5. 当外界干扰信号影响到系统的输出时，按偏差调节的闭环控制系统是如何消除或减小这些干扰的？系统是否对所有系统环节上出现的对输出的扰动都有抑制作用？
6. 岸边集装箱起重机有哪几大机构组成？
7. 简述岸边集装箱起重机驱动系统的发展过程。
8. 岸边集装箱起重机的电气控制系统有哪几部分组成？阐述各自的功能。
9. 起升机构运行时，驱动电动机的转速除了受司机操作手柄指令信号的控制，还应受哪些信号的控制？是如何控制的？
10. 起重机构驱动电动机的功率除与最大起升重量、最大起升速度有关，还与什么有关？如何计算？

第2章　电力电子器件

20世纪60年代以后，由于生产发展的需要和节省电能的要求，促使世界各国重视交流调速技术的研究与开发。尤其是20世纪70年代以后，由于科学技术的迅速发展为交流调速，特别是变频交流调速的发展创造了极为有利的技术条件和物质基础。变频调速以其优异的调速和启、制动性能被国内外公认为是最有发展前途的调速方式。变频技术是交流调速的核心技术，电力电子和计算机技术又是变频技术的核心，而电力电子器件是电力电子技术的基础，是现代交流调速装置的支柱，其发展和迅速换代促进了变流技术的迅速发展和变流装置的现代化，直接决定和影响交流调速的发展。

20世纪80年代中期以前，变频装置功率回路主要采用晶闸管元件。装置的效率、可靠性、成本、体积均无法与同容量的直流调速装置相比。80年代中期以后用第二代电力电子器件GTR(Giant Transistor)、GTO(Gate Turn-off thyristor)、VDMOS-IGBT(Insulated Gate Bipolar Transistor)等制造的变频装置在性能与价格比上可以与直流调速装置相媲美。随着向大电流、高电压、高频化、集成化、模块化方向继续发展，第三代电力电子器件是20世纪90年代制造变频器的主流产品，中、小功率的变频调速装置(1～1 000 kW)主要是采用IGBT，中、大功率的变频调速装置(1 000～10 000 kW)采用GTO器件。20世纪90年代末至今，电力电子器件的发展进入了第四代。主要实用的第四代器件为：

1) 高压IGBT器件(SIEMENS公司HVIGBT)

沟槽式结构的绝缘栅晶体管IGBT问世，使IGBT器件的耐压水平由常规1 200 V提高到3 300 V，突破了耐压限制，进入了第四代高压IGBT阶段，相应三电平IGBT中压(2 300～4 160 V)大容量变频装置进入实用化阶段。目前采用IGBT器件的变频器容量达到6 000 kVA，输出电压等级达到4 160 V。

2) IGCT(Insulated Gate Controlled Transistor)器件

在20世纪90年代初，ABB公司把环形门极GTO器件配以外加MOSFET功能，研制成功全控型IGCT器件，使其耐压保持了GTO的水平，而门极控制功率大大减少，仅为0.5～1 W。目前实用化的IGCT变频器容量是6 000～10 000 kVA，输出电压等级达到3 300～6 000 V。

3) IEGT(Injection Enhanced Gate Transistor)器件

东芝、GE公司研制的高压、大容量、全控型功率器件IEGT是把IGBT器件和GTO器件二者优点结合起来的电子注入增强栅晶闸管。IEGT器件也开始进入实用化阶段。

4) SGCT(Symmetrical Gate Commutated Thyristor)器件

罗克威尔公司研制的高压、大容量、全控型功率器件SGCT也开始走向实业化阶段。

由于GTR、GTO器件本身存在的不可克服的缺陷，功率器件进入第三代以来，GTR器件已被淘汰不再使用。进入第四代后，GTO器件也将被逐步淘汰。

第四代电力电子器件模块化更为成熟。如：智能化模块IPM、专用功率器件模块ASPM

等。模块化功率器件将是21世纪主宰器件。

本章主要介绍常用的电力电子器件。

2.1 电力电子器件简介

电力半导体开关器件,即通常所说的电力电子器件,本质上是大容量的无触点可控功率开关,因它主要用于开关工作状态而得名。电力半导体开关器件是现今实现电能的高效率变换与控制,或对电机的运动进行精密控制的一种大功率的半导体电子开关,是电力电子技术这门新型学科的基础。

一个理想的功率开关器件,应当具有下列理想的静态和动态特性:

(1) 在截止状态时能承受高电压(高阻断电压);

(2) 在导通状态时,具有大电流和很低的压降;

(3) 在开关转换时,具有短的开、关时间(高开关频率),能承受高的电流变化率 di/dt 和电压变化率 dv/dt;

(4) 具有截止、导通全控功能。

2.1.1 电力电子器件的发展过程

1948年美国贝尔实验室肖克莱等人发明了能够放大电信号的晶体管,开创了半导体电子学。实际上,晶体管不仅可以放大信号,也可以进行功率变换,如功率放大器。如果将晶体管工作在开关工作方式,并通过控制晶体管的导通状态或关断状态在一个周期中的持续时间,就可以实现输出功率大小的控制,这就是PWM(Pulse Width Modulation)控制方式,是高效大功率直流开关电源的基本原理。目前广泛采用的功率器件,如功率场效应晶体管(MOSFET)、绝缘栅双极型晶体管(IGBT)、晶闸管(SCR)都发展自晶体管。因此晶体管诞生也标志着电力电子技术学科发展的基础已经建立。历史上曾对电力电子技术学科的形成发挥关键作用的要数晶闸管的出现。1957年美国通用电气公司在晶体管的基础上发明了晶闸管,它是一种导通可控的固态的单向开关,可以实现大功率的应用,因此很快被应用在整流电路中,实现交流电能到直流电能的变换和调节。后来,晶闸管又被应用于直流电能到交流电能的逆变换,采用晶闸管的变流装置被迅速推广。

之后,随着半导体技术的发展,又开发出了门极可关断晶闸管、双向晶闸管、光控晶闸管、逆导晶闸管等一系列派生器件,以及单极型MOS功率场效应晶体管、双极型功率晶体管、静电感应晶闸管、功能组合模块和功率集成电路等新型电力电子器件。

功率器件经历了从结型控制器件(如晶闸管、功率GTR、GTO)到场控器件(如功率MOSFET、IGBT、IGCT)的发展历程。20世纪90年代又出现了智能功率模块(IPM)。智能功率模块是将一个或多个功率器件与驱动、保护、电隔离等电路集成在一个硅片或一个基板上,形成了电力电子集成化的概念。大功率、高频化、高效率、驱动场控化成为功率器件发展的重要特征。图2.1给出了电力电子器件的电压等级和功率的水平。

功率MOSFET的问世,打开了高频应用的大门。功率MOSFET主要应用在电压低于600 V、功率从数百毫瓦到数千瓦的场合,广泛应用于计算机电源、通信电源、微型充电器、微型电机控制等场合。

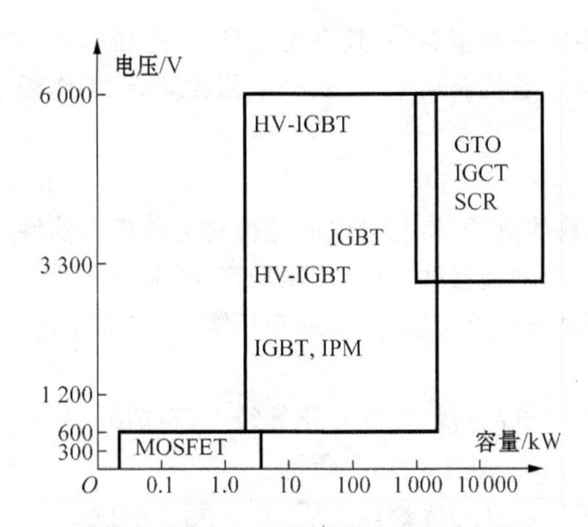

图 2.1　电力电子器件水平(电压、容量)

绝缘栅双极型晶体管(IGBT)综合了功率 MOSFET 和双极型功率晶体管两者的优势,电压为 600 V～6.5 kV,适合功率从数千瓦到数兆瓦的应用场合。ICBT 已经成为最具有发展前景的功率器件,应用于逆变器、不间断电源(UPS)、通用变频器、电力机车传动、大功率开关电源、感应加热电源等。

在 IGBT 出现以前,功率晶体管应用于开关电源、不间断电源(UPS)、变频器、感应加热电源。但目前功率晶体管几乎已被 IGBT 所替代。

晶闸管是最古老的功率器件,晶闸管目前仍是容量最大的功率器件,主要应用在高压大容量整流、大功率电动机调速、无功补偿、直流输电等。由于晶闸管没有自关断能力,需要借助电网或负载进行换相,因此在逆变应用场合逐渐被 IGBT、GTO、IGCT 等代替。GTO 是在晶闸管基础上发展起来的全控型电力电子器件,目前的电压电流等级可达 6 kV、6 kA。

GTO 开关速度较低,损耗大,需要复杂的缓冲电路和门极驱动电路,增加系统的复杂性和成本,使其应用受到限制。集成门极换向晶闸管(IGCT)是综合了功率 MOSFET 和晶闸管两者优势的混合型器件,它继承了晶闸管的高阻断能力和低通态压降的特点。与 GTO 相比,IGCT 的关断时间降低了 30%,功耗降低了 40%,另外驱动功率显著下降。目前 IGCT 容量已达到 6.5 kV、4 kA,适合功率从数百千瓦到数十兆瓦的应用场合。IGCT 替代 GTO 已成为必然。IGCT 同样主要面向高压大容量应用,包括中压电动机调速、电力牵引、风力发电、直流输电、固体断路器等应用。

2.1.2　电力电子器件的分类

电力电子器件有三种分类分法:按器件内部运动的载流子的导电类型分为双极型、单极型和复合型器件;按可控程度分为半控型和全控型器件;按控制信号的性质分为电流控制和电压控制型器件。

1. 单极型、双极型和混合型器件

电力电子器件按照载流子导电类型可分为双极型、单极型和混合型器件。

(1) 双极型器件:

凡由电子和空穴两种载流子参与导电的器件称为双极型器件,如普通晶闸管及其派生器件、电力晶体管(GTR)等属于双极型器件。

双极型器件都属于电流控制型器件，具有耐压高、通态压降低、导通损耗小的特点，适合于高压大容量的应用。其缺点是控制功率大、驱动电路较复杂、工作频率较低、耐冲击能力差，易受二次击穿而损坏。

（2）单极型器件：

凡由一种载流子（多数载流子）参与导电的器件称为单极型器件，如功率 MOSFET。

单极型器件是属电压控制型器件，具有控制功率小、驱动电路简单、工作频率高、无二次击穿问题、安全工作区宽等显著特点，其缺点是通态压降大、导通损耗大。

（3）复合型器件：

单极型器件具有输入阻抗高、快速、高频化等特点，目前处于中小功率范围；双极型器件的特点是大电流、高电压、低损耗，处于大功率范围。

在比较单极型和双极型器件的优缺点之后，基于两者的优缺点互补而制成的复合器件称为复合型器件。它是利用双极型器件作为它的输出级，而利用单极性器件作为它的输入级，所得到的复合器件兼有两者的优点：大功率、低驱动、高频化，成为一代新型的场控复合器件，目前得到了飞快的发展和广泛的应用。其典型代表就是绝缘栅双极型晶体管（IGBT）、MOS 门极晶闸管（MCT）、智能功率模块（IPM）等。

双极型器件采用两种载流子导电，具有耐压高、通态压降低的特点，适合于高压大容量的应用；单极型器件采用单一载流子导电，具有开关速度快和驱动方便的特点，适合于小功率的应用；混合型器件结合了双极型器件和单极型器件的优点。表 2.1 给出了典型电力电子器件的分类和用途。

表 2.1 典型电力电子器件的分类和用途

载流子导电类型	器件名称	英文名	用 途	说 明
双极型器件	二极管	Diode	整流、能量回馈、续流	分为整流二极管和快速二极管
	功率晶体管	GTR	已被 IGBT 代替	
	普通晶闸管	Thyristor，SCR①	整流、逆变	高压大容量
	门极关断晶闸管	GTO②	大容量逆变	已被 IGCT 代替
单极型器件	功率场效应晶体管	MOSFET	DC-DC 变换	小功率，但适合高功率密度的应用
混合型器件	绝缘栅双极型晶体管	IGBT	逆变、DC-DC 变换、整流	应用十分广泛
	集成门极换向晶闸管	IGCT	大容量逆变	GTO 的进化

2. 半控型和全控型器件

根据门极控制信号对电力半导体开关器件的可控制程度，电力电子器件可以分为两大类

① 普通晶闸管（Triode Thyristor）曾被称为硅可控整流器（Silicon Controlled Rectifier，SCR），为书写方便，人们仍习惯用 SCR 代表普通晶闸管。

② 门极关断晶闸管的英文名为 Gate Turn-off（GTO）Thyristor，为书写方便，人们习惯用 GTO 代表门极关断晶闸管。

型:半控型器件和全控型器件。

(1) 半控型器件:

通过门极信号只能控制其导通而不能控制其关断的器件称为半控型器件。如普通晶闸管及其派生器件。

(2) 全控型器件:

通过控制极信号既能控制其导通又能控制其关断的器件称为全控型器件。如门极可关断晶闸管(GTO)、双极型功率晶体管(BJT,Bipolar Junction Transistor)或称大功率晶体管(GTR,Giant Transistor)、功率场效应晶体管(Power Metal Oxide Semiconductor Field Effect Transistor,常称功率 MOSFET)、绝缘栅双极型晶体管(或称隔离门极双极型晶体管)(IGBT 或 IGT,Isolated Gate Bipolar Transistor)、耐高压绝缘栅双极型晶体管(HV-IGBT)和 MOS 场控晶闸管(MOS Controlled Thyristor,MCT)等器件均为全控型器件。

3. 电流控制和电压控制型器件

根据三端控制器件的控制极(包括门极、栅极或基极)信号的不同性质,电力电子器件还被分成电流控制型和电压控制型两种类型。

(1) 电流控制型器件:

电流控制型器件是通过从控制极注入或抽出控制电流的方式来实现对其导通或关断控制的。应用较广泛的电流控制型器件可分两大类:一类是晶体管类,如电力晶体管、达林顿晶体管及其模块等,这类器件目前适用于 500 kW 以下、380 V 交流供电的领域;另一类是晶闸管类,如普通晶闸管、可关断晶闸管等,这类器件适用于电压更高、电流更大的应用领域。电流控制型器件的共同特点是在器件内有电子和空穴两种载流子导电,由导通转向阻断时,两种载流子在复合过程中产生热量,使器件结温升高,而过高的结温限制了工作频率的提高。为此,电流控制型器件比电压控制型器件的工作频率要低;具有电导调制效应,其导通压降很低,导通损耗较小,这一点优于只有一种载流子导电的电压控制型器件;电流控制型器件的控制极输入阻抗低,控制电流和控制功率较大,其控制电路也比较复杂。

(2) 电压控制型器件:

电压控制型器件是指利用场控原理控制的电力电子器件,其导通或关断是由控制极上的电压信号控制的,控制极的电流很小。所谓场控是指器件内主电极(漏极、源极或阳极、阴极)传导的工作电流是通过加在第三极(栅极或门板)上的电压,在主电极间产生可控电场来改变其大小,控制其工作电流和通断状态的。因为加在第三极上是电压信号,所以称为电压控制型器件。

因为电压控制型器件主电极间产生的电场控制其工作电流,所以也称电压控制型器件为场控电力电子器件或场效应电力电子器件。

根据可控电场存在的环境,场控电力电子器件又分成两大类:一类是结型场效应器件,如静电感应晶体管、静电感应晶闸管等,另一类是绝缘栅场效应器件,如绝缘栅双极型晶体管(IGBT)、功率 MOS 晶体管以及 MOS 控制晶闸管等,其中 IGBT 可用于 GTR(BJT)所能应用的一切领域,在通用变频器领域基本已取代了 GTR(BJT)。MOS 控制晶闸管则是集高电压、大电流和高频化于一体的电压控制型器件,是未来与 SCR、GTO 相竞争的新型器件。

电压控制型器件的共同特点是其输入信号是加在门极的反偏结或是绝缘介质上的电压,输入阻抗很高,因此,控制功率小,控制电路比较简单;对于单极型器件来说,因为只有一种载流子导电，没有少数载流子的注入和存储，其开关过程中不存在像双极型器件中的两种载流子的复合问题，因而工作频率很高，可达几千千赫，甚至更高。对于复合型器件来说，其工作频率也远高于双极型器件，比如 IGBT 的工作频率可达 20 kHz 以上。由此可知，工作频率高是电压控制型器件的另一共同特点，其次是电压控制型器件的工作温度高，抗辐射能力也强。

上述器件在通用变频器中都有应用，有的仅应用于大功率和高压变频器中，如门极可调断晶闸管 GTO；有的仅应用于小型变频器中，如功率 MOSFET、GTR；有的逐渐被新型器件所取代，如 GTR 被 IGBT 所取代。近年来，又出现了 IGBT 的新系列，即以 IGBT 为主开关器件的混合型功率集成电路—智能功率模块(IPM，Intelligent Power Module)，已在小容量的通用变频器，如变频空调、变频冰箱和变频洗衣机等中得到了广泛应用。

2.2 常用的电力电子器件

2.2.1 不可控器件——电力二极管

电力二极管(Power Diode)在 20 世纪 50 年代初期就开始使用，是最早应用的电力电子半导体器件，当时被称为半导体整流器。

1. 电力二极管的结构与工作原理

电力二极管的基本结构和工作原理与电子电路中的二极管相同，若二极管处于正向电压作用下，则 PN 结导通，正向管压降很小；反之，若二极管处于反向电压作用下，则 PN 结截止，仅有极小的漏电流流过二极管。电力二极管是不可控器件，其导通和关断完全是由其在主电路中承受的电压和电流决定的。

电力二极管实际上是由一个面积较大的 PN 结和两端引线以及封装组成的，从外形上看，主要有螺栓型和平板型两种封装，如图 2.2 所示。

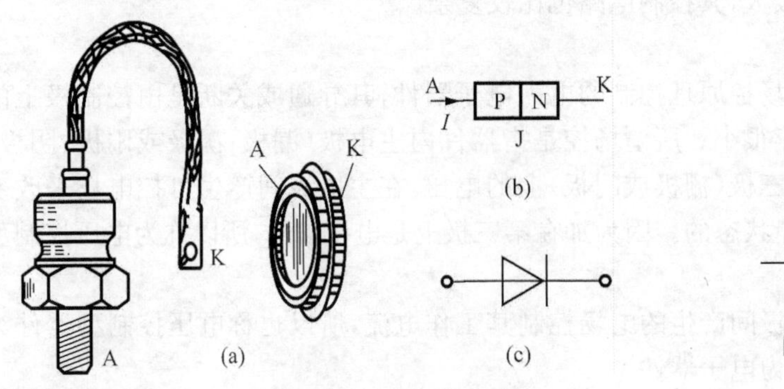

图 2.2 电力二极管外形、结构和符号
(a) 外形 (b) 结构 (c) 电气图形符号

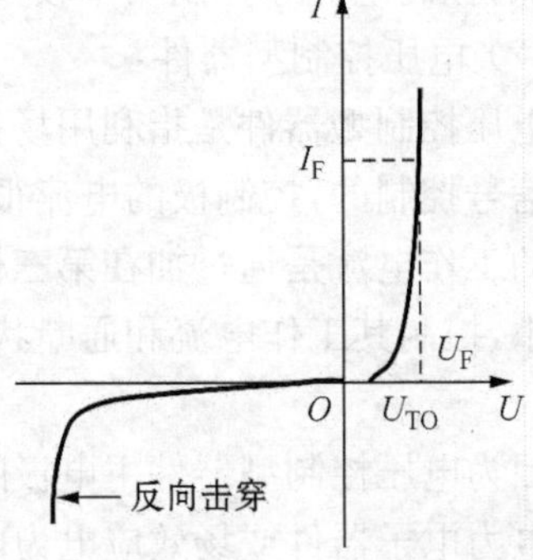

图 2.3 电力二极管伏安特性

快恢复二极管和肖特基二极管，分别在中、高频整流和逆变，以及低压高频整流的场合，具有不可替代的地位。

2. 电力二极管的基本特性

1) 静态特性

电力二极管的静态特性主要指其伏安特性，如图 2.3 所示。

当电力二极管承受的正向电压大到一定值(门槛电压 U_{TO}),正向电流才开始明显增加,处于稳定导通状态。与正向电流 I_F 对应的电力二极管两端的电压 U_F 即为其正向电压降。当电力二极管承受反向电压时,只有少子引起的微小而数值恒定的反向漏电流。

当反向电压峰值超过一定值时,PN 结将被反向击穿,反向漏电流将大大增加,二极管失去单向导电性。如果二极管没有因反向击穿而引起过热,则单向导电性不一定会被永久破坏,在撤除外加电压后,其性能仍可恢复;否则二极管将会永久损坏。因而使用时应避免二极管外加的反向电压过高,并对其电流加以限制。

2) 动态特性

由于二极管 PN 结上存在等效并联的寄生电容(结电容),二极管的截止状态与导通状态之间的转换必然有一个过渡过程,此过程中的电压—电流特性是随时间变化的。

结电容会极大地影响二极管的动态特性,无论是开通还是关断,伴随着结电容的充、放电过程,都要经过一段延迟时间才能完成。

二极管的开关特性是指反映通态和断态之间转换过程的特性。

(1) 关断过程:

二极管从正向导通到反向截止状态有一个反向恢复过程,须经过一段短暂的时间才能重新获得反向阻断能力,进入截止状态,其电压和电流波形如图 2.4(a)所示。

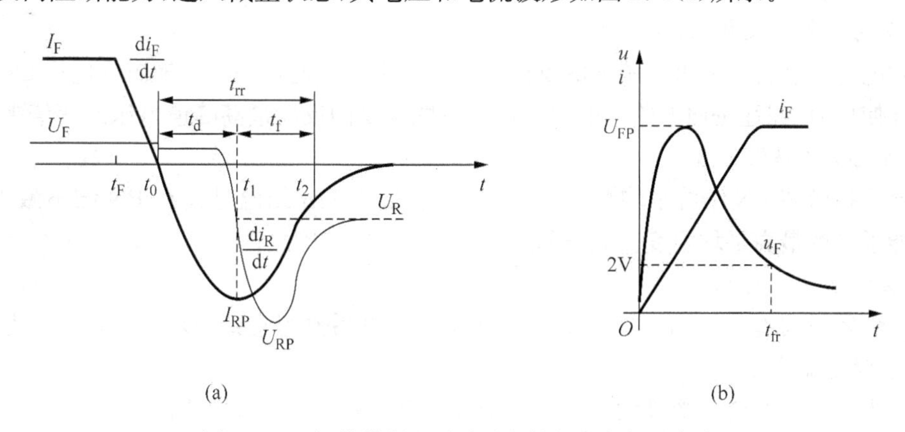

图 2.4 二极管关断和开通过程的电流和电压波形

(a) 关断过程 (b) 开通过程

二极管关断之前有较大的反向电流出现,并伴随有明显的反向电压过冲。产生反向恢复过程的原因是二极管导通时 PN 结上积累了大量电荷,在进入截止状态前需要时间消除存储电荷。

(2) 开通过程:

二极管开通过程的电压和电流波形如图 2.4(b)所示。

正向压降先出现一个过冲 U_{FP},经过一段时间才趋于接近稳态压降的某个值(如 2 V)(该段时间 t_{fr} 称之为正向恢复时间);电流上升率越大,U_{FP} 越高。

相对反向恢复时间而言,二极管从截止到正向导通状态的开通过程时间是很短的,这是由于 PN 结在正向电压作用下空间电荷区迅速变窄,正向电阻很小,因而它在导通过程中及导通以后,正向压降都很小,故电路中的正向电流 I_F 主要由外电路的参数决定,几乎是立即达到 I_F 的最大值。

这就是说，二极管的开通时间很短，对开关速度影响很小，可以忽略不计，影响二极管的开关时间主要是反向恢复时间，而不是开通时间。二极管的反向恢复时间限制了二极管的开关速度。

3. 电力二极管的主要参数

1) 正向平均电流 $I_{F(AV)}$

正向平均电流是指在指定的管壳温度(简称壳温，用 T_C表示)和散热条件下，其允许流过的最大工频正弦半波电流的平均值。

电流通过管子时会使管芯发热，温度上升，温度超过容许限度时，就会使管芯过热而损坏。所以，二极管使用中二极管电流不要超过额定正向工作电流值。

正向平均电流是按照电流的发热效应来定义的，因此使用时应按有效值相等的原则来选取电流定额，并应留有一定的裕量。

当用在频率较高的场合时，开关损耗造成的发热往往不能忽略；当采用反向漏电流较大的电力二极管时，其断态损耗造成的发热效应也应考虑。

2) 正向压降 U_F

指电力二极管在指定温度下，流过某一指定的稳态正向电流时对应的正向压降。有时参数表中也给出在指定温度下流过某一瞬态正向大电流时器件的最大瞬时正向压降。

3) 反向重复峰值电压 U_{RRM}

指对电力二极管所能重复施加的反向最高峰值电压。通常是其雪崩击穿电压 U_B的 2/3。实际使用时，往往按照电路中电力二极管可能承受的反向最高峰值电压的两倍来选定。

4) 最高工作结温 T_{JM}

结温是指管芯 PN 结的平均温度，用 T_J表示。最高工作结温是指在 PN 结不致损坏的前提下所能承受的最高平均温度。T_{JM}通常在 125～175℃范围之内。

5) 反向恢复时间 t_{rr}

反向恢复时间 $t_{rr}=t_d+t_f$，关断过程中，电流降到 0 后算起直到恢复反向阻断能力的时间。

6) 浪涌电流 I_{FSM}

指电力二极管所能承受最大的连续一个或几个工频周期的过电流。

4. 电力二极管的主要类型

不同类型二极管由于在半导体物理结构和工艺上的差别，其性能，如正向压降、反向耐压、反向漏电流等性能，特别是反向恢复特性，也有所不同，在应用时应根据不同场合的不同要求，选择不同类型的电力二极管。

1) 普通二极管(General Purpose Diode)

普通二极管又称整流二极管(Rectifier Diode)，其结构主要是平面接触型，其特点是允许通过的电流比较大，反向击穿电压比较高，分别可达数千安和数千伏以上。但普通二极管的 PN 结电容比较大，一般应用于开关频率不高(1 kHz 以下)的整流电路中。整流二极管在使用中主要考虑的问题是最大整流电流和最高反向工作电压应大于实际工作中的值。

2) 快恢复二极管(Fast Recovery Diode，FRD)

快恢复二极管的恢复过程，特别是反向恢复过程很短，适用于高频开关电路中，例如高频整流电路、高频开关电源、高频阻容吸收电路、逆变电路等。快速二极管主要包括快恢复二极管和肖特基二极管。

从性能上，快恢复二极管可分为快速恢复和超快速恢复两个等级。前者反向恢复时间为数百纳秒或更长，后者则在100 ns以下，甚至达到20～30 ns。

快恢复二极管的反向耐压多在1 200 V以下。

3）肖特基二极管

以金属和半导体接触形成的势垒为基础的二极管称为肖特基势垒二极管(Schottky Barrier Diode，SBD)，简称为肖特基二极管。

肖特基二极管的优点是，反向恢复时间很短(10～40 ns)；正向恢复过程中也不会有明显的电压过冲；在反向耐压较低的情况下其正向压降也很小(约0.45V)，明显低于快恢复二极管；其开关损耗和正向导通损耗都比快速二极管小，效率高。

肖特基二极管的弱点是，反向电压比较低，一般在200 V以下；反向漏电流较大且对温度敏感，因此反向稳态损耗不能忽略，必须严格地限制其工作温度。

2.2.2　电流半控双极型器件—晶闸管(SCR)

虽然随着电力电子技术迅速发展，晶闸管已逐渐被各种性能优越的全控型器件所取代，但是由于晶闸管能承受的电压和电流容量仍然是目前电力电子器件中最高的，而且工作可靠，因此在大容量的应用场合仍然占有比较重要的地位。

1. SCR的结构与工作原理

普通大功率晶闸管外形有多种封装结构形式，如图2.5所示，均引出阳极A、阴极K和门极G三个连接端。对于螺栓形封装，螺栓一端是阳极A，使用时将该端用螺母固定在散热器上，另一端较粗引线端子为阴极K，细的为门极G。平板形封装的晶闸管的两面分别是阳极A和阴极K，中间的引出端子为门极G，其散热是用两个相互绝缘的散热器把器件紧夹在中间，由于散热效果较好，容量大的SCR都采用平板形结构。

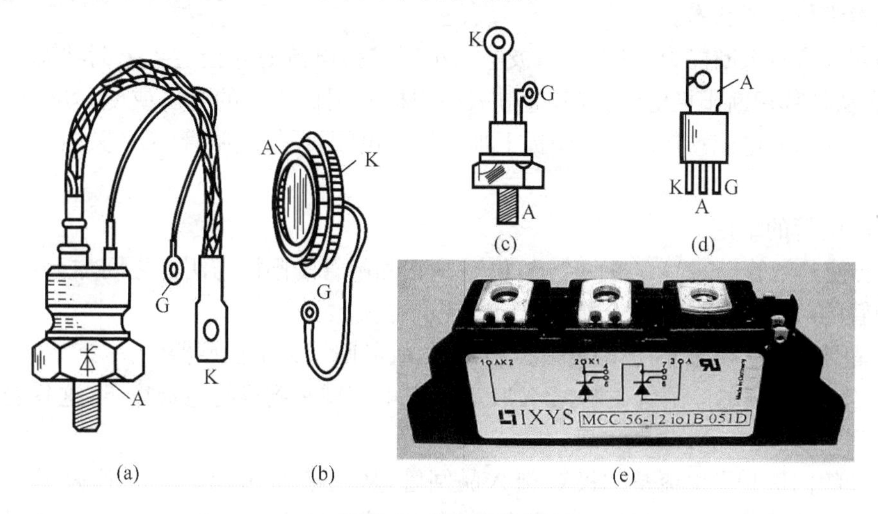

图2.5　晶闸管外形

(a) 大电流螺栓型　(b) 平板型　(c) 小电流螺栓型　(d) 塑封型　(e) 模块型

普通晶闸管内部是PNPN四层半导体结构，形成三个PN结J_1、J_2、J_3，如图2.6(a)所示。晶闸管的电路图形符号及等效电路如图2.6(b)、2.6(c)所示。当晶闸管的阳极与阴极之间加上正电压时，J_1、J_3结处于正向偏置状态，J_2结处于反向偏置状态，在晶闸管中只流过很小的漏电流，晶闸管处于的这种状态称之为正向阻断状态。当晶闸管阳极与阴极之间加上负电压时，J_2结处于正向偏置状态，J_1、J_3结处于反向偏置状态，在晶闸管中也只流过很小的漏电流，晶闸管处于的这种状态称之为反向阻断状态。

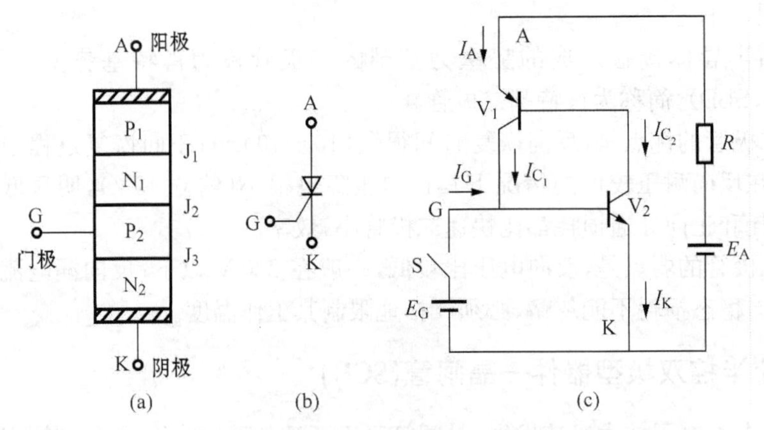

图 2.6 晶闸管结构、文字/图形符号及工作原理示意图

(a) 结构 (b) 文字/图形 (c) 工作原理图

PNPN 四层结构的晶闸管可以看作由 PNP 型($P_1N_1P_2$)和 NPN 型($N_1P_2N_2$)两个晶体管组合而成，如图 2.6(c)所示。如果在晶闸管阳极与阴极之间加上正电压，门极与阴极之间加上正向电压，即向晶闸管门极 G 注入电流 I_G，则 I_G流入 V_2的基极，经晶体管 V_2放大后，其集电极电流 I_{C_2}又构成晶体管 V_1的基极电流，通过 V_1放大成集电极电流 I_{C_1}，而放大的 I_{C_1}又进一步增大 V_2的基极电流，如此形成正反馈，最后 V_1和 V_2均饱和导通，使晶闸管迅速由阻断状态转为导通状态。此时如果撤掉外电路注入的门极电流 I_G，晶闸管由于内部已形成了强烈的正反馈仍然维持导通状态。

晶闸管没有自关断能力，只有当阳极电流小于维持电流时才会进入关断状态。为了使其关断，只有从外部切断阳极电流，或者通过减小阳极和阴极之间的电压或使其反向，使阳极电流小于维持导通的电流。在阳极和阴极上加上反向电压，促使晶闸管 SCR 关断的电路称为强迫换流电路。

有关晶闸管的结论：

(1) 要使晶闸管导通需具备两个条件：一是在晶闸管的阳极与阴极之间加上正向电压；二是在晶闸管的门极和阴极之间也加上正向电压和电流。

(2) 晶闸管一旦导通，门极即失去控制作用，故晶闸管为半控型器件。

(3) 要使已导通的晶闸管关断，必须使其阳极电流减小到维持电流以下，这只能采用阳极电压减小到零或反向的方法来实现。

晶闸管的门极触发电流从门极 G 流入晶闸管，从阴极 K 流出。阴极 K 是晶闸管主电路与控制电路的公共端。门极触发电流往往是通过触发电路在门极和阴极之间施加触发电压而产生的。为保证可靠、安全的触发，触发电路所提供的触发电压、电流和功率应限制在可靠触发区内。

2. SCR 的伏安特性

晶闸管阳极伏安特性是指晶闸管阳极与阴极之间的 U_{AK}与阳极电流 I_A之间的函数关系，

如图2.7所示。

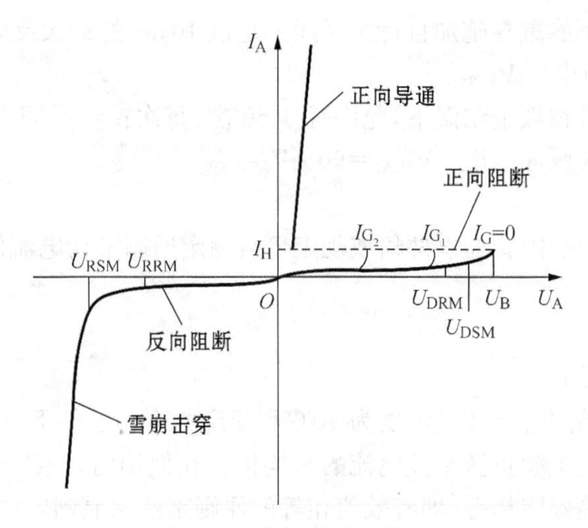

图2.7　晶闸管状安特性

当门极触发电流 $I_G=0$ 时，如果在晶闸管阳、阴极之间加上正向电压，晶闸管处于正向阻断状态，只有很小的漏电流流过；随着阳极正向电压的增加，但只要外加电压小于正向转折电压 V_{BO}，晶闸管仍将保持着阻断状态，如图2.7中 $I_G=0$ 的曲线所示。直到外加的阳极电压达到正向转折电压 V_{BO} 时，J_2 结（见图2.6(a)）击穿，阳极电流 I_A 急剧增大，器件两端的压降减低，晶闸管进入导通状态，特性从高阻区（阻断状态）经负阻区到达低阻区（导通状态），导通后压降很小，在1V左右。

如果在晶闸管门极上加触发电流 I_G，就会使晶闸管在较低的阳极电压下触发导通，门极电流 I_G 越大，相应的转折电压就越低，如图2.7中 I_{G_1}、I_{G_2} 相应的曲线。当门极电流足够大时，只要有很小的阳极正向电压，就能使晶闸管由阻断变为导通。导通期间，如果门极电流为零，并且阳极电流降至接近于零的某一数值 I_H（称之为维持电流）以下，则晶闸管又回到正向阻断状态。晶闸管导通之后的伏安特性则与二极管的正向伏安特性相似。

当晶闸管外加反向的阳极电压时，门极不起作用，其反向伏安特性与二极管反向特性相似，晶闸管始终处于反向阻断状态，只流过很小的反向漏电流。反向电压增加，反向漏电流也增加，当反向电压增加到反向转折电压 V_{RSM} 时，反向漏电流急剧增大，导致晶闸管反向击穿而损坏。

3. SCR的主要参数

1）电压参数

（1）断态不重复峰值电压 V_{DSM}：

断态不重复峰值电压是在门极断路时，施加于晶闸管的正向阳极电压上升到正向伏安特性曲线急剧弯曲处所对应的电压。它是一个不能重复且每次持续时间不超过10 ms的断态最大脉冲电压。V_{DSM} 值小于转折电压 V_{BO}。

（2）断态重复峰值电压 V_{DRM}：

断态重复峰值电压是在门极断路而结温为额定值下，允许每秒50次，每次持续时间不超过10 ms，重复施加在晶闸管上的正向断态最大脉冲电压。$V_{DRM}=90\%V_{DSM}$。

（3）反向不重复峰值电压 V_{RSM}：

晶闸管门极开路，而阳极施加反向电压并对应于反向伏安特性曲线急剧弯曲处的反向峰值电压值。它是一个不能重复施加且持续时间不超过 10 ms 的最大反向脉冲电压。

(4) 反向重复峰值电压 V_{RRM}：

晶闸管门极开路且在额定结温下，允许每秒 50 次，每次持续时间不超过 10 ms，重复施加在晶闸管上的反向最大脉冲电压。$V_{RRM}=90\%V_{RSM}$。

(5) 通态峰值电压 V_{TM}：

通态峰值电压是指晶闸管通以两倍或规定倍数额定通态平均电流值和额定结温时的瞬态峰值电压。

2) 电流参数

(1) 通态平均电流 $I_{T(AV)}$：

通态平均电流为晶闸管在环境温度为 40℃和规定的冷却条件下，稳定结温不超过额定结温时所允许流过的最大工频正弦半波电流的平均值。在使用时，应按实际波形的电流与通态平均电流所造成的发热效应相等，即有效值相等的原则来选取晶闸管的此项电流定额，并留有一定的裕量。一般取其通态平均电流为按此原则所得计算结果的 1.5～2 倍。

(2) 维持电流 I_H：

维持电流是指晶闸管导通以后，在室温和门极开路条件下，使晶闸管维持导通所必需的最小电流，一般为几十至几百毫安。I_H与结温有关，结温越高，则 I_H越小。

(3) 擎住电流 I_L：

擎住电流是指晶闸管刚从断态进入通态并去掉触发信号后，能维持导通所需的最小电流。对同一晶闸管来说，通常 I_L约为 I_H的 2～4 倍。

(4) 浪涌电流 I_{TSM}：

浪涌电流是指在晶闸管规定的条件下，工频正弦半波周期内所允许的最大过载峰值电流。

3) 门极参数

(1) 门极触发电压 V_{GT}：

在规定的环境温度和阳极与阴极间加一定正向电压的条件下，使晶闸管从阻断状态转为导通状态所需的最小门极直流电压，即门极触发电压。

(2) 门极反向峰值电压 V_{RGM}：

门极所加反向峰值电压一般不得超过 10 V，以免损坏 J_3结(见图 2.6)。

(3) 门极触发电流 I_{GT}：

在规定环境温度和阳、阴极间加一定正向电压的条件下，使晶闸管从阻断状态转变为导通状态所需要的最小门极直流电流。

4) 动态参数

(1) 断态电压临界上升率 du/dt：

在额定的环境温度和门极开路的情况下，使晶闸管保持断态所能承受的最大电压上升率。如果该 du/dt 数值过大，即使此时晶闸管阳极电压幅值并未超过断态正向转折电压，晶闸管也可能造成误导通。使用中，实际电压的上升率必须低于此临界值。

(2) 通态电流临界上升率 di/dt：

在规定条件下，晶闸管用门极触发信号开通时，晶闸管能够承受而不会导致损坏的通态电流最大上升率。

(3) 开通时间 t_{gt}：

在室温和规定的门极触发信号作用下，使晶闸管从断态变成通态的过程中，从门极电流阶跃时刻开始，到阳极电流上升到稳态值的90%所需的时间称为晶闸管开通时间 t_{gt}。开通时间 t_{gt} 包括两个时间段：延迟时间 t_d 和上升时间 t_r，$t_{gt}=t_d+t_r$，见图2.8。开通时间与门极触发脉冲的前沿上升的陡度与幅值的大小、器件的结温、开通前的电压、开通后的电流以及负载电路的时间常数有关。普通晶闸管的开通时间约几微秒。

(4) 关断时间 t_q：

在额定的结温时，晶闸管从切断正向电流到恢复正向阻断能力这段时间称为晶闸管关断时间 t_q，它与管子的结温、关断前阳极电流及所加的反向电压的大小有关。关断时间是反向阻断恢复时间 t_{rr} 和正向阻断恢复时间 t_{gr} 之和，$t_q=t_{rr}+t_{gr}$，见图2.8。普通晶闸管的关断时间约几百微秒。

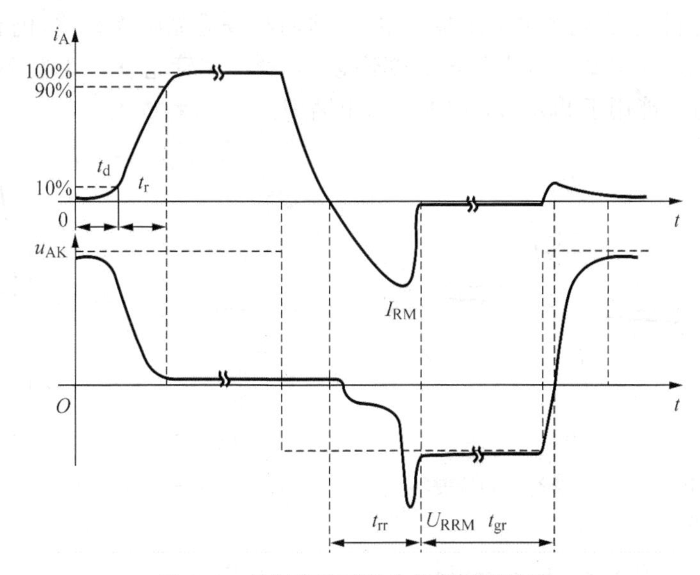

图2.8 晶闸管的开通和关断过程波形

在晶闸管SCR通用变频器中，由于需要上述强迫换流电路，使得电路变得比较复杂，并提高了通用变频器的成本。自20世纪80年代以来，晶闸管开始被性能更好的全控型器件取代。但是，由于从生产工艺和制造技术上来说，大容量、高电压、大电流的晶闸管器件更容易制造，而且和其他电力半导体器件相比，晶闸管具有更好的耐过电流特性，在1000 kVA到数千千伏安的大容量通用变频器中，晶闸管SCR仍然得到了广泛的应用。

4. 特殊晶闸管

晶闸管往往专指晶闸管的一种基本类型—普通晶闸管。广义上讲，晶闸管还包括其他许多类型的派生器件。

1) 快速晶闸管(Fast Switching Thyristor，FST)

由于普通频率晶闸管的导通时间和关断时间较长，允许的电流上升率较小，因此工作频率受到一定的限制。在高频工作场合，因开关损坏随着频率的增加而增加，会产生过热，为此快速晶闸管采用特殊制造工艺，使SCR的导通与关断时间短，允许的电流上升率高，从而可以在几百或几千赫兹的频率下工作。其中，工作频率在10 kHz以上的晶闸管又称高频晶闸管。由于高频晶闸管具有高的动态参数和良好的高频性能，因此适用于高频逆变装置，如感应加热电源、超声波电源、电火花加热电源、发射机电源等。

普通晶闸管关断时间数百微秒，快速晶闸管数十微秒，高频晶闸管十微秒左右。高频晶闸管的不足在于其电压和电流定额都不易过高；由于工作频率较高，选择通态平均电流时不能忽略其开关损耗的发热效应。

2) 双向晶闸管(Triode AC Switch，TRIAC)

双向晶闸管可认为是一对反并联联接的普通晶闸管的集成，有两个主电极 T_1 和 T_2，一个门极 G，正反两方向均可触发导通，所以双向晶闸管在第一和第三象限有对称的伏安特性，见图 2.9(b)。

在交流调压电路、固态继电器(Solid State Relay，SSR)和交流电机调速等领域，双向晶闸管应用较多。

虽然双向晶闸管能在两个方向上控制电流，然而与普通晶闸管相比，仍有不足之处，它的额定电流值比较低，在需要控制特大电流时不能与普通晶闸管竞争。另外，双向晶闸管控制电感性负载困难，且只能用于低频(50～400 Hz)电路中。

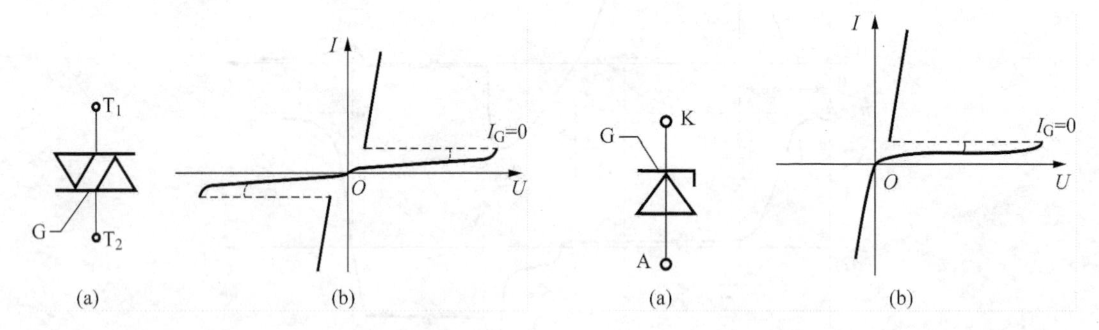

图 2.9 双向晶闸管的电气图形符号和伏安特性
(a) 电气图形符号 (b) 伏安特性

图 2.10 逆导晶闸管的电气图形符号和伏安特性
(a) 电气图形符号 (b) 伏安特性

3) 逆导晶闸管(Reverse Conducting Thyristor，RCT)

逆导晶闸管是一个反向直接导通的晶闸管，它是将一个晶闸管与一个续流二极管反并联集成在同一硅片内的器件。这种器件不具备承受反向电压的能力，一旦承受反向电压即开通。

逆导晶闸管的工作原理与普通晶闸管相同，即用正的门极信号来实现器件开通。在逆导晶闸管的电路中，晶闸管与二极管是交替工作的，晶闸管通过可控的正向电流，二极管通过不可控的反向电流。其电路图形符号及伏安特性如图 2.10 所示。其正向伏安特性表现为晶闸管的正向伏安特性，反向表现为二极管的正向伏安特性。

与普通晶闸管相比，逆导晶闸管有如下特点：正向转折电压比普通晶闸管要高、电流容量大、换相时间短、开关速度高、高温特性好(允许结温可达 150℃以上)。

根据逆导晶闸管性能特点，可分为三种类型：

第一种类型为快速开关型，其主要特点是高压、大电流和快速，主要用于大功率直流开关电路，如斩波器和直交逆变电路中。

第二种是频率型，它是在功率型器件的基础上，采取降低关断时间，减小开关损耗等措施研制成的器件，其允许工作频率为 500～1 000 Hz，主要用于高频脉宽调制逆变器、高频感应加热逆变器及各种稳频稳压逆变电源等设备中。

第三种是高压型,其反向并联二极管的阳极短路结构,使之具有耐高压、耐高温的特点;相对薄的基区有利于减小通态电压降和缩短关断时间。这种晶闸管主要用于直流高压输电、高压静止开关等高压电路中。

4) 光控晶闸管(Light Triggered Thyristor,LTT)

光控晶闸管又称光触发晶闸管,是利用一定波长的光照信号触发导通的晶闸管,其电路图形符号及伏安特性如图 2.11 所示。

小功率光控晶闸管只有阳极和阴极两个端子,受光窗口就在管体上;大功率光控晶闸管则还带有光缆,光缆上装有作为触发光源的发光二极管或半导体激光器。

光触发与电触发相比,具有下列优点:

- 通过主电路与控制电路光耦合,可以抑制噪声干扰;
- 主电路与控制电路相互隔离,容易满足对高压绝缘的要求;
- 使用光控晶闸管,不需要门极触发脉冲变压器,从而使装置的体积缩小,重量减轻,可靠性提高。

根据光控晶闸管的特点,凡是应用普通晶闸管的场合,都可以使用光控晶闸管,但是只有用在高压交、直流系统或采用高压供电的设备中的光控晶闸管,才能显示其优点。在这些使用场合,光控晶闸管可作为高压交、直流开关,用以控制或调节电力,或者在无功功率补偿装置中用作执行元件。

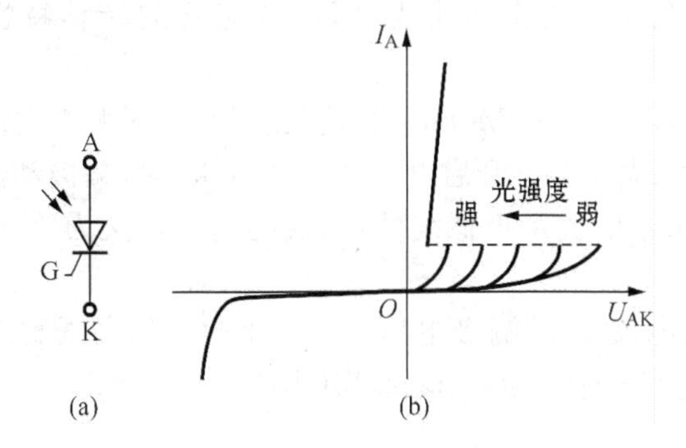

图 2.11 光控晶闸管的电气图形符号和伏安特性
(a) 图形符号 (b) 伏安特性

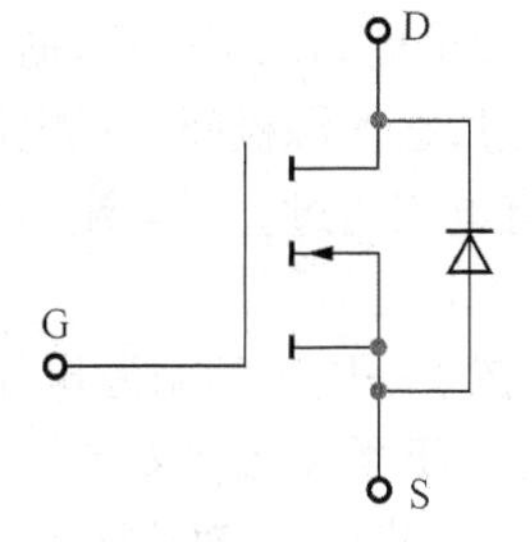

图 2.12 功率 MOSFET 的电气图形符号

2.2.3 电压全控单极型器件—功率场效应晶体管(Power MOSFET)

场效应晶体管是一种多数载流子导电的半导体器件。由于它具有基于金属(M)-氧化物(O)-半导体(S)构成的绝缘栅的独特结构,所以叫做 MOS 场效应晶体管。场效应晶体管有 P 沟道、N 沟道和增强型、耗尽型之分。

应用于电力电子变换的 MOS 场效应晶体管,通常称为功率 MOSFET,或电力 MOSFET,主要是 N 沟道增强型。它具有工作频率高、驱动功率小、无二次击穿等优点,因而在中、小功率电力电子电路中得到了广泛的应用。

1. 功率 MOSFET 的特点

功率 MOSFET 的电气图形符号见图 2.12。功率 MOSFET 有三个极,分别叫做栅极(G)、源极(S)和漏极(D),它们相对于三极管的基极(B)、发射极(E)和集电极(C)。但在性能上二者有所区别。三极管是以基极电流(I_B)控制集电极电流(I_C),其输入电阻比较小;场效应管是以栅极电压(U_{GS})控制漏极电流(I_{DS}),栅极电路基本上不取用什么电流,因此输入电阻非常高(一般可达 10^9 Ω 以上)。

功率 MOSFET 模块内部在漏源极之间并接了一个快速恢复二极管,这与大功率三极管 GTR 模块中的反并联二极管的功能是一样的,起反向保护作用,防止反电势和反电压损坏功率 MOSFET,同时在具体应用中为反向电流提供通道。

与双极型功率晶体管 GTR 相比,功率 MOSFET 主要有以下优点:

- 开关速度快(快一个数量级),工作频率高;
- 无二次击穿问题,安全工作区宽,损耗小;
- 需要的驱动功率小,驱动电路比较简单;
- 热稳定性好,可以在较宽的温度范围内提供较好的性能;
- 抗过电流和过电压的能力较强;
- MOSFET 有正的电阻温度系数,具有并行工作能力。

功率 MOSFET 的缺点是通态压降大、导通损耗大。由于其电流容量小,耐压低,一般只适用于功率不超过 10 kW 的电力电子装置。

2. 功率 MOSFET 的特性

通过施加在功率 MOSFET 的栅极上的电压 U_{GS},可以控制漏极电流 I_D。在某一固定的漏极电压 U_{DS} 下,漏极电流 I_D 随栅极电压 U_{GS} 变化的曲线,即场效应管的转移特性如图 2.13(a)所示。

漏源极间加正电源,栅源极间电压为零时,功率 MOSFET 是截止状态,漏源极之间无电流流过;在栅源极间加正电压 U_{GS} 时,且 U_{GS} 大于 U_T(开启电压或阈值电压)时,漏极和源极导电,有电流通过。当电流 I_D 较大时,I_D 与 U_{GS} 的关系近似线性,曲线的斜率定义为跨导 $g_m = \Delta I_D / \Delta U_{GS}$。

在某一固定的栅源电压 U_{GS} 下,漏极电流 I_D 随漏极电压 U_{DS} 变化的一组曲线称为功率 MOSFET 的漏极伏安特性(输出特性),它有三个区域(见图 2.13(b)):

(1) 截止区,对应于 GTR 的截止区。

(2) 饱和区,对应于 GTR 的放大区。

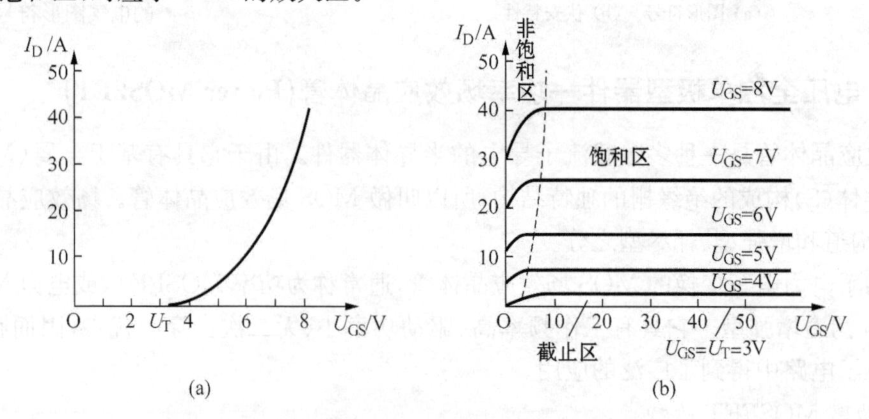

图 2.13 功率 MOSFET 的转移特性和输出特性

(a) 转移特性 (b) 输出特性

(3) 非饱和区，对应于GTR的饱和区。

功率MOSFET工作在开关状态，即在U_{GS}的控制下其特性在截止区和非饱和区之间来回转换。

功率MOSFET只靠多子导电，不存在少子储存效应，因而关断过程非常迅速，开关时间在10～100 ns之间，工作频率可达100 kHz以上，是主要电力电子器件中最高的；作为场控器件，功率MOSFET在静态时几乎不需输入栅极电流，但在开关过程中需对输入电容充放电，仍需一定的驱动功率，开关频率越高，所需要的驱动功率越大。

功率MOSFET不存在二次击穿问题，这是它的一大优点，但在实际使用中仍应注意留适当的电流和电压裕量。

3. 功率MOSFET的主要参数

(1) 漏源击穿电压BU_{DS}：是指栅源电压U_{GS}一定时，场效应管正常工作所能承受的最大漏源电压。这是一项极限参数，加在场效应管上的工作电压必须小于BU_{DS}，该电压决定了功率MOSFET的最高工作电压。

(2) 最大耗散功率P_{DSM}：是一项极限参数，是指场效应管性能不变坏时所允许的最大漏源耗散功率。使用时，场效应管实际功耗应小于P_{DSM}并留有一定裕量。

(3) 最大漏源电流I_{DSM}：是一项极限参数，是指场效应管正常工作时，漏源间所允许通过的最大电流。场效应管的工作电流不应超过I_{DSM}。

(4) 栅源击穿电压BU_{GS}：该电压表征了功率MOSFET栅源之间能承受的最高电压。一般小于20 V。

(5) 漏极最大电流I_D：表征功率MOSFET的电流容量。

(6) 开启电压U_T：又称阈值电压，是使漏源间刚导通时的栅极电压。

(7) 通态电阻R_{on}：通态电阻R_{on}是指在确定的栅源电压U_{GS}下，功率MOSFET处于恒流区时的直流电阻，是影响最大输出功率的重要参数。

(8) 跨导g_m：表示栅源电压U_{GS}对漏极电流I_{DS}的控制能力，即漏极电流I_D变化量与栅源电压U_{GS}变化量的比值。g_m是衡量场效应管放大能力的重要参数。

(9) 导通延时时间$t_{d(on)}$：导通延时时间是从当栅源电压上升到10%栅驱动电压时到漏电流升到规定电流的10%时所经历的时间。

(10) 关断延时时间$t_{d(off)}$：关断延时时间是从当栅源电压下降到90%栅驱动电压时到漏电流降至规定电流的90%时所经历的时间。这显示电流传输到负载之前所经历的延迟。

2.2.4　电压全控复合型器件—绝缘栅双极型晶体管IGBT

绝缘栅双极晶体管IGBT(Isolated Gate Bipolar Transistor)是20世纪80年代中期发展起来的一种新型复合器件。它结合了MOSFET和BJT(GTR)各自的优点，因而具有良好的特性。

1. IGBT的特点

图2.14是IGBT的等效电路和电气图形符号。

传统的双极型功率晶体管具有耐压高、导通压降低等特点，但是开关速度比较慢，不适合高频应用场合；而功率MOSFET虽然有很快的开关速度，但是其耐压和电流容量较小。IGBT综合了双极型功率晶体管高耐压、导通压降低的特点和功率MOSFET开关速度快的特点，是一种适合于中、大功率应用的电力电子器件，目前已成为应用最广泛的电力电子器件

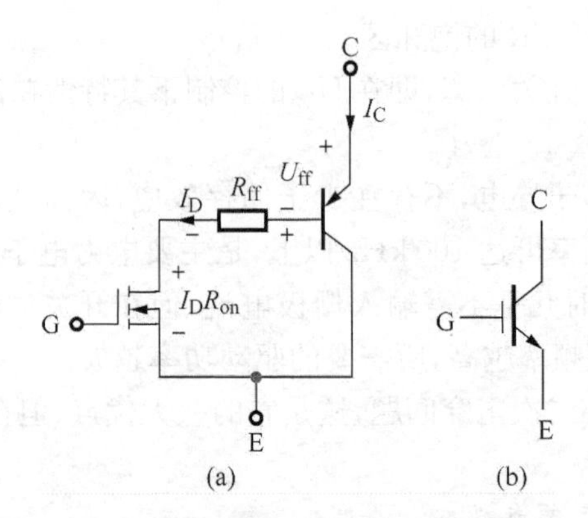

图 2.14 IGBT 的简化等效电路和图形符号
(a) 等效电路 (b) 图形符号

之一。

功率 MOSFET 是单极型电压驱动器件，它具有开关速度快、输入阻抗高、热稳定性好以及驱动功率小和控制简单等特点，但它存在通态电阻较大、耐压和电流容量较小的缺点。

大功率 GTR、GTO 等是双极型电流驱动器件，具有耐压高、导通压降低、通流能力很强的特点，但这类器件也存在开关速度较低(不适合高频应用场合)、驱动功率较大以及控制电路复杂等缺点。

这两类器件的缺点限制了它们的应用范围。

绝缘栅双结晶体管 IGBT 结合了 MOSFET 和 BJT(GTR)各自的优点，具有可靠性高、功率大、输入阻抗高、开关速度快、通态电压低、耐压高、驱动电路简单、保护容易等特点。其中，输入阻抗高，是场控器件 MOSFET 的特性；通态压降低，是 GTR 的特性。这些特点都使 IGBT 比 GTR 有更大的吸引力，有更广泛的应用领域。目前 IGBT 已成为通用变频器、大功率开关电源、逆变器等电力电子装置的理想功率器件。在通用变频器中，IGBT 模块已完全取代了大功率晶体管 GTR。目前，采用 IGBT 的中小容量通用变频器的单机容量已达 1 500 kW 以上，载波频率可以达到 10～20 kHz，从而降低了电动机运行的噪声。

IGBT 中双极型 PNP 晶体管的存在，虽然带来了电导调制效应的好处，但也引入了少子储存现象，因而 IGBT 的开关速度低于电力 MOSFET。

图 2.15 是 IGBT 模块的等效电路和外形。IGBT 有一单元、二单元模块，也有小型的六单

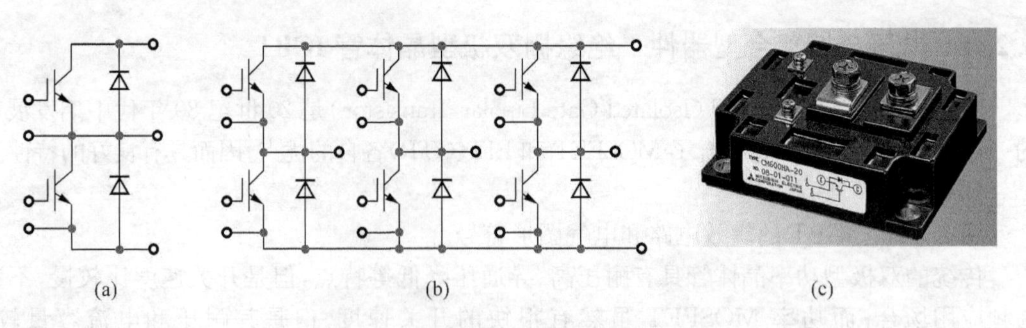

图 2.15 IGBT 单元电路及模块外形
(a) 二单元电路 (b) 六单元电路 (c) 一单元模块外形

元、七单元模块。

2. IGBT 的特性

IGBT 的驱动原理与电力 MOSFET 基本相同，是场控器件，通断由栅射极电压 U_{GE}决定。

1) IGBT 的静态特性

IGBT 的静态特性主要有转移特性和输出特性，后者也叫伏安特性，如图 2.16 所示。图 2.16(a)是 IGBT 的转移特性，描述的是集电极电流 I_C与栅射极电压 U_{GE}之间的关系，与 MOSFET 转移特性类似。

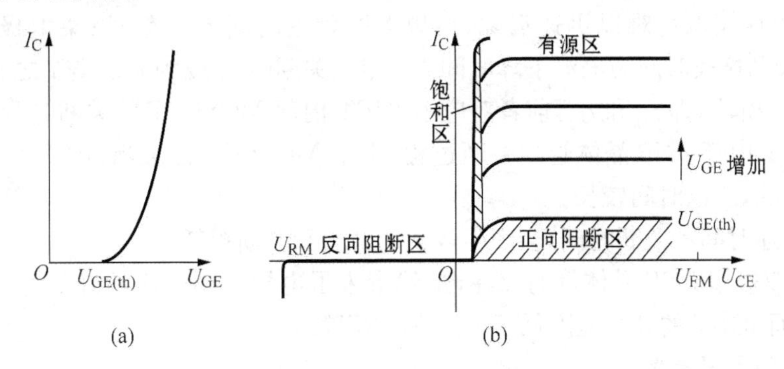

图 2.16　IGBT 的转移特性和输出特性

(a) 转移特性　(b) 输出特性

U_{GE}大于开启电压 $U_{GE(th)}$，即 IGBT 能实现电导调制而导通的最低栅射电压时，MOSFET 内形成沟道，为晶体管提供基极电流，IGBT 导通，电导调制效应使电阻 R_N减小，使通态压降减小；栅射极间施加反压或不加信号时，MOSFET 内的沟道消失，晶体管的基极电流被切断，IGBT 关断。$U_{GE(th)}$ 随温度升高而略有下降，在+25℃时，$U_{GE(th)}$ 的值一般为 2～6V。

图 2.16(b)是 IGBT 的输出特性(伏安特性)，它描述的是以栅射极电压 U_{GE}为控制变量，集电极电流 I_C与集射极电压 U_{CE}之间的关系。它与 GTR 的输出特性类似，不同的是控制变量。IGBT 的控制变量为栅射极电压 U_{GE}，而 GTR 的控制变量为基极电流 I_B。IGBT 的输出特性分三个区域，与 GTR 的截止区、放大区和饱和区相对应。当 $U_{GE}<0$ 时，IGBT 为反向阻断状态。在电力电子电路中，IGBT 工作在开关状态，在正向阻断区和饱和区之间转换。

2) IGBT 的动态特性

IGBT 是由 PNP 晶体管和电力 MOSFET 组成的达林顿结构，在开通过程中，大部分时间是以电力 MOSFET 来运行的，只是在漏源电压 U_{DS}下降过程后期，PNP 晶体管由放大区至饱和，又增加了一段延迟时间。

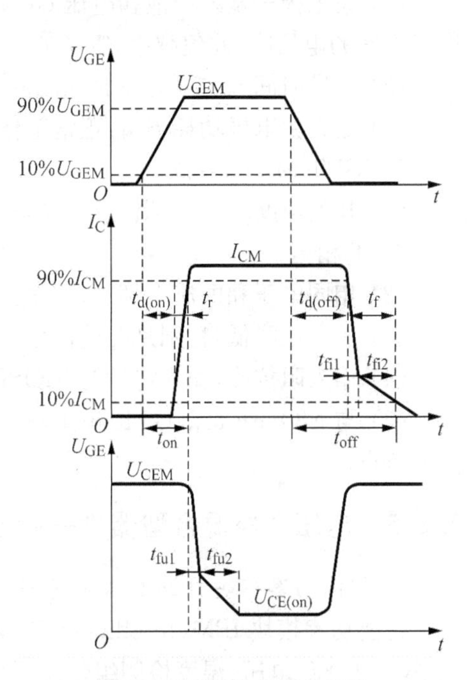

图 2.17　IGBT 的动态特性

如图 2.17 所示，从栅射极电压 U_{GE}前沿上升到其幅值的 10%的时刻起，到集电极电流上升到其最

大值 I_{CM}的10%的时刻止，这段时间为开通延迟时间 $t_{d(on)}$；从最大值 I_{CM}的10%上升到90%所需的时间为电流上升时间 t_r。定义开通时间 t_{on}为 $t_{d(on)}$与 t_r之和。

IGBT开通后，集射极电压的下降过程分为两个阶段 t_{fu1}和 t_{fu2}。前者是电力MOSFET单独作用时的电压下降过程，后者为电力MOSFET和PNP晶体管同时作用时的电压下降过程，在 t_{fu2}段结束时，IGBT才完全进入饱和状态。

IGBT关断过程从栅射极电压后沿下降到其幅值的90%的时刻起，到集电极电流下降到最大值 I_{CM}的90%的时刻止，此段时间定义为关断延迟时间 $t_{d(off)}$。因为MOSFET关断后，PNP晶体管的存储电荷难以迅速消除，所以关断延迟时间 $t_{d(off)}$较长；集电极电流从 I_{CM}的90%下降到10%这段时间为电流下降时间 t_f。定义关断时间 t_{off}为 $t_{d(off)}$与 t_f之和。

t_f分为两个阶段，即 t_{fi1}和 t_{fi2}，前者对应于IGBT内部MOSFET的关断过程，时间较短；后者对应于IGBT内部PNP晶体管的关断过程，由于MOSFET已关断，PNP晶体管的存储电荷难以迅速消除，所以时间较长。

较长的开通时间和关断时间，会产生较大的开通和关断损耗。

IGBT中双极型PNP晶体管的存在，虽然带来了电导调制效应的好处，但也引入了少子储存现象，因而IGBT的开关速度低于电力MOSFET。

3. IGBT的主要参数

1) 主要参数

(1) 集电极—发射极额定电压 U_{CES}：栅极与发射极短路时IGBT能承受的耐压值；

(2) 栅极—发射极额定电压 U_{GES}：栅极控制信号的额定值。目前，IGBT的 U_{GES}值大部分为+20 V，使用时栅极的控制电压最好不要超过该额定值；

(3) 额定集电极电流 I_C：IGBT在导通时能流过管子的持续最大电流；

(4) 集电极—发射极饱和电压 $U_{CE(sat)}$：此参数给出IGBT在正常饱和导通时集电极—发射极之间的电压降，此值越小，管子的功率损耗越小；

(5) 开通时间 t_{on}与关断时间 t_{off}：此参数会影响开关速度和开关损耗；

(6) 最大集电极功耗 P_{CM}：正常工作温度下允许的最大功耗。

2) IGBT的参数特点

(1) 开关速度高，开关损耗小，在电压1000 V以上时，开关损耗只有GTR的1/10，与电力MOSFET相当；

(2) 相同电压和电流定额时，安全工作区比GTR大，且具有耐脉冲电流冲击能力；

(3) 通态压降低，特别是在电流较大的区域；

(4) 输入阻抗高，输入特性与MOSFET类似；

(5) 与MOSFET和GTR相比，耐压和通流能力还可以进一步提高，同时保持开关频率高的特点。

2.2.5 电压全控混合型器件—智能功率模块IPM

1. 智能功率模块IPM的结构原理

智能功率模块IPM(Intelligent Power Module)是将主开关器件、续流二极管、驱动电路(Drive)、电流、电压、温度检测组件及保护电路、接口电路等集成在同一封装内，形成了高度集成的智能功率集成电路。它的智能化主要表现在控制功能、保护功能和接口功能等三个方面。

智能功率模块 IPM 由有电流传感功能的 IGBT 芯片和门极驱动(Drive)、故障检测及各种保护电路构成。图 2.18 是 IPM 内置保护功能等效电路示意图。

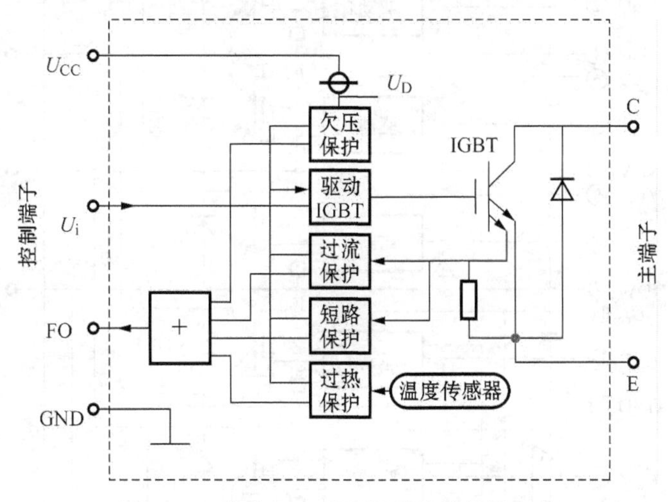

图 2.18　单管 IPM 内置保护功能等效电路

IGBT 芯片的电流传感器是射极分流式,采样电阻上流过的电流很小,但与开关流过的大电流成比例关系,从而可代替一般外接电流互感器、霍尔电流传感器等检测组件,用于检测过流,实现过电流(OC, Over Current)保护功能。其他保护功能是过热(OT, Over Temperature)保护、短路(SC, Short Circuit)保护、驱动电源电压 U_D 不足(UV, Under Voltage)时的保护等功能。

上述非正常运行状态出现时封锁 IGBT 的门极驱动电路,IPM 就会自动关断,同时向主控制器发送一个故障信号(FO,Fault Output)。

虽然智能功率模块 IPM 内部自带保护电路,但并不能在各种故障时都保证器件不受损坏,必须外加硬件或软件辅助保护才能保证正常运行。

功率模块内部 IGBT 的 C、E 两极之间反向并接了一个快速恢复二极管,起反向保护作用,防止反电势和反电压损坏 IGBT,同时在具体应用中为反向电流提供通道。

2. 智能功率模块的封装形式

智能功率模块 IPM 主电路有四种封装形式,分别是单管封装、双管封装、六合一封装和七合一封装。

图 2.19 是一个七合一封装的 IPM 模块等效电路,是一种包括 7 个内置有电流传感器的 IGBT、7 个快速功率二极管、7 个驱动电路和过热保护电路的逆变器。

IGBTl～IGBT6 组成逆变桥,VDFl～VDF6 是与六个主 IGBT 反并联的续流二极管,IGBT7 是动力制动用的开关管,VDW 是它的续流二极管。内部含有门极驱动控制、故障检测和多种保护等电路,电流传感器单元的信号被反馈到一个比较器,用来监测 IGBT 的主电流,内部的故障保护电路则用来检测过电流、过热和控制电源欠电压等故障,在这些非正常运行条件中,只要有一个出现,IPM 就会自行关断,同时向外发送一个故障信号。

图 2.20 是七合一的 IPM 模块外形图,输入、输出控制端子并排成一列,间距为标准的 2.54 mm,用一个通用插件即可连接,利用导针也很容易插入印制电路板的插头中。直流输入端(P、N)、制动单元输出端(P、B)及通用变频器输出端(U、V、W)等各端子安排得紧凑、合理,

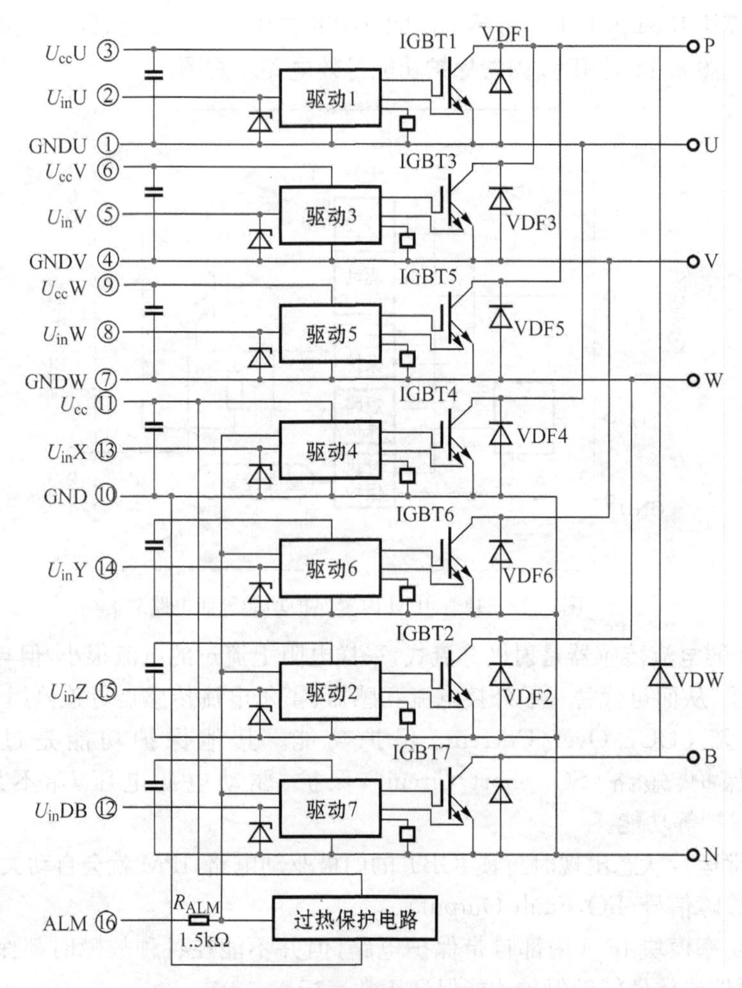

图 2.19　七合一封装的 IPM 模块

全部接线采用插件或螺钉,装拆方便。

图 2.20　七合一 IPM 模块外型

IPM 有很好的经济型,为此 IPM 除了在工业变频器中被大量采用,经济型的 IPM 也开始在一些民用品如简易型工业单相变频器,家用变频电器中得到应用。在模块额定电流 10～1 200 A范围内,通用变频器均有采用 IPM 的趋向。

本章习题

1. 普通二极管、快恢复二极管和肖特基二极管在性能上各有什么特点?
2. 维持晶闸管导通的条件是什么?怎样才能使晶闸管由导通变为关断?
3. 电力半导体器件SCR、GTR(BJT)、POWER MOSFET、IGBT分属哪种类型?各有什么特点?说出这些器件的完整英文名称和中文名称。
4. GTO和普通晶闸管同为PNP结构,为什么GTO能够自关断,而普通晶闸管不能?
5. 哪些电力电子开关是属于复合型的?这些器件有什么特点?
6. 电压控制型器件和电流控制型器件在控制驱动方面有什么不同之处?
7. 通用变频器对电力电子开关器件的基本要求是什么?
8. 除普通晶闸管外还有哪些派生类型的晶闸管?各有什么特点?
9. 什么是智能功率模块?有哪些功能?
10. 分别根据电力二极管和IGBT的动态特性图,分析在导通状态、截止状态、转换过渡过程中器件的功率损耗情况,由此得出什么结论?
11. 电力电子器件的开通时间或关断时间与其开关频率参数有什么关系?
12. 电力电子器件是工作在开关状态的大容量无触点电流开关,从功率损耗角度考虑为什么它不能工作在放大状态。

第3章　通用变频器原理及功能

通用变频器的特点是其通用性，可以应用于普通三相异步电动机的调速控制。变频调速是利用异步电动机的同步转速随频率变化的特性，通过改变异步电动机的供电频率进行调速的方法。

通用变频器是一种集成了当今诸多先进科学技术的智能化驱动装置，在各个行业得到了普遍的应用，一般技术人员可以直接利用它自行构成一个实用而又可靠的控制系统。当然要用好变频器首先要对变频器的工作原理、构成、特性和功能等有充分的了解。

本章将在介绍三相异步电动机调速方法的基础上引伸出变频调速的原理及有关技术，然后从使用的角度介绍通用变频器的接线端子功能、控制功能和使用方法。

3.1　交—直—交变频调速基本原理

3.1.1　异步电动机交流调速方法

在用电系统中，电动机作为主要的动力设备而广泛地应用于工农业生产、国防、科技及社会生活等各个方面，是用电量最多的电气设备。

根据采用的电流制式不同，电动机分为直流电动机和交流电动机两大类，其中交流电动机拥有量最多，工业生产的用电量多半是提供给交流电动机的。交流电动机的诞生和发展已有一百多年的历史，至今已经研究、制造了形式多样、用途各异的各种容量、各种品种的交流电动机。交流电动机分为同步电动机和异步（感应）电动机两大类。电动机的转子转速与定子电流的频率保持严格不变的关系，即是同步电动机；反之，若不保持这种关系，即是异步电动机。根据统计，交流电动机用电量占电机总用电量的85%左右，可见交流电动机应用的广泛性及其在国民经济中的重要地位。

电动机作为把电能转换为机械能的主要设备，在实际应用中应满足以下基本要求：一是要使电动机具有较高的机电能量转换效率；二是根据生产机械的工艺要求控制和调节电动机的旋转速度。电动机的调速性能对提高产品质量、提高劳动生产率和节省电能有着直接的决定性影响。为了控制电动机的运行，就要为电动机配上控制装置，组成电力传动自动控制系统。以直流电动机作为控制对象的电力传动自动控制系统称之为直流调速系统；以交流电动机作为控制对象的电力传动自动控制系统称之为交流调速系统。

交流电动机，特别是鼠笼型异步电动机，具有结构简单、制造容易、价格便宜、坚固耐用、转动惯量小、运行可靠、很少维修、使用环境及结构发展不受限制等优点。但是长期以来由于受科技发展的限制，把交流电动机作为调速电机的问题未能得到较好的解决，只有一些调速性能差、低效耗能的调速方法，如：绕线式异步电动机转子外串电阻及机组式串级调速方法、鼠笼式异步电动机定子调压调速方法（自耦变压器、饱和电抗器）及后来的电磁（滑差离合器）调速方法。

现在，由于科学技术的迅速发展，交流调速系统已逐步取代直流调速系统，在电气传动领域占据着统治地位。

现代交流调速系统由交流电动机、电力电子功率变换器、控制器和检测器等四大部分组成，如图 3.1 所示。电力电子功率变换器与控制器及电量检测器集中于一体，称为变频器(变频调速装置)，如图 3.1 内框虚线所框部分。从系统方面定义，图 3.1 外框虚线所框的部分称为交流调速系统。

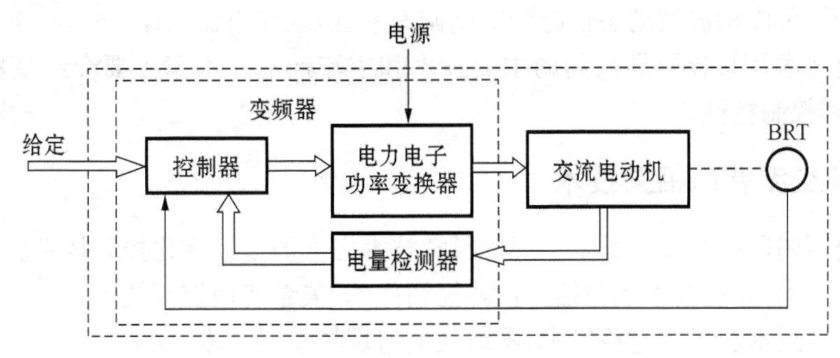

图 3.1　现代交流调速系统组成示意图

根据被控对象——交流电动机的种类不同，现代交流调速系统可分为异步电动机调速系统和同步电动机调速系统。

三相同步电动机的转速公式为

$$n=\frac{60f_S}{p}=n_0 \tag{3-1}$$

式中 f_S是定子绕组的供电频率，p 是电动机的极对数。从式(3-1)可以看出，除了改变极对数 p，同步电动机只能通过改变电源频率才能改变同步电动机的转速。

三相异步电动机的转速公式为

$$n=\frac{60f_S}{p}(1-S)=n_0(1-S) \tag{3-2}$$

式(3-2)中，电动机定子绕组的磁极对数 p 一定，改变电源频率 f_S，可改变电动机同步转速 n_0。异步电动机的实际转速总低于同步转速，而且随着同步转速而变化。电源频率增加，同步转速 n_0 也增加，实际转速也增加；电源频率下降，同步转速 n_0 也下降，电机转速也降低，这种通过改变电源频率实现的速度调节过程称为变频调速。如果均匀地改变异步电动机的定子供电频率 f_S，就可以平滑地调节电动机的转速 n。实际应用中，不仅要求调节转速，同时还要求调速系统具有优良的机械特性。

由异步电动机工作原理可知，从定子传入转子的电磁功率 P_m 可分为两部分：一部分 $P_d=(1-S)P_m$ 是拖动负载的有效功率；另一部分是转差功率 $P_S=SP_m$，与转差率 S 成正比。转差功率如何处理、是消耗掉还是回馈给电网，可衡量异步电动机调速系统的效率高低。因此按转差功率处理方式的不同可以把现代异步电动机调速系统分为三类。

1. 转差功率消耗型调速系统

全部转差功率都转换成热能的形式而消耗掉。晶闸管调压调速属于这一类。在异步电动机调速系统中，这类系统的效率最低，是以增加转差功率的消耗为代价来换取转速的降低。但是由于这类系统结构最简单,所以对于要求不高的小容量场合还有一定应用。

2. 转差功率回馈型调速系统

转差功率一小部分消耗掉,大部分则通过变流装置回馈给电网。转速越低,回馈的功率越多。绕线式异步电动机串极调速和双馈调速属于这一类。显然这类调速系统效率较高。

3. 转差功率不变型调速系统

转差功率中转子铜损部分的消耗是不可避免的,但在这类系统中,无论转速高低,转差功率的消耗基本不变,因此效率很高。变频调速属于此类。目前在交流调速系统中,变频调速应用最多、最广泛,可以构成高动态性能的交流调速系统,取代直流调速。

变频调速技术及其装置是当前的主流技术和主流产品。本章主要介绍变频器的基本组成、工作原理和控制特性。

3.1.2 变频交流调速相关技术

新一代变频调速控制技术是基于现代科学技术之上的全数字化控制技术。除了前一章介绍的电力电子技术,这些技术还包括PWM控制技术、矢量变换控制技术、直接转矩控制技术、微型计算机控制技术及集成电路技术、网络通信与现场总线技术。

1. PWM控制技术

PWM (Pulse Width Modulation)控制就是脉宽调制技术,即通过对一系列脉冲的宽度进行调制,来等效地获得所需要的波形(含形状和幅值)。PWM技术最初是用于通信,1964年,德国人A. Schonung和H. Stemmler率先提出了脉宽调制变频的思想,试图将PWM技术应用到交流传动中,但由于受电力电子器件发展水平的制约,一直未能实现。直到进入20世纪80年代,全控型电力电子器件的出现和迅速发展,PWM控制技术才真正得到应用。正是由于在变频器逆变电路中的成功应用,PWM控制技术确定了它在电力电子技术中的重要地位,获得了空前的发展。现在使用的各种逆变电路都采用了PWM技术。

2. 矢量变换控制技术

矢量变换控制技术的诞生和发展奠定了现代交流调速系统高性能化的基础。

交流电动机是个多变量、非线性、强耦合的被控对象,采用参数重构和状态重构的现代控制理论概念可以实现交流电动机定子电流的励磁分量和转矩分量之间的解耦,实现了将交流电动机的控制过程等效为直流电动机的控制过程,使交流调速系统的动态性能得到了显著的改善和提高,从而使交流调速最终取代直流调速成为可能。目前对调速特性要求较高的生产工艺已较多地采用了矢量控制型的变频调速装置。实践证明,采用矢量控制的交流调速系统的优越性高于直流调速系统。

针对电机参数时变特点,在矢量控制系统中增加了自适应控制技术。矢量控制技术将会在今后的应用实践中更加完善,更具有应用价值。

3. 直接转矩控制技术

继矢量控制技术之后,德国鲁尔大学的狄普布洛克(Depenbrock)教授在20世纪80年代中期首先提出了直接转矩控制理论。

直接转矩控制(DTC,Direct Torque Control)的控制思想是以转矩为中心进行综合控制,不仅控制转矩,也用于磁链量的控制和磁链自控制。直接转矩控制与矢量控制的区别是:它不是通过控制电流、磁链等量间接控制转矩,而是把转矩直接作为被控量控制,其实质是用空间矢量的分析方法，以定子磁场定向方式，对定子磁链和电磁转矩进行直接控制。1985年狄普布洛克(Depenbrock)教授首先提出了基于六边形的圆形磁链轨迹直接转矩控制理论，他称之为Direct Self Control (DSC)。这种方法不需要复杂的坐标变换，而是直接在电动机定子坐标上计算磁链的模和转矩的大小，并通过磁链和转矩的直接跟踪，实现PWM脉宽调制和系统的高动态性能。直接转矩控制的逆变器采用不同的开关器件，控制方法也有所不同。Depenbrock最初提出的直接自控制理论，主要在高压、大功率且开关频率较低的逆变器控制中广泛应用。目前被应用于通用变频器的控制方法是一种改进的、适合于高开关频率逆变器的方法。

ABB公司的直接转矩控制通用变频器，目前已成为其各系列通用变频器的核心技术，动态转矩响应已达到小于2 ms，在带速度传感器时的静态速度精度达±0.001%，在不带速度传感器的情况下即使受到输入电压的变化或负载突变的影响，同样可以达到±0.1%的速度控制精度。

4. 微型计算机控制技术及集成电路技术

微型计算机控制技术与大规模集成电路的迅速发展和广泛应用为现代交流调速系统的成功应用提供了重要的技术手段和保证。

交流调速从开始应用时起的十几年里，其控制器(或系统的控制回路)多由模拟电子电路组成。由于计算机控制技术，特别是以单片机及数字信号处理器DSP为控制核心的微机控制技术的迅速发展和广泛应用及大规模集成电路的应用，促使交流调速系统的控制回路由模拟控制迅速走向全数字控制。当今模拟控制器已被淘汰，全数字化的交流调速系统已普遍应用。

数字化使得控制器对信息处理能力大幅度提高，许多难以实现的复杂控制，如矢量控制中的复杂坐标变换运算、解耦控制、参数辨识的自适应控制等，采用微机控制器后便都解决了。高性能的矢量控制系统如果没有微机的支持是不可能真正实现的。此外，微机控制技术又给交流调速系统增加了多方面的功能，特别是故障诊断技术得到了完全的实现。

微机控制技术及大规模集成电路的应用提高了交流调速系统的可靠性，操作、设置的多样性和灵活性，降低了变频调速装置的成本和体积。

以微处理器为核心的数字控制已成为现代交流调速系统的主要特征之一。

5. 网络通信与现场总线技术

变频器被广泛应用于工业控制现场的交流传动之中。通常变频器控制由操作面板来完成，也可通过输入外部的控制信号来实现。目前在实际的应用中，变频器与控制器之间更趋于通过现场实时总线通信的方式以实现数据的交互，可以实现如下功能：①变频器控制参数的调整；②变频器的调节；③变频器的控制及监控；④变频器的故障管理及其故障后重新起动。

现场总线是一种造价低、可靠性强，并适合工业环境下使用的通信系统。传统的通信方法要用多芯电缆让数据并行传送，而现场总线仅需要一根双绞线、同轴电缆或光纤，使布线简化，减少了安装维护费用。现场总线按国际标准采用统一的通信规约，因而它具有很好的互换性和互操作性，它是与生产商无关的系统，各种现场设备只要遵守一定的通信规约都可在网络上使用。现场总线生产厂家能提供各种现场总线产品，包括标准接口、各种中继器、电缆、模块化I/O站等，做到了即插即用，也适应现场设备分散控制的特点。

现场总线技术完整地实现了工业控制技术、计算机技术与通信技术的集成，具有以下几个基本技术特征：

(1) 现场设备间彼此通过传输介质(双绞线、同轴电缆或光纤)以总线拓扑方式开放式互连,既可与同层网络相连,也可通过网络互连设备与控制级网络或管理信息级网络相连。

(2) 在遵守同一通信协议的前提下,可将不同厂家的现场设备产品统一组态,构成所需要的网络,实现互操作。

(3) 网络数据传输采用数字信号基带传输方式,即输出和输入的都是二进制数字信号,它是一种矩形的电脉冲信号,高低电平分别用"0"和"1"表示,数据传输速率高达 Mbit/s 或更高,实时性好,抗干扰能力强。

(4) 废弃了集散控制系统(DCS)中的 I/O 控制站,将这一级功能分配给通信网络完成,分散的功能模块,便于系统维护、管理与扩展,提高可靠性。

(5) 现场总线通信协议基本遵照 ISO/OSI 参考模型,主要实现第 1(物理层)、2(数据链路层)、7(应用层)层功能。物理层主要采用 RS232/RS422/RS485 等通信接口。

现场总线技术是以 ISO/OSI 模型为基础的,具有完整的软件支持系统,能够解决总线控制、冲突检测、链路维护等问题。现场总线技术是 3C(Computer,Control,Communication)技术,是将现场设备与工业过程控制单元、现场操作站等互连而成的计算机网络,具有全数字化、分散化、双向传输和多分支的特点,是工业控制网络向现场级发展的支柱。

一般来说,现场级的控制网络可以分为三个层次,传感器总线(Sensor Bus)、设备总线(Device Bus)和现场总线(Field Bus)。其中,传感器总线面向数字传感器和执行机构,主要传输设备状态信息,网上交换的数据单元是位(bit);设备总线面向工艺过程的模拟信号和执行器,主要采集、转换与传输模拟信号,校正与维护信息等,网上交换的数据单元是字节(Byte);而现场总线面向控制过程,除了直接传输数字与模拟信号信息外,还可传输控制信息,即现场总线上的节点可以是过程控制单元,传输和交换的数据单元是帧(Frame)。

3.1.3 交—直—交变频器的基本电路

在工程中,鼠笼式电动机在电动机总数量中占主导部分。因此对鼠笼式电动机的调速控制成为电机调速的主要内容之一。在变频调速技术中,向电动机提供频率可变的电源并控制电动机的转速是由变压变频器(VVVF)完成的。

1. 变频器主电路

变频器给负载提供调压调频电源的电力变换部分称为变频器的主电路,典型的电压型变频器的主电路如图 3.2 所示。其主电路由三部分构成,即将工频电源变换为直流功率的整流器(又称变流器)、吸收整流器和逆变器产生电压脉动的平波回路、将直流功率变换为交流功率且输出频率可控的逆变器。另外,若负载为异步电动机,则在变频调速系统需要制动时,还需要附加制动回路或采用有源逆变技术。

1) 整流器

变频器一般使用的是二极管整流器,它把工频电源变换为直流电源。也可用两组晶体管整流器构成可逆变整流器,因为可逆变整流器的功率方向可逆,所以可以进行再生运行。

2) 平波回路

在三相桥式整流器整流后的直流电压中含有电源 6 倍频率的脉动电压,逆变器产生的脉动电流也使直流电压变动,所以必须要有直流平波回路(或称滤波电路),以减小直流母线上直流电压和电流的波动。

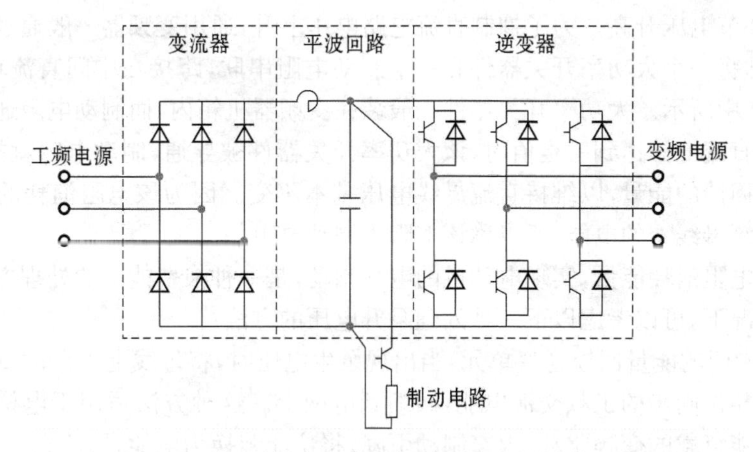

图 3.2　典型的"交—直—交"电压变频器的主电路

对于 PWM 电压型逆变器，一般由大电容 C_d 与小电感 L_d 相互配合进行滤波。为避免大电容 C_d 在通电瞬间产生过大的充电电流，一般还要在直流回路串入一个限流电阻 R_0，刚通电时，它限制瞬间充电电流，待几十毫秒后，充电电流减小后再由开关 K 加以短接，以免影响电路正常工作。开关 K 可以是接触器触头，也可以是功率开关器件，如晶闸管等。

通用变频器直流滤波电路的大容量铝电解电容，通常是由若干个电容器串联和并联构成电容器组，以得到所需的耐压值和容量。另外，因为电解电容器容量有较大的离散性，这将使它们分到的电压不相等，因此，电容器要各并联一个阻值相等的匀压电阻，消除离散性的影响。

大滤波电容还兼有补偿电动机感性负载无功功率的作用，而电感 L_d 则有限制电流 i 和限制 $\mathrm{d}i/\mathrm{d}t$ 的作用。另外电感 L_d 还能改善变频器的功率因数。

3）逆变器

逆变电路的作用是在控制电路的作用下，将直流电路输出的直流电源转换成频率和电压都可以任意调节的交流电源。逆变电路的输出就是变频器的输出，所以逆变电路是变频器的核心电路之一，起着非常重要的作用。

最常见的逆变电路结构形式是利用 6 个功率开关器件（GTR、IGBT、GTO 等）组成的三相桥式逆变电路，有规律的控制逆变器中功率开关器件的导通与关断，可以得到任意频率的三相交流输出。

通常的中小容量的变频器主回路器件一般采用集成模块或智能模块（IPM）。智能模块的内部高度集成了整流模块、逆变模块、各种传感器、保护电路及驱动电路。

逆变电路的功率开关器件上都反向并接了快速恢复二极管。该二极管的作用之一是起反向保护作用，防止反电势和反电压损坏功率电子开关；作用之二是为逆变器的负载—电动机再生制动时提供整流通道。当有快速减速要求，将定子频率 f_S 迅速减小时，感应电动机及其负载由于惯性转速来不及变化，很容易使转差频率 $S<0$，电动机进入再生制动状态，电流经逆变器的六个续流二极管整流成直流对滤波电容充电。

因通用变频器的整流桥是由单向导电的二极管组成，不能吸收电动机回馈的电流，因此，若电动机原来的转速较高，再生制动时间较长，直流母线电压会一直上升到对主电路开关元件和滤波电容形成威胁的过高电压，即所谓的泵生电压。

4）制动电阻

异步电动机负载在再生制动区域使用时（转差率为负），再生能量储存在平波回路电容器中，会使直流环节电压升高。为了抑制直流电路电压上升，通用变频器一般通过制动电阻来消耗这些能量，即将一个大功率开关器件和一个制动电阻串联，跨接在中间直流环节正、负母线两端，如图 3.2 中所示。大功率开关器件一般装在变频器机箱内，而制动电阻通常作为附件放在机箱外。当直流电压达到一定值时，该大功率开关器件被导通，制动电阻就接入电路，从而消耗掉电动机回馈的能量，以维持直流母线电压基本不变。因为该电阻消耗的是电机再生制动时反馈到直流母线上的电能，所以称该电阻为制动电阻。

通过制动电阻消耗能量，实现电动机的电气制动，是一种浪费能量的处理方法。在成本或条件允许的情况下，可以考虑以下三种处理泵升电压的方法：

(1) 配置专门的能量回馈逆变单元，当出现泵生电压时，将母线上多余的直流电能逆变为与电网电压的相位同步的工频交流电能，回馈到电网上。这种方法适用于电梯、煤矿提升机、起重设备等位能负载的变频驱动，限速制动下降，将位能装换为电能，回馈到电网上，能起到很好的节能效果。

(2) 多台相同电压等级的变频器共用一个直流母线，其中任何一台电动机制动时反馈到共用直流母线上的能量可以供其他变频器使用。当需要频繁制动时，也只需在共用母线上并上一个共用制动单元即可。

(3) 使用超级电容，即在直流母线上并接超大容量的滤波电容器，增强直流电能的储存量，减缓泵升电压的上升速度。

2. 变频器控制电路

变频器的控制电路是给变频器主电路提供控制信号的回路。变频器控制电路如图 3.3 所示，它主要由以下电路组成：频率、电压的运算电路，主电路的电压、电流检测电路，用于变频调速系统电动机的速度检测电路，将运算电路控制信号进行放大的驱动电路，逆变器和负载的保护电路等。

对于变频调速系统，在如图 3.3 所示中虚线内如无速度检测电路，则将该控制电路称为开环控制电路；如有速度检测电路，则将该控制电路称为闭环控制电路。闭环控制电路可以实现对异步电动机速度更精确的控制。

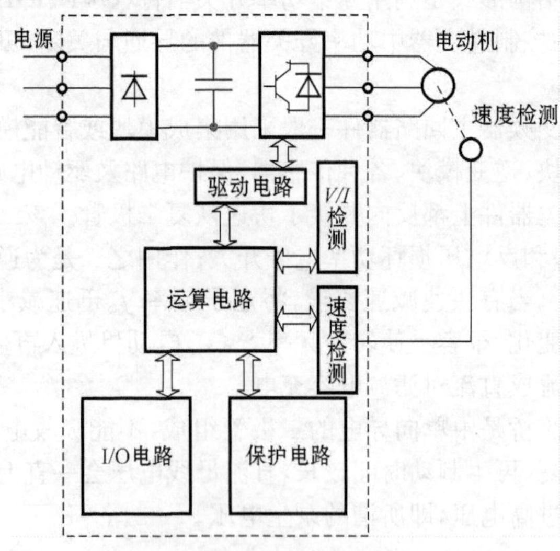

图 3.3 变频器控制电路

1) 运算电路

运算电路的功能是将变频器的电压、电流检测电路的信号及已经转换为电信号的变频器外部负载的非电量(速度、转矩等)信号,与给定的电流、电压信号进行比较运算,决定逆变器的输出电压、频率。

2) 电压、电流检测电路

变频器的电压、电流检测电路是采用电隔离检测技术来检测主回路的电压、电流的,检测电路对检测到的电压、电流信号进行处理和转换,以满足变频器控制电路的需要。

3) 驱动电路

变频器驱动电路的功能是在控制电路的控制下,产生足够功率的驱动信号使主电路开关器件导通或关断,控制电路采用电隔离技术实现对驱动电路的控制。

4) I/O(输入/输出)电路

变频器 I/O(输入/输出)电路的功能是使变频器能更好地实现人机交互。变频器具有多种输入信号,可以用来控制变频器的多种运行方式,如恒速运行、多段速度运行等,还有各种内部参数的输出,如电流、频率、保护动作等信号。

5) 速度检测电路

速度检测电路以装在异步电动机轴上的速度检测器(TG、PG 等)为核心,将检测到的电动机速度信号进行处理和转换,送入运算回路,根据指令和运算参数可使电动机按指令速度运转。

6) 保护电路

变频器的保护电路是通过检测主电路的电压、电流等参数来判断变频器的运行状况的。当发生过载或过电压等异常时,为了防止变频器的逆变器和负载损坏,保护电路可使变频器中的逆变电路停止工作或抑制逆变器的输出电压、电流值。变频器控制电路中的保护电路可分为变频器保护和负载(异步电动机)保护两种。

3.1.4　三相电压型逆变器基本工作原理

1. 三相电压型逆变器基本电路

三相电压型逆变器的基本电路如图 3.4 所示。图中,直流电源并联有大容量滤波电容器 C_d。由于存在这个大电容,直流输出电压具有电压源特性,内阻很小。这使逆变器的交流输出电压被钳位为矩形波,与负载性质无关。交流输出电流的波形与相位则由负载功率因数决

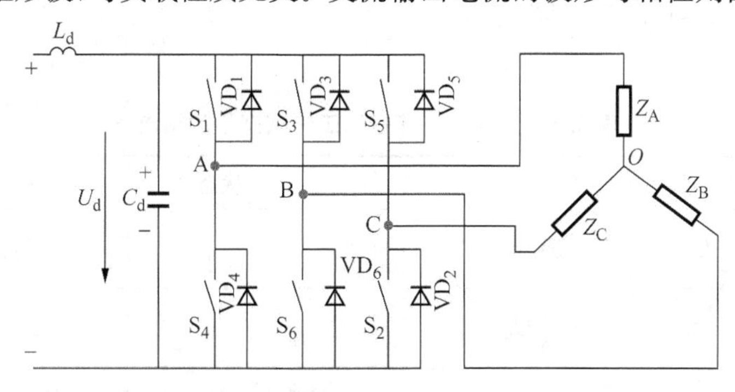

图 3.4　三相电压型逆变器的基本电路

定。在异步电动机变频调速系统中，这个大电容同时又是缓冲负载无功功率的贮能元件。直流回路电感 L_d 起限流作用，电感量很小。

三相逆变电路由 6 只具有单向导电性的功率半导体开关 $S_1 \sim S_6$ 组成。每只功率开关上反并联一只续流二极管，为负载的滞后电流提供一条反馈到电源的通路。6 只功率开关每隔 60°电角度触发导通 1 次，相邻两相的功率开关触发导通时间互差 120°，一个周期共换相 6 次，对应 6 个不同的工作状态（又称六拍）。根据功率开关的导通持续时间不同，可以分为 180°导电型和 120°导电型两种工作方式。

2. 180°导电型逆变器的电压波形

现以 180°导电型为例，说明逆变器的输出电压波形。180°导电型的特点是，每只功率开关导通时间皆为 180°。当按 $S_1 \rightarrow S_6$ 的顺序导通时，每个工作状态下都有 3 只功率开关同时导通，其中每个桥臂上都有 1 只导通，形成三相负载同时通电。导通规律如表 3.1 所示。

表 3.1　180°导电型逆变器功率开关导通规律

工作状态(拍)	每个工作状态下被导通的功率开关					
状态 1(0°～60°)	S_1				S_5	S_6
状态 2(60°～120°)	S_1	S_2				S_6
状态 3(120°～180°)	S_1	S_2	S_3			
状态 4(180°～240°)		S_2	S_3	S_4		
状态 5(240°～300°)			S_3	S_4	S_5	
状态 6(300°～360°)				S_4	S_5	S_6

设负载为星形连接的三相对称负载，即 $Z_A = Z_B = Z_C = Z$，假定逆变器的换相为瞬间完成，并忽略功率开关上的管压降。以状态 1 为例，此时功率开关 S_1、S_5、S_6 导通，其等效电路如图 3.5 所示。由图可按公式(3-3)和(3-4)求得状态 1 时的负载相电压。

同样可根据其他状态的等效电路图，求得各状态的负载相电压，见表 3.2。

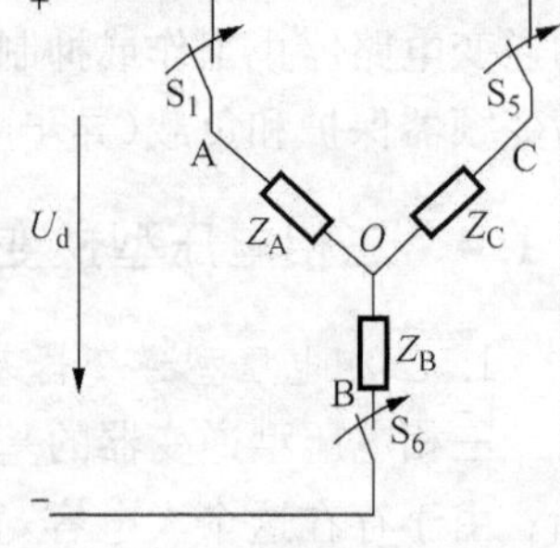

图 3.5　状态 1 的等效电路

$$u_{AO} = u_{CO} = U_d \frac{\dfrac{Z_A Z_C}{Z_A + Z_C}}{Z_B + \dfrac{Z_A Z_C}{Z_A + Z_C}} = \frac{1}{3} U_d \tag{3-3}$$

$$u_{BO} = -U_d \frac{Z_B}{Z_B + \dfrac{Z_A Z_C}{Z_A + Z_C}} = -\frac{2}{3} U_d \tag{3-4}$$

表 3.2　负载为 Y 连接时工作状态下的相电压

相电压	状态 1	状态 2	状态 3	状态 4	状态 5	状态 6
u_{AO}	$\frac{1}{3}U_d$	$\frac{2}{3}U_d$	$\frac{1}{3}U_d$	$-\frac{1}{3}U_d$	$-\frac{2}{3}U_d$	$-\frac{1}{3}U_d$
u_{BO}	$-\frac{2}{3}U_d$	$-\frac{1}{3}U_d$	$\frac{1}{3}U_d$	$\frac{2}{3}U_d$	$\frac{1}{3}U_d$	$-\frac{1}{3}U_d$
u_{CO}	$\frac{1}{3}U_d$	$-\frac{1}{3}U_d$	$-\frac{2}{3}U_d$	$-\frac{1}{3}U_d$	$\frac{1}{3}U_d$	$\frac{2}{3}U_d$

负载线电压可按下式求得：

$$\begin{cases} u_{AB} = u_{AO} - u_{BO} \\ u_{BC} = u_{BO} - u_{CO} \\ u_{CA} = u_{CO} - u_{AO} \end{cases} \tag{3-5}$$

例如，状态1时，线电压 $u_{AB}=U_d$，$u_{BC}=-U_d$，$u_{CA}=0$。

180°导电型逆变器的相电压和线电压波形如图3.6(a)所示。

3. 120°导电型逆变器的电压波形

120°导通型逆变器开关的导通顺序仍是 $S_1,S_2,S_3,\cdots,S_6$，时间间隔为60°，但每只开关的导通时间为120°，任意瞬间只有两个开关同时导通，它们的换流在相邻桥臂中进行。这种120°导通型逆变器的优点是换流安全，因为在同一桥臂上两只开关的导通间隔有固定的60°，但缺点是输出电压较低。其相电压波形为矩形波，幅值为 $U_d/2$；线电压为梯形波，幅值为 U_d。图3.6(b)是120°导电型逆变器的相电压和线电压波形。

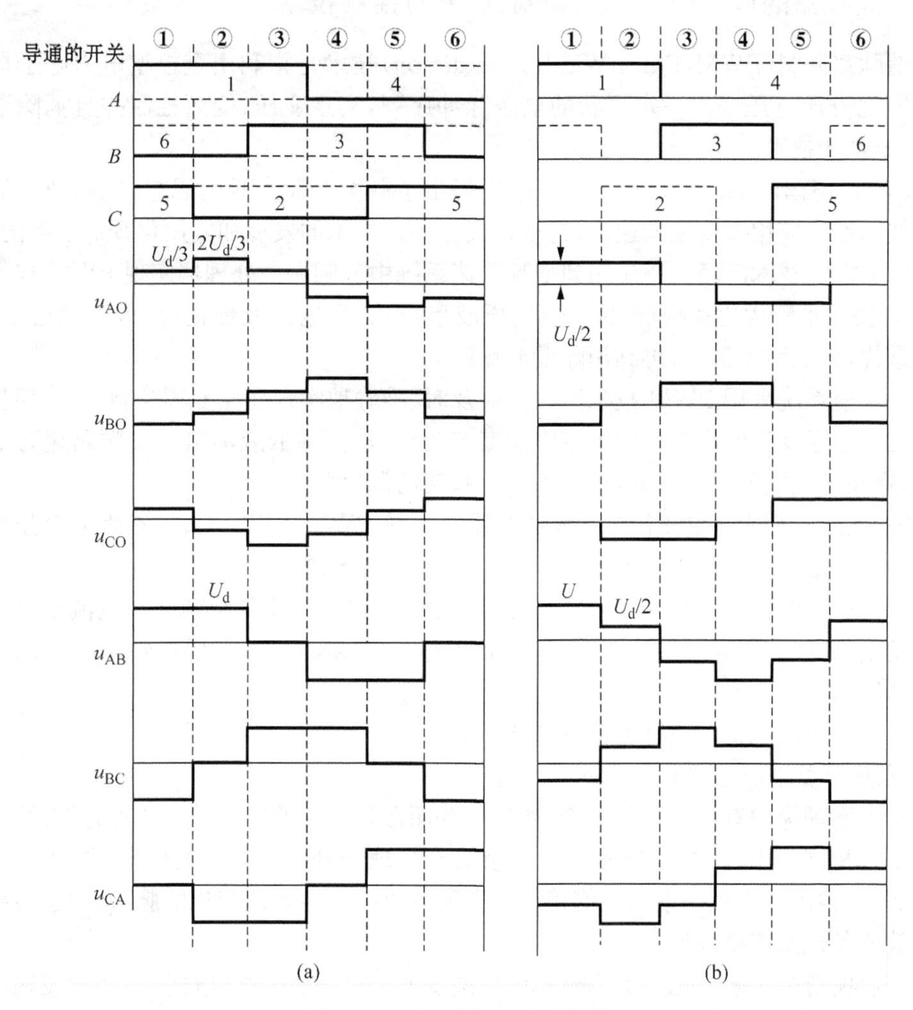

图3.6　三相逆变器电压波形

(a) 180°导通形　(b) 120°导通型

从图 3.6 给出的输出电压波形来看，无论是 180°或 120°六脉波方式，谐波成分都比较大，会使电动机发热加剧且转矩脉动大，特别是低速时，会影响电动机转速的平稳；电动机是感性负载，当电源频率降低时，电动机的感抗减小，在电源电压不变的情况下电流将增加，会造成过电流故障，因此变频的同时还需改变电压的大小。

所以逆变器基本电路所需要解决的主要问题是：如何减少或消除高次谐波；如何在变频的同时，改变输出电压的大小。改善波形的办法有两种：一种是由几台方波逆变器以一定相位差进行多重化连接；另一种是采用脉宽调制(PWM)控制方式。目前通用变频器无一例外地采用后一种方式。脉宽调制控制方式还可改变输出电压的大小。

为实现变频器的变压变频控制，可采用可控整流的方法，在逆变器变频的同时，改变输入直流电压大小。这种方法称为脉冲幅度调制(PAM，Pulse Amplitude Modulation)。目前中小功率的逆变电路几乎不采用 PAM，而都采用 PWM 技术。

3.1.5 变频器的调压——脉宽调制(PWM)控制技术

所谓脉宽调制(PWM，Pulse Width Modulation)技术是指利用全控型电力电子器件的导通和关断把直流电压变成一定形状的电压脉冲序列，实现变压、变频控制并且消除谐波的技术，简称 PWM 技术。

1964 年，德国的 A. Schonung 等人率先提出了脉宽调制变频的思想，他们把通信系统中的调制技术推广应用于变频调速中，为现代交流调速技术的发展和实用化开辟了新的道路。

目前 PWM 技术已经广泛应用到变频调速系统中。利用微处理器实现 PWM 技术数字化后，PWM 技术不断优化和翻新，从追求电压波形正弦，到电流波形正弦，再到磁通波形正弦；从效率最优，转矩脉动最小，再到消除谐波噪声等。

变频调速系统采用 PWM 技术不仅能够及时、准确地实现变压变频控制要求，而且更重要的意义是抑制逆变器输出电压或电流中的谐波分量，从而降低或消除了变频调速时电机的转矩脉动，提高了电机的工作效率，扩大了调速系统的调速范围。

目前，实际工程中主要采用的 PWM 技术是正弦 PWM(SPWM)，这是因为变频器输出的电压或电流波形更接近于正弦波形。SPWM 方案多种多样，归纳起来可分为电压正弦 PWM、电流正弦 PWM 和磁通正弦 PWM 三种基本类型，其中电压正弦 PWM 和电流正弦 PWM 是从电源角度出发的 SPWM，磁通正弦 PWM(也称为电压空间矢量 PWM)是从电机角度出发的 SPWM。

本节只介绍电压正弦波脉宽调制(SPWM)法。

1. 电压正弦波脉宽调制法的基本思想

采样控制理论中有一个重要结论：冲量相等而形状不同的窄脉冲加在具有惯性环节上时，其效果基本相同。PWM 控制技术就是以该结论为理论基础，对半导体开关器件导通和关断进行控制，在输出端得到一系列幅值相等而宽度可以按一定规律变化的脉冲，用这些脉冲来代替正弦波或其他所需要波形。

按一定规则对各脉冲宽度进行调制，既可改变逆变电路输出电压大小，又可改变输出频率。

对于电压正弦 PWM 来说，可以把电压正弦半波分为 N 等份，如图 3.7(a)所示(图中 $N=12$)，然后把每一等份的正弦曲线与横轴所包围的面积都用一个与此面积相等的等高矩形脉冲来代替，矩形脉冲的中点与正弦波每一等份的中点重合，如图 3.7(b)。这样，由 N 个等幅而不等宽的矩形脉冲所组成的波形就与正弦波的半周等效。同样，正弦波的负半周也可用相同的方法来等效。

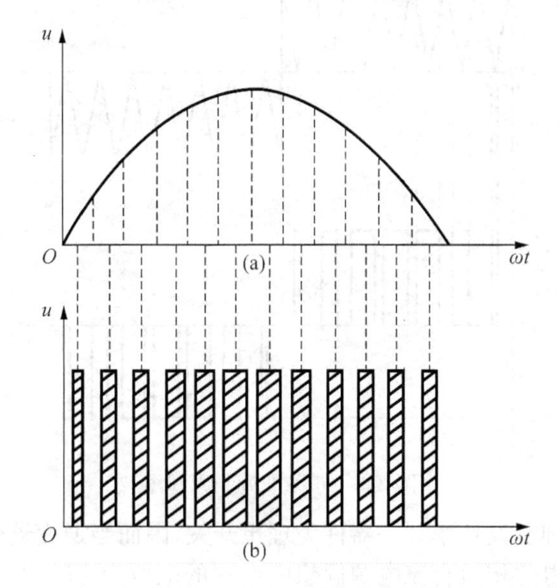

图 3.7　正弦半波及与正弦半波等效的等幅矩形脉冲序列波

(a) 电压正弦波形(半波)　(b) 等效的 SPWM 波形

图 3.7(b)所示的一系列等幅不等宽的矩形脉冲波形，就是所希望逆变器输出的 SPWM 波形。由于每个脉冲的幅值相等，所以逆变器可由恒定的直流电源供电，也就是说，这种交—直—交变频器中的整流器采用不可控的二极管整流器就可以了。当逆变器各功率开关器件都是在理想状态下工作时，驱动相应功率开关器件的信号也应为与图 3.7(b)形状一致的一系列脉冲波形。逆变器输出的 SPWM 脉冲高度取决于直流电压 U_d。

这一系列脉冲波形的宽度可以严格地用计算方法求得，作为控制逆变器中各功率开关器件通断的依据。但较为实用的方法是采用“调制”的方法。

2. 电压正弦波脉宽调制法的工作原理

图 3.8 是正弦波调制原理图，是以所希望的波形 u_r(在这里是正弦波)作为调制波(Modulating wave)，而受它调制的等腰三角波 u_c称为载波(Carrier wave)。等腰三角波是上下宽度线性对称变化的波形，当它与一个正弦波曲线相交时，在交点的时刻产生控制信号，用来控制功率开关器件的通断，就可以得到一组等幅(U_d)而脉冲宽度正比于对应区间正弦波曲线函数值的矩形脉冲 u_o，这就是 SPWM 法的基本思想。因为矩形波的面积按正弦规率变化，所以这种调制方法称作正弦波脉宽调制(Sinusoidal pulse width modulation，SPWM)，这种序列的矩形波称作 SPWM 波。

图 3.9(a)是 SPWM 变频器的主电路，图中 VT_1～VT_6是逆变器的 6 个 IGBT 功率开关器件，各有 1 个续流二极管反并联连接，逆变器所需要的恒值直流电压由三相整流器提供。图 3.9(b)是它的控制电路，由参考信号发生器提供 1 组三相对称、频率幅值可调的正弦参考电压信号 u_{MA}、u_{MB}、u_{MC}，其频率决定逆变器输出的基波频率。参考信号的幅值也可在一定范围内变化，以决定输出电压的大小。三角波载波信号 u_C是共用的，分别与每相参考电压比较后，给出“正”或“零”的饱和输出，产生 SPWM 脉冲序列波 u_{dA}、u_{dB}、u_{dC}，作为逆变器功率开关器件的

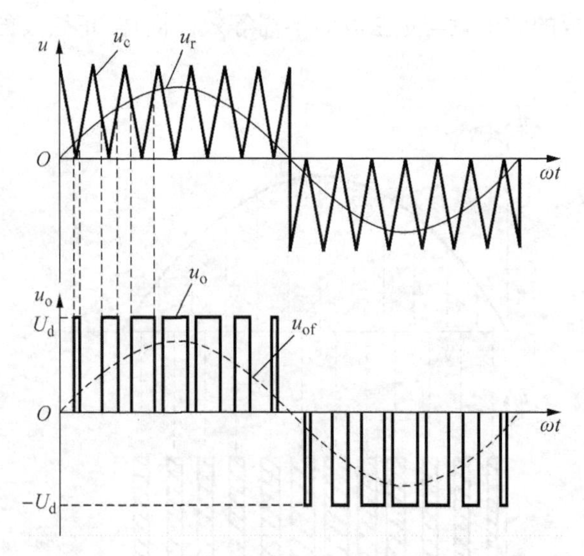

图 3.8 正弦波调制原理图

控制信号。为了分析方便,设功率开关器件为理想开关,因而当逆变器任一相功率开关器件导通时,电机绕组上所获得的相对直流电源假想中点 $0'$ 的电位为 $+U_d/2$ 或 $-U_d/2$。

改变参考信号 u_M 的幅值时,脉宽随之改变,从而改变了逆变器输出电压的大小,当改变 u_M 的频率时,输出电压频率也随之改变。但一般情况下参考信号 u_M 的最大幅值必须小于三角波幅值,否则输出电压的大小和频率将失去所要求的配合关系。

3. 单极性与双极性 SPWM 调制模式

1) 单极性三角波调制法

图 3.8 是单极性三角波调制法原理图,参加调制的载波三角波和调制正弦波在半个周期内保持极性不变。

单极性调制时,在正弦波的半个周期内每相只有一个开关器件开通或关断。例如,A 相正半周时,在图 3.9(a)中为 VT_1 反复通断;A 相负半周时,VT_4 反复通断,输出电压的波形如图 3.8 中的 u_o 所示。

2) 双极性三角波调制法

双极性 SPWM 调制是指载波三角波 u_c 和正弦参考信号(调制波)u_r 是具有正负极性变化的信号。

双极性调制时,逆变器同一桥臂上下两个开关器件交替通断,处于互补的工作方式。例如 A 相正半周时,图 3.9(a)中 VT_1 与 VT_4 交替反复通断,输出电压的波形如图 3.10 中的 u_o 所示。

图 3.10 所示的正弦波脉宽调制和上面介绍的单极性正弦波脉宽调制一样,输出电压基波的幅值大小和频率,也是通过改变正弦参考信号的幅值和频率而改变的。

从主回路来看,对于双极性调制,由于同一桥臂上的两个开关器件始终是轮流交替通断,而一般开关器件的关断时间 t_{off} 总是比开通时间 t_{on} 长,因此,容易引起电源短路,为此必须增加延时触发装置。而单极性调制,当同一桥臂上的两个开关器件中的一个按正弦规律在半个周期内开通和关断的同时,另一个开关器件始终是关断的,因此,可以省去延时触发环节,既简化了线路,又防止了延时引起的失真。此外,由于减少了开关次数,可以大大降低开关损耗,提高了整个逆变器的输出效率。

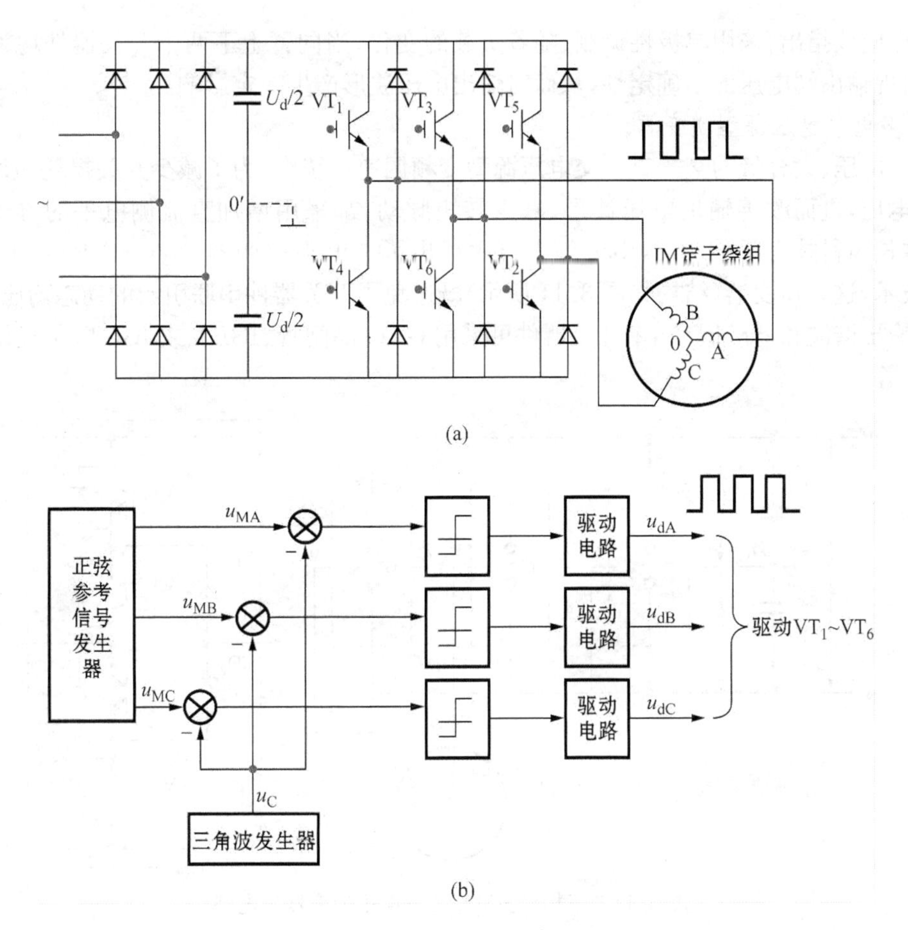

图 3.9　SPWM 交频器电路原理框图

(a) 主电路　(b) 控制电路框图

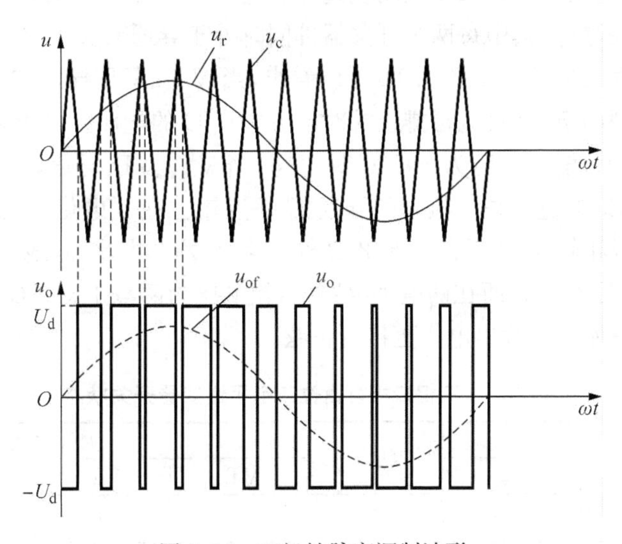

图 3.10　双极性脉宽调制波形

但也应该指出，采用单极性调制，随着负载的变化，当同臂上下两个开关器件均为不导通时，会出现输出端电压的不确定性，从而对输出电压波形产生一定影响。

4. 多电平电压源型逆变器

在高电压、大容量的交—直—交电压源型变频调速系统中，为了减少开关损耗和每个开关承受的电压，进而改善输出电压波形、减少转矩脉动，都采用增加直流侧电平的方法。1980年，日本长冈科技大学的 A. Nabae 等人首次提出了三电平逆变器(Neutral Point Clamped, NPC)技术，这种逆变器(结构如图 3.11 所示)既避免了开关器件串联引起的动态均压问题，又可降低输出谐波和 du/dt。功率开关器件可采用 GTO 晶闸管、IGBT 或 IGCT(集成门极换流晶闸管)等。

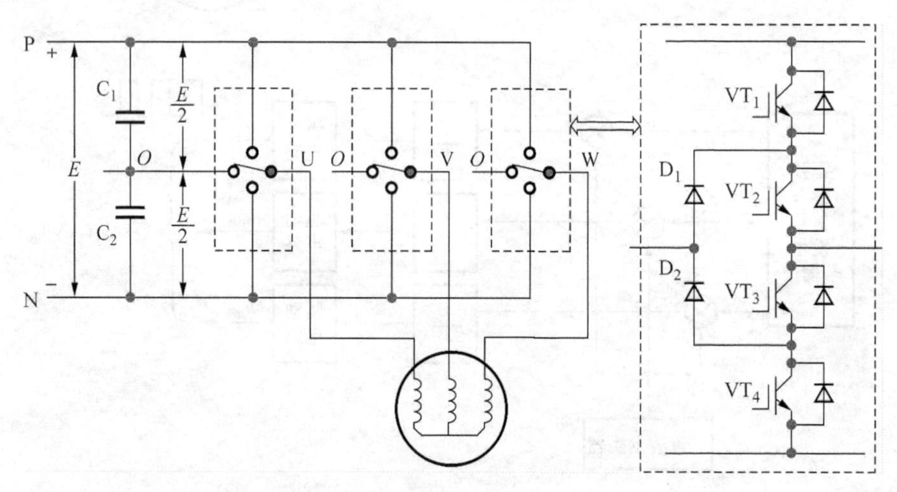

图 3.11　三相二极管钳位三电平逆变器主电路

图 3.11 为一个三相二极管钳位三电平逆变器主电路的基本结构，其中分压电容 C_1、C_2 相同，所以每个电容上电压均为 $E/2$，D_1、D_2 为每个桥臂的两个钳位二极管，$VT_1 \sim VT_4$ 为每个桥臂的 4 个大功率开关器件，其中每两个开关器件同时处于导通或关断状态，从而得到不同开关状态组合及相应的输出电压。由图 3.11 可以看出，当 VT_1、VT_2 导通和 VT_3、VT_4 关断时，逆变器 U 相输出电压为 $+E/2$(直流母排正端对电容中点 O 的电压)，即 P 状态；当 VT_3、VT_4 导通和 VT_1、VT_2 关断时，输出电压为 $-E/2$，即 N 态；当 VT_2 和 D_1 导通，或 VT_3 和 D_2 导通时，输出电压为 0 即 C 态，即通过钳位二极管的导通把 U 点钳位在 0 电位上，如表 3.3 所示。钳位二极管的作用，使每相输出电压在 $\pm E/2$ 之外又多了另一电平 0，线电压则有五个电平即 $\pm E/2$、$\pm E$ 和 0，见图 3.12。而在两电平电路中，相电压为两电平即 $\pm U_S$，线电压为三电平即 $\pm U_S$ 和 0。电平的增加可使输出电压更接近正弦。

表 3.3　三相二极管钳位三电平逆变器开关状态

输出相电压			状态	开关状态			
U_{uo}	U_{vo}	U_{wo}		VT_1	VT_2	VT_3	VT_4
$E/2$	$E/2$	$E/2$	P	1	1	0	0
0	0	0	C	0	1	1	0
$-E/2$	$-E/2$	$-E/2$	N	0	0	1	1

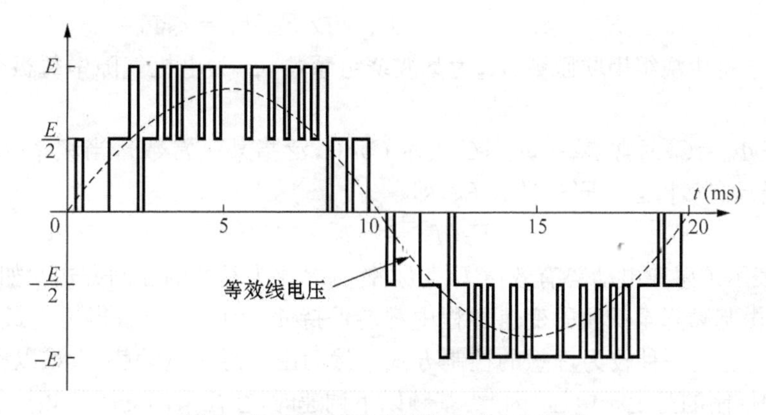

图 3.12　三电平逆变器输出线电压波形

三电平电路的每一相都有 P、C、N 三种输出状态。如把 U 相的三种状态与 V、W 两相的三种状态组合，就有了 $3^3=27$ 种状态，见表 3.4。

表 3.4　三电平逆变器输出状态

PPP	PPC	PPN	PCP	PCC	PCN	PNP	PNC	PNN
CCC	CCN	CCP	CNC	CNN	CNP	CPC	CPN	CPP
NNN	NNP	NNC	NPN	NPP	NPC	NCN	NCP	NCC

在表 3.4 中，第 1 字母代表 U 相，第 2 字母代表 V 相，第 3 字母代表 W 相输出状态。

一般规定：每相的开关状态只能从 P 到 C、C 到 N，或者从 N 到 C、C 到 P，不能直接从 P 到 N 或者从 N 到 P；每个大功率开关器件的开关状态变化次数越少越好。因此这种电路直通误触发的危险性很小，适宜于大功率。

3.2　不同控制方式的交—直—交变频调速系统

早期的通用变频器大多数为开环恒压频比（$V/f=$常数）的控制方式。其优点是控制结构简单、成本较低，缺点是系统性能不高，比较适合应用在风机、水泵调速场合。具体来说，其控制曲线会随着负载的变化而变化；转矩响应慢，电机转矩利用率不高，低速时因定子电阻和逆变器死区效应的存在而性能下降稳定性变差等。

针对开环恒压频比控制方式的不足，各国科学家提出了许多变频调速系统的改进方法，例如，电压空间矢量控制法、频率补偿控制法、引入电压和电流闭环控制的方法等。

使变频调速系统的性能得到根本性改变的是矢量控制理论和直接转矩控制理论，这两种技术的实际应用，形成了当今在工业生产中得到普遍应用的高性能交流调速系统。

本节将对恒压频比控制调速系统、矢量控制调速系统的控制原理和控制特性作一些基本的介绍，并对直接转矩控制的调速系统作一个概述。

3.2.1　恒压频比控制的变压变频调速系统

1. 恒压频比（$U_S/f_S=$Const）控制方式

由电机学可知，气隙磁通在定子每相绕组中感应电动势有效值 E_S为

$$E_S = 4.44 f_S N_S K_S \Phi_m \quad 或\ E_S / f_S = c_S \Phi_m \tag{3-6}$$

式中，N_S为定子每相绕组串联匝数，K_S为基波绕组系数，Φ_m为电机气隙中每极合成磁通，$c_S = 4.44 N_S K_S$。

为了保证 $\Phi_m = C$（通常 $\Phi_m = \Phi_{mN}$，C 表示 $Const$，泛指某一常数），当频率 f_S从额定值（基频）向下（降低）调节时，必须同时降低 E_S，即

$$E_S / f_S = c_S \Phi_m = C \tag{3-7}$$

式(3-7)表示了感应电动势有效值 E_S与频率 f_S之比为常数的控制方式。如果采用这种控制方式，则 f_S由基频降至低频的变速过程中都能保持 $\Phi_m = C$，可以获得恒定最大电磁转矩的控制效果，因此这是一种较为理想的控制方式。然而由于感应电动势 E_S难以检测和控制，实际可以检测和控制的是定子电压，因此，基频以下调速时，往往采用变压变频控制方式。

稳态情况下异步电动机定子每相电压与每相感应电动势的关系为

$$\dot{U} = \dot{E}_S + Z_S \dot{I}_S = j2\pi f_S L_m \dot{I}_m + (R_S \dot{I}_S + j2\pi f_S L_{S\sigma} \dot{I}_S) \tag{3-8}$$

式中，$\dot{E}_S = \mathrm{j}2\pi f_S L_m \dot{I}_m$，$Z_S \dot{I}_S = R_S \dot{I}_S + \mathrm{j}2\pi f_S L_{S\sigma} \dot{I}_S$，$\dot{I}_S$为定子相电流，$\dot{I}_m$为励磁电流，$R_S$为定子每相绕组电阻，$L_m$为定、转子之间的互感，$L_{S\sigma}$为定子绕组每相漏感。

当定子频率 f_S较高时，感应电动势的有效值 E_S也较大，这时可以忽略定子绕组的阻抗压降 $Z_S \dot{I}_S$，认为定子相电压有效值 $U_S \approx E_S$，为此在实际工程中是以 U_S代替 E_S而获得电压与频率之比为常数的恒压频比控制方程式，即为

$$U_S / f_S = c_S \Phi_m = C \tag{3-9}$$

其控制特性如图 3.13(Ⅰ)所示。

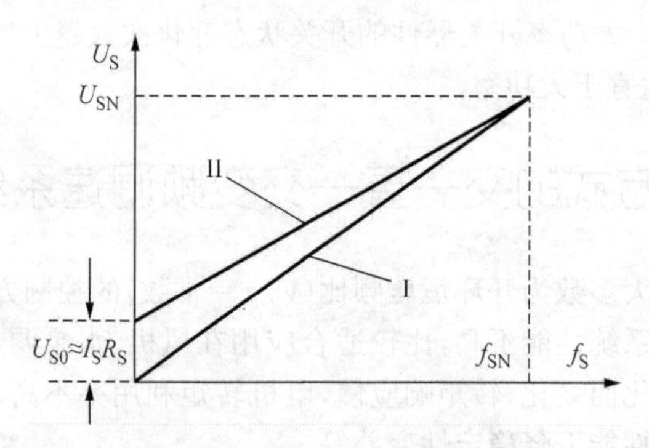

图 3.13　恒压频比控制特性

由于恒压频比控制方式成立的前提条件是忽略定子阻抗上的压降。但是在 f_S较低时，由式(3-8)可知，定子感应电动势有效值 E_S也变小了，其中惟有 $R_S \dot{I}_S$项并不减小，与 $\dot{E}_S$相比，$Z_S \dot{I}_S$比重加大，$U_S \approx E_S$不再成立，也就是说 f_S较低时定子阻抗压降不能再忽略了。为了让 $U_S / f_S = C$ 的控制方式在低频情况下也能应用，往往在实际工程中采用 $R_S I_S$补偿措施，即根据负载电流大小把定子相电压有效值 U_S适当地抬高，以补偿定子阻抗压降的影响。补偿后的 $U_S / f_S = C$ 的控制特性如图 3.13(Ⅱ)所示。

电机设计时，为使一定尺寸的主磁路内得到较大的磁通量而又不过分增大励磁磁动势，通常把铁芯内的工作磁通密度选择在磁化曲线的磁饱和转折点附近，并在运行时尽量保持电机

中每极磁通量为额定值。

如果磁通下降，则在保证电动机的转子感应电流及总电流不超过额定值的条件下，异步电动机的电磁转矩 T_{ei}将减小，这样在基速以下时，不能充分发挥电动机应有的能力。另一方面，磁通的下降使得电动机的电磁转矩下降，电动机的转速降低，转差率提高，转子的感应电流增加，弥补由于磁通下降造成的电磁转矩的下降，使电磁转矩与负载转矩得到新的平衡，电动机重新稳定运行在一个降低了的转速上。如果磁通下降得多，特别是低频时，即使转差大大增加，转子的转速降为零速，增加的感应电流也不能提升电磁转矩使其与负载转矩平衡，就会造成电机堵转。

如果磁通上升，又会使电机磁路饱和，导致励磁电流的波形严重畸变，产生峰值很高的尖峰电流，励磁电流迅速上升，使电机铁损大量增加，造成电机铁心严重过热，不仅会使电机输出效率大大降低，而且由于电机过热，造成电机绕组绝缘降低，严重时，有烧毁电机的危险。变频器有电流检测功能，在这种情况下，会发出过电流故障信号。

因此在调速过程中不仅要改变定子供电频率 f_S，而且还要进行 $R_S I_S$补偿，保持(控制)磁通恒定。通过 $R_S I_S$补偿后，电动机的最大转矩 T_{eimax}得到了提升，因此，通常把 $R_S I_S$补偿措施也称之为转矩提升(Torque Boost)。

恒压频比控制方式时基频以下的电动机机械特性如图 3.14 所示。

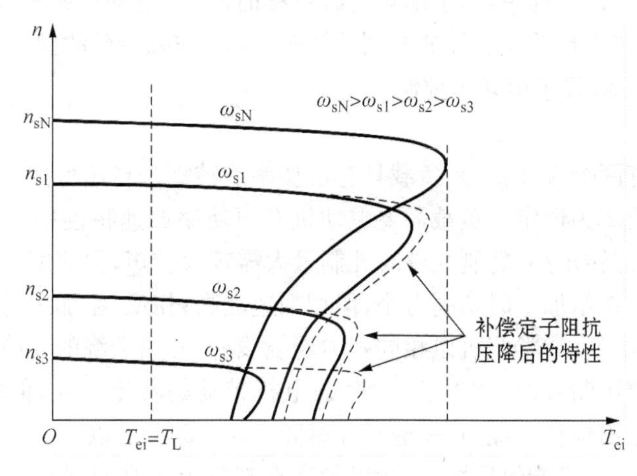

图 3.14　基频以下机械特性

$R_S I_S$的补偿量需适中，如果补偿偏小(欠补偿)，磁通量下降，低频时电动机仍会有堵转现象；如果补偿偏大(过补偿)，磁通量上升，电动机有过电流的危险。

2. 基频以上变频控制方式及其机械特性

恒压频比控制方式只适用于基频(额定频率)及以下的变频调速，是额定转速以下的调速。由于电动机绕组是按额定电压等级设计的，超过额定电压运行将受到绕组绝缘强度的限制，如果仍维持 $U_S/f_S=C$ 是不允许的，定子电压不能再与频率成正比地升高，只能保持在额定电压，即 $U_S=U_{SN}$。由式(3-6)可知，此时气隙磁通 Φ_m将随着频率 f_S的升高而反比例下降，类似于直流电动机的弱磁升速。

把基频以下和基频以上两种情况结合起来，得到图 3.15 所示的异步电动机变频调速控制特性。

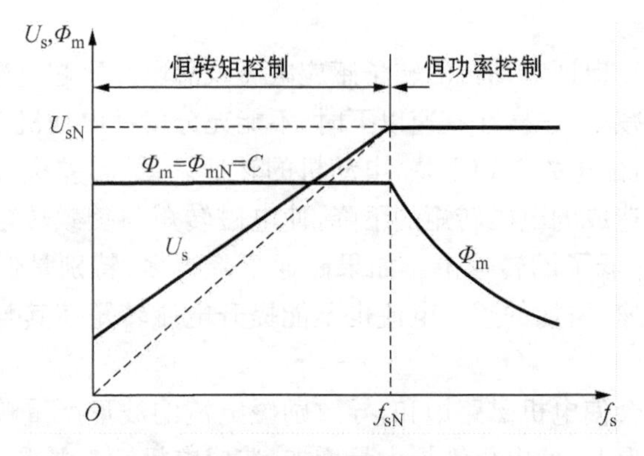

图 3.15　异步电动机调速时控制特性

3. 恒转矩控制和恒功率控制

1) 恒转矩控制

所谓恒转矩控制有两种含义：一是负载具有恒转矩特性，例如，起重机械的位能性负载需要电机提供与速度无关的恒定转矩—转速特性。带恒转矩负载进行调速时，电机在转速上升或下降时仍可输出恒定转矩。二是电动机在速度变化的动态过程中具有输出恒定转矩的能力，电动机在加速或减速过程中，为了缩短过渡过程时间，在电动机机械强度和电机温升允许的范围内，使电动机产生足够大的加速或制动转矩。$\Phi_m=\Phi_{mN}=C$ 的控制，或采用 $R_S I_S$ 补偿措施后 $U_S/f_S=C$ 的控制，属于恒转矩控制。

2) 恒功率控制

恒功率控制具有两个含义：一是负载具有恒功率的转矩—转速特性，即负载在速度变化时需要电动机提供的功率为恒定。负载需要电动机有恒功率调速特性的类型有：①轧机在轧制小件时用高速轧制，但转矩小；轧制大件时轧制量大需较大转矩，但速度低，故总的轧制功率不变；②车床加工零件，在精加工时切削力小，但切削速度高；相反，粗加工时切削力大，切削速度低，故总的切削功率不变；③卷绕机以相同张力卷绕线材，开始卷绕的卷筒直径小，用较小转矩即可，但转速高；随着不断卷绕，卷筒直径变大，电机带动的转矩变大，但转速降低，故功率不变。二是电机具有输出恒功率能力，一般是在基频（$f_{SN}=50$ Hz）以上进行升频时，电动机的电压已经额定，不能再上升只能保持恒定，所以频率在基频上升高时，转子转速上升，磁通下降，是弱磁调速。限制电动机的输入电流为额定电流，则电动机允许产生的电磁转矩随磁通下降而减小，转矩与转速的乘积近似为恒定值，即基频以上调速时，电动机具有输出恒功率的能力，属于恒功率控制。

3.2.2　矢量控制的调速系统

V/f=常数的异步电动机变压变频调速系统以及控制转差频率的异步电动机变频调速系统，其基本控制关系及转矩控制原则是建立在异步电动机静态数学模型的基础上，被控制变量（定子电压有效值 U_S，定子电流有效值 I_S，定子供电频率 f_S，转差频率 Sf_S）都是在幅值意义上进行的控制，而忽略幅角（相位）控制，虽然能够获得良好的静态特性指标，基本上解决了异步电动机平滑调速的问题，但是在动态过程中不能获得良好的动态响应，从而对一些动态特性要求较高的生产机械来说，这种变压变频调速系统还不能满足工艺要求。这种控制类型的变频调速系统的另一个缺点是低频特性差，启动及低速时转矩动态响应等方面的性能不能令人满意。

晶闸管供电的直流电动机双闭环调速系统具有优良的静、动态调速特性，其根本原因在于作为控制对象的他励直流电动机电磁转矩能够容易而灵活地进行控制。作为变频调速系统的控制对象—交流电动机是否可以模仿直流电动机转矩控制规律而加以控制呢？1971 年德国学者 Blaschke 等人首先提出的矢量变换控制(Transvector control)实现了这种控制思想。矢量变换控制成功地解决了交流电动机电磁转矩的有效控制，像直流调速系统一样，实现了交流电动机的磁通和转矩分别独立控制，从而使交流电动机变频调速系统具有了直流调速系统的全部优点，是当今工业生产中得到普遍应用的高性能交流调速系统。

1. 直流电动机和异步电动机的电磁转矩控制

三相鼠笼式异步电动机，由于坚固耐用、便于维护、价格便宜，在工业上得到广泛的应用，但长期以来在调速性能上却远不如直流电动机。

在机电传动系统中，作为动力设备的电动机，其电磁转矩 T_e 与负载转矩 T_L、转速 n 之间的关系服从于基本运动方程式

$$T_e - T_L = \frac{GD^2}{375}\frac{dn}{dt} \tag{3-10}$$

式中，$\frac{GD^2}{375}$ 为转动惯量；n 为电动机的转速。

任何调速系统的任务都是控制和调节电动机的转速，由式(3-10)可以知道，转速是通过转矩来改变的。在电动机驱动的机电传动系统中，系统的动态特性的好坏，除了受系统的转动惯量影响外，取决于电动机电磁转矩的控制性能，如能实现电动机电磁转矩的直接快速控制，将会大大提高传动系统的动态特性。比如，对于恒转矩负载的起动、制动及调速过程中，如果能控制电动机的电磁转矩恒定，则可获得恒定的加(减)速运动；当突加负载时，如果能通过速度反馈控制把电动机的电磁转矩迅速地提高到允许的最大值(T_{max})，则可获得最小的动态速降和较短的动态恢复时间。

2. 直流电动机的电磁转矩控制

直流电动机的原理如图 3.16 所示，其优异的调速性能是因为具备了如下 3 个条件：

(1) 磁极固定在定子机座上，在空间能产生一个稳定直流磁场—主极磁场 Φ_d。

(2) 电枢绕组是固定在转子铁心槽里，由于换向器作用，电枢电流在 N 极和 S 极下方发生变化，电枢磁势的轴线在空间也是固定的。通常把主极的轴线称为直轴，即 d 轴(direct axis)，与其垂直的轴称为交轴，即 q 轴(quadrature axis)。若碳刷位置安装正确(一般在几何中性线上)，则电枢磁势的轴线与主极磁场轴线互相垂直，即与交轴重合。电枢磁势保持与磁场垂直时，最能有效地产生转矩。

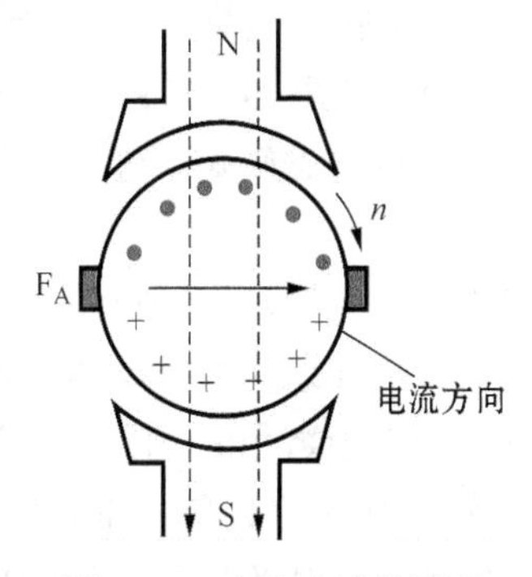

图 3.16　直流电动机原理

(3) 励磁电流和电枢电流在各自回路中，两者各自独立，互不影响，分别可单独调控。

直流电动机的电磁转矩公式为

$$T_{ed} = C_{MD}\Phi_d I_a \tag{3-11}$$

式中，C_{MD}为直流电动机的转矩系数；Φ_d为主极磁通；I_a为电枢电流。

直流电动机的电磁转矩具有控制容易而又灵活的特点。

3. 异步电动机的电磁转矩控制

图 3.17 是异步电动机的磁势、磁通空间矢量图，其中 F_s、F_r为定、转子磁势矢量的模值；Φ_m为气隙主磁通矢量的模值；θ_s、θ_r为定子磁势空间矢量 $\boldsymbol{F}_s$、转子磁势空间矢量 $\boldsymbol{F}_r$分别与气隙合成磁势空间矢量 $\boldsymbol{F}_\Sigma$之间的夹角。

任何电动机产生电磁转矩的原理，在本质上都是电机内部两个磁场相互作用的结果，异步电动机的电磁转矩公式为

$$T_{ed} = C_{MC}\Phi_m F_s \sin\theta_s = C_{MC}\Phi_m F_r \sin\theta_r \tag{3-12}$$

式中，C_{MC}为异步电动机的转矩系数。

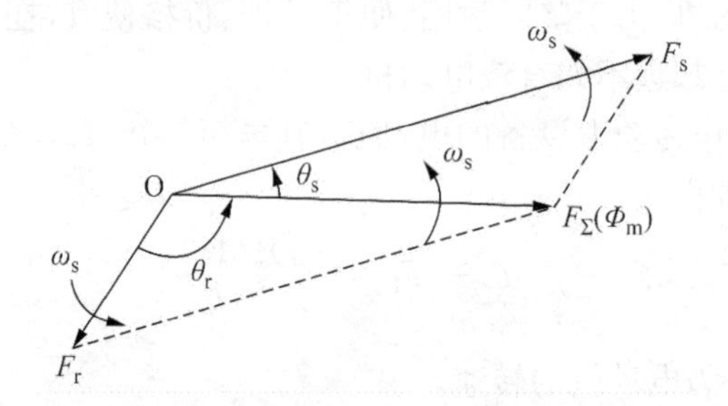

图 3.17 异步电动机的磁势、磁通空间矢量图

比较式(3-11)和(3-12)，可以能看出，异步电动机的电磁转矩控制比直流电动机的电磁转矩控制复杂得多，主要表现在以下几个方面：

(1) 在异步电动机中，同样也是两个磁场相互作用产生电磁转矩。与直流电机的两个磁场所不同的是，异步电机定子磁势 $\boldsymbol{F}_s$、转子磁势 $\boldsymbol{F}_r$及二者合成产生的气隙磁势 $\boldsymbol{F}_\Sigma(\boldsymbol{\Phi}_m)$均是以同步角速度 ω_s在空间旋转的矢量，三者的空间矢量关系如图 3.17 所示。

(2) 定子磁势和气隙磁势之间的夹角 θ_s不等于 90°。

(3) 转子磁势与气隙磁势之间的夹角 θ_r也不等于 90°。

(4) 如果 $\boldsymbol{\Phi}_m$、$\boldsymbol{F}_r$的模值为已知，还需知道它们空间矢量的夹角 θ_r，才可按式(3-12)求出异步电机的电磁转矩。经过推导，式(3-12)还可写成

$$T_{ed} = C_{IM}\Phi_m I_r \cos\varphi_r \tag{3-13}$$

式中，C_{IM}为异步电动机的转矩系数；φ_r为转子功率因数角。

式(3-13)表明，异步电动机的电磁转矩是气隙磁场和转子磁势相互作用的结果，且受转子电路功率因数角 φ_r的制约。该公式的复杂性表现为(由电机学可知)：气隙磁通 Φ_m，转子电流 I_r，转子功率因数角 φ_r都是转差率 S 的函数；气隙磁通是由定子磁势和转子磁势合成产生的，不能简单地认为恒定；对于笼形异步电动机而言可以直接测量和进行控制的量是定子电流 i_s，它是转子电流 i_r的归算值 i'_r及励磁电流 i_m的和，即 $i_s = i_m + i'_r$。如要对转矩进行有效控制，必须要将 i_m和 i'_r从 i_s中分离出来。

综上所述，直流电机的电磁转矩关系简单，容易控制；交流电机的电磁转矩关系复杂，难以控制。但是，由于交、直流电动机产生转矩的规律有着共同的基础，是基于同一转矩公式(式 3-12)建立起来的，因而根据电机的统一性，通过等效变换，可以将交流电机转矩控制转化为直流

电机转矩控制的模式，从而控制交流电机的困难问题也就迎刃而解了。

4. 矢量控制的基本思想

由式(3-12)及图3.17所示的异步电动机磁势、磁通空间矢量图中可以看出，通过控制定子磁势$\boldsymbol{F}_s$的模值、或控制转子磁势$\boldsymbol{F}_r$的模值及其他们在空间的位置，就能达到控制电机转矩的目的。控制$\boldsymbol{F}_s$的模值大小，或控制$\boldsymbol{F}_r$的模值大小，可以通过控制各相电流的幅值大小来实现，而在空间上的位置角θ_s、θ_r，可以通过控制各相电流的瞬时相位来实现。因此，只要能实现对异步电动机定子各相电流(i_A、i_B、i_C)的瞬时控制，就能实现对异步电动机转矩的有效控制。

采用矢量变换控制方式是如何实现对异步电机定子电流的瞬时控制呢？

异步电动机三相对称定子绕组中，通入对称的三相正弦交流电流i_A，i_B，i_C时，则形成三相基波合成旋转磁势，并由它建立相应的旋转磁场$\boldsymbol{\Phi}_{ABC}$，如图3.18(a)所示，其旋转角速度等于定子电流的角频率ω_s。然而，产生旋转磁场不一定非要三相绕组，除单相外任意的多相对称绕组，通入多相对称正弦电流，均能产生旋转磁场，如图3.18(b)所示的异步电动机，具有位置互差90°的两相定子绕组α、β，当通入两相对称正弦电流i_α、i_β时，则产生旋转磁场$\boldsymbol{\Phi}_{\alpha\beta}$。如果这个旋转磁场的大小，转速及转向与图3.18(a)所示三相交流绕组所产生的旋转磁场完全相同，则可认为图3.18(a)和图3.18(b)所示的两套交流绕组等效。由此可知，处于三相静止坐标系上的三相固定对称交流绕组，以产生同样的旋转磁场为准则，可以等效为静止两相直角坐标系上的两相对称固定交流绕组，并且可知三相交流绕组中的三相对称正弦交流电流i_A、i_B、i_C与二相对称正弦交流电流i_α、i_β之间必存在着确定的变换关系

$$\left.\begin{aligned} \boldsymbol{i}_{\alpha\beta} &= \boldsymbol{A}_1 \boldsymbol{i}_{ABC} \\ \boldsymbol{i}_{ABC} &= \boldsymbol{A}_1^{-1} \boldsymbol{i}_{\alpha\beta} \end{aligned}\right\} \tag{3-14}$$

式(3-14)表示矩阵方程，其中A_1为变换矩阵。

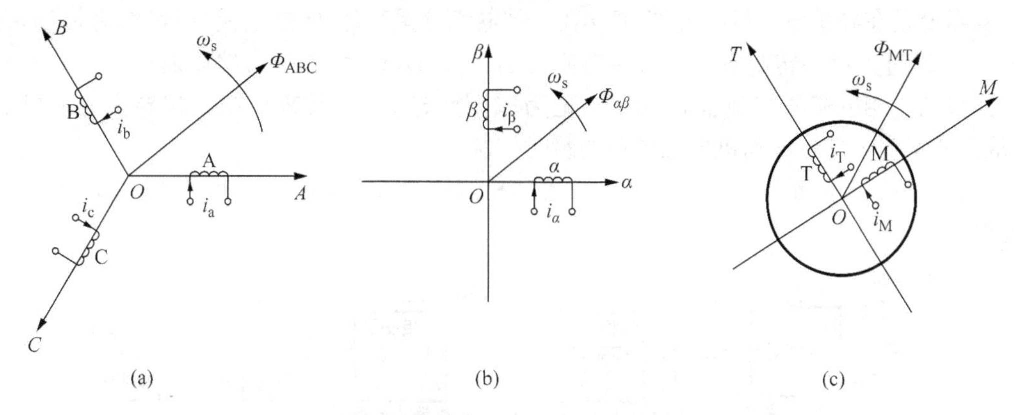

图3.18　等效的交流电动机绕组和直流电动机绕组物理模型

(a) 三相交流绕组　(b) 两相交流绕组　(c) 旋转的直流绕组

从图3.16中所示的直流电动机结构看到，励磁绕组是在空间上固定的直流绕组，而电枢绕组是在空间中旋转的绕组。由图示可知，电枢绕组本身在旋转，但是电枢磁势$\boldsymbol{F}_a$在空间上却有固定的方向，通常称这种绕组为“伪静止绕组”(Pseudo-Stationary Coil)，这样从磁效应的意义上来说，可以把直流电机的电枢绕组当成在空间上固定的直流绕组。因而直流电机的励磁绕组和电枢绕组就可以用图3.18(c)所示的两个在位置上互差90°的直流绕组M和T来等效。M绕组是等效的励磁绕组，T绕组是等效的电枢绕组，M绕组中的直流电流i_M称为励磁

电流分量，T 绕组中的直流电流 i_T称为转矩电流分量。

设 $\boldsymbol{\Phi}_{MT}$为 M 绕组和 T 绕组分别通入直流电流 i_M和 i_T时产生的合成磁通，且在空间固定不动。如果人为地使这两个绕组旋转起来，则 $\boldsymbol{\Phi}_{MT}$也自然地随之旋转。当观察者站在 M-T 绕组上与其一起旋转，在他看来，仍是两个通入直流电流的固定绕组。若使 $\boldsymbol{\Phi}_{MT}$的大小、转速和转向与图 3.18(b)所示二相交流绕组所产生的旋转磁场 $\boldsymbol{\Phi}_{\alpha\beta}$及图 3.18 (a)所示三相交流绕组产生的旋转磁场 $\boldsymbol{\Phi}_{ABC}$相同，则 M-T 直流绕组与 α-β 交流绕组及 A-B-C 交流绕组等效。显而易见，使固定的 M-T 绕组旋转起来，只不过是一种物理概念上的假设，然而，实际上这种旋转的实现，可以通过矢量坐标变换方法来完成。在旋转磁场等效的原则下，α-β 交流绕组等效为 M-T直流绕组，这时 α-β 交流绕组中的交流电流 i_α、i_β与 M-T 直流绕组中的直流电流 i_M、i_T之间必存在着确定的变换关系

$$\left.\begin{aligned}\boldsymbol{i}_{MT} &= \boldsymbol{A}_2 \mathrm{i}_{\alpha\beta}\\ \boldsymbol{i}_{\alpha\beta} &= \boldsymbol{A}_2^{-1}\boldsymbol{i}_{MT}\end{aligned}\right\} \tag{3-15}$$

式中，A_2为变换矩阵。

式(3-15)的物理性质是表示一种旋转变换关系，或者说，对于相同的旋转磁场而言，如果 α-β 交流绕组中的电流 i_α、i_β与 M-T 直流绕组中的电流 i_M、i_T存在着式(3-15)的变换关系，则α-β 交流绕组与 M-T 直流绕组完全等效。

由于 α-β 两相交流绕组又与 A-B-C 三相交流绕组等效，所以，M-T 直流绕组与 A-B-C 交流绕组等效，即有

$$\boldsymbol{i}_{MT} = \boldsymbol{A}_2\boldsymbol{i}_{\alpha\beta} = \boldsymbol{A}_2\boldsymbol{A}_1\boldsymbol{i}_{ABC} \tag{3-16}$$

由上式可知，M-T 直流绕组中的电流 i_M、i_T与三相电流 i_A、i_B、i_C之间必存在着确定关系，因此通过控制 i_M、i_T就可以实现对 i_A、i_B、i_C瞬时控制。

实际上是在异步电动机的外部，把 i_M(励磁电流分量)、i_T(转矩电流分量)作为控制量，记为 i_M^*、i_T^*，通过矢量旋转变换得到两相交流控制量 i_α、i_β，记为 i_α^*、i_β^*，然后通过二相—三相矢量变换得到三相电流的控制量 i_A、i_B、i_C，记为 i_A^*、i_B^*、i_C^*，再用其来控制三相异步电动机的运行，从而就实现了交流电动机电磁转矩的瞬时控制。

以上所叙述的矢量变换控制的基本思想和控制过程可用框图来表达，如图 3.19 所示的控制通道。

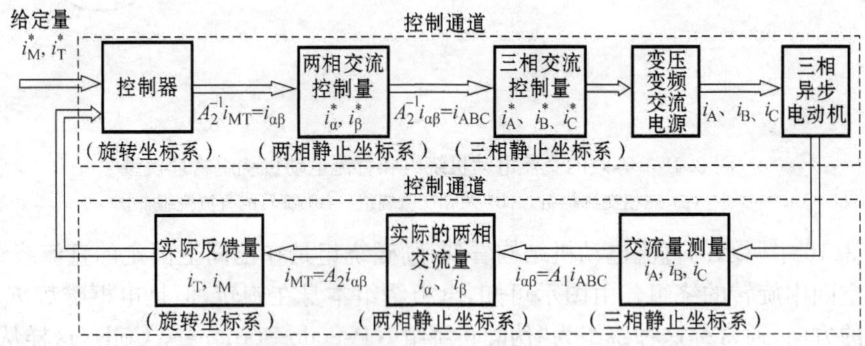

图 3.19 矢量变换控制过程框图

如果需要实现转矩电流控制分量 i_T^*、励磁电流控制分量 i_M^* 的闭环控制，则要测量交流量，然后通过矢量坐标变换计算实际的 i_T、i_M，用其作为反馈控制量，其过程如图 3.19 所示的反馈通道。

由于将直流标量作为电机外部的控制量，然后又将其变换成交流量去控制交流电机的运行，均是通过矢量坐标变换来实现的，因此将这种控制系统称之为矢量变换控制系统(Transvector Control System)，通常简称为矢量控制系统(Vector Control System)。

矢量坐标变换原理及实现方法可以查找有关书籍，这里不再介绍。

除了规定 M-T 两轴的垂直关系和旋转角速度，还需对 M-T 轴系的取向加以规定，使其成为特定的同步旋转坐标系，这对矢量控制系统的实现具有关键的作用。

选择特定的同步旋转坐标系，即确定 M-T 轴系的取向，称之为定向。选择电机某一旋转磁场轴作为特定的同步旋转坐标轴，则称之为磁场定向(Field orientation)。顾名思义，矢量控制系统也称为磁场定向控制系统。

对于异步电动机矢量控制系统的磁场定向轴的选择有三种，即转子磁场定向，气隙磁场定向，定子磁场定向。

转子磁场定向即是按转子全磁链矢量 $\boldsymbol{\Psi}_r$ 定向，就是将 M 轴取向于 $\boldsymbol{\Psi}_r$ 轴。按转子全磁链(全磁通)定向的异步电动机矢量控制系统称为异步电动机按转子磁链(磁通)定向的矢量控制系统。在具体的定向计算中要用到转子磁链矢量的模值 Ψ_r 及磁场定向角(空间位置)φ_s(M 轴与 α 轴的夹角，$\varphi_s=\omega_s t+\varphi_0$，$\varphi_0$ 为任意值)，而这两个量都是难以直接测量的，因而在矢量控制系统中只能采用观测值或模型计算值。

目前实际应用的矢量控制系统，是通过检测交流电机的定子电压、电流及转速等易得的物理量，利用转子磁链观测模型，实时计算转子磁链的模值和空间位置。准确地获得转子磁链的幅值和它的空间位置角轨是实现磁场定向控制的关键技术。

5. 带转矩内环的转速、磁链闭环异步电动机矢量控制系统

图 3.20 所示是一种带转矩内环的转速、磁链闭环三相异步电动机矢量控制系统。

由图可以看出控制系统的基本结构。本系统按转子磁场定向，分为转速控制子系统和磁链控制子系统，其中转速控制子系统与直流调速系统类似，采用了串级控制结构。

转速控制子系统中设置了转速调节器 ASR，转速反馈信号取自于电机轴上的测速传感器。转速调节器输出了 T_{ei}^* 作为内环转矩调节器 ATR 的给定值，转矩反馈信号取自转子磁链观测器。设置转矩闭环的目的是降低或消除两个通道之间的惯性耦合作用，另外从闭环意义上来说，磁链一旦发生变化，相当于对转矩内环的一种扰动作用，必将受到转矩闭环的抑制，从而减少或避免磁链突变对转矩的影响。

在磁链控制子系统中，设置了磁链调节器 AΨR，其给定值 i_{SM}^* 由函数发生器 GF 给出，磁链反馈信号 $\hat{\Psi}_r$ 来自于转子磁链观测器。磁链闭环的作用是，当 $\omega\leqslant\omega_N$(额定角速度)时，控制 Ψ_r 使其 $\Psi_r=\text{const}$，实现恒转矩调速方式；当 $\omega>\omega_N$ 时，控制 Ψ_r 使其随着 ω 的增加而减小，实现恒功率(弱磁)调速方式。恒转矩调速方式和恒功率调速方式由函数发生器 GF 的输入—输出特性所决定。

图中 VR^{-1} 是逆向同步旋转变换器，其作用是将 ATR 调节器输出 i_{ST}^* 和 AΨR 调节器输出 i_{SM}^* 从同步旋转坐标系(M-T)变换到两相静止坐标系(α-β)上，得到 $i_{S\beta}^*$、$i_{S\alpha}^*$。图中 2/3 变换器的

作用是将两相静止轴系上的 $i_{S\beta}^*$、$i_{S\alpha}^*$ 变换到三相静止轴系上，得到 i_A^*、i_B^*、i_C^*。

图中虚框部分为电流控制 PWM 电压源逆变器环节，逆变器所用功率器件为 IGBT 或 IGCT。由于电流控制环的高增益和逆变器具有的 PWM 控制模式，使电动机输出的三相电流（i_A、i_B、i_C）能够快速跟踪三相电流参考信号 i_A^*、i_B^*、i_C^*。这种具有强迫输入功能的快速电流控制模式是目前普遍采用的实用技术。

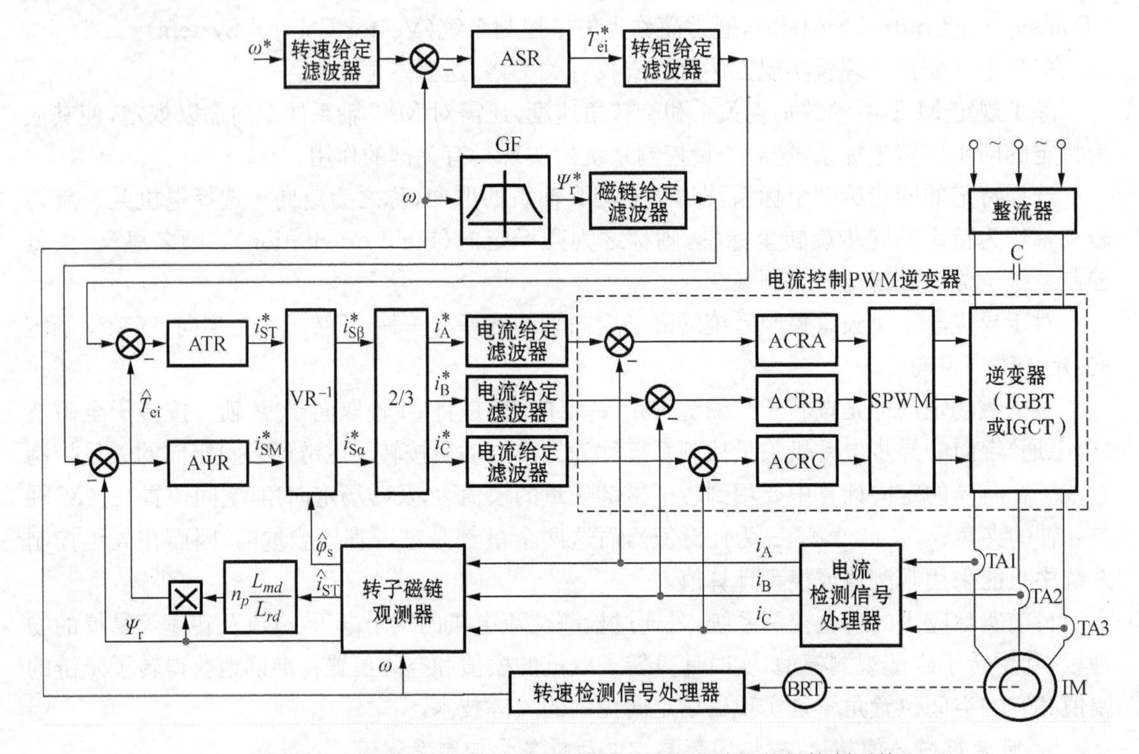

图 3.20　带转矩内环的转速、磁链闭环异步电动机矢量控制系统

ASR-速度调节器　AWR-磁链调节器　ATR-转矩调节器　GF-函数发生器

ACRA～ACRC-相电流调节器　BRT-测速传感器　TAl～TA3-电流互感器

6. 无速度传感器的矢量控制系统

为了达到高精度的转速闭环控制及磁场定向的需要，必不可少的要在电机轴上安装速度传感器。但是有许多场合不允许外装任何速度和位置检测元件，此外安装速度传感器一定程度上降低了调速系统的可靠性。随着交流调速系统的发展和实际应用的需要，国内外许多学者和科技人员展开了无速度传感器的交流调速系统研究，成为交流调速技术一个重要的应用研究领域。目前主要方案有：

- 基于转子磁通定向的无速度传感器矢量控制变频调速系统。
- 基于定子磁通定向的无速度传感器矢量控制变频调速系统。
- 基于定子电压矢量定向的无速度传感器矢量控制变频调速系统。
- 基于直接转矩控制的无速度传感器直接转矩控制变频调速系统。
- 采用模型参考自适应(MRAS)的无速度传感器交流调速系统。
- 利用扩展的卡尔曼滤波器进行速度辨识的无速度传感器交流调速系统。

所谓无速度传感器调速系统就是取消速度检测装置，通过间接计算法求出电机运行的实际转速值作为转速反馈信号。

以基于转子磁链定向的无速度传感器转差型矢量控制系统为例，系统需在电机定子侧装设电压传感器和电流传感器，根据检测到的电压电流值及电机的参数，估算出电机的实际转速。

转速推算器受转子参数变化的影响，因而基于转子磁链定向的转速推算器还需要考虑转子参数的自适应控制技术。此外，转速推算器的实用性还取决于推算的精度和计算的快速性，因此都必须采用高速微处理器才能实现。无速度传感器的交流调速系统已得到实际应用，但是实时性好的高精度无速度传感器的交流调速系统仍在继续研究和开发。

无反馈矢量控制不需要外接转速反馈，对于用户来说，方便了许多。但与有反馈矢量控制相比，存在如下一些差异：

1）机械特性

在改善电动机的机械特性方面，无反馈矢量控制已能得到接近于有反馈矢量控制的效果，即可以得到较“硬”的机械特性。但因为没有转速的检测，所以转速的控制精度稍差。

2）低频特性

在低频运行的稳定性方面（≤5 Hz），不同品牌变频器的差异较大。在一般情况下，无反馈矢量控制适用于转速调节范围不太大（≤10）的场合。

3）动态响应性能

无反馈矢量控制实质上是通过对其他物理量（电流、磁通、功率因数等）的检测和计算而间接地得到矢量控制所需的转速值。因为计算需要时间，所以，无反馈矢量控制方式在动态响应方面的性能较差。

总之，对于一些要求有较硬机械特性，但调速范围不很广，对动态响应要求不高的场合，可以采用无反馈矢量控制方式。

3.2.3 直接转矩控制的调速系统概述

1. 直接转矩控制技术的诞生与发展

直接转矩控制技术是在20世纪80年代中期继矢量变换控制技术之后发展起来的一种异步电动机变频调速技术。直接转矩控制变频调速系统，德语称之为DSR（Direkte Selbstregelung），英语称之为DSC（Direct Self-Control）。

自从20世纪70年代矢量控制技术发展以来，交流传动技术从理论上解决了交流调速系统在静、动态性能上与直流传动相媲美的问题。矢量控制技术模仿直流电动机的控制，以转子磁场定向，用矢量变换的方法，实现了对交流电动机的转矩和磁链控制的完全解耦。它的提出具有划时代的重要意义。然而，在实际上由于转子磁链难以准确观测，并且系统特性受电动机参数的影响较大，以及在模拟直流电动机控制过程中所用矢量旋转变换的复杂性，使得实际的控制效果难以达到理论分析的结果，这是矢量控制技术在实践上的不足之处。

直接转矩控制思想于1977年由A. B. Piunkett在IEEE杂志上首先提出，1985年由德国鲁尔大学的德彭布罗克（Depenbrock）教授首次取得了实际应用的成功，接着1987年把它推广到弱磁调速范围。不同于矢量控制技术，直接转矩控制有着自己的特点，它在很大程度上解决了矢量控制中计算复杂，特性易受电动机参数变化的影响，实际性能难以达到理论分析结果的一些重要技术问题。直接转矩控制技术一诞生，就以自己新颖的控制思想，简洁明了的系统结构,优良的静、动态性能受到了普遍的关注并得到了迅速的发展。

2. 直接转矩控制系统的特性

实际应用表明,采用直接转矩控制的异步电动机变频调速系统,电机磁场接近圆形,谐波小,损耗低,噪声及温升均比一般逆变器驱动的电机小得多。直接转矩控制系统的主要特点有:

(1) 直接转矩控制是直接在定子坐标系下分析交流电动机的数学模型,控制电动机的磁链和转矩。它不需要将交流电动机与直流电动机进行比较、等效、转化;既不需要模仿直流电动机的控制,也不需要为解耦而简化交流电动机的数学模型,它省掉了矢量旋转变换等复杂的变换与计算。因此,它所需要的信号处理工作比较简单,所用的控制信号易于观察者对交流电动机的物理过程作出直接和明确的判断。

(2) 直接转矩控制的磁场定向采用的是定子磁链轴,只要知道定子电阻就可以把它观测出来。而矢量控制的磁场定向所用的是转子磁链轴,观测转子磁链需要知道电动机转子电阻和电感。因此,直接转矩控制大大减少了矢量控制技术中控制性能易受参数变化影响的问题。

(3) 直接转矩控制采用空间矢量的概念来分析三相交流电动机的数学模型和控制各物理量,使问题变得简单明了。

(4) 直接转矩控制强调的是转矩的直接控制效果。与著名的矢量控制的方法不同,直接控制转矩不是通过控制电流、磁链等量来间接控制转矩,而是把转矩直接作为被控量进行控制,强调的是转矩的直接控制效果。其控制方式是,通过转矩两点式调节器把转矩检测值与转矩给定值作滞环比较,把转矩波动限制在一定的容差范围内,容差的大小由频率调节器来控制。因此,它的控制效果不取决于电动机的数学模型是否能够简化,而是取决于转矩的实际状况。它的控制既直接又简单。对转矩的这种直接控制方式也称之为“直接自控制”。这种“直接自控制”的思想不仅用于转矩控制,也用于磁链量的控制,但以转矩为中心来进行综合控制。

综上所述,直接转矩控制技术,用空间矢量的分析方法,直接在定子坐标系下计算与控制交流电动机的转矩,采用定子磁场定向,借助于离散的两点式调节(Bang-Bang 控制)产生 PWM 信号,直接对逆变器的开关状态进行最佳控制,以获得转矩的高动态性能。它省掉了复杂的矢量变换运算与电动机数学模型的简化处理过程,控制结构简单,控制手段直接,信号处理的物理概念明确。该控制系统的转矩响应迅速,限制在一拍以内,且无超调,是一种具有较高动态响应的交流调速技术。

3. 直接转矩控制(DSC)的基本思想

按照生产工艺要求控制和调节电动机的转速是最终目的。然而,转速是通过转矩来控制的,电机转速的变化与电机的转矩有着直接而又简单的关系,转矩的积分就是电机的转速,积分时间常数 T_m 由电机的机械系统惯性所决定,只有电机的转矩影响其转速。可见控制和调节电机转速的关键是如何有效地控制和调节电机的转矩。

任何电动机,无论是直流电动机还是交流电动机,都由定子和转子两部分组成。定子产生定子磁势矢量 $\boldsymbol{F}_s$,转子产生转子磁势矢量 $\boldsymbol{F}_r$,二者合成得到合成磁势矢量 $\boldsymbol{F}_\Sigma$。$\boldsymbol{F}_\Sigma$ 产生磁链矢量 $\boldsymbol{\Psi}_m$。由电机统一理论可知,电动机的电磁转矩是由这些磁势矢量的相互作用而产生的,即等于它们中任何两个矢量的矢量积。

$$\begin{aligned}T_{ei} &= C_m(\boldsymbol{F}_s \times \boldsymbol{F}_r) = C_m F_s F_r \sin\angle(\boldsymbol{F}_s, \boldsymbol{F}_r) \\ &= C_m(\boldsymbol{F}_s \times \boldsymbol{F}_\Sigma) = C_m F_s F_\Sigma \sin\angle(\boldsymbol{F}_s, \boldsymbol{F}_\Sigma)\end{aligned}$$

$$= C_m(\boldsymbol{F}_r \times \boldsymbol{F}_\Sigma) = C_m F_r F_\Sigma \sin\angle(\boldsymbol{F}_r, \boldsymbol{F}_\Sigma) \tag{3-17}$$

式中，F_s、F_r、F_Σ分别为矢量 $\boldsymbol{F}_s$、$\boldsymbol{F}_r$、$\boldsymbol{F}_\Sigma$ 的模；$\angle(\boldsymbol{F}_s,\boldsymbol{F}_r)$、$\angle(\boldsymbol{F}_s,\boldsymbol{F}_\Sigma)$、$\angle(\boldsymbol{F}_r,\boldsymbol{F}_\Sigma)$分别是矢量 $\boldsymbol{F}_s$和 $\boldsymbol{F}_r$、$\boldsymbol{F}_s$和 $\boldsymbol{F}_\Sigma$、$\boldsymbol{F}_r$和 $\boldsymbol{F}_\Sigma$之间的夹角。

异步电动机的 $\boldsymbol{F}_s$，$\boldsymbol{F}_r$，$\boldsymbol{F}_\Sigma$（$\boldsymbol{\Psi}_m$）在空间以同步角速度 ω_s旋转，彼此相对静止。因此，可以通过控制两磁势矢量的幅值和两磁势矢量之间的夹角来控制异步电动机的转矩。但是，由于这些矢量在异步电动机定子轴系中的各个分量都是交流量，故难以进行计算和控制。

在矢量变换控制系统中是借助于矢量旋转坐标变换（定子静止坐标系→空间旋转坐标系）把交流量转化为直流控制量，然后再经过相反矢量旋转坐标变换（空间旋转坐标系→定子静止坐标系）把直流控制量变为定子轴系中可实现的交流控制量。显然，矢量变换控制系统虽然可以获得高性能的调速特性，但是往复的矢量旋转坐标变换及其他变换大大地增加了计算工作量和系统的复杂性，而且由于异步电动机矢量变换控制系统是采用转子磁场定向方式，设定的磁场定向轴易受电机参数变化的影响，因此异步电动机矢量变换控制系统的鲁棒性较差。当采取参数自适应控制策略时，又进一步增加了系统的复杂性和计算工作量。

直接转矩控制系统不需要往复的矢量旋转坐标变换，直接在定子坐标系上用交流量计算转矩的控制量。

由式(3-17)知道，转矩等于磁势矢量 $\boldsymbol{F}_s$和 $\boldsymbol{F}_\Sigma$ 的矢量积，而 $\boldsymbol{F}_s$比例于定子电流矢量 $\boldsymbol{i}_s$，$\boldsymbol{F}_\Sigma$比例于磁链矢量 $\boldsymbol{\Psi}_m$，因而可以知晓转矩与定子电流矢量 $\boldsymbol{i}_s$及磁链矢量 $\boldsymbol{\Psi}_m$的模值大小和二者之间的夹角有关，并且定子电流矢量 $\boldsymbol{i}_s$的模值可直接检测得到，磁链矢量 $\boldsymbol{\Psi}_m$的模值可从电机的磁链模型中获得。在异步电动机定子坐标系中求得转矩的控制量后，根据闭环系统的构成原则，设置转矩调节器，形成转矩闭环控制系统，可获得与矢量变换控制系统相接近的静、动态调速性能指标。

从控制转矩角度看，只关心电流和磁链的乘积，并不介意磁链本身的大小和变化。但是，磁链大小与电机的运行性能有密切关系，与电机的电压、电流、效率、温升、转速、功率因数有关。所以从电机合理运行角度出发，仍希望电机在运行中保持磁链幅值恒定不变。因此还需要对磁链进行必要的控制。同控制转矩一样，设置磁链调节器构成磁链闭环控制系统，以实现控制磁链幅值为恒定的目的。目前控制磁链有两种方案，一种是日本学者高桥勋教授提出的方案，是让磁链矢量基本沿圆形轨迹运动；另一种是德国学者德彭布罗克教授(Depenbrock)

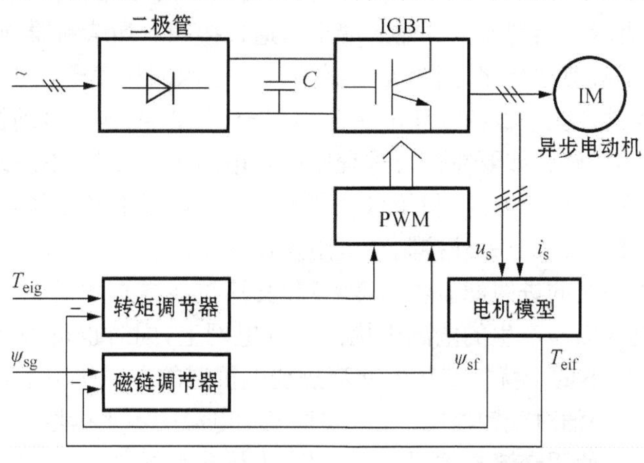

图 3.21　直接转矩控制系统基本思路框图

提出的方案，是让磁链矢量沿六边形轨迹运动。

由以上的叙述，可以初步了解异步电动机直接转矩控制系统的基本控制思想。图 3.21 概括了对直接转矩控制系统控制思路的描述，对直接转矩控制系统有一个形象的认识，便于今后对其进行深入的研究。

3.3 通用变频器的外部接口电路

通用变频器是在电力电子技术的基础上，在现代各领域科学技术的支持下发展起来的智能化的交流电动机调速控制器，已在各行各业的各种设备上普遍使用。随着变频器技术的发展，变频器的功能越来越丰富。本节将对通用型变频器的主要功能进行分类并加以说明。

通用变频器是由主电路和控制电路组成的。主电路主要包括整流电路、中间直流电路和逆变电路三部分，其中中间直流电路又由电源再生单元、限流单元、滤波器单元、制动电路单元以及直流电源检测电路等组成。控制电路主要由中央处理器 CPU、数字处理器 DSP、A/D、D/A 转换电路、I/O 接口电路、通信接口电路、输出信号检测电路、数字操作盘电路以及控制电源等组成。上述电路不断地随着新型电力电子器件和高性能微处理器的应用及现代控制技术的发展而不断更新换代，使通用变频技术随着相关技术的发展更进一步地发展。

通用变频器的控制电路由主控制电路、主电路驱动电路、信号检测电路、保护电路、外部接口电路、数字操作显示盒等组成，其中主控制电路是变频器的运行指挥中心。

主控制电路的核心是一个高性能的微处理器，具有很强的计算功能。主控制电路配有必要的外围接口电路，它通过数字量输入、模拟量输入、通讯等接口电路接收检测外部电路送来的各种检测信号和参数设定值，进行必要的处理后为变频器的控制运行提供各种必要的控制信号或显示信息。

3.3.1 变频器主电路端子连接

图 3.22 是西门子 MM440 系列变频器的主电路接线端子与电动机和三相电源的连接方法（MM440 的接线端子图见附录 2）。图中变频器的 PE 端子是外壳接地端子，为保证使用安全，该点应按电气规程要求接地；L3、L2、L1 端子是变频器的三相交流电源输入端子（有的变频器用 R、S、T 符号表示三相交流电源输入端子），通过接触器和熔断器，或低压断路器接至三相交流电源，连接时不必考虑相序，因为变频器的输出电源的相序受控于输入控制信号，与三相输入电源的相序无关。变频器的变频电源输出端子 U、V、W 连接电动机时应根据电动机的转向要求连接，一旦连接好后如要在运行过程中改变电动机的转向，不用改接 U、V、W 的端子连接相序，而是通过变频器的转向控制信号改变 U、V、W 端子上逆变器输出电源的相序，从而改变电动机的转向。B＋和 B－是外接制动电阻连接端子。

变频器主电路中串接的进线滤波器（EMC）和交流进线电抗器是根据需要选配的。进线滤波器的作用是抑制变频器产生的电磁干扰传导到电网上，同时也可抑制外界射频干扰以及瞬时冲击 、浪涌对变频器的干扰。变频器交流进线电抗器的主要作用是降低变频器产生的电流谐波干扰，减少电源浪涌对变频器的冲击，改善三相电源的不平衡性。

在下列情况下推荐使用交流电抗器：变频器由阻抗非常低的线路供电（供电电源容量与变频器容量之比为 10∶1 以上）；同一线路连接多台变频器；线路电源有来自其他负荷的明显扰

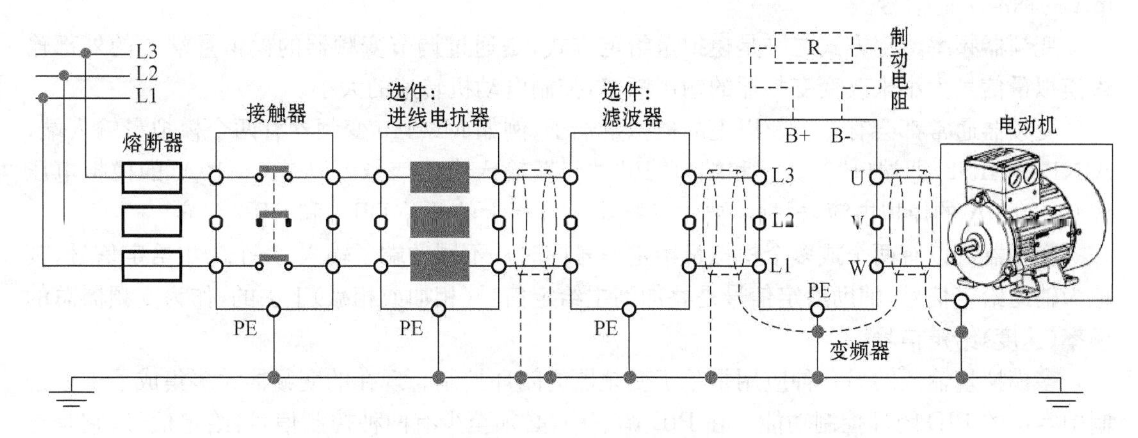

图 3.22　MM440 变频器主电路接线方法

动;线路电压不平衡;线路中含有一个功率因数校正设备。

3.3.2　变频器控制端子

变频器的控制端子图见附录 2。通用变频器的外接控制电路主要由如下连接端子组成：启动/停止、模拟输入、模拟输出、数字输入、数字输出(晶体管、继电器)、通信接口、外部控制电源等端子。除外部控制电源端子之外,其他均属功能端子,与通用变频器的相应功能对应。

1. 多功能数字量输入端子

有些型号变频器的输入端子分为两类:一类是基本输入控制端子,功能固定不能改变;另一类才是由用户根据需要可以预置的多功能端子。

MM440 变频器有 6 个多功能数字量输入端子(又称可编程控制输入端):DIN1～DIN6,与 PLC 直流 24 伏输入端子的功能相同,读取端子上所接触点开关的状态"0"和"1",用于变频器的功能控制。这些端子可以通过参数设定改变其功能,以满足不同控制的需要。端子功能包括:运行、停止、正转、反转、点动、复位、多段速选择等。

2. 多功能数字量输出端子

变频器数字量输出端子用于输出变频器运行状态的信号,这些信号包括待机准备、运行、故障以及其他与变频器频率、电压等有关的内容。这些数字开关量信号中,有的功能固定不能改变,有的是多功能的,可以通过相关的参数设定来定义数字量信号"0"和"1"所代表的某一信号的状态。

变频器数字量输出端子有两种类型:继电器输出型和晶体管输出型。

MM440 变频器有 3 个多功能继电器输出型数字量输出端子:继电器 1、继电器 2 和继电器 3,每个输出端子有 27 个功能,由参数设定值定义。例如输出继电器 1 的功能选择参数 P0731 的设定值为 52.3 时,定义其为变频器故障输出信号,只有在变频器自我检测正常无故障状态时输出继电器 1 线圈得电,常开触点闭合常闭触点断开。

3. 模拟量输入端子(A/D 输入)

变频控制器是全数字控制器,用于控制变频器运行的输入模拟电压或电流信号需经过 A/D 电路转换成数字信号后传递给数字控制器,这个功能由变频器模拟量输入电路完成。从模拟量输入电路的端子接入的信号种类通常是 0～10 V、－10 V～＋10 V、0～20 mA 或 4～20

mA 的标准工业信号。

变频器频率给定方式之一是模拟量给定方式，是通过调节变频器的模拟量端子的外部输入模拟量信号大小来改变变频器的输出频率，控制电动机转速的大小。

变频器通常都会有 2 个及以上的模拟量端子，例如 MM440 变频器有两个模拟量输入端，AIN1 和 AIN2，即端口“3”，“4”和端口“10”，“11”，输入模拟信号可以是 0～10 V 的模拟电压或 0～20 mA 的模拟电流，根据需要由变频器 I/O 板上的开关 DIP1 和 DIP2 设定。

变频器可以有两个或多个模拟量给定信号同时从不同的端子输入，一个为主给定信号，其他为辅助给定信号，辅助给定信号是叠加到主给定信号(相加或相减)上去的，作为变频器总的频率(速度)给定信号。

多模拟量输入的另一种应用是基于变频器的闭环控制。现在的变频器大多集成了工业控制中常用的 PID 闭环控制功能。在 PID 调节中，必须至少有两种控制信号：给定信号，它是与被控物理量的控制目标对应的信号；反馈信号，它是通过现场传感器测量的与被控物理量的实际值对应的信号。这两个信号通常都是模拟信号，分别由变频器的两个模拟量输入端输入。

PID 控制的过程是，将被控制量的给定值和反馈值进行比较得出差值后进行 PID 运算，运算结果作为执行机构的驱动信号，对被控物理量进行调整，以期使被控量达到预期的目标。作为通用的交流电动机驱动设备，变频器广泛应用于这种需要 PID 控制的场合，所以带有 PID 闭环控制功能的变频器可以大大降低设备的设计和施工难度，便于用户使用，提高系统的可靠性。

MM440 变频器还有一个专用于检测电动机内部温度的模拟量输入端(PTCA，PTCB)，用于连接置于电动机绕组内的 PTC 或 RTY84 温度传感器。当电动机绕组的温度升高时，温度传感器的阻值增加，温度模拟量输入端的电压增加，当其 A/D 转换值大于变频器所设置的温度阀值时变频器发出超温报警信号。

4. 模拟量输出端子(D/A 输出)

模拟量输出端子的作用是通过参数预置定义，变频器将控制器内部某一个关于变频器工作状态的数字量信号经过 D/A 电路转换后从模拟输出端子输出。

MM440 变频器有两个多功能模拟量输出端，AOUT1 和 AOUT2，输出 0～20 mA 的电流信号。根据参数 P0771(1)和 P0771(2)的设定值，AOUT1 和 AOUT2 的输出电流的大小可以表示当前变频器的实际控制频率、实际输出频率、实际输出电压、实际直流回路电压或实际输出电流，是这些物理量的模拟检测信号。

5. 通信端子

现在的通用变频器都具有 RS232 或 RS485 串行通信接口，主要作用是可以和计算机或 PLC 构成现场总线通信网络，相互交换信息。在总线上变频器作为从机，接收计算机或 PLC 的指令并完成所要求的功能，同时变频器也会根据命令，将自己的状态参数回送给计算机或 PLC。

通过网络计算机还可以对变频器进行参数设定、故障分析和跟踪等功能。西门子的 DriveMonitor 软件就是实现对西门子传动设备现场调试的工具软件。

6. 数字操作显示面板

变频器的数字操作显示面板是一种人机界面，有显示和输入功能，用户可以利用操作面板进行变频器参数设定、运行操作、监测运行状态、查找运行记录和故障代号等。有的变频器自带固定的操作显示面板；有的变频器则是根据需要随意插拔，其功能可以由连接在通讯口的上位机和 DriveMonitor 软件取代完成。

7. 扩展端子或扩展模块

作为通用变频器，其功能应越多越好，以满足不同用户的需求，但这会增加变频器的成本，对具体的用户来说是浪费，因此现在的变频器采用模块化设计，将基本的功能模块集成配置在一起，满足大多数场合的一般需求，而对于特殊功能的模块留有可供扩展的空间和连接端子，用户根据需要选择配置。例如当变频器速度闭环控制或矢量控制时都需要电动机速度反馈信号，就要配置 PG 反馈模块，接收处理由安装在电动机轴上的增量式光电编码器 PG 发出的脉冲信号，产生并向内部控制器传送反馈控制所需的数字速度信号。

3.4　通用变频器的主要控制功能

随着变频技术的发展，通用变频器的控制功能越来越强大，需要设置的参数也越来越多也越来越复杂，而且很多参数是相互关联、相互影响的，这就要求设计人员除了对控制对象的生产工况和整个控制系统非常熟悉外，还要对通用变频器的各参数项的功能特性充分理解并综合考虑，必要时需进行计算才能完成正确的设置和操作，保证变频器的正常运行。当然新型变频器的设计也越来越人性化，对于一些普通的用途，用户只需进行简单设定或不需要设定变频器即可工作；对于比较复杂的用途，高智能化的数字操作显示面板或参数设置软件在参数设置过程中会引导用户选择下一个要设置的参数，跳过与目前的设置功能无关的参数，降低参数设置的复杂程度。

各种型号的通用变频器的参数、功能特性的表示方法和设置方法是不同的，使用前需要仔细阅读有关的用户手册，掌握所使用变频器的技术性能和设置方法。以下介绍通用变频器的一些基本功能。

3.4.1　变频器频率设定功能

1. 变频器中频率的名称与功能

1）给定频率

在变频调速系统应用中要调节变频器的输出频率，必须首先向变频器提供改变频率的信号。这个信号称为频率给定信号，也有称其为频率指令信号或频率参考信号。频率给定信号所对应的频率就是给定频率。所谓频率给定方式是指提供频率给定信号的方式。

2）输出频率

变频器主电路输出端 U、V、W 上实际输出的交流电源的频率。

3）基本频率

变频器调节频率时用作基准的频率。通常取电动机的额定频率。

4）上限频率（最高频率）和下限频率（最低频率）

与生产机械所要求的最高转速相对应的频率，称为上限频率；与生产机械所要求的最低转速相对应的频率，称为下限频率。当给定对应的频率高于上限频率时，变频器取上限频率工作，而当给定对应的频率低于下限频率时，变频器取下限频率工作。

5) 回避频率(跳转频率)

变频器拖动的生产机械的振动频率与电动机转速有关,即与变频器的工作频率有关,为了避免在某些频率下机械系统发生谐振,必须使变频器“回避”掉可能引起谐振的频率。该引起谐振的频率称为回避频率。MM440 变频器在整个频率范围内可以设定四个回避频率(P1091、P1092、P1093、P1094),回避频率的宽度由 P1101 参数设定(0~10),最大宽度是 20 Hz。图 3.23 是一个跳转频率设定示意图。

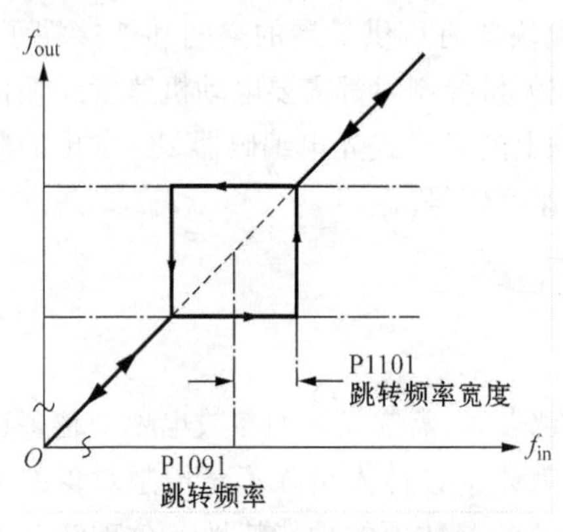

图 3.23 MM440 跳转频率设定

6) 点动频率

生产机械调试过程中,经常需要对电动机进行点动,变频器可根据生产机械的特点和要求,预先设置一个较低的“点动频率”,当每次点动时,变频器都按照这个预设点动频率运转。有正向点动频率和反向点动频率;点动操作由数字操作面板上的 JOG(点动)按钮控制,或由连接在一个数字输入端的自动复位按钮来控制;点动的斜坡上升时间和下降时间可以预设。

7) 载波频率

SPWM 型变频器载波频率决定等幅调宽输出电压脉冲频率,该频率会使电动机的铁心振动而发出噪声,为了避免该振动频率与铁心的固有振荡频率相等而发生谐振,变频器为用户提供了可以在一定范围内调整载波频率的功能。此外,当载波频率太高,影响到同一机柜内其他控制设备(如可编程控制器等)的正常工作时,为了减少干扰,也需要向下调整载波频率。MM440 变频器的载波频率设定参数是 P1800,设定值是 2~16,对应的载波频率是 2 kHz~16 kHz。

2. 变频器频率给定方式

变频器有多种频率给定方式,主要是:操作键盘给定、开关信号给定、模拟信号给定、脉冲信号给定和通讯方式给定等。采用哪一种给定方式,由用户根据实际需要进行选择设置,同时也可以根据功能需要选择不同频率给定方式之间的叠加和切换。

开关信号给定、模拟信号给定、脉冲信号给定和通讯方式给定都是从变频器的不同输入端子输入频率给定信号的,所以被通称为外部给定或远程控制给定。

1) 面板给定方式

通过变频器面板上的键盘或电位器进行频率给定(即调节频率)的方式,被称为面板给定方式。用变频器操作面板进行频率设置,只需操作面板上的上升、下降键,就可以实现频率的设定。该方法不需要外部接线,方法简单,频率设置精度高,属数字量频率设置方式,适用于单台变频器的频率设置。

部分变频器在面板上设置了电位器,频率大小也可以通过电位器来调节。电位器给定属于模拟量给定,频率设置精度稍低。多数变频器在面板上并无给定电位器,变频器说明书中所说的面板给定,实际上就是键盘给定。变频器的面板通常可以取下,通过延长线安置在用户操作方便的地方。

2) 外接模拟量给定

通过变频器的外接给定端子输入模拟量信号(电压或电流)进行给定,并通过调节给定信号的大小来调节变频器的输出频率。在附录 2 的 MM440 端子接线图中,模拟量输入端子

ADC1与外部电位器的连接就是外接电压模拟量给定的连接(I/O面板上ADC1的DIP选择开关在电压位置),只要设置有关参数将该输入端定义为给定信号源,调节电位器改变ADC1端子上的电压信号的大小,变频器的输出频率跟随给定量的变化,从而平滑无级地调节电动机转速的大小。图中输出端口"1"、"2"是MM440变频器向外提供的高精度 +10 V直流稳压电源。

外接模拟量频率给定信号除了通过电位器提供,也可以由其他控制设备,如PLC的模拟量输出端提供。

ADC1端子也可以设置定义为模拟电流信号给定端子。ADC2的功能与ADC1相同;ACD1和ACD2也可以设置定义为辅助模拟量给定信号端子。

3) 外接数字量给定(多段速频率给定)

将变频器的多功能数字量输入端定义为外接数字量频率给定功能,通过外接开关信号进行频率给定。变频器根据外接开关状态信号取出事先设定好的对应频率参数,作为频率给定信号,调节变频器的输出频率。

外接数字量给定有直接选择型和二进制编码选择型。

直接选择型:所定义的每一个数字量输入端对应一个固定频率设定值,控制信号直接选用固定频率,如果几个输入信号同时有效对应固定频率同时激活,则所选用的固定频率叠加,控制电动机多端速运行。

二进制编码选择型:通过多功能输入端子的逻辑组合,可以选择多段频率进行多段速运行。MM440最多可以定义6个数字输入端口(DIN1~DIN6)中的4个数字输入端为组合输入逻辑信号,最多可实现15频段控制,每一个频段的频率分别由P1001~P1015参数设置,参数的大小决定电动机转速的大小,参数的正负决定电动机转速的方向。表3.5是假设DIN4、DIN3、DIN2、DIN1为组合输入逻辑信号时二进制编码与各段速度之间的对应关系。

表3.5 四数字输入端二进制编码速度表

固定速度 \ 端子信号		DIN4	DIN3	DIN2	DIN1
停止状态		0	0	0	0
P1001	固定速度1	0	0	0	1
P1002	固定速度2	0	0	1	0
P1003	固定速度3	0	0	1	1
P1004	固定速度4	0	1	0	0
P1005	固定速度5	0	1	0	1
P1006	固定速度6	0	1	1	0
P1007	固定速度7	0	1	1	1
P1008	固定速度8	1	0	0	0
P1009	固定速度9	1	0	0	1
P1010	固定速度10	1	0	1	0

(续表)

固定速度 \ 端子信号		DIN4	DIN3	DIN2	DIN1
P1011	固定速度 11	1	0	1	1
P1012	固定速度 12	1	1	0	0
P1013	固定速度 13	1	1	0	1
P1014	固定速度 14	1	1	1	0
P1015	固定速度 15	1	1	1	1

逻辑组合信号对应的给定频率数量也是有限的,所以外接数字量给定是多段速频率给定,属于有级调速。

MM440 变频器的 6 个数字输入端口(DIN1～DIN6),可根据需要通过分别选定参数 P0701～P0706 的值来实现多段速频率控制,每一个频段的频率可分别由 P1001～P1015 参数设置,最多可实现 15 频段控制。在多频段控制中,电动机的转速方向是由 P1001～P1015 参数所设置的频率正负决定的。6 个数字输入端口,哪一个作为电动机运行、停止控制,哪些作为多频段控制,可以由用户任意确定。一旦确定了某一数字输入端口的控制功能,其内部参数的设置值必须与端口的控制功能相对应。

4) 外接脉冲给定

外接脉冲给定方式是通过变频器的特定的高速开关端子输入脉冲序列信号进行频率给定,并通过调节脉冲频率来改变变频器的输出频率。

不同的变频器对于脉冲序列输入有不同的定义,以安川 VS-G7 为例:脉冲频率为 0～32 kHz,低电平电压为 0.0～0.8 V,高电平电压为 3.5～13.2 V,占空比为 30%～70%。

5) 通信给定

通讯给定方式是指上位机(工控机、PLC、人机界面等主控制设备)通过通讯端口按照特定的通讯协议、特定的通讯介质进行数据传输到变频器以改变变频器设定频率的方式。通用变频器都会配置 RS232 或 RS485 通讯接口,这是一种最基本的控制端子。

变频器的通讯方式可以组成单主单从或单主多从的通讯控制系统,利用上位机软件可实现对网络中变频器的远程控制和实时监控。

3.4.2 变频器运转控制功能

变频器的运转控制功能是变频器的基本运行功能,用以控制电动机的启动、停止、正转与反转、正向点动与反向点动、复位等。

变频器的运转控制可以通过操作器键盘、输入端子、通信方式来实现。当然这些运转控制方法必须按照实际需要进行选择设置。

1. 操作器键盘运转控制

操作器键盘控制是变频器最简单实用的运转控制方法,用户可以通过变频器的操作器键盘上的运行键、停止键、点动键和复位键来直接控制变频器的运转,又可以通过操作器键盘上的指示灯和显示器观察变频器的运行状态信息和故障报警信息。

变频器的操作器键盘通常可以通过延长线放置在用户容易操作的 5 m 以内的空间里。距离较远时则必须使用远程操作器键盘。

2. 外部输入端子运转控制

端子控制方法是通过输入端子从外部输入开关信号(或电平信号)来控制变频器的运转。这时这些连接在输入端子上的按钮、选择开关、继电器触点或 PLC 触点替代了操作器键盘上的运行键、停止键、点动键和复位键的功能，可以远距离控制变频器的运转。

由变频器拖动的电动机负载要实现正转和反转功能非常简单，只需改变控制回路(或激活正转和反转)即可，而无须改变主回路。

1) 正反转控制

常见的正反转控制有两种控制模式，如图 3.24 所示，其中表格表示输入信号 K2、K1 组合与运行命令之间的对应关系。(a)和(b)图的接线相同，但多功能输入端子的定义不同。(a)图中，DIN1 是正转启动/停止信号输入端，DIN2 是反转启动/停止信号输入端；(b)图中，DIN1 是运转启动(正转或反转)/停止信号输入端，DIN2 是运转方向(0—正传，1—反转)信号输入端。由于这两种控制模式中只连接了两根控制线，所以称之为两线式控制模式。

两线式控制模式中的这两种方式在不同的变频器里有些只能选择其中的一种，有些可以通过功能设置来选择任意一种。

除两线式控制模式外，还有一种与传统的启—保—停控制相似的三线式控制模式。图 3.25是安川 VS-G7 变频器的三线式接线例子。

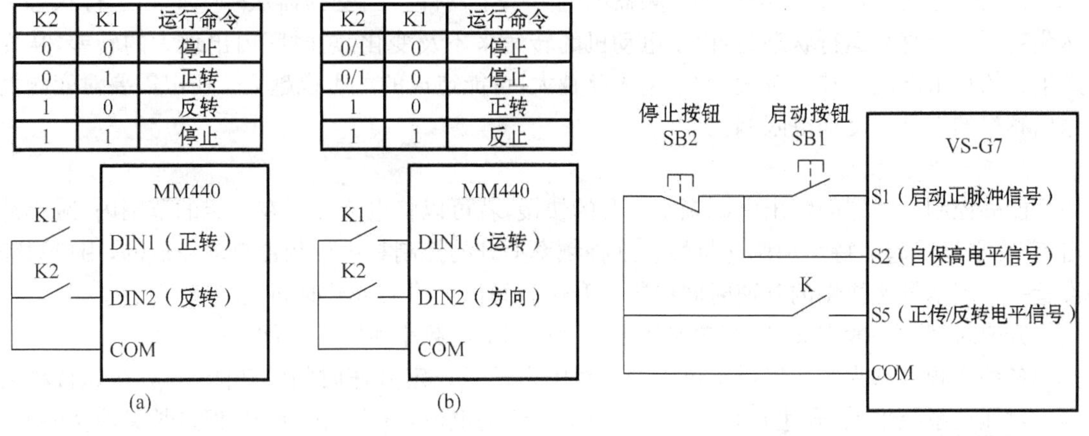

K2	K1	运行命令
0	0	停止
0	1	正转
1	0	反转
1	1	停止

K2	K1	运行命令
0/1	0	停止
0/1	0	停止
1	0	正转
1	1	反止

图 3.24　两线式正反转控制模式　　　　图 3.25　三线式正反转控制模式

图中 S1 输入端子接收启动按钮的脉冲信号后激活变频器内部的运行软继电器，变频器开始输出给定要求的电源频率；同时输入端 S2 内部逻辑电路上的运行软继电器的自保触点接通，高电平信号从 S2 端流入，保证 SB1 按钮松开后运行软继电器仍能保持激活状态(自保)。停止按钮 SB2 按下后 S1 端和 S2 端均为低电平，变频器的运行软继电器失电，变频器进入停止状态，输出频率减小到 0 Hz。

2) 点动控制

在生产实践中由于工序的要求或设备调试调整的需要，电动机除了长时间连续的运行有时还需要点动运行，即按下按钮时电动机转动工作，手松开按钮时电动机停止运转。

操作器键盘上有一个电动机点动键(JOG)，在变频器无输出的情况下按此键，将使电动机起动，并按预设定的点动频率运行；释放此键时变频器停车。如果变频器/电动机正在运行，按此键将不起作用。点动运行频率和点动加减速时间均可在参数内设置。

也可以将两个变频器多功能输入端设置定义为正向点动和反向点动功能，通过其外接的按钮操作实现电动机的正反向点动控制。

3. 通信运行控制

以串行通信方式主控制器向变频器传送运行信号，控制变频器的启动、停止、点动、故障复位等功能。运行控制信号和速度给定信号是在某一个通信协议格式下同时传送的。

为了确保通信控制的安全可靠，作为收发双方的主控制器和变频器都应采取一定的措施，设置相应的监控功能。在通信软件方面，变频器可以设置一个接收超时报警功能，当在规定时间内收不到主控制器发出的控制信号时产生报警信号，并马上进入紧急停止状态。在硬件方面，可以为变频器设定一个由主控制器发出的允许运行的输入开关信号，只有当在该信号为有效的高电平时变频器才能进入正常的运行状态，否则也将进入紧急停止状态；当主控制器向变频器发出控制信号后，如果没有及时收到变频器的回复信号，将马上切断向变频器发出的允许运行开关信号。

3.4.3 变频器的升速和启动功能

异步电动机在额定频率和额定电压下从零速停止状态直接起动时，起动电流可达额定电流的 4～7 倍，这不仅会对电动机和负载造成冲击，还会使变频器输出过大的电流，可能会引发变频器的过电流故障，甚至会损坏变频器的电力电子器件。当变频器从一个低频运行状态突然跳变到一个高频运行状态时，由于电动机的转速来不及变化，短时间内出现大的转差，从而产生大的冲击电流。转差越大，冲击电流就越大，可能造成的危害也越大。所以需要对变频器输出频率的上升速度加以限制。

1. 升速时间设定

能够控制变频器的输出电源频率上升的快慢，就可以将电流限制在一定的范围内，减小冲击，获得平稳的起动特性和调速特性。这种频率上升的控制是由变频器自动完成的，用户只需设置一个表示升速快慢的升速时间参数。升速时间也被称为上升时间、加速时间。

升速时间的一般定义是：变频器从零速加速到最高频率所需的时间。

各种变频器都为用户提供了可在一定范围内任意设定升速时间的功能，一般在几百秒之内。对拖动系统来说，升速时间长一点可以减小起动电流，减少机械冲击，但过长又浪费时间；惯性大的系统难以加速，起动时间设置应长一些。准确计算拖动系统的升速时间是比较困难的，实际调试中，一般把升速时间设置得长一些，观察起动过程的电流情况，再逐渐减少升速时间。

还有的变频器设有模糊逻辑最佳升速功能，变频器可以自动地在升速电流不超过允许值的情况下，得到最短的升速时间。

2. 升速方式选择

各种变频器为用户提供的加速方式不尽相同，主要有 3 种升速方式可供选择：直线形方式、S 形方式、半 S 形方式。

1) 直线形升速方式

直线形升速方式时，变频器的输出频率按照恒定斜率递增，即频率随时间成正比线性上升。大多数负载都可以选用直线加减速方式。图 3.26 是 MM440 变频器的直线形升速图，其中P1120是升速时间参数，是指从零速上升到最大输出频率所需的时间，单位是秒。假设变频器原先的稳定输出频率是f_1，现在将频率给定值突加为f_2，则变频器的输出频率将线性上升，达到给定频率f_2所需的时间是：

$$t_{up}=\frac{f_2-f_1}{P1120}$$

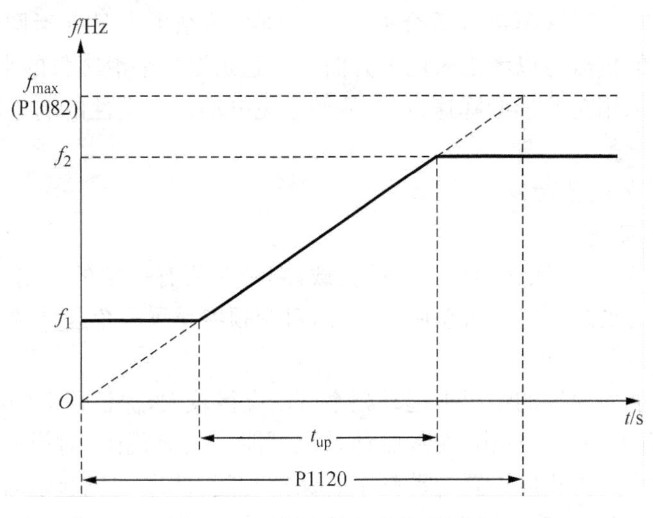

图3.26　MM440的直线形加速

加减速时间必须根据负载要求适时调整，否则容易引起加速过流故障。

2) S形升速方式

图3.27是MM440系列变频器S形加速及S形减速方式频率与时间的关系曲线，变频器的输出频率随时间按照S形曲线上升或下降。

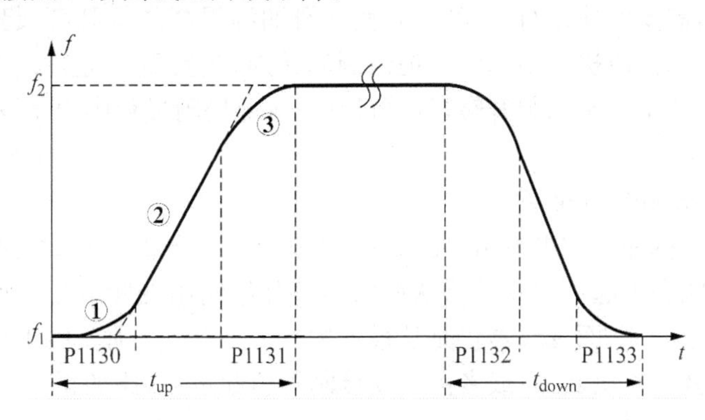

图3.27　MM440的S形加减速

将S形曲线的上升过程划分为3个时间阶段：上升曲线平滑圆弧起始段，斜率从0开始逐渐过渡到第二时间段的固定斜率，起始段的时间宽度由参数P1130设定；固定斜率直线上升段，其斜率由参数P1120设定；上升曲线平滑圆弧结束段，斜率从第二时间段的固定斜率开始逐渐过渡到0，结束段的时间宽度由参数P1131设定。

图3.27所示的变频器输出频率从f_1上升到f_2所需的总升速时间是：

$$t_{up}=\frac{f_2-f_1}{P1082}\times P1120+\frac{1}{2}(P1130+P1131)$$

S形曲线升速的特点是速度和加速度均是平滑变化，冲击小。

3）半S形升速方式

半S形升速方式是对S形升速方式的简化，只在升速的起始段或结束段采用平滑圆弧，其余两个时间段都采用斜率固定的直线升速。对于风机一类具有较大惯性的二次方律负载，由于低速时负荷较轻，故可按线性方式加速，以缩短加速过程，而高速时负荷较重，加速过程应减缓，以减小加速电流，所以这类负载适合采用上升曲线的结束端是平滑圆弧的半S形升速方式。对于惯性较大的负载可以考虑采用上升曲线的起始端是平滑圆弧的半S形升速方式。

一般场合尽量采用全S形升降速方式，从而避免电动机突发性的响应，使系统免受有害的冲击作用。

3. 与升速有关的其他功能

1）起动频率设定

对于惯性较大、静态摩擦转矩也较大的负载，起动时要有一定的冲击力才易于起动，否则可能无法起动或在起动过程中过流跳闸。因此，对变频器设置一个起动频率，使电机在起动时有足够的起动转矩。

在变频器过载能力允许的情况下起动频率可以设得较大，保证足够的起动转矩，但如果设置太高，电动机会有大的电流冲击，变频驱动系统可能会过流跳闸，对机械设备也会有大的冲击。在设置起动频率时要相应设置起动频率的保持时间，使电动机起动时的转速能够在起动频率的保持时间内达到一定的数值后再开始随变频器输出频率的增加而加速，这样可以避免电机因加速过快而跳闸。

起动频率保持时间的设置有以下注意方面：机械传动机构上有间隙，在较低的频率下起动并维持一小段时间，以减缓机械撞击；起升机构在起吊重物前吊钩的钢丝绳通常处于松弛状态，在较低的频率下起动并维持一小段时间，使钢丝绳拉紧后再快速上升；机械装置的润滑油在冷态时容易凝固，需要低速运行一段时间，使润滑油温提高降低黏度；起升机构的起吊重物长时间处于悬挂状态时，由机械抱闸装置提供制动转矩，当要重新上升或下降时，先让变频器输出上升起动频率，产生一定的起升转矩后再松闸，避免松闸过程中由于没有提升转矩而出现的起吊重物下滑现象。

2）起动前的直流制动功能

为了减小机械机械冲击和电冲击，要求变频器驱动电机开始运行时的初始转差率接近零，所以在电动机停止状态下起动时变频器从最低频率开始输出变频电压。如果在开始起动时，电动机就已经有一定转速，而变频器仍是从最低频率开始运行，则会由于再生制动引起过压，比如在尚未停车前就第二次起动；或者由于反接制动引起过流，比如正要启动的风机在外界风力作用下正在反转。

电动机在再生制动状态发出的电能，将通过和逆变器的电子开关反并联的二极管 VD1～VD6（见图 3.4）全波整流后反馈到直流电路，使直流电路的电压 U_d 升高，称为泵升电压，当泵升电压超过一定值时就是过压故障。

为了防止过压过电流故障，许多变频器具备起动前的直流制动功能，以保证电动机在完全停住的状态下开始起动。直流制动是指通过逆变器向电动机定子绕组注入直流制动电流，形成静止的直流磁场，使电动机快速停车。

直流制动的主要设定参数有两个：一是制动电流大小（以电动机额定电流的%值表示），二是直流制动的时间。变频器通过比较制动电流设定值实际电流采样值,采用PWM技术控制逆变器电子开关的通断,实现对直流制动电流的控制。

3）捕捉再启动功能

捕捉再启动是指,激活这一功能时启动变频器,快速地改变变频器的输出频率,去搜寻正在自转的电动机的实际转速。一旦捕捉到后电动机将按设定的升速曲线升速运行到给定频率。

这一功能适用于驱动有初始转速(正转或反转)的大惯性负载电动机的启动。

激活"捕捉再启动"后,即使传动系统在静止状态且给定值为0,传动系统还是可能由于搜索电流而加速,所以有一定的危险性。

4）暂停升速功能

有的变频器对惯性较大,起动时升速较慢的负载,设置了暂停升速功能:先让拖动系统在低速下运转一段时间,然后再继续升速。此功能下用户需设定的参数是升速暂停频率和暂停时间。

3.4.4　变频器的降速与制动功能

1. 变频器停车方式

变频器接收到停机命令后从运行状态转入到停机状态,通常有以下几种方式:

1）降速停车及降速时间设定

变频器接到停车命令后,按照减速时间逐步减少输出频率,频率降为零后停车。该方式适用于大部分负载的停车。

与升速的方式类似,降速停车方式也有直线形、S形和半S形,参见图3.27。

变频器的"降速时间"是指频率从最高频率(或基本频率)下降到零所需要的时间。

降速时间可在一定范围内任意设定,一般在几百秒之内。为了起到电气制动的效果,降速时间段内变频器的旋转磁场速度快速下降,低于转子的转速,此时转子感应电流的相位几乎改变了180°,电动机从电动状态变为发电状态,电动机轴上的转矩变成了制动转矩,使电动机的转速迅速下降。电机的动能转变成交流电能,通过逆变桥的续流二极管反馈到直流母线上,产生泵升电压。

减速时间越短降速越快,电动机"再生"能量就越多,制动电流也越大,可能会造成"过电流"故障,使变频器跳闸停运;变频器来不及通过制动电阻消耗等方式转换掉这部分"再生"电能,滤波电容器上的直流电压会过高,导致"过电压"故障。发生故障时,变频器跳闸停运,并在显示屏上出现故障码。

降速时间长,意味着频率下降较慢,电动机在下降过程中的发电量较小,直流电压上升的幅度也较小,不易造成过电压故障,当然制动效果也比较弱。

与升速过程一样,在生产机械的工作过程中,降速过程(或停机过程)也属于从一种状态转换到另一种状态的过渡过程,在这段时间内,通常是不进行生产活动的。因此,从提高生产力的角度出发,降速时间也应越短越好。但如上所述,降速时间过短容易"过电压"。预置降速时间的基本原则是,在不过压的前提下,越短越好。通常可先将降速时间预置得长一些,观察拖动系统在停机过程中直流电压的大小,如直流电压较小,可逐渐缩短降速时间,直至直流电压接近上限值时为止。

2) 自由停车

变频器接到停车命令后，立即中止输出，相当于电动机的电源被切断，拖动系统处于自由制动状态。由于停机时间的长短由拖动系统的惯性决定，故也称为惯性停机。

自由停车方式与机械制动器配合可用于设备需要紧急停止的场合。当要紧急停车时，先激活自由停车功能中止变频器输出，再进行机械抱闸制动控制。

在变频器输出端通过接触器与电动机连接的场合，变频器正常运行过程中禁止突然断开负载，否则会造成变频器直流中间回路瞬间出现高压，引起过电压保护，严重时可能损坏滤波电容，甚至损坏逆变器。

简单的自由停车方式而没有机械制动器的配合，是不适用于位能性负载的。

3) 复合制动停车方式

在正常的降速停车工程中，如果设定的降速时间短负载的转动惯量又大，会有太多的能量返回到变频器的直流母线上，造成过电压，这显然会超出降速停车过程中再生状态功率的极限。

复合制动停车方式是将降速停车效果和直流制动效果两者结合起来。制动开始时，变频器输出频率仍旧由下降斜坡控制，同时在这个下降频率上迭加一个直流制动电流(见电流波形示意图 3.28)，使两种制动力结合起来，起到快速电气制动的效果。

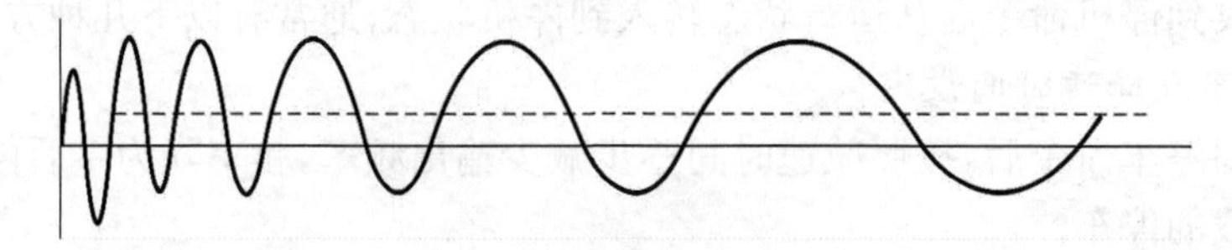

图 3.28　复合制动波形

复合制动时，从机械能转换过来的一部分制动能量回馈到变频器的直流母线上，另一部分能量消耗在电动机上。

2. 制动功能

变频器对电动机制动控制有两种方式：回馈制动(又称再生制动)和直流制动。

回馈制动的特点是电动机旋转磁场的转速低于转子转速，这可能是由于变频器的输出频率突然减小引起的，也可能是由于电动机在外力的作用下转子转速超过了当前旋转磁场的转速。此时电动机工作在发电状态，将部分机械能转换成电能，使电机的转速降低趋于旋转磁场的速度。变频器利用回馈制动功能能提高降速调节的速度，从而可以提高整个驱动系统的动态响应速度。

直流制动是变频器在电动机定子绕组中注入直流电流。电动机启动前可能要用到直流制动，复合制动过程中要用到直流制动，电动机降速制动或复合制动结束时也可以用到直流制动功能，即当频率下降到一定程度接近于零时，向电动机绕组通入直流电从而迫使交流电动机迅速停车。因为在降速制动或复合制动过程中，电动机原处于再生制动状态，随着电动机转速的下降，再生制动力矩也在下降，可能会出现低速时停不下来的“爬行现象”，所以此时直流制动是十分必要的。

直流制动功能需要设定的主要参数是：使能直流制动、直流制动强度、直流制动时间和直流制动起始频率。

3. 泵生电压解决方案

电动机再生制动过程中产生的直流电能被直流母线上的电容吸收。由于电容的容量有限，电容电压明显上升，形成"泵升电压"，过高的电压将使各部分器件受到损害，所以变频器会时刻检测直流母线上的电压。当电压超过规定的正常值时变频器会采取保护措施，设法转移能量降低电压；当电压超过规定的极限值时变频器会报过压故障，并封锁逆变器的脉冲输出。

除了电机再生制动会形成"泵升电压"，如果电网质量不好，电网电压波动大，瞬间出现高电压，也会造成母线电压过高。

解决泵生电压过高的方法有以下几种：

1）电阻能耗制动

如图 3.29 所示，在主电路接线端子 B+、B－上接一个"制动电阻"，该电阻实际上是一个能耗电阻，与变频器内部制动控制用的电子开关串联后并接在直流母线上。当检测到直流电压超过设定值时，制动控制电路开通电子开关接通制动电阻，消耗电能降低电压。在小容量变频器中，一般都接有内接制动电阻和制动单元；较大容量的变频器中，把外接制动电阻和制动单元作为选配件，需另外购买，而变频器的直流侧留有接线端子。

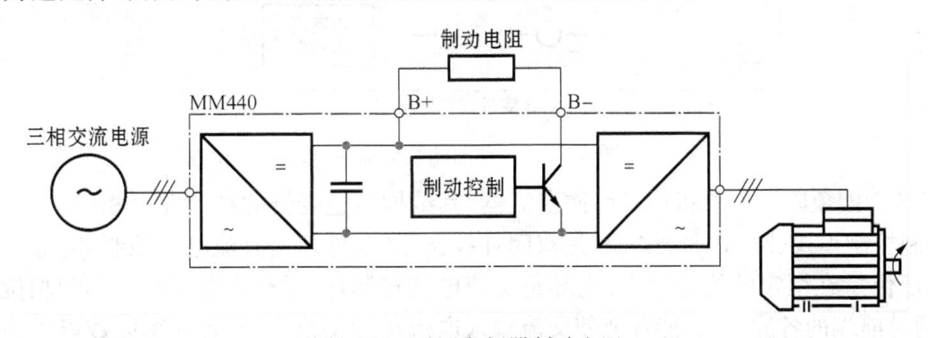

图 3.29　通用变频器制动电阻

这种制动方法是将从机械能转化过来的再生电能消耗在功率电阻上，再使其转化为热能后散发。这种方法虽然简单容易实现，但影响环境浪费能源。

2）多台逆变器共用直流母线

一般通用变频器的主电路都有各自的整流、平波和逆变电路，过剩的再生能量无法传送给其他电动机，只能消耗在制动电阻上。如果将相同电压等级、工作状态不尽相同的多个传动变频器的直流母线连在一起，或各逆变器由同一个直流母线供电，一个或多个电动机制动时产生的再生能量就可以被其他工作在电动机状态的电机吸收。这种方法可以充分利用电气制动产生的再生能量，既节约电能又可以减少各台变频器制动单元和制动电阻的配置费用。

估算出某一时刻所有变频器可能产生的最大再生制动能量，在共用母线上配置一个适当功率的共用制动单元。

3）交流回馈制动

一般通用变频器其桥式整流电路是三相不可控的，因此无法实现直流回路与电源间双向能量传递，解决这个问题的最有效方法是采用有源逆变技术，将再生电能逆变为与电网同频率、同相位的交流电回馈电网，从而达到节能的目的。交流回馈制动适用于长期频繁制动或者位能负载的场合，将是今后的发展趋势。

图 3.30 所示为具有交流回馈功能的"主动前端"变流器，代表着目前先进的变流技术。

“主动前端”是英文 Active Front End 的缩写，简称 AFE。由于 AFE 位于电源进线侧，所以被称为前端；与传统的二级管或可控制硅整流技术相比，AFE 不再是被动地将交流转变成直流，而是具备了很多主动的控制功能，所以被称为主动。

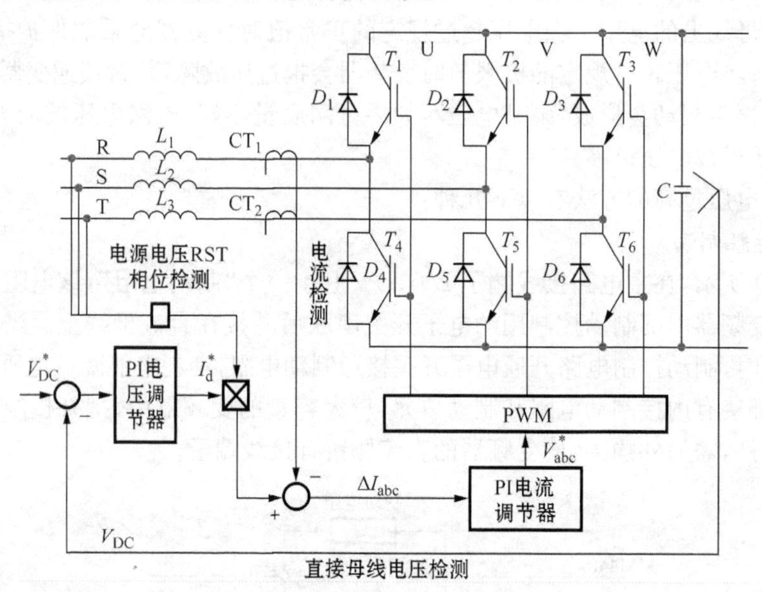

图 3.30　主动前端整流器 AFE

AFE 为四象限运行的斩控式可逆变流器，其结构与逆变器的结构完全相同，也采用正弦脉宽调制控制模式(SPWM)。AFE 是双闭环控制系统，外环是直流电压控制环，保证直流母线上电压保持在恒定的给定值上；内环是交流电流控制环，对交流电流的大小和相位进行控制，并通过前端的各滤波、储能环节使交流输入电流接近正弦波，并且功率因数以 1 为中点而正负可调。

AFE 的控制结构包括直流母线电压的 PI 电压调节器、提供变频器系统输入电流瞬时值指令模式信号的功率因数调节器、与电流模式信号成正比的控制输入电流的 PI 电流调节器，以及对变流器交流输入电压进行斩波控制的 SPMW 控制器。

当直流母线电压降低时，AFE 控制器可以使交流输入电流的相位与电源电压相位相同，吸收交流电网电能并转换成直流母线上的直流电能，此时斩控变流器工作在整流状态。

当电机侧的制动能量通过逆变器返回而使直流母线电压升高时，可以使交流输入电流的相位与电源电压相位相反，将再生直流功率回馈到交流电网去，此时斩控变流器工作在有源逆变状态。

图 3.31 是普通二极管整流电路电流(a)与 AFE 变流器的整流/逆变电流(b)的波形图，显然波形(b)更接近于正弦波，高次谐波比波形(a)的小。图(c)是 AFE 的前端滤波器改为 LCL 滤波器后的电流波形，高次谐波进一步减小，波形更加平滑。

由于 AFE 前端的电压与电流波形均已滤波成或接近正弦波形，电压与电流正弦波形间的相位差角可以按需要在一定范围内设定，因此功率因数可调。它甚至可以对供电系统进行有源的功率因数补偿。

由于直流母线电压可在一定范围内设定，设定值即为稳压值，故 AFE 变流器抵抗电网电压偏低和波动的能力很强。

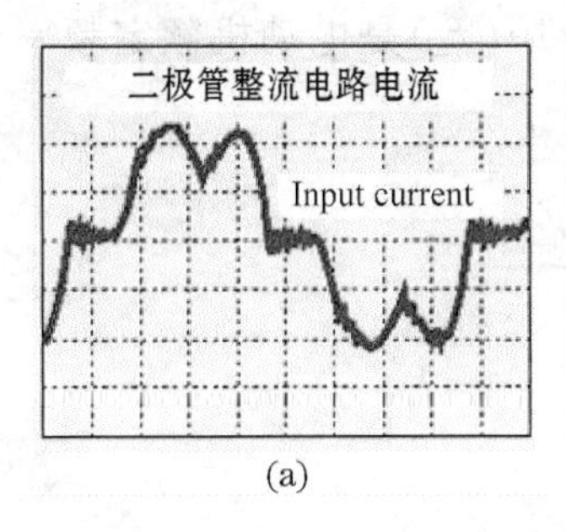

(a)

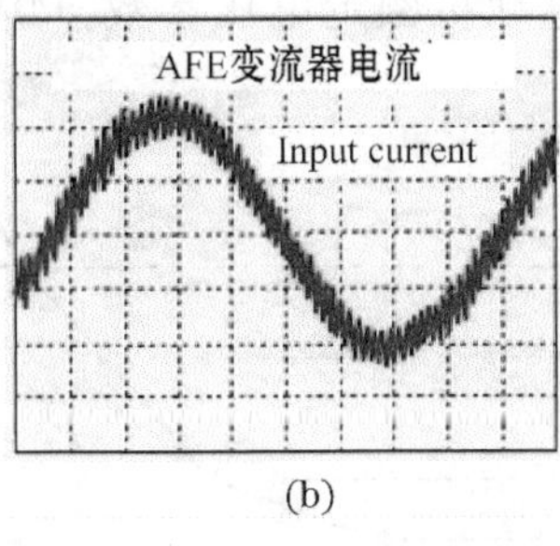

(b)

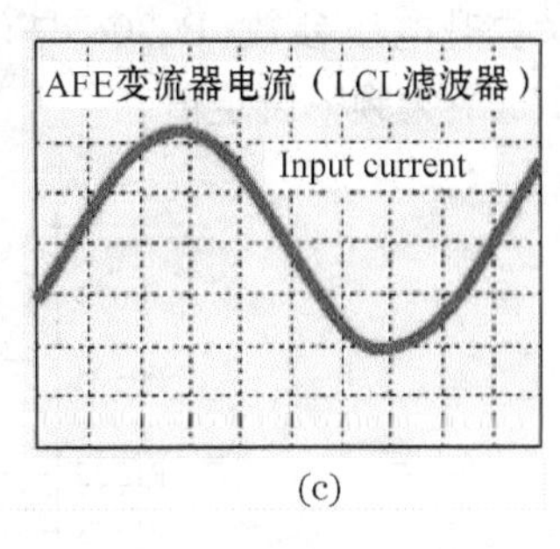

(c)

图 3.31　变流器电流波形比较

AFE适合于将几台逆变器接至公共直流母线上，这样使能量在电动工作和发电工作系统之间传送，因而可以达到节省功率特点。

3.4.5　通用变频器的 V/f 控制功能

1. 预定义 V/f 曲线

由于电动机负载的多样性和不确定性，很多变频器厂商都推出了预定义的 V/f 曲线和用户自定义的任意 V/f 曲线。

预定义的 V/f 曲线是指变频器内部已经为用户定义的各种不同类型的曲线。安川VS-G7变频器有15种 V/f 预定义曲线，图3.32是其中三种200 V级曲线(400 V级的电压值乘2)。每一种预定义的 V/f 曲线适合于某一种特定的负载，用户可以根据实际负载特性进行选择调整，以达到最优的控制和节能效果。(a)是一般用途的曲线，适合于驱动传送带等与转速无关的恒力矩负载；(b)适用于风机、水泵等与转速呈2次方或3次方比例的负载力矩；而曲线(c)只在以下情况下考虑选择：①变频器与电动机之间的连线超过150米；②要求启动时输出力矩较大(如升降机等负载)；③在变频器的输入或输出处串接了AC电抗器等。

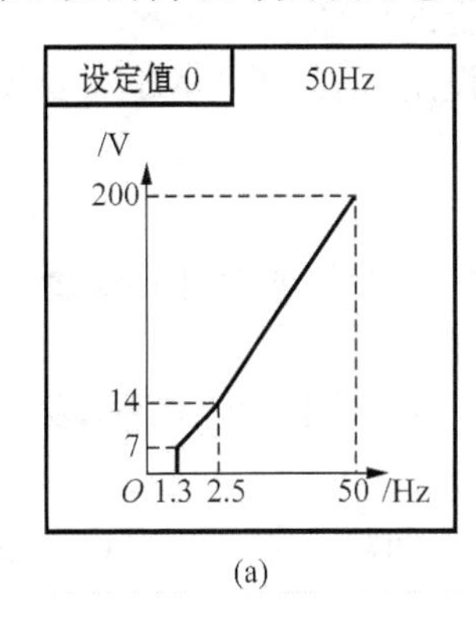

(a)

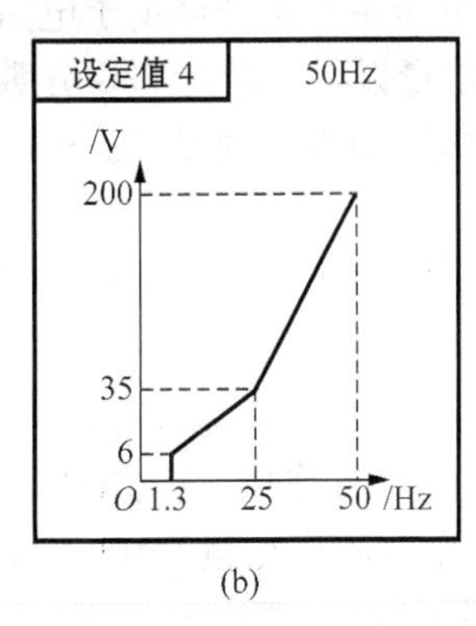

(b)

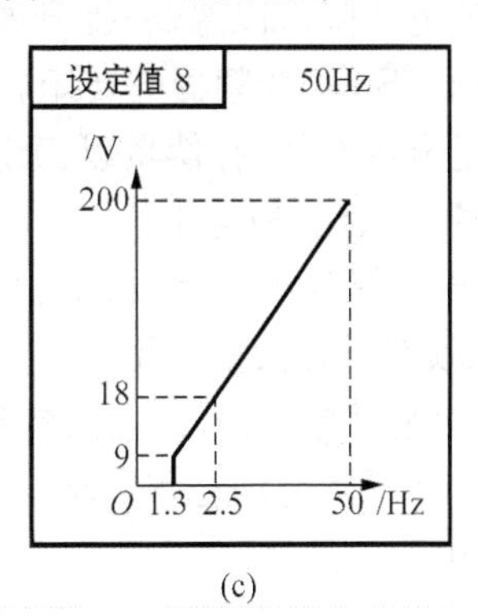

(c)

图 3.32　VS-G7 预定义 V/f 曲线例子

(a) 恒定力矩　(b) 递减力矩　(c) 高启动力矩

2. 自定义 V/f 曲线

对于其他特殊的负载，则可以通过设置用户自定义 V/f 曲线的几个参数，来得到任意 V/f 曲线，从而适应这些负载的特殊要求和特定功能。自定义 V/f 曲线一般都通过折线设定，VS-G7变频器是三段折线。

MM440通过设定三个 V/f 坐标，得到如图3.33所示的4段折线 V/f 曲线。图中P1310

是连续提升电压参数，P0304 是电动机额定电压参数，P0310（f_n）是电动机额定频率参数，P1082 是最大频率设定值。

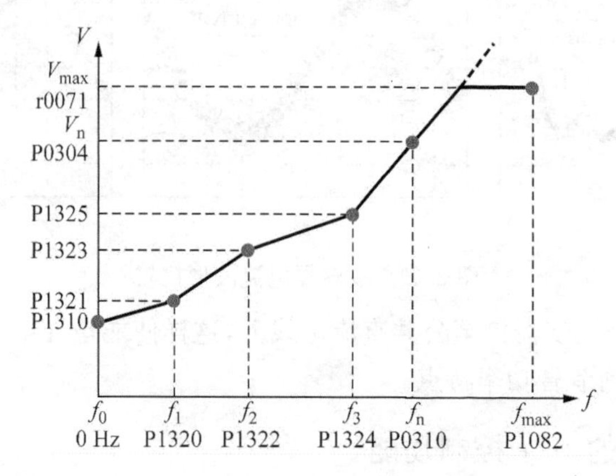

图 3.33　MM440 自定义 V/f 曲线

3. V/f 曲线转矩补偿

变频器在启动或极低速运行时，根据 V/f 曲线，电动机在低频时对应输出的电压较低，平时忽略的定子绕组上的电阻和漏磁感抗压降占了比较大的比例，这就导致低频时励磁不足，每极气隙磁通下降，会带来如下几种影响：①初始启动转矩小，只有当频率上升到一定值形成足够的转差，通过转子感应电流的增加来提升所需的启动转矩；②同样转矩负载时，低频时的转差要大于额定频率时的转差，使低频时的调速特性变软、调速范围变小，电动机提前进入低频时的堵转状态；③如果低频时偏大的转差使电流过大，会造成变频器过电流跳闸故障。

解决的方法是对低频转矩进行补偿，通常的做法是对输出电压做一些提升补偿，以补偿定子电阻和漏磁感抗上电压降引起的输出转矩损失，从而改善电动机的输出转矩。低频时漏磁感抗上的电压降可以忽略，提升的电压主要是补偿定子电阻上的压降。

安川 VS-G7 变频器的转矩补偿量以额定转矩的百分数设定；西门子 MM440 变频器的转矩补偿是电压补偿，补偿量以额定电流的百分数设定。

MM440 有三种电压补偿方式：

• 连续提升：0 频率时的电压补偿量是 P1310 的设定值，随着频率上升补偿量反比例下降，额定频率时补偿量为零。

• 加速度提升：补偿量由参数 P1311 设定，只在斜坡函数曲线期间，即在频率发生变化的上升加速和下降制动过程中均会产生提升作用，这对加减速非常有用。

• 启动提升：仅在收到启动命令后的启动过程中，在 V/f 曲线上附加一个由参数 P1312 设定的启动提升值。这一功能适用于启动大惯性的负载。

3.4.6　通用变频器的矢量控制功能

1. 矢量控制功能

矢量控制分为速度矢量控制与转矩矢量控制，转矩矢量控制与速度矢量控制的主要区别是闭环调节是基于转矩物理量进行运算的。参见图 3.20 的速度矢量控制系统原理图，矢量控制的核心是转矩闭环控制系统，是速度矢量控制系统的内环，其转矩给定信号来自外环速度控制器的输出，受控于外环的速度给定信号和实际速度反馈信号差值。

某些设备,如收放卷设备、皮带运输机等,要求某一台或几台变频器工作在转矩控制模式,保持张力的恒定,这就需要对变频器的控制方式做调整,将外部转矩给定信号直接连到转矩控制环的给定输入端。当然这并不需要实际的电路修改,通过参数设置,通用变频器都能实现转矩控制功能。同速度矢量控制一样,转矩控制也分为无传感器矢量控制和带传感器的矢量控制。

以卷取机的张力控制为例,其工作状况如图 3.34 所示。在卷绕过程中,要求被卷取物的线速度和张力都保持恒定。

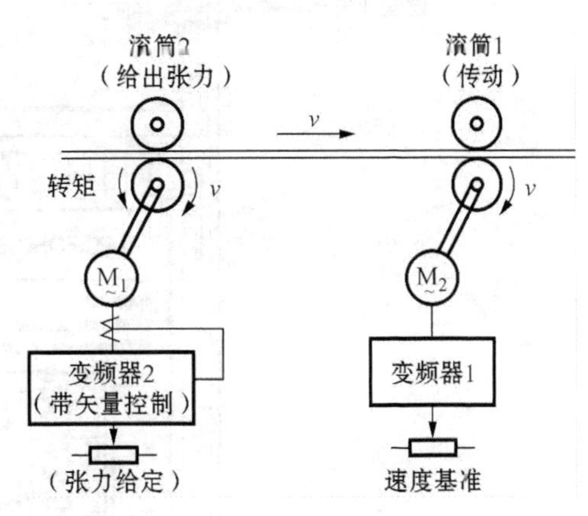

图 3.34 收放卷设备

用滚筒 1 移动加工物,在滚筒 2 上施加与旋转方向相反的转矩,使两组滚筒间的加工物具有张力,该张力与滚筒 2 电机的制动转矩大小成比例。因此,变频器 1 可以选用通用变频器调速;而变频器 2 则必须选用具有转矩控制功能的矢量控制变频器。

应用本方案必须注意到当被加工物突然断裂时,滚筒 2 卸载将反向加速,有超速的危险,所以必须使用有速度限制功能的变频器。另外,在进行维修和加工物准备作业时,要求传送带在较低速度运行,故变频器 2 应设置有低速点动功能。

2. 有速度传感器的矢量控制

有速度传感器的矢量控制方式,主要用于高精度的速度控制、转矩控制、简单伺服控制等对控制性能要求严格的使用场合。在该方式下采用的速度传感器一般是旋转编码器,并安装在直接反映被控电动机转速的轴上。

相对于 V/f 控制,有速度传感器矢量控制方式有以下优点:

(1) 低频转矩大,具备零速转矩保持功能;

(2) 调速范围广,可达 1000∶1;

(3) 因为是对转矩直接进行控制,所以有很好的动态响应特性。

MM440 变频器的矢量控制方式由参数 P1300 设置。其他可供选择的控制方式是:线性特性的 V/f 控制、特性曲线可编程的 V/f 控制、无传感器的矢量转速控制、带有传感器的矢量转速控制、无传感器的矢量转距控制、带有传感器的矢量转距控制。

3. 编码器类型及连接

带有传感器的矢量控制需要在电动机轴上安装增量式旋转编码器 PG。根据变频器的编码器模块接口对信号的要求,选择合适的编码器类型与其连接。一般而言,编码器的信号输出方式有:NPN 或 PNP 集电极开路、TTL(晶体管—晶体管逻辑)、推挽式、HTL(高阀值逻辑),有单端的也有差动的信号。为了适应不同输出信号方式的编码器,编码器模块上有跳线器或选择开关,通过设定可以接受多种类型的编码器信号。

图 3.35 是 MM440 变频器的编码器模块与编码器的连接例子。所用编码器的信号是 TTL 差分方式:两对脉冲差分信号是 A(A,AN),和 B(B,BN),差分零位信号 Z 不用。根据编码器模块的使用说明,编码器的类型选择开关设为 010101。TTL 电路的供电电压,也即编码

器的工作电压是直流 5 V，由编码器模块的 VE 端子和 0 V 端子提供。VE 端和 LK 端已在内部相连，TTL 信号编码器时 LK 端与 5 V 端外部连接；HTL 信号编码器时 LK 端与 18V 端外部连接。

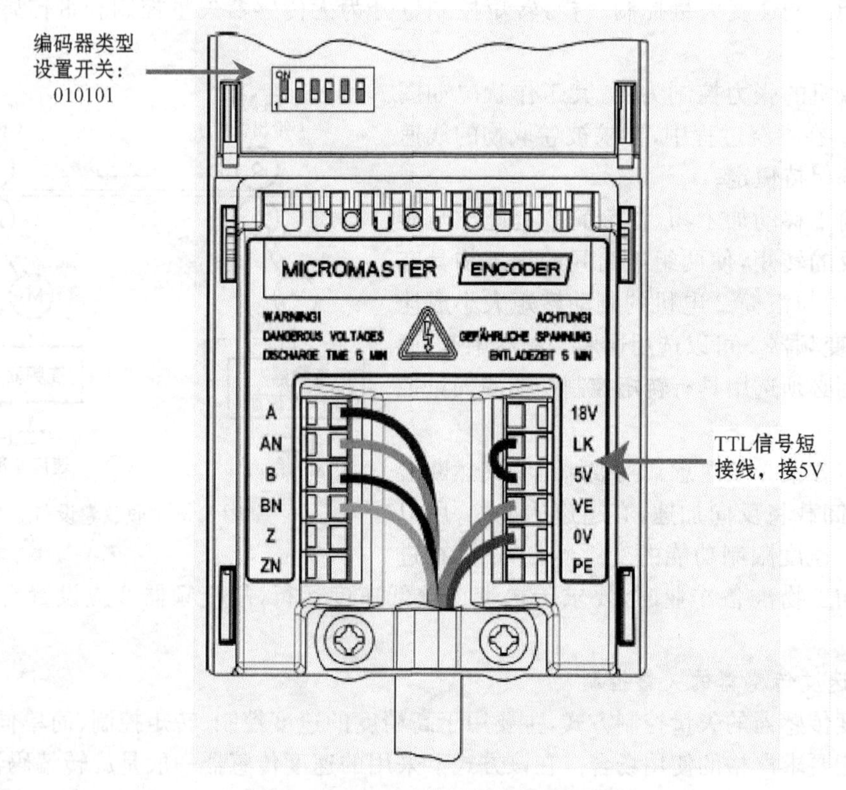

图 3.35　TTL 差分信号编码器连接

硬件上连接和设置好后，还要对变频器的参数进行设置。有关参数见表 3.6。

表 3.6　有关编码器参数

参数	设定值	说明	
P0400	1	单端型单路信号 A(或 B)：	或差动型单路信号 A(或 B)：
	2	单端型双路信号 A 和 B：	或差动型双路信号 A 和 B：
P0408	0～20 000	编码器每转一圈的脉冲数	

（续表）

参数	设定值	说　明
P0491	0 或 1	速度信号丢失时采取的应对措施 0：不切换为 SLVC 控制方式 1：切换为 SLVC 控制方式 （SLVC：不带传感器的矢量控制）
P0492	0～100.00	允许的速度误差，用于高速时编码器信号丢失的检测
P0494	0～65 000	速度反馈信号丢失时采取应对措施的延时时间， 用于低速时编码器信号丢失的检测
P1300	21 或 23	变频器关于编码器的控制方式 21：带有传感器的速度矢量控制 22：带有传感器的转矩矢量控制

3.4.7　变频器的 PID 控制功能

1. 基本概念

在工程实际中，应用最为广泛的调节器控制规律为比例、积分、微分控制，简称 PID 控制，又称 PID 调节。PID 控制器问世至今已有近 70 年历史，它以其结构简单、稳定性好、工作可靠、调整方便而成为工业控制的主要技术之一。当被控对象的结构和参数不能完全掌握时，或得不到精确的数学模型时，控制理论的其他技术难以采用时，系统控制器的结构和参数必须依靠经验和现场调试来确定，这时应用 PID 控制技术最为方便。即当不完全了解一个系统和被控对象，或不能通过有效的测量手段来获得系统参数时，最适合用 PID 控制技术。PID 控制，实际中也有 PI 和 PD 控制。PID 控制器就是根据系统的误差，利用比例、积分、微分计算出控制量进行控制的。

PID 控制属于闭环控制，是使控制系统的被控量在各种情况下，都能够迅速而准确地无限接近控制目标的一种控制方式。控制过程中，PID 调节器随时将传感器测得的实际信号（称为反馈信号）与被控量的目标信号（称为给定信号）相比较，以判断是否已经达到预定的控制目标，如尚未达到，则根据两者的差值进行计算后输出控制信号，对被控设备进行调整，直至达到预定的控制目标为止。

控制器输出和控制器输入（误差）之间的关系在时域中可用如下公式表示：

$$u(t) = Kp\left[e(t) + T_{\mathrm{d}}\frac{\mathrm{d}e(t)}{\mathrm{d}t} + \frac{1}{T_{\mathrm{i}}}\int e(t)\,\mathrm{d}t\right]$$

公式中 $e(t)$ 表示误差，是控制器的输入，$u(t)$ 是控制器的输出，Kp 为比例系数、T_{d} 为积分时间常数、T_{i} 为微分时间常数。

PID 控制器就是根据系统的误差，利用比例 P、积分 I、微分 D 计算出三个控制分量，累加得到总控制量 $u(t)$ 后进行控制的。实际控制中有 P、PI、PD 和 PID 组合的控制。

1）比例（P）控制

比例控制是一种最简单的控制方式，其控制器的输出值与输入误差信号成比例关系。当仅有比例控制时，系统输出存在稳态误差。

2）积分（I）控制

在积分控制中，控制器的输出与输入误差信号的积分成正比关系。

对一个自动控制系统，如果在进入稳态后存在稳态误差，则称这个控制系统是有稳态误差的或简称有差系统。为了消除稳态误差，在控制器中必须引入“积分项”。积分项是对误差取关于时间的积分，随着时间的增加，积分项会增大。这样，即便误差很小，积分项也会随着时间的增加而加大，它推动控制器的输出增大使稳态误差进一步减小，直到等于零。因此，比例+积分(PI)控制器，可以使系统在进入稳态后无稳态误差。

3) 微分(D)控制

在微分控制中，控制器的输出与输入误差信号的微分(即误差的变化率)成正比关系。

自动控制系统在克服误差的调节过程中可能会出现振荡甚至失稳。其原因是存在有较大惯性的组件(环节)和(或)有滞后的组件，使控制器力图克服误差的输出控制量所起的作用，总是落后于误差的变化，即使当前的误差已经为零，但先前的调整作用仍在继续，使被控量出现超调。解决的办法是使克服误差的作用的变化要有些“超前”，即要预测当前误差的变化趋势，调整相应的克服误差的输出控制量。

所以对于这类负载，比例+微分(PD)的控制器能改善系统在调节过程中的动态特性。控制器的“比例”项在误差调整的初始阶段，即误差比较大时所起的控制调整作用是非常明显的，不能没有。在调整的后期，即误差比较小时，“比例”项的作用逐渐减小；在被控量小于目标值，且逼近目标值时，误差的“微分”项是负值，PI 控制器的输出控制信号能够提前等于零，甚至为负值，从而可以避免被控量严重过头现象。

在很多情况下，并不一定需要全部三个单元，可以取其中的一到两个单元，但比例控制单元是必不可少的。如被控量属于流量、压力和张力等过程控制的，只需 PI 功能，D 功能基本不用。

2. 变频器的 PID 控制例子

变频器内部控制器有两种 PID 控制应用：①变频器自身速度、转矩的 PID 闭环控制；②外接反馈信号，对外部被控量(流量、压力、温度、张力等)进行 PID 闭环控制。

1) 恒压供水控制系统

图 3.36 是 PID 闭环控制的变频调速调压的供水系统例子。压力传感器和变频器组成闭环系统，变频器根据压力要求值(压力给定信号)与压力反馈值的差值计算 PID 控制量，自动变频调节水泵电动机的转速，从而使自来水管网的流量发生变化并且压力始终保持在给定值上。当出水量增加水压降低时，PID 控制器使变频器的输出频率增加，水泵加速，水压增大；当出水量减小水压增加时，PID 控制器使变频器的输出频率减小，水泵减速，水压降低。

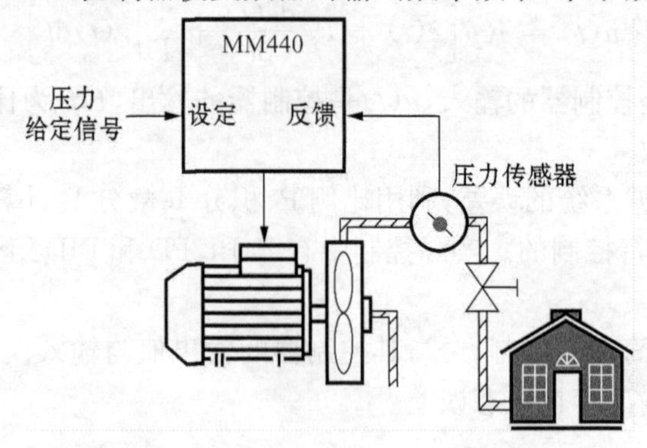

图 3.36 恒压供水 PID 闭环控制

变频器PID闭环控制的给定信号和反馈信号的连接有多种方式。与速度(频率)的给定方式类似,PID闭环控制的给定有固定设定值、模拟量输入、数字键盘设定、通信给定等,用户可根据实际情况自行选择。

设该恒压供水控制系统的设计要求是主水管的压力保持在0.36 MPa;所用变频器型号是MM440;水压传感器是由24VDC供电的两线制压力传感器,量程是0～0.7 MPa,对应反馈信号是4～20 mA。

2）控制线路设计

两线制压力传感器向变频器传送反应当前水压的电流信号,为变频器的PID控制提供必要的反馈信号。两线制传感器只有两根连线,所构成的回路既是传感器的供电回路,又是电流信号的传输回路。压力传感器由MM440的内置24 V直流电源供电(端子9),压力电流信号接入MM440的模拟量输入端AIN1+(端子3),AIN1-(端子4)接24 V直流电源的地(端子28),见图3.37。图中的DIP开关1是AIN1的输入信号类型选择开关,拨至上端"ON"位置,选择输入信号是0～20 mA的电流信号;如果拨至上端"OFF"位置则是0～10 V的电压信号。

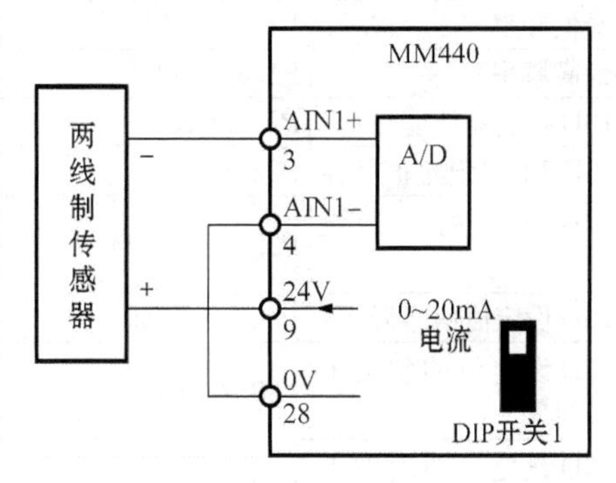

图3.37　压力传感器反馈信号

压力为0.36MPa时,传感器的输出电流信号是12.23 mA,对应的输出频率是:(12.23-4)÷16×50=25.72 Hz。所以变频器的对应设定值是25.72 Hz,占总量程50 Hz的51.44(%)。该值与传感器压力反馈信号对应的频率进行比较后,获得PID控制所需的误差输入信号。

3）变频器参数设定

图3.38是变频器PID控制结构框图。PID压力设定值以最大频率(本例中也是额定频率)的百分值表示,由MM440变频器的BOP或AOP数字操作面板的上、下增值键设定,也就是通常所说的MOP(电动电位计)设定方式。当设定值为51.44时,管网水压将控制在所需的0.36 MPa上。

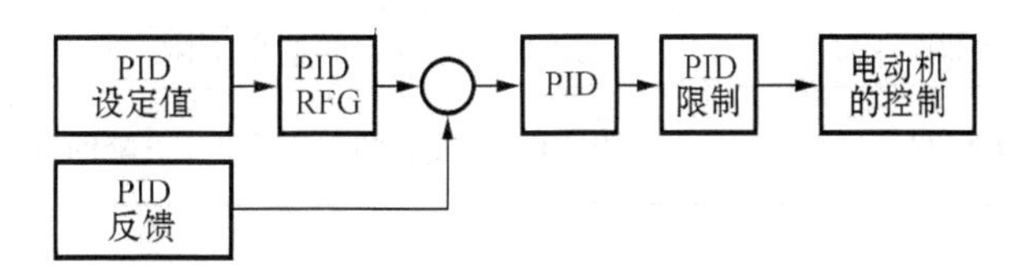

图3.38　PID控制结构框图

图中"PID RFG"是指PID控制器的输出斜坡函数发生器,对PID控制起作用,不同于常规的输出斜坡函数发生器。

压力传感器的反馈信号是4～20 mA的电流信号,而变频器的反馈输入端是0～20 mA的模拟量转换器,所以要对其标定,4 mA对应0 Hz,20 mA对应50 Hz。

PID控制的参数设定值见表3.7。

表 3.7 PID 控制主要参数

参数名称	参数号及设定值	说 明
用户访问级	P0003=3	设用户访问级为专家级，可访问及设置绝大多数参数
标定 AIN1 的 x_1 值	P0757[1]=4mA	最高频率的标定值/% 100.00 51.44 (x_2, y_2) O (x_1, y_1) 12.23 mA
标定 AIN1 的 y_1 值	P0758[1]=0%	
标定 AIN1 的 x_2 值	P0759[1]=20mA	
标定 AIN1 的 y_2 值	P0760[1]=100%	
最低频率	P1080=10	设电动机的最低频率是 10 Hz
最高频率	P1082=50	设电动机的最高频率是 50 Hz
PID 控制器使能	P2200=1	允许 PID 控制器投入
PID-MOP 设定值储存	P2231=0	不允许存储 PID-MOP 的设定值
PID-MOP 的初始设定值	P2240=51.44	电动电位计的设定值，允许用户以%值的形式设定数字的 PID 设定值
PID 设定值信号源	P2253=2250	PID 设定值是 PID-MOP
PID 设定值的斜坡上升时间	P2257=8s	对 PID 控制时的设定值起作用
PID 设定值的斜坡下降时间	P2258=3s	对 PID 控制时的设定值起作用
PID 反馈信号	P2264=255.0	由模拟输入 1 输入反馈信号
PID 反馈滤波时间常数	P2265=0.30	设 PID 反馈滤波时间常数是 0.30 ms
PID 反馈信号的增益	P2269=100	允许用户对 PID 反馈信号进行标定，以%值的形式表示 100%表示反馈信号没有变化，增益是 1
PID 微分时间	P2274=0	当 P2274 设为 0 时，取消微分项的作用，本例只投入比例项 P 和积分项 I
PID 比例增益系数	P2280=3	允许用户设定 PID 控制器的比例增益系数(需要调试设定)
PID 积分时间	P2285=0.5	设定 PID 控制器的积分时间系数(需要调试设定)
PID 输出上限	P2291=100%	设定 PID 控制器的输出上限幅值是 100%
PID 输出下限	P2292=20%	设定 PID 控制器的输出下限幅值是 20%
PID 限幅值的斜坡上升/下降时间	P2293=1s	设 PID 限幅值的斜坡上升/下降时间为 1s

4) PID 参数整定

PID 控制器参数整定的方法很多，概括起来有两大类：一是理论计算整定法，它主要是依据系统的数学模型，经过理论计算确定控制器参数。这种方法所得到的计算数据未必可以直接用，还必须通过工程实际进行调整和修改。二是工程整定方法，它主要依赖工程经验，直接在控制系统的试验中进行，且方法简单、易于掌握，在工程实际中被广泛采用。PID 控制器参数的工程整定方法，主要有临界比例法、反应曲线法和衰减法。三种方法各有其特点，其共同点都是通过试验，然后按照工程经验公式对控制器参数进行整定。但无论采用哪一种方法所得到的控制器参数，都需要在实际运行中进行最后调整与完善。

参数整定过程中针对以下现象时可以采取的微调方法：

- 抑制超调：缩短微分时间(D)，延长积分时间(I)；
- 尽快达到稳定的控制状态：缩短积分时间(I)，延长微分时间(D)(可能引起超调)；
- 抑制周期较长的振荡：有比积分时间(I)的设定值长的周期振荡发生时，积分动作转强，通过延长积分时间(I)，可抑制振荡；
- 抑制周期较短的振荡：振动周期短，发生几乎与微分时间(D)的设定值相同的周期振荡时，说明微分动作转强，通过缩短微分时间(D)，可抑制振动；即使微分时间(D)已设定为0(无D控制)，振荡仍得不到抑制时，降低比例增益，或增大PID的延迟时间参数。

3.4.8　变频器的保护功能

变频器除了具有变频的控制功能，还有许多自身保护的功能。以下是几种最常见的保护功能。

1. 过电流保护功能

在电动机堵转、输出侧短路、直流侧短路、升速或降速过快等情况下变频器均会过电流。最大电流限定值由用户设定，当运行中发生过电流时，变频器会自动降频运行。如升速(降速)过程中发生过电流，变频器会暂停变速，加长过渡过程，具有很强的过流自调整功能。

2. 过载保护功能

变频器具有准确检测电流瞬时值的能力，因此，内部程序可以进行准确的过载温升反时限发热曲线计算，实现类似于热继电器的过载保护功能。

3. 过电压保护功能

变频器的电源电压要求不超过额定输入电压的10%。除电源过压外，变频器一般有两种过电压：一是泵升电压，二是换流感应过电压。最高泵升电压也由用户设定，如升降速中出现过压，则变频器将暂停升降速，以进行过压保护。对换流感应过电压，则由压敏电阻、阻容吸收电路来保护。

4. 其他保护功能

除了过流、过压、过载等保护外，变频器还设置有：风扇运转保护(风扇不转时停掉变频器)；逆变模块散热板的过热保护；制动电阻过热保护；负载三相不对称保护；变频器内部出错保护；瞬时停电保护(停电时间较短可恢复再起动)等功能。

本章习题

1. 交—直—交通用变频器的主电路主要由哪些功能电路组成？说出各自的功能。
2. 分析三相电压逆变器180°的导通规律及输出相电压和线电压的波形。
3. 通用变频器恒磁通变频调速控制时为什么在基频以下改变频率时要求每极磁通量保持不变？实际运行中如何实现？
4. 变频器V/f控制方式时在基频以上为什么称之为弱磁变频调速？弱磁变频调速对负载有什么要求？
5. 什么是异步电动机的恒功率调速特性？
6. 当电动机的转速低于驱动变频器的输出磁场速度时电动机工作在电动状态，而大于时是发电状态。试从能量转换和传递角度分析这两种状态。
7. 为什么通用变频器的输出电压不是真正意义上的正弦波电压？

8. 试说明 PWM 控制的基本原理。
9. 单极性和双极性 PWM 有什么区别？在三相桥式 SPWM 型逆变电路中，输出相电压(输出端相对于直流电源中点的电压)和线电压波形各有几种电平？
10. SPWM 的控制脉冲是如何形成的？在变频器控制中起什么作用？输出电压的波形有什么特点？
11. SPWM 型变频器的输出电压的频率是由什么决定的？输出电压的脉冲频率是由什么决定的？输出电压的有效值是由什么决定的？
12. 组成逆变器的每一个电力电子开关上都反并联了一个二极管，问该二极管起什么作用？
13. 通用变频器一般有哪几种频率给定方式？给定频率突变时可能会给变频器和电动机带来什么样的不良后果？如何避免？
14. 变频器加速时间和减速时间设定值的大小对变频器和电动机的电路有什么影响？对电动机和负载的机械结构又有什么影响？
15. 变频器起动前和降速时的直流制动功能有什么作用？变频器是如何实现直流制动功能的？怎样限制直流制动电流的大小从而控制直流制动的强度？
16. 由变频器驱动的异步电动机在什么条件下会工作在发电状态？产生的电能来自哪里？会给变频器带来什么后果？变频器将如何处置这部分电能？
17. 通用变频器一般有哪些保护功能？
18. 简述 PID 控制的原理及各分量的控制特点。
19. 什么是主动前端整流器 AFE？有什么功能？
20. 变频器的主电路的输入端子 R、S、T 和输出端子 U、V、W 接反了会出现什么情况？R、S、T 连接时有相序要求吗？U、V、W 连接时是否有相序要求？
21. V/f 控制方式的变频器有哪些不足之处？
22. 变频器矢量控制理论主要是解决变频控制中的什么问题？其基本思想是什么？
23. 变频器矢量控制时为什么需要检测被控电动机的转速反馈信号？变频器如何获得转速反馈信号？
24. 无速度反馈时矢量控制是否可以实现？比较有速度反馈和无速度反馈的矢量控制变频器的性能。
25. 假设电梯的驱动变频器是以线性方式，或 S 形方式加减速运行，试分析比较两种运行方式时乘客的脚步支撑力，和给予乘客的舒适程度。
26. 如果拖动系统的惯性很大，而变频器设置的升速时间和降速时间又很短，问这会对变频器和电动机有什么影响？
27. 风机在停机的状态下，由于有自然风的原因，叶片常自行转动，且往往是反转的。问驱动变频器从零速开始启动时可能会出现什么故障？试提出解决这个问题的方案。

第4章　工业控制现场总线

信息技术的飞速发展，引起了工业自动化系统结构的深刻变革，信息交换的范围正迅速覆盖从工厂管理、控制到现场设备的各个层次，并逐步形成了分布式网络集成自动化系统和以此为基础的企业信息系统。通常把具有一定的编码、格式和位长要求的数字信号称为数据信息。数据通信就是将数据信息通过适当的传送线路从一台机器传送到另一台机器。这里的机器可以是计算机、PLC或具有数据通信功能的其他数字设备。

4.1　数据通信基础

无论是计算机还是PLC，数字设备之间交换的信息都是由“0”和“1”表示的数字信号。通常把具有一定的编码、格式和位长要求的数字信号称为数据信息。

数据通信系统的任务是把地理位置不同的计算机和PLC及其他数字设备连接起来，高效率地完成数据的传送、信息交换和通信处理三项任务。

数据通信系统一般由传送设备、传送控制设备和传送协议及通信软件等组成。

4.1.1　数字数据传输方式

1. 并行传输与串行传输

若按照传输数据的时空顺序分类，数据通信的传输方式可以分为串行传输和并行传输两种：

1）并行传输

数据在多个信道上，数据位同时传输的方式称为并行传输。其特点是：传输速度快，但由于一个并行数据有多少位二进制数，就需要有多少根传输线，因而成本较高。并行传输可分为不同位数（宽度）的并行总线（如8位、16位等）。当距离较近而且要求传输速率较高时通常采用此总线传输方式。

2）串行传输

数据在一个信道上，数据逐位传输的方式称为串行传输。其特点是：发送或接收数据最多只需两根导线，一根用于发送，另一根用于接收，通信线路简单、成本低；串行通信采用不同的工作方式，还可将发送和接收二线合一，分时合用。但与并行传输相比传输速度慢，故常用于远距离传输而速度要求不高的场合。

2. 基带串行传输与频带串行传输

根据数据传输系统在传输由终端形成的数据信号的过程中，是否搬移信号的频谱，是否进行调制，可将数据传输系统分为基带传输和频带传输两种。

1）基带串行传输

所谓基带是指电信号的基本频带。计算机、PLC及其他数字设备产生的“0”和“1”的电信号脉冲序列就是基带信号。基带传输是指数据传输系统对信号不做任何调制，直接传输的数据传输方式。在PLC网络中，大多数采用基带传输，对二进制数字信号不进行任何调制，按照它们原有的脉冲形式直接传输。

不归零制码，即用两个电平来表示两个二进制数字；用高电平（正电压）表示1，用低电平（负电压）表示0（如图4.1(a)所示）。不归零制简单，但有很多缺点，它难以判断一位的结束和另一位的开始，需要用某种方法来使发送器和接收器进行定时或同步。如果传输中都是“1”或“0”的话，那么在单位时间内将产生累积的直流分量，它能使设备连接点产生电腐蚀或其他损坏。

为了满足基带传输的实际需要，通常要求把单极性脉冲序列，经过适当的基带编码，以保证传输码型中不含有直流分量，并具有一定的检测错误信号状态的能力。基带传输的传输码型很多，仅CCITT建议使用的就有20余种，常用的有：曼彻斯特(Manchester)码（双相码）、差分双相码、密勒码、传号交替反转码(AMI)、三阶高密度双极性码等。

曼彻斯特编码如图4.1(b)所示，是一种自同步编码方式，包括数据信息和时钟信息。它的编码方法是将每一个码元再分成两个相等的间隔，传输“1”时前半周期为低电平而后半周期为高电平，传输“0”时前半周期为高电平而后半周期为低电平。这种编码的优点是可以保证在每一个码元的正中间出现一次电平的转换，具有“内含时钟”的性质，对接收端提取位同步信号非常有利，而且当码元中间无跳变时，就形成违例码，这种违例的情况可形成帧标志。但是从曼彻斯特编码的波形图不难看出其缺点，它所占的频带宽度比原始的基带信号增加了一倍。

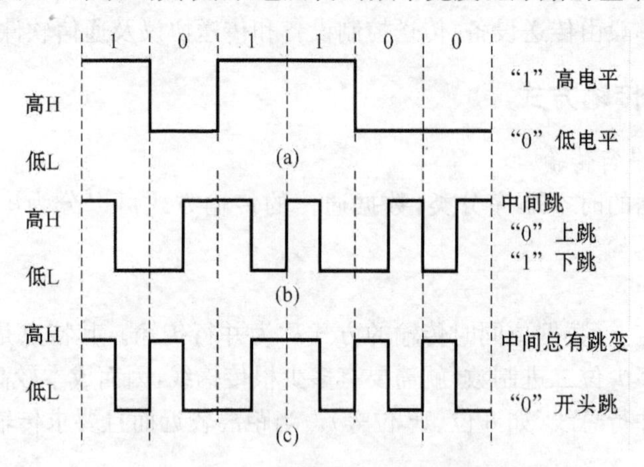

图4.1 常用数字信号编码

(a) 不归零制编码 (b) 曼彻斯特编码 (c) 差分曼彻斯特编码

若传输距离较远时，则可以考虑采用调制解调器进行频带传输。

2) 频带串行传输

频带传输是把信号调制到某一频带上的传输方式。当进行频带传输时，用调制器把二进制信号调制成能在公共电话上传输的音频信号（模拟信号）在通信线路上进行传输。信号传输到接收端后，再经过解调器的解调，把音频信号还原为二进制信号。这种以调制信号进行数据传输的方式就称为频带传输。调制可采用三种方式：调幅、调频和调相。这三种调制方式的信号关系如图4.2所示。

调幅是根据数字信号的变化改变载波信号的幅度。例如：传送“1”时为载波信号，传送“0”

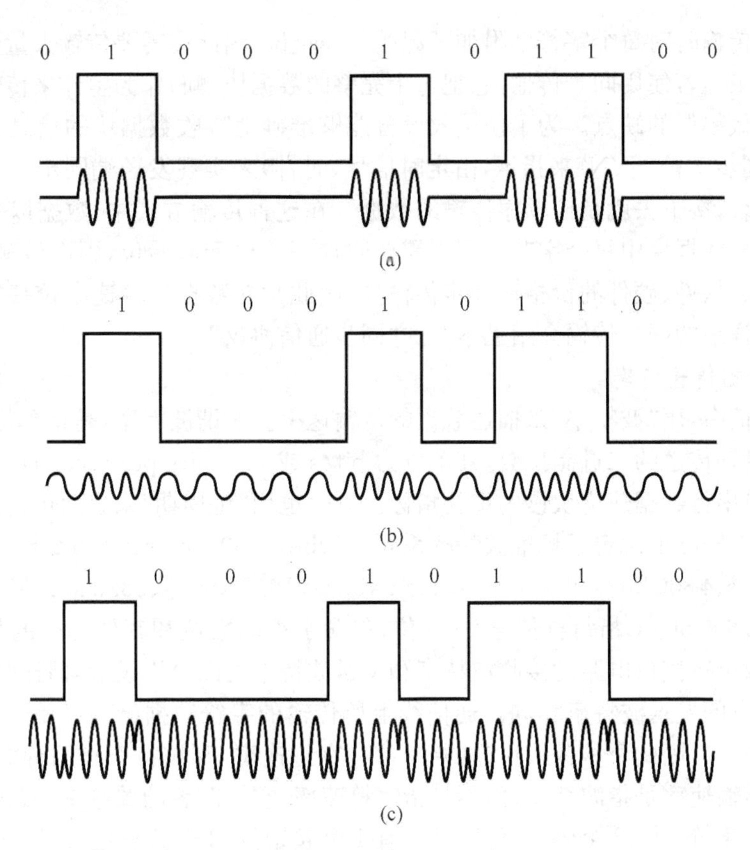

图 4.2　三种调制方式示意图
(a) 调幅　(b) 调频　(c) 调相

时为 0,载波信号的频率和相位均未改变。

调频是根据数字信号的变化改变载波信号的频率。“1”时频率高,“0”时频率低,载波信号的幅度和相位均未改变。

调相是根据数字信号的变化改变载波信号的相位。数字信号从“0”变为“1”时或是从“1”变为“0”时载波信号的相位改变 180°,频率和幅度均未改变。

基带传输方式时整个频带范围都用来传输某一数字信号。频带传输时,在同一条传输线路上可用频带分割的方法将频带划分为几个信道,同时传输多路信号。例如:传输两种信号,数据发送和传输使用高频信道,各站间的应答响应使用低频道,常用于全双工通信。

3. 异步和同步传输方式

发送端和接收端之间的同步问题,是数据通信中的重要问题,同步不好,轻者导致误码增加,重者使整个系统不能正常工作。在传输过程中,为解决这一问题,在串行通信中,采用了两种同步技术:异步传输和同步传输。

异步传输也称起止式传输,它是利用起止法来达到收发同步的。在异步传输中,被传输的数据编码为一串脉冲,每一个传输的字符都有一个附加的起始位和多个停止位。字节传输由起始位“0”开始,然后是被编码的字节,通常规定低位在前,高位在后,接下来是校验位(可省略),最后是停止位“1”(可以是 1 位,1.5 位或 2 位)用以表示字符的结束。详细的异步传输介绍见本节的“异步通信协议”。

由于异步传输时对每个字符都附加了起始和停止位，因此在需要传输大量数据块的场合，就显得太浪费了。若使用同步传输，它把每个完整的数据块（帧）作为整体来传输，这样就可以克服异步传输效率低的缺点。为了使接收设备能够准确地接收数据块的信息，同步传输在数据开始处，用同步字符“SYN”来指示，由定时信号（时钟）来实现发送端同步，一旦检测到与规定的字符相符合，接下去就是按顺序传输的数据。在这种传输方式中，数据以一组数据（数据块）为单位传输，数据块中每个字节之间不需要附加停止位和起始位，因而传输效率高。但同步传输所需要的软件、硬件的价格比异步传输高，因此常在数据传输速率较高的系统中，才采用同步传输。详细的同步传输介绍见本节的“同步通信协议”。

4. 串行数据传输速率

在数据通信中，用“波特率”来描述数据的传输速率。所谓波特率，是指单位时间内传输的码元数，即每秒钟传送的二进制位数，其单位为 bit/s 或 bps(bits per second)。波特率也常叫传输率，是衡量串行数据速度快慢的重要指标。有时也用“位周期”来表示传输速率，位周期是波特率的倒数。国际上规定了标准波特率系列：110bit/s、300 bit/s、600 bit/s、1 200 bit/s、1 800 bit/s、2 400 bit/s、4 800 bit/s、9 600 bit/s，14. 4 kbit/s、19. 2 kbit/s、28. 8 kbit/s、33. 6 kbit/s、56 kbit/s。例如 9 600 bit/s，指每秒传送 9600 位，包含字符的数位和其他必须的数位，如奇偶校验位等；大多数串行接口电路的接收波特率和发送波特率可以分别设置，但接收方的接收波特率必须与发送方的发送波特率相同。通信线上所传输的字符数据（代码）是逐位传送的，1 个字符由若干位组成，因此每秒钟所传输的字符数（字符速率）和波特率是两种概念。在串行通信中，所说的传输速率是指波特率，而不是指字符速率，它们两者的关系是，假如在异步串行通信中，传送一个字符，共 12 个码元（位）（其中有 1 个起始位，8 个数据位，2 个停止位，1 个校验位），其传输速率是 4 800 bit/s，每秒所能传送的字符个数是 4 800/(1＋8＋2＋1)＝400 个。

在实际应用中，常用的数据传输速率单位有：kbps、Mbps 和 Gbps。其中：1 kbps＝10^3 bps；1 Mbps＝10^6 kbps；1 Gbps＝10^9 bps。

4.1.2 数据串行通信方式

数据在串行通信线路上传输有方向性，按照数据在某一时间传输的方向，线路通信方式可以划分为单工通信、半双工和全双工通信三种方式，如图 4.3 所示。

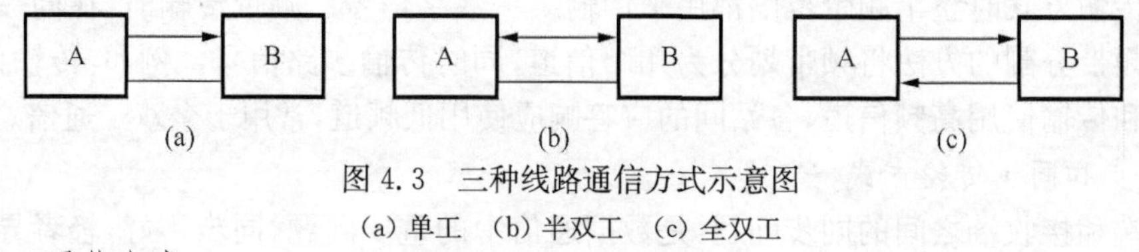

图 4.3 三种线路通信方式示意图

(a) 单工 (b) 半双工 (c) 全双工

1. 单工通信方式

单工通信就是指信息的传送始终保持同一个方向，而不能进行反向传送，如图 4.3(a)所示。其中 A 端只能作为发送端，B 端只能作为接收端接收数据。单工通信方式目前已很少采用。

2. 半双工通信方式

若使用同一根传输线既作接收又作发送，虽然数据可以在两个方向上传送，但通信双方不能同时收发数据，这样的传送方式就是半双工通信方式，如图 4.3(b)所示。采用半双工通信方式时，通信系统每一端的发送器和接收器，通过收／发开关转接到通信线路上进行方向切换，因此会产生时间延迟。收／发开关实际上是由软件控制的电子开关。目前多数终端设备和串行通信接口都为半双工通信方式提供了换向能力，也为全双工方式提供了两条独立的引脚。在实际中，一般并不需要通信双方同时发送和接收，半双工通信方式完全可以胜任。

3. 全双工通信方式

当数据的发送和接收分流，分别由两根不同的传输线传送时，通信双方都能在同一时刻进行发送和接收操作，这样的数据传送方式就是全双工通信方式，如图 4.3(c)所示。在全双工通信方式下，通信系统的每一端都设置了发送器和接收器，同时需要两根数据线传送数据信号，A 端和 B 端双方都可以一边发送数据，一边接收数据。有些情况下还需要控制线和状态线以及地线，因此它能控制数据同时在两个方向上传送。全双工通信方式无需进行方向的切换，也就没有切换操作所产生的时间延迟，这对那些不能有时间延误的交互式应用，例如远程监测控制系统等是十分有利的。

4.1.3　OSI 参考模型及网络通信协议

为了保证通信的正常进行，除需具备良好的通信信道外，还需通信各方遵守共同的协议才能保证可靠的通信。所谓网络通信协议也叫做通信控制规程，或称传输控制规程。通信双方在通信时需要遵循的规则和约定就是协议。协议主要由语义、语法和定时三部分组成，语义规定通信双方准备“讲什么”，即确定协议元素的种类；语法规定通信双方“如何讲”，确定数据的信息格式、信号电平等；定时则包括速度匹配和排序等。

通常协议包括对数据格式、同步方式、传送速度、传送步骤、检纠错方式及控制字符定义等的统一规定，通信双方必须共同遵守。按照网络协议的帧格式编写的通信软件通过物理层最终完成主机与从机之间的数据交换。

网络通信协议采用分层设计的方法便于实现网间互连，它对某层协议的修改只需修改相应的某层协议及接口，而不影响其他各层，各层相互独立，通过接口发生联系。目前采用的网络通信协议有两类：异步通信协议和同步通信协议。同步通信协议又有面向字符和面向比特以及面向字节计数等。数据传输方式可以分为异步通信方式、同步通信方式两种类型。

1. ISO/OSI 参考模型

国际标准化组织 ISO(International Standard Organization)于 1979 年正式制订、颁布的“信息处理系统—开放系统互连—基本参考模型”(Information Processing Systems—Open Systems Interconnection—Basic Reference Model，简称 OSI)是信息处理领域内的最重要标准之一。它为协调研制系统互连的各类标准提供共同的基础，同时，规定了研制标准和改进标准的范围，为保持所有相关标准的相容性提供了共同的参考。标准为研究、设计、实现和改造信息处理系统提供了功能上和概念上的框架。

在该标准中，提出了开放系统互连的理由，定义了连接的对象和互连的范围，描述了 OSI 中所使用的模型化原则。标准描述了参考模型体系结构的一般性质，即模型是分层的，分层的意义以及用于描述各层的规则。标准对参考模型体系结构的各层进行命名和描述。OSI 的模型如图 4.4 所示。

标准引入了层的表示方法。用(N)层表示某一特定的层，用(N+1)、(N－1)层表示其相邻的高层和低层。它也适用于与层有关的其他概念，如协议、服务等。应用到具体的层时，如

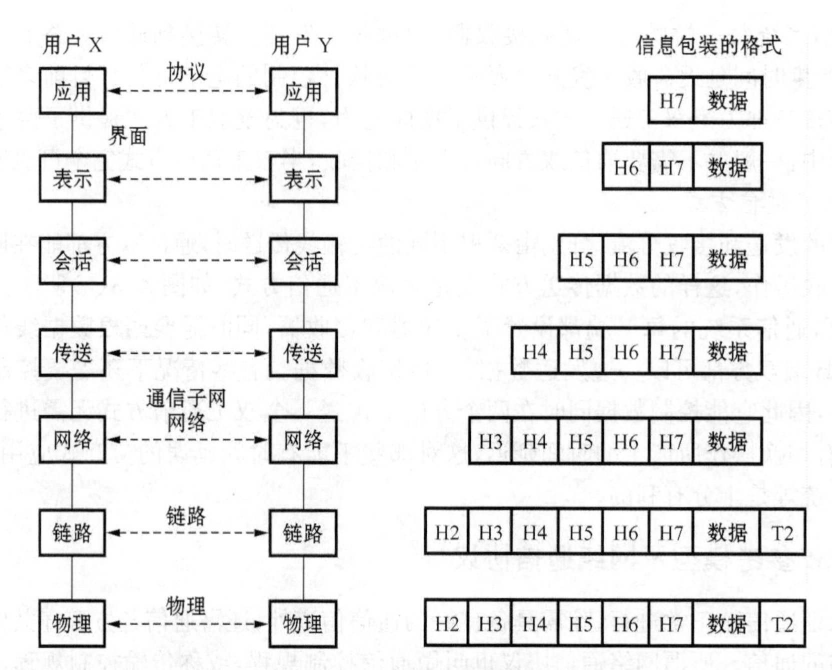

图 4.4　开放系统互连 OSI 模型：连接和封装

传输层(N)，则(N+1)层是会话层，(N－1)层是网络层。

开放系统互连是指彼此"开放"的系统，通过共同使用适当的标准而实现信息的交换。因此，"系统是开放的"，并不隐含特殊的系统实现，也不隐含互连的技术和方法，它是指各系统互相识别并且支持适当的标准来实现信息交换。

国际标准化组织选择的结构化技术是分层(Layering)，它已被人们广泛接受。在分层结构中，每一层执行一部分通信功能。它依靠相邻的比它低的一层来完成较原始的功能，并且又和下一层的具体细节分隔开来。同样，它为相邻的较高层提供服务。这样的分层使得更换其中某一层时，只要它和上下两层之间的接口功能不变，那么上下两层可以完全不加变更。因此，它把一个问题分解成许多更便于管理的子问题。

确定分层结构时，层数越多，每层要完成的功能就少，实现也就容易，但过多的分层，使层与层之间的处理时间加长。因此，分层的原则是：当必须要有不同层的抽象时，才设立一个新的层次。每一层的确定应使通过两层之间接口的信息流量为最少。按照这样的原则，参考模型共分为七层。

表 4.1　ISO/OSI 参考模型的各层及其定义

层　次	定　　义
1. 物理层	有关在物理链路上传输非结构的比特流，包括的参数有信号、电压、幅度和比特宽度，涉及建立、维修和拆除物理链路所需的机械的、电气的、功能的和过程的特性(RS-232，RS-449)
2. 数据链路层	把一条不可靠的传输通道转变为一条可靠的通道，发送带有检查的数据块(帧)；使用差错检测和帧确认
3. 网络层	通过网络传输数据分组，分组可以是独立传输的(数据报)或者是通过一条预先建立的网络连接(虚电路)传输的，负责路由选择和拥挤控制

（续表）

层　次	定　　义
4. 传输层	在端点之间提供可靠的、透明的数据传输，提供端到端的错误恢复和流控制
5. 会话层	提供在两个进程之间建立、维护和结束连接（会话）的手段，可以提供检查点和再启动服务、隔离服务
6. 表示层	通常完成有用的数据转换，提供一个标准的应用接口和公共的通信服务，例如加密、文本压缩和重新格式化
7. 应用层	给开放系统互连OSI环境的用户提供服务，例如事务服务程序、文件传送协议、网络管理

表4.1是OSI模型的各层及其定义。两个相互通信的系统都有共同的层次结构。一方的N层和另一方的N层之间的相互通信遵循一套称为协议（Protocol）的规则或约定。每层都有自己的协议，它定义了不同机种互联网络的标准框架结构。协议的关键成分是：

(1) 语法（Syntax），包括数据格式、信号电平等规定；

(2) 语义（Semantics），包括用于调整和差错处理的控制信息；

(3) 时序（Timing），包括速度匹配和排序。

在图4.4中，两个系统相互通信应有共同的层次结构。用户X如果希望发送一个报文给用户Y，它首先调用应用层，使用户X的应用层与用户Y的应用层建立同等层关系。这一同等层关系使用应用层通信协议。这个协议要求下一层即表示层提供服务。这样，在第六层即表示层又使用该层的通信协议，建立同等层服务。如此逐层下传，直到最底层即物理层。在物理层，通过通信媒体上实际传输的比特流传输。可以看到，除了在物理层进行实际的通信外，在其上面的各层，两个用户系统之间并不存在实际的通信。为了区分这两种不同性质的通信，把它们分别称为物理通信和虚拟通信。图4.4的右边表示了各层所对应的信息包装格式。当用户X向用户Y发送报文时，它把报文送入应用层。这一层采用的信息包装技术是在报文前端加上一个前导字头H7，它包含了第七层协议所需要的信息。然后，带有H7和原始信息的报文被送到第六层，并加上该层协议所需信息的前导字头H6。这样的过程一直进行到第三层，即网络层，在该层加上前导字头H3就形成信息包（Packet）。它是网络层中传输信息的基本组成单位。信息包送入链路层，加上前导字头和字尾T2，形成在链路层传输信息的基本组成单位，称为信息帧（Frame）。信息帧送入物理层，通过物理媒体送到用户Y的物理层。然后，进行与上述过程相反的拆装和传送，各层剥除外加的字头和字尾。按照该层的通信协议进行处理，逐层向上传送，直到用户Y。

在上述过程中，每一层可把从高一层接收到的信息分成若干分组再向下传送，以适应该层的要求。而在接收端向上传送信息时，需把传送来的信息进行重组，恢复原来的报文。

在开放系统互连的参考模型中，各层所共有的功能如下：

1）封装过程

封装处理是实现协议最通用的方法。采用封装技术，使高层数据不包含低层协议的控制信息。即相邻层之间保持了相对的独立性。这样，低层实现的方法发生变化将不影响高层功能的执行（接口关系不变）。相邻两层之间的接口（Interface）定义了本层的基本操作以及向上一层提供的服务。

2）分段存储

通过信息的分组、传送、重组来进行信息的通信。

3）连接建立

为了实现两个系统(N)层实体之间的连接，在每一个(N)实体的服务存取点(Service Access Points，SAP)内定义一个连接端点(Connection End Point，CEP)。每一层都可向上一层提供有连接或者无连接服务。有连接服务则通过在发送端和接收端之间建立并保持虚电路实现；无连接服务则在内部通信中采用数据报的方法。

4）流量控制

当同等层的两个通信实体的发送和接收的速度不一致时，会造成信息的丢失或者网络死锁。数据流量控制是一种由(N)实体完成的功能，它限制从另一个(N)实体接收数据的数量和速率，这样，流量控制能保证接收端的(N)实体不至于发生数据溢出。

5）差错控制

指用以检测和纠正两个同等层实体之间数据传输时产生差错的机制。

6）多路复用

多路复用可以在两个方向上进行。向上(Upward)多路复用指单个(N－1)级连接多个(N)级连接复用。它是为了有效利用(N－1)服务或者在只有一个(N－1)级连接的环境下提供多个(N)级连接。向下(Downward)多路复用，又称分叉(Splitting)，指一个(N)级连接建立在多个(N－1)级连接之上，以便将(N)级连接上的信息量分散在各个(N－1)级连接上。它常用于改善可靠性和效率。

OSI的底三层(物理层、数据链路层和网络层)一般不为用户所见，是设计工程师的研究对象，但却是通信网络的基础层次，特别是第一、第二层。上四层(传输层、会话层、表示层和应用层)则被称作主机层，是用户所面向和关心的内容，这些程序常常将各层的功能综合在一起，在用户面前形成一个整体。

七层模型是一个参考模型，它并未确切地描述用于各层的协议和服务，仅仅是标明每层应该做什么，解释协议相互之间应该如何相互作用。网络中实际用到的协议并非是严格按照这七层来定义的，而是根据实际需要参考该模型而定。大多现场总线结构分层采用OSI模型的第一、第二和第七层，例如基金会现场总线(Foundation Fieldbus，FF)是以ISO/OSI开放系统互连模型为基础，具有物理层、数据链路层、应用层，并在应用层上增加了用户层；HART总线也是以ISO/OSI为基础，由物理层、数据链路层和应用层3层组成。

2. 异步通信协议

异步通信是指通信中两个字符之间的时间间隔是不固定的，而在一个字符内各位的时间间隔是固定的。

异步通信的信息是以字符为单位传送的，每个字符按位传输，并且传输一个字符时，总是以“起始位”开始，以“停止位”结束，字符之间没有固定的时间间隔要求。每个字符由发送方异步产生，有随机性；字符一般采用5、6、7或8位二进制编码；每个字符可能需要用10位或11位才能传送，例如：起始位，1位；字符编码，7位；奇偶校验位，1位；停止位，1～2位。若接收设备和发送设备两者的时钟频率略有偏差，也不会因偏差的累积而导致错位，加之字符之间的空闲位也为这种偏差提供了一种缓冲，所以异步串行通信的可靠性较高。在异步传输时，每个字符都要用起始位和停止位作为字符开始和结束的标志，而且接收端要采用倍频时钟对接收到的数据同步采样，因而传送效率低。因此，起止协议一般用在数据速率要求不高的场合(小于19.2 kbit/s)。在要求高速传送时，一般要采用同步协议。

1) 起止式异步通信格式

如图 4.5 所示的是起止式帧数据的格式。每一个字符的前面都有一位起始位(低电平,逻辑值),字符本身由 5~7 位数据位组成,接着字符后面是一位奇偶校验位,最后是 1、1.5 或 2 位停止位,停止位后面是不定长的空闲位。停止位和空闲位都规定为高电平(逻辑值 1),这样就保证起始位开始处一定有一个下跳沿。如通信速率为 9 600 bit/s,每字符 7 位、1 个起始位、1 个停止位、1 个奇偶校验,则每字符需传送 10 位,实际每秒传输 960 个字节(960 bit/s)。

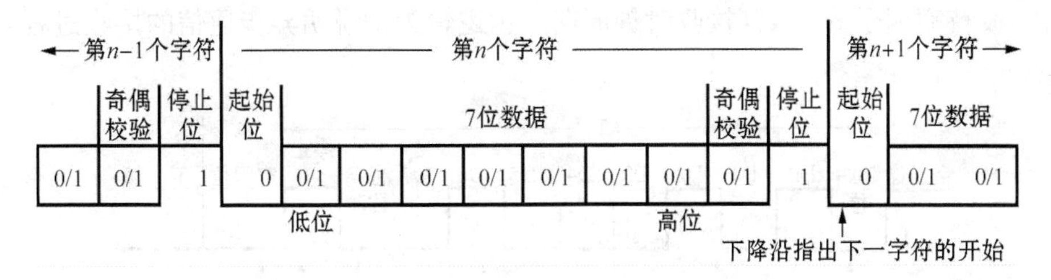

图 4.5　起止式异步传输帧数据的格式

从图 4.5 中可看出,这种格式是靠起始位和停止位来实现字符的界定或同步的,故称为起止式协议。传送时,数据的低位在前,高位在后。异步通信可以采用正逻辑(低电平是逻辑“0”,高电平是逻辑“1”)或负逻辑(低电平是逻辑“1”,高电平是逻辑“0”),异步通信的帧格式见表 4.2。表 4.2 中的位数的本质含义是信号出现的时间,故可有分数位,如 1.5 位。

图 4.6 表示了传送一个字符 E 的 ASCII 码的时序波形 1010001。当把它的最低有效位写到右边时,就是 E 的 ASCII 码 1000101=45H。

表 4.2　异步通信的帧格式

起始位	逻辑“0”	1 位
数据位	逻辑“0”或“1”	5 位、6 位、7 位、8 位
校验位	逻辑“0”或“1”	1 位或无
停止位	逻辑“1”	1 位、1.5 位或 2 位
空闲位	逻辑“1”	任意数量

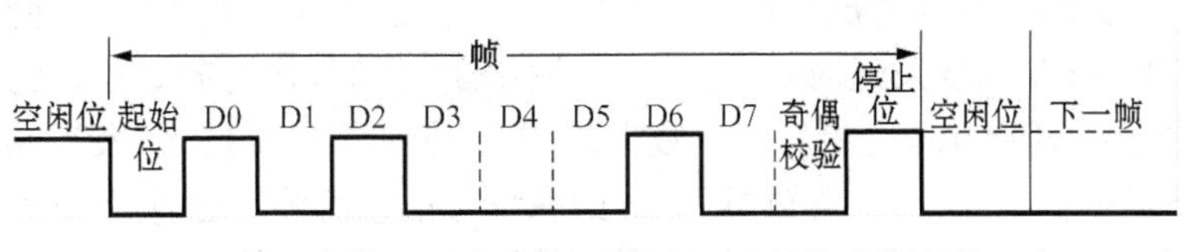

图 4.6　传送一个字符 E 的 ASCII 码的时序波形

起始位实际上是作为联络信号附加的,当它变为低电平时,告诉接收端传送开始,它的到来表示下面接着是数据位来了,要准备接收。而停止位标志一个字符的结束,它的出现表示一个字符传送完毕。这样就为通信双方提供了何时开始收发,何时结束的标志。传送开始前,发收双方把所采用的起止式格式(包括字符的数据位长度、停止位位数、有无校验位以及是奇校验还是偶校验等)和数据传输速率作统一规定。传送开始后,接收设备不断地检测传输线,看是否有起始位到来。当收到一系列的“1”(停止位或空闲位)之后,检测到一个下跳沿,说明起始位出现，起始位经确认后，就开始接收所规定的数据位和奇偶校验位以及停止位。经过处理将停止位去掉，把数据位拼装成一个并行字节，并且经校验后，无奇偶错才算正确的接收一个字符。一个字符接收完毕，接收设备又继续测试传输线，监视“0”电平的到来和下一个字符的开始，直到全部数据传送完毕。

2）异步通信的接收过程

接收端以“接收时钟”和“波特率因子”决定一位的时间长度。下面以接收一个字符 E 的 ASCII 码，波特率因子等于 16(接收时钟周期)、正逻辑为例说明异步通信的接收过程，如图 4.7 所示。

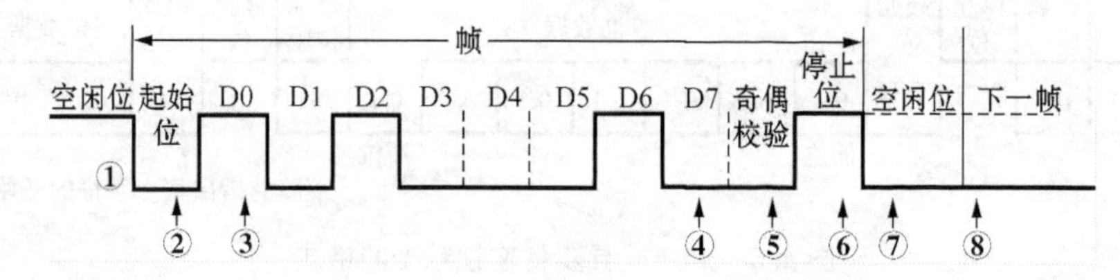

图 4.7 接收一个字符 E 的 ASCII 码的波形

图 4.7 中，①开始通信时，信号线为空闲(逻辑 1)，当检测到由 1 到 0 的跳变时，开始对“接收时钟”计数。当计到 8 个时钟时，对输入信号进行检测，若仍为低电平，则确认这是“起始位”，而不是干扰信号。②接收端检测到起始位后，隔 16 个接收时钟，对输入信号检测一次，把对应的值作为 D0 位数据。若为逻辑“1”，作为数据位 1；若为逻辑“0”，作为数据位 0。③再隔 16 个接收时钟，对输入信号检测一次，把对应的值作为 D1 位数据，直到全部数据位都输入为止。④检测奇偶校验位 P(如果有的话)。⑤接收到规定的数据位个数和校验位后，通信接口电路希望收到停止位 S(逻辑“1”)，若此时未收到逻辑“1”，说明出现了错误，在状态寄存器中置“帧错误”标志。若没有错误，对全部数据位进行奇偶校验，若无奇偶校验错误时，把数据位从移位寄存器中送入数据输入寄存器。若有奇偶校验错误时，在状态寄存器中置奇偶错标志。⑥本帧信息全部接收完，把线路上出现的高电平作为空闲位。⑦当信号再次变为低时，开始进入下一帧的检测。

3）异步通信的发送过程

仍以图 4.7 说明异步通信的发送过程，发送端以“发送时钟”和“波特率因子”决定一位的时间长度。①当初始化后，或者没有信息需要发送时，发送端输出逻辑“1”，即空闲位，空闲位可以有任意数量。②当需要发送时，发送端首先输出逻辑“0”，作为起始位。③紧接着发送端首先发送 D0 位。④直到发送完最后一个数据位 D7。⑤如果需要的话，发送端输出奇偶校验位。⑥最后，发送端输出停止位，逻辑“1”。⑦如果没有信息需要发送时，发送端输出逻辑“1”，即空闲位，空闲位可以有任意数量；如果还有信息需要发送，转入第②步。

由以上发送和接收过程可见，接收端总是在每个字符的起始位进行一次重新定位，因此发送端可以在字符之间插入不等长的空闲位，不影响接收端的接收；发送端的发送时钟和接收端的接收时钟的频率允许有一定差异，当频率差异在一定范围内时，不会引起接收端检测错位，能够正确接收。并且这种频率差异不会因多个字符的连续接收而造成累计误差，因为在每个字符的开始(起始位处)接收端均重新定位，只有当发送时钟和接收时钟频率差异太大，引起接收端采样错位时，才造成接收错误；起始位、校验位、停止位、空闲位的信号，由“发送移位寄存器”自动插入。在接收端，“接收移位寄存器”接收到一帧完整信息(起始、数据、校验、停止)后，仅把数据的各位送至“数据输入寄存器”，即CPU从“数据输入寄存器”中读到的信息只是有效数字，不包含起始位、校验位、停止位信息；可以看出，按标准的异步通信数据格式，1个字符在传输中除了传输实际编码信息外，还要传输几个外加数位。具体说，在一个字符开始传输前，输出线必须在逻辑上处于“1”状态，称为标识态。传输一开始，输出线由标识态变为“0”状态，从而作为起始位。起始位后面为5～7个信息位，信息位由低往高排列，即第一位为字符的最低位，在同一个传输系统中，信息位的数目是固定的。信息位后面为校验位，校验位可以按奇校验设置，也可以按偶校验设置，也可以不设置。最后的位数为“1”，它作为停止位，停止位可为1位、1.5位或者2位。如果传输1个字符以后，立即传输下一个字符，那么后一个字符的起始位就紧跟着前一个字符的停止位了，否则，输出线又会进入标识态。

3. 同步通信协议

所谓同步通信是指在约定的通信速率下，发送端和接收端的时钟信号频率和相位始终保持一致(同步)，这就保证了通信双方在发送和接收数据时具有完全一致的定时关系。

同步串行通信的发送方在每次同步传送n个字节的数据块前，先发送1个或2个同步字符，表示传送过程的开始，接着是n个字节的数据块。字符之间不允许有空隙。由于由一个统一的时钟控制，接收端能够识别发送端发出的字符，并在检测到同步字符后，就认为是一个信息帧的开始，于是把此后的数位作为实际传输信息来处理。

以同步字符使收发双方同步(一个同步字符是单同步，两个同步字符是双同步)，接收端从传输的信息中抽取同步信息，修正同步，保证正确采样接收数据。

同步通信过程中要求在传输线路上始终保持连续的字符位流，若发送端没有数据传输，则线路上要用专用的“空闲”字符或同步字符填充。

同步通信传送信息的位数几乎不受限制，通常一次通信传送的数据有几十到几千个字节，通信效率较高。但它要求在通信中保持精确的同步时钟，所以其发送器和接收器比较复杂，成本也较高，一般用于传送速率要求较高的场合；其次，传输的信息中不能有同步字符出现，透明性较差。

同步串行通信以帧为单位传输，每帧一般由五个部分组成，分别是标志区、地址区、控制区、信息区和帧校验区。

同步通信协议有面向字符的同步协议，如单同步、双同步、外同步等；也有面向位(比特型)的同步协议和面向字节计数的同步协议3种。其中，面向字节计数的同步协议主要用于DEC公司的网络体系结构中。

1) 面向字符的同步协议

面向字符的同步协议是最早提出的同步协议，其典型代表是IBM的二进制同步通信BSC(Binary Synchronous Communication)协议。

任何链路层协议均可由链路建立、数据传输和链路拆除三部分组成。为实现建链、拆链等链路管理以及同步等各种功能，除了正常传输的数据块和报文外，还需要一些控制字符。例如，BSC协议用ASCII和EBCDIC字符集定义了10个传输控制字符来实现相应的功能。这些传输控制字符的标记、名字及ASCII码值和EBCDIC码值见表4.3。

表 4.3 BSC 协议传输控制字符

标记	SOH	STX	ETX	EOT	ENQ	ACK	DLE	NAK	SYN	ETB
名称	序始	文始	文终	送毕	询问	确认	转义	否认	同步	块终
ASCII 码值	01H	02H	03H	04H	05H	06H	10H	15H	16H	17H
EBCDIC 码值	01H	02H	03H	37H	2DH	2EH	10H	3DH	32H	26H

各传输控制字符的功能如下：

SOH(Start of Head)：序始，用于表示报文的标题信息或报头的开始；

STX(Start of Test)：文始，标志标题信息的结束和报关文本的开始；

ETX(End of Text)：文终，标志报文文本的结束；

EOT(End of Transmission)：送毕，用以表示一个或多个文本的结束，并拆除链路；

ENQ(Enquire)：询问，用以请求远程站给出响应，响应可能包括站的身份或状态；

ACK(Acknowledge)：确认，由接收方发出的作为对正确接收到报文的响应；

DLE(Data Link Escape)：转义，当控制字符不够用时，可以再本字符后借用有限个非控制字符共同组成"转义序列"，以作为新的控制功能符使用，使控制类字符个数及控制功能得到扩展；

NAK(Negative Acknowledge)：否认，由接收方发出的作为对未正确接收的报文的响应；

SYN(Synchronous)：同步字符，在同步协议中，用以实现节点之间的字符同步，或用于在无数据传输时保持该同步；

ETB(End of transmission Block)：块终或组终，用以表示当报文分成多个数据块的结束。

BSC 协议将在链路上传输的信息分为数据和监控报文两类。监控报文又可分为正向监控和反向监控两种。每一种报文中至少包括一个传输控制字符，用以确定报文中信息的性质或实现某种控制作用。

面向字符的同步协议特点是一次传送由若干个字符组成的数据块，而不是只传送一个字符。由于被传送的数据块是由字符组成的，故被称作面向字符的协议，其一般格式如图 4.8 所示。

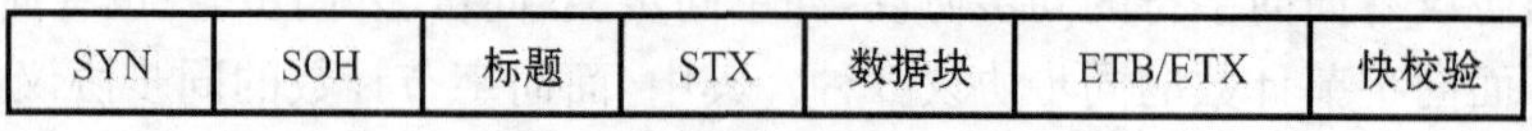

SYN	SOH	标题	STX	数据块	ETB/ETX	快校验

图 4.8 同步通信协议的帧格式

由图 4.8 可见，数据块的前后都加了几个特定字符。其中，SYN 是同步字符(Synchronous Character)，每一帧开始处都有 SYN，加一个 SYN 的称单同步，加两个 SYN 的称双同步，用来实现或保持同步传输系统中收发两端的同步。设置同步字符是起联络作用，传送数据时，接收端不断检测，一旦出现同步字符，就知道是一帧开始了；SOH 是序始字符(Start Of Header)，它表示标题的开始，用来表示信息报文的开始；标题中包括站地址(发送方地址)、目的地址(接收方地址)和路由指示等信息；STX 是文始字符(Start of Text)，它标志着传送的正文(数据块)开始，用来表示信息报文的开始和报头结束。数据块就是被传送的正文内容，由多个字符组成。数据块后面是组终字符 ETB(End of Transmission Block)或文终字符 ETX(End of Text)，其中 ETB 是块传输结束，标识本数据块结束，当报文分成报文组时，除最后一个报文组外的其他报文组都必须用ETB字符结束，用在正文很长、需要分成若干个分数据块、分别在不同帧中发送的场合，这时在每个分数据块后面用文终字符ETX；一帧的最后是校验码，它对从SOH开始到ETX(或ETB)字段进行校验，校验方式可以是纵横奇偶校验或循环冗余校验CRC(Cyclic Redundancy Check)。

面向字符的同步协议不像异步起止协议那样，需要在每个字符前后附加起始和停止位，因此传输效率提高了，同时由于采用了一些传输控制字，也增强了通信控制能力和校验功能，但也存在一些问题，例如，如何区别数据字符代码和特定字符代码，因为在数据块中完全有可能出现与特定字符代码相同的数据字符，这就会发生误解，比如正文有个与文终字符ETX的代码相同的数据字符，接收端就不会把它当作普通数据处理，而误认为是正文结束，因而产生差错。因此，应具有将特定字符作为普通数据处理的能力，这种能力叫做“数据透明”。为此，协议中设置了转移字符DLE(DataLinkEscape)，当把一个特定字符看成数据时，在它前面要加一个DLE，这样接收器收到一个DLE就可预知下一个字符是数据字符，而不会把它当作控制字符来处理了。DLE本身也是特定字符，当它出现在数据块中时，也要在它前面加上另一个DLE，这种方法叫字符填充。字符填充实现起来较麻烦，且依赖于字符的编码，因此产生了面向位的同步协议。

2) 面向位的传送协议

面向位的传送信息以二进制位流为单位传送；传输过程中收发双方以位为单位同步；传输的开始和结束由特定的8位二进制位同步。

面向位的传送协议中最具有代表性的是IBM的同步数据链路控制规程SDLC(Synchronous Data Link Control)、国际标准化组织ISO的高级数据链路控制规程HDLC(High Level Data Link Control)和美国国家标准协会(Americal National Standard Institute)的先进数据通信规程ADCCP(Advanced Data Communication Control Procedure)。这些协议的特点是，所传输的一帧数据可以是任意位，而且它是靠约定的位组合模式，而不是靠特定字符来标志帧的开始和结束，故称“面向位”的协议。面向位的传送是以帧(组)为单位，多个字符一起传送，字符间没有间隔。面向位传送的协议主要是同步数据链路控制协议(SDLC)和高级同步数据链路控制协议(HDLC)，这里的SDLC实际上是HDLC中的一个子集，HDLC帧的格式，一帧信息可以是任意位，用位组合标识帧的开始和结束，这种协议的一般帧格式如图4.9所示。

8位	8位	8位	≥0位	16位	8位
起始标志位F	站地址A	控制C	信息I	校验CRC	结束标志F

图4.9 HDLC帧的格式

由图4.9可见，HDLC规定了一个帧的起始位和结束位，并各放入一个特殊的标记作为一个帧的边界，这个标记就叫做标志字段F。根据SDLC/HDLC协议规定，所有信息传输必须以一个标志字符开始，且以同一个字符结束，所以这个标志字段F为6个连续1加上两边各一个0共8位，即01111110。为了避免其他各段出现标志位序列，采用了发送端“零位插入”和接收端“零位删除”技术。具体做法是发送端在发送所有信息(除标志字节外)时，只要遇到连续5个“1”，就自动插入一个“0”，当接收端在接收数据时(除标志字节)，如果连续收到5个“1”，就自动将其后的一个“0”删除，以恢复信息的原有形式。这种“0”位的插入和删除过程是由硬件自动完成的;站地址字段A规定接收站(或目的站)地址,也是8位,它一般被写入次站的地址,接收站检查每个地址字节的第1位,如果为“0”,则后边跟着另一个地址字节,若为“1”,则该字节为最后一个地址字节;帧校验序列CRC(Cyclic Redundancy Code)也称为帧校验序列FCS,它是站地址段、控制段和信息段的函数,SDLC/HDLC均采用16位循环冗余校验码,除“校验CRC”数据字符和自动插入的“0”位外,均参加CRC计算,采用CRC-CCITT生成多项式。若在发送过程中出现错误,则SDLC/HDLC协议常用异常结束字符,或称为失效序列使本帧作废。在HDLC规程中,7个连续的“1”被作为失效字符,而在SDLC中失效字符是8个连续的“1”。当然在失效序列中不使用“0”位插入/删除技术。SDLC / HDLC协议规定,在一帧之内不允许出现数据间隔,在两帧之间,发送器可以连续输出标志字符序列,也可以输出连续的高电平,它被称为空闲信号。控制字段C指明本帧的功能和目的,8位或16位,向对方站发命令或送响应信息等,是最复杂的字段,HDLC的许多重要功能都要靠控制字段来实现。具体地说,包括帧的类型、发送帧顺序号、接收帧顺序号、是否可以发送和接收等控制信息。若第1字节的第1位为“0”,则还有第2个字节也是控制场。根据其前面两个比特的取值,可将HDLC的许多帧划分为三大类,即信息帧、监督帧和无编号帧。所有的信息是以帧的形式传输的,而标志字符提供了每一帧的边界,接收端可以通过搜索“01111110”来探知帧的开头和结束,以此建立帧同步;信息I是要传送的数据信息,信息的长度是可变的,并不是每一帧都必须有信息,即数据可以为“0”,当它为“0”时,则这一帧主要是控制命令。

3) 点对点协议PPP的帧结构

点对点协议PPP帧格式和HDLC的相似,PPP帧的前3个字段和最后两个字段与HDLC的格式是一样的。PPP不是面向比特的,因而所有的PPP帧的长度都是整数个字节。与HDLC不同的是多了一个2个字节的协议字段。当协议字段为0X0021时,信息字段就是IP数据包。若为0XC021,则信息字段是链路控制数据,而0X8021表示这是网络控制数据,其结构如图4.10所示。

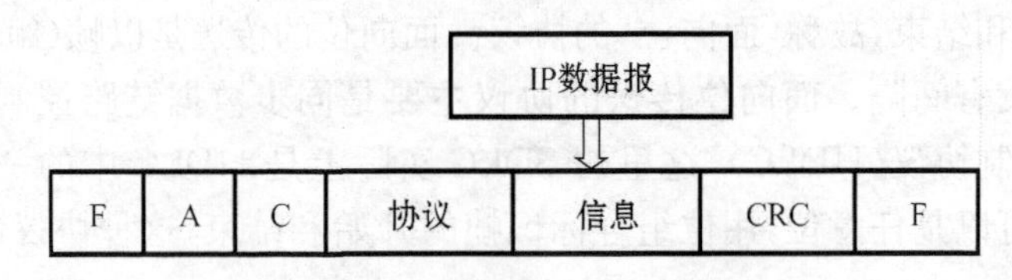

图4.10 点对协议PPP的帧结构

4. IEEE802协议

美国电气与电子工程师协会(IEEE)于1981年提出了局域网络协议标准,称为IEEE802协议,这是目前工业局域网络中用得较多的一种网络协议。该协议将OSI模型的最低两层分为三层,即物理信号层、介质访问(存取)控制层和逻辑链路控制层。它们的对应关系如图4.11所示。

物理信号层(PS)完成数据的封装/拆装、数据的发送/接收管理等功能,并通过介质存取部件(也称收发器)收/发数据信号。

介质访问控制层(MAC)支持介质访问,并为逻辑链路控制层(LLC)提供服务。

逻辑链路控制层(LLC)支持数据链接收、数据流控制、命令解释及产生响应等功能,并规定局部网络逻辑链路控制协议(LNLLC)。

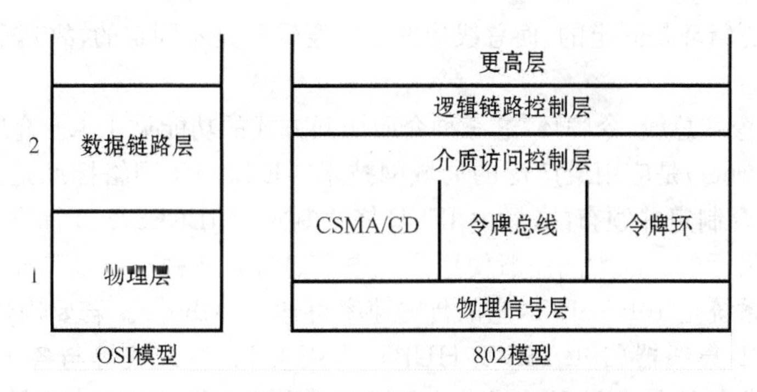

图 4.11　IEEE802 模型和 OSI 模型对应关系

IEEE802 协议中定义了三种介质访问方式，即 IEEE802.3(CSMA/CD)、IEEE802.4(Token Bus，令牌总线)和 IEEE802.5(Token Ring，令牌环)。

1) IEEE802.3(CSMA/CD)

Carrier Sense Multiple Access/Collision Detect，载波检测多路访问/冲突检测，又称“以太网”协议，是一种适合于总线局域网的介质访问控制方法。

总线上 CSMA/CD 的作用是对总线局域网上各站点的信息发送和接收进行控制，防止相互产生冲突。CSMA/CD 的工作流程如图 4.12 所示。

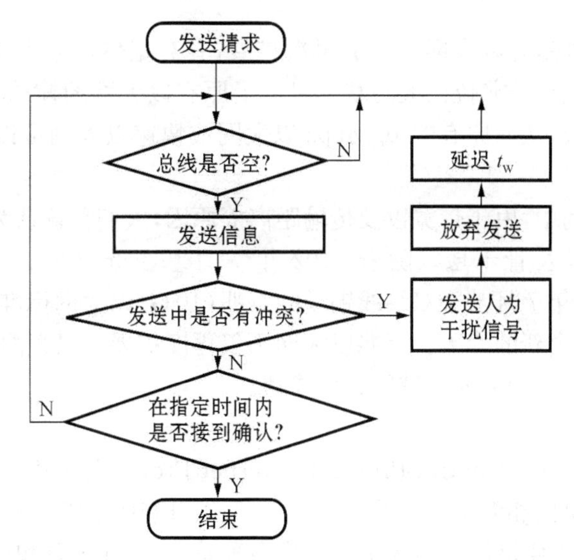

图 4.12　CSMA/CD 工作流程图

2) IEEE802.4(Token Bus)

令牌总线协议，其内容包括令牌传送总线的介质访问控制方法和物理层规范。它的基本特征是在一条物理总线上实现一个逻辑环。

该逻辑环上的结点都有上游结点和下游结点的地址。令牌按规定顺序传递，总线上的结点可以成为令牌逻辑环上的结点，也可以不加入令牌逻辑环。

3) IEEE802.5(Token Ring)

令牌环协议，其内容包括令牌环介质访问控制方法和物理层规范。它的拓扑结构为环形。由于环形拓扑结构是点到点的连接，不像总线结构那样是多点连接，故令牌传递上比总线形结构简单。其令牌逻辑环是固定的,而总线形的令牌逻辑环是不固定的,故其令牌传递和维护算法比总线形简单。

CSMA/CD、令牌总线、令牌环,这三种介质访问方式的功能见 4.1.6 介质访问控制。

以太网(Ethernet)是应用最广泛的局域网技术。Ethernet 网络标准是由 Xerox、DEC 与 Intel 三家公司联合制定并颁布的,后由 IEEE 修改制定成 IEEE802.3 标准,是目前世界上使用最为普遍的网络标准。以太网一般使用同轴电缆、UTP 特种双绞线和光纤作为通信介质。最常见的以太网系统是 10BASE-T,它的传输速率可达 10 Mbit/s。若要构建 10Base-T 网络,需采用 10BASE-T 集线器(10BASE-T HUB),再用 UTP 双绞线等与各工作站相连。虽然 10BASE-T 网络成本高些,但这种连线方式要增加或撤除工作站都非常容易,很适合网络的扩充,故逐渐取代 10Base2。快速以太网(Fast Ethernet)是一种承袭 Ethernet,但传输速率可以达到 100 Mbit/s 的网络标准,也称为 100BASE-T10。它主要用于局域网的主干系统,它支持带 10BASE-T 网卡的工作站。

随着多媒体技术、高性能分布计算和视频应用等的不断发展,用户对局域网的带宽提出了越来越高的要求;同时,100 Mbps 快速以太网也要求主干网、服务器一级的设备要有更快的带宽。在这种需求背景下人们开始酝酿速度更快的以太网技术。1996 年 3 月 IEEE802 委员会成立了 IEEE802.3Z 工作组,专门负责千兆以太网及其标准,并于在 1998 年 6 月正式颁布了千兆位以太网的标准。

千兆位以太网标准是对以太网技术的再次扩展,其数据传输率为 1 000 Mbps 即 1 Gbps,因此也称吉比特以太网。千兆位以太网基本保留了原有以太网的帧结构,所以向下与以太网和快速以太网完全兼容,从而原有的 10 Mbps 以太网或快速以太网可以方便地升级到千兆以太网。

在很长的一段时间中,由于带宽以及传输距离等原因,人们普遍认为以太网不能用于城域网,特别是在汇聚层以及骨干层。随着 2002 年 7 月基于光纤的万兆(10 G)以太网标准 IEEE802.3ae 和 2006 年 7 月基于双绞线铜缆的万兆(10 G)以太网标准 IEEE802.3an 的正式颁布,以太网迎来了一个新的春天。万兆以太网不仅再度扩展了以太网的带宽和传输距离,更重要的是以太网从局域网领域向城域网领域渗透。

5. TCP/IP 协议

TCP/IP(Transmission Control Protocol/Internet Protocol,传输控制协议/网际协议),最初是为实现若干台主机的相互通信而设计的。现在 TCP/IP 已成为 Internet 通信标准,具有支持不同操作系统的计算机网络的互连,支持多种信息传输介质和网络拓扑结构等特点。TCP 和 IP 是 Internet 协议族中的两个协议,见图 4.13,也就是说 TCP/IP 是一组协议,这组协议使任何具有计算机、调制解调器和 Internet 服务提供者的用户能访问和共享 Internet 上的信息。TCP(传输控制协议)和 IP(网际网络协议)是两个独立且紧密结合的协议,负责管理和引导数据报文在 Internet 上的传输。二者使用专门的报文头定义每个报文的内容。TCP 负责和远程主机的连接,而 IP 则负责寻址,使报文被送达确定的用户处。

在网络层,IP 提供了非常可靠的、无连接的分组投递系统;在运输层 TCP 提供了面向连接的可靠的字节流投递服务。TCP/IP 由四层组成,这与 OSI 由七层组成不相同。这四层包括:应用层、传输层、网络层、网络接口层。TCP/IP 和 OSI 之间在层格式方面的主要区别是:传输层不保证任何时刻的传输。TCP/IP 为用户提供用户数据报协议(UDP),在 UDP 中,

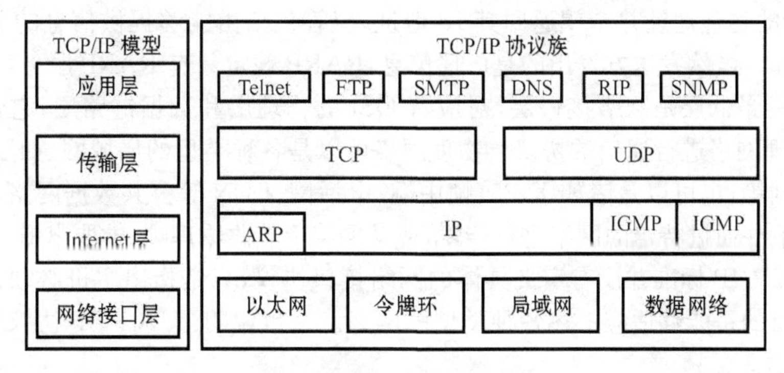

图 4.13　TCP/IP 的协议族

TCP/IP 协议栈中的所有层执行特定的工作或运行应用。TCP/IP 与 OSI 参考模型的对应关系见图 4.14。

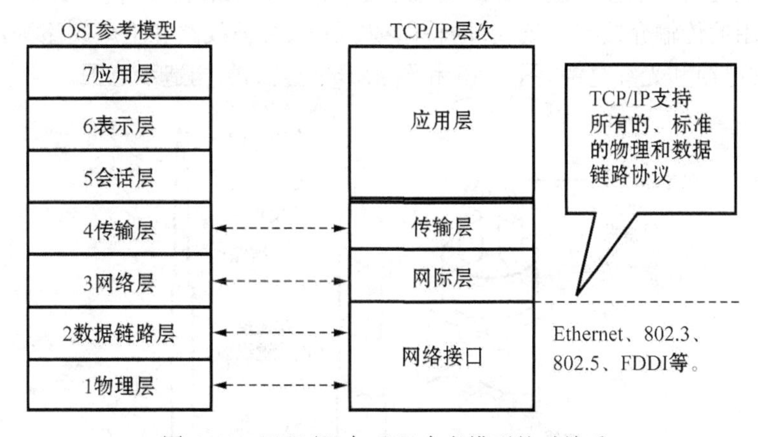

图 4.14　TCP/IP 与 OSI 参考模型的对关系

应用层协议支持文件传输(FTP 文件传输协议、TFTP、NFS)、电子邮件(SMTP 简单邮件传递协议、POP3)、远程登录(TELNET 仿真终端协议、Rlogin)、网络管理(SNMP)、Web 浏览(HTTP)等应用。传输层的两项主要功能是流量控制(通过滑动窗口实现);可靠传输(由序号和确认来实现)。

传输层提供了 TCP 和 UDP 两种传输协议:TCP 是面向连接的、可靠的传输协议。它把报文分解为多个段进行传输,在目的站再重新装配这些段,必要时重新发送没有收到的段。UDP 是无连接的。由于对发送的段不进行校验和确认,因此它是“不可靠”的。TCP 和 UDP 都用端口(Socket)号把信息传到上层。端口号指示了正在使用的上层协议。使用 UDP 的协议包括 TFTP、SNMP 简单网络管理协议、NFS、DNS 等。

网络层主要由 IP、ICMP、ARP、RARP 四个协议组成,主要协议是 IP。网际层提供无连接的传输服务,主要功能是寻找一条能够把数据报送到目的地的路径。网际层的 PDU 称为 IP 数据报;ICMP(Internet Control Message Protocol,网络互连控制信息协议)提供控制和传递消息的功能;ARP(Address Resolution Protocol,地址解析协议)的任务是把 IP 地址转化成物理地址,为已知的 IP 地址确定相应的 MAC 地址,也可以说 ARP 就是把 IP 地址转换成相应物理地址的转换表,这个表称为 ARP 表;RARP(Reverse Address Resolution Protocol,反向地址解析协议)以与 ARP 相反的方式工作,即根据 MAC 地址确定相应的 IP 地址。RARP 发出要反向解析的物理地址并希望返回其 IP 地址,应答包括由能够提供信息的 RARP 服务器发出的 IP 地址。虽然发送方发出的是广播信息,RARP 规定只有 RARP 服务器能产生应答。TCP/IP 模型的最低层是网络接口层,对应着 OSI 的物理层和数据链路层,它包括了能使用 TCP/IP 与物理网络进行通信的协议。物理网络可以是各种类型的局域网,如以太网、令牌环网、令牌总线网等,也可以是诸如 X. 25、帧中继、电话网、DDN 等公共数据网络。它的功能是接收 IP 数据报并通过特定的网络进行传输,或从网络上接收物理帧,抽取出 IP 数据报并转交给上一层。TCP/IP 标准并没有定义具体的网络接口协议,只是指出主机必须使用某种协议与网络连接,目的是能够适应上述各种类型的网络。这也说明了 TCP/IP 协议可以运行在任何网络之上。

4.1.4 通信传输介质

传输介质是网络中连接收发两方的物理通道,数据是依靠传输介质按顺序来传递的。在通信网络中常用的传输介质有双绞线、同轴电缆、光纤、微波线路和卫星线路等,其中最常用的是双绞线、同轴电缆和光纤电缆,图 4. 15 和图 4. 16 是它们的构造示意图。

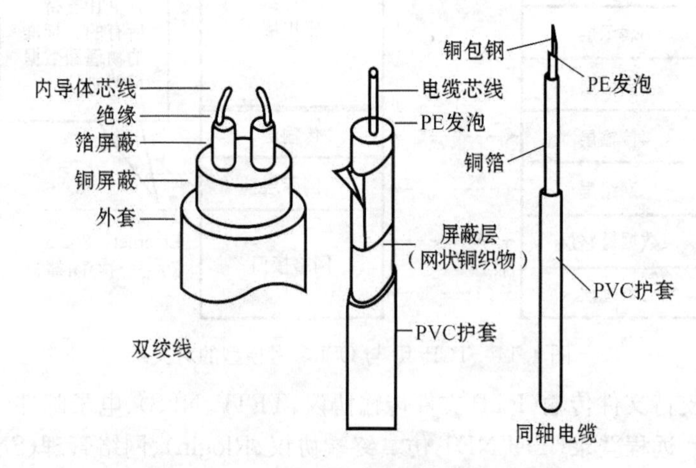

图 4. 15 双绞线、同轴电缆的构造示意图

1. 双绞线

双绞线一般由包装在金属箔层中的两根 22～26 号具有绝缘保护层的铜导线相互绞合而成。两根绝缘的铜导线按一定密度互相绞在一起,可降低信号干扰的程度,每一根导线在传输中辐射的电磁波会被另一根线上发出的电磁波抵消。如果将一对或多对双绞线放在一个绝缘套管中便成了双绞线电缆。在双绞线电缆内,不同线对具有不同的扭绞长度。与其他传输介质相比,双绞线在传输距离、信道宽度和数据传输速率等方面均受到一定限制,但价格较低。EIA/TIA568B 布线标准为双绞线电缆定义了 5 种不同质量的型号类别。这 5 种型号如下:

(1) 第 1 类:主要用于传输语音及电话线缆,不用于数据传输。

(2) 第 2 类:传输频率为 1 MHz,用于语音传输和最高传输速率 4 Mbit/s 的数据传输,常用于 4 Mbit/s 规范令牌传递协议的令牌网。

(3) 第 3 类:传输频率为 16 MHz,用于语音传输及最高传输速率为 10 Mbit/s 的数据传输,主要用于 10Base-T 网络,是在 ANSI 和 EIA/TIA568 布线标准中指定的电缆。

(4) 第 4 类:传输频率为 20 MHz,用于语音传输及最高传输速率为 16 Mbit/s 的数据传

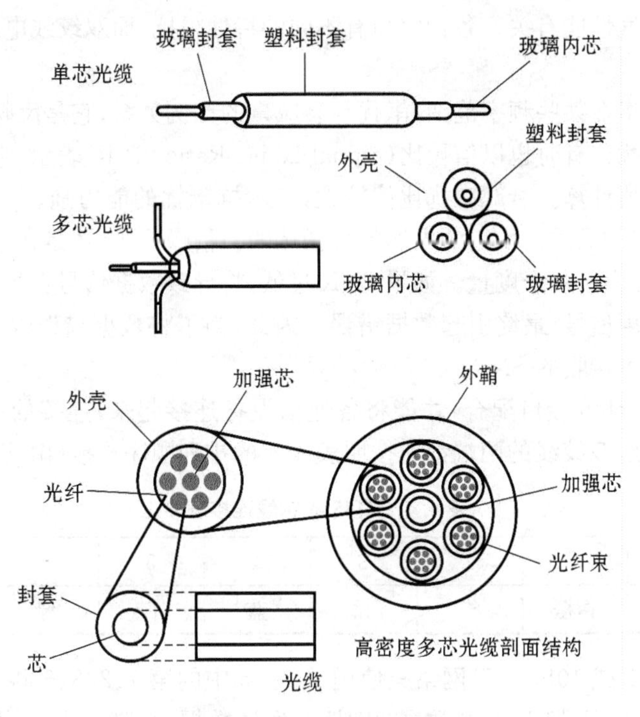

图 4.16　光缆的构造示意图

输，主要用于基于令牌局域网和 10Base-T/100Base-T 网络。

(5) 第 5 类：传输频率为 100 MHz，用于语音传输和最高传输速率为 100 Mbit/s 的数据传输，主要用于 100Base-T 和 10Base-T 网络，这是最常用的以太网电缆。这类电缆增加了绕线密度，外层是一种高质量绝缘材料。

表征双绞线性能的指标包括衰减、近端串扰、阻抗特性、分布电容、直流电阻、衰减串扰比等。

衰减是沿链路的信号损失度量。衰减与线缆的长度有关，随着长度的增加，信号衰减也随之增加。衰减的单位是分贝(dB)，表示源传送端信号到接收端信号强度的比率。由于衰减随频率而变化，因此，定量分析时应测量在应用范围内的全部频率上的衰减。

串扰分近端串扰(NEXT)和远端串扰(FEXT)，测试仪主要是测量近端串扰，由于存在线路损耗，远端串扰的量值影响较小。近端串扰损耗是测量一条 UTP 链路中从一对线到另一对线的信号耦合。对于 UTP 链路，近端串扰是一个关键的性能指标，也是最难精确测量的一个指标。随着信号频率的增加，其测量难度也加大。近端串扰并不表示在近端点所产生的串扰值，它只是表示在近端点所测量到的串扰值。这个量值会随电缆长度不同而变化，电缆越长，其值越小。同时发送端的信号也会衰减，对其他线对的串扰也相对变小。实验证明，只有在 40 m 内测量得到的近端串扰是较真实的。如果另一端是远于 40 m 的信息插座，那么它会产生一定程度的串扰，但测试仪可能无法测量到这个串扰值。因此最好在两个端点都进行近端串扰测量。一般的测试仪都有相应功能，能在链路一端测量出两端的近端串扰值。

直流电阻是指双绞线电缆中一对导线电阻的和，双绞线的直流电阻不得大于 19.2 Ω/km。每线对间的差异应小于 0.1 Ω，否则表示接触不良，必须检查连接点。

特性阻抗包括电阻及频率为 1～100 MHz 的电感阻抗及电容阻抗，它与一对电线之间的距离及绝缘体的电气性能有关。各种电缆有不同的特性阻抗，而双绞线电缆则有 100 Ω、120 Ω 及 150 Ω 几种。

衰减串扰比是指在某些频率范围，串扰与衰减量的比例关系，它是反映电缆性能的另一个重要参数。衰减串扰比有时也以信噪比(Signal-Noise Ratio，SNR)表示，它由最差的衰减量与近端串扰量值的差值计算。衰减串扰比值较大，表示抗干扰的能力强。一般系统要求至少大于 10 dB。通信信道的品质是由它的电缆特性描述的。信噪比 SNR 是在考虑到干扰信号的情况下，对数据信号强度的一个度量。如果 SNR 过低，将导致数据信号在被接收时，接收器不能分辨数据信号和噪声信号，最终引起数据错误。因此，为了将数据错误限制在一定范围内，必须定义一个最小的可接收的 SNR。

双绞线必须和 RJ45 接口配合，才能将各通信设备连接起来，连接的网线必须遵循 EIA/TIA 568B 布线标准，双绞线的两端都应按照表 4.4 的排列顺序连接(由 T568B 标准定义)。

表 4.4 RJ45 的芯线连接顺序

RJ45 引脚	1	2	3	4	5	6	7	8
芯线颜色	白橙	橙	白绿	蓝	白蓝	绿	白棕	棕

对于 100Base-T 或 10Base-T 网络只使用了 RJ45 中的第 1、2、3、6 共 4 个引脚，对应于网卡的引脚功能定义为：引脚 1，发送数据；引脚 2，发送数据；引脚 3，接收数据；引脚 6，接收数据；4，5，7，8 保留未用。对于集线器引脚正好相反，即发送数据变成接收数据。对于用于连接两台集线器或两台机器互连的双绞线，需要将 1、3，2、6 交换连接(由 T568A 标准定义)。这根特殊制作的双绞线又被称为“跳线”。

用双绞线作为传输介质，每网段最长不能超过 100 m。制作双绞线必须用 RJ45 压线钳，通常操作如下：除去双绞线的外皮最少 2 cm，将双绞线电缆中的每条线调整好，就会呈现平行状态，其中绿色需要跨越白蓝色和蓝色线，然后修剪顶端，剩余总长度约为 1.4 cm。将调整好的双绞线按规定排列放入 RJ45 接头，用压线钳压紧，制作好的双绞线不应该露出外表面，而且不易产生松动，制作好后可以试拉一下。为了保证双绞线的导通性，可在制作好后用万用表或专门的测试设备来测试。

2. 同轴电缆

同轴电缆有许多种类，但基本结构是中心是一条单铜心线，铜心包裹着一层绝缘材料，绝缘层外面是屏蔽网或铝箔，最外面是整个电缆的护套。同轴电缆具有高带宽和低误码率的特性，在带宽和抗干扰性方面比双绞线好，阻抗特性比较均匀，既可用作基带信道，也可用作宽带信道(分别称为基带同轴电缆和宽带同轴电缆)。Ethernet 网络均采用基带同轴电缆，基带同轴电缆不用调制解调设备，比宽带同轴电缆经济，但传输率不能太高，只适宜于 10 Mbit/s、2 km 左右的情况使用。若传输速率更高、传输距离更远，则宜采用宽带同轴电缆。宽带传输的同轴电缆，通过多路分频复用技术，可把一个电缆信道分成若干独立的信道，实现同时传输数字信号、声音信号和电视信号等。同轴电缆的传输误码率很低，可达 10^{-7}～10^{-9}，它在局域网中广泛应用。同轴电缆有两种：一种是 50 Ω 同轴电缆，只能用于基带网；另一种是 750 Ω 同轴电缆，既可以用于基带网，也可以用于宽带网，还可用单信道宽带技术传输高速数字信号和模拟信号。

3. 光纤电缆

如图4.16所示，一条光纤电缆包括护套(外壳)、保护性物质和光导纤维(玻璃或塑料纤维)，光导纤维包括一条比头发丝还细的光介质内核(一般直径62.5 μm，也可能是8.3 μm或50 μm)和覆盖于其周围的包层(加起来一般直径125 μm)。包层外面又是几层缓冲介质，最后是外护套。包层有较低的折射率，这样在光纤内部就会产生反射，光波就沿着光纤传输。光缆用一束玻璃或塑料纤维通过光输送数据信号，数据以光脉冲发送。在光缆中传送的光是由发光二极管或激光产生的。与铜介质的传输技术不同，光纤本身并不导电。塑料光缆比玻璃光缆便宜并易安装，但数据传输质量不如玻璃光纤。光纤还有单模光纤和多模光纤之分，不同的模式可看作当光进入光导纤维时有不同的入射角度。

单模光纤的纤芯很细(芯径一般为4～10 μm)，其几何尺寸与光波长在同一数量级，只允许一种光传播模式(基模)在其中传播，其余的高次模被全部截止，传输质量好。单模光纤内部传送的光是直线前进的，并不在光纤的外包层上反射，一般用于长距离传输，典型的单模光波长为1310～1550 nm。在使用单模光纤前，要确保其他设备的兼容性，支持单模光纤的设备一般都是激光。

多模光纤的纤芯较粗(芯径一般为50、62.5或100 μm)，可同时传送多种模式的光，实现多路传输，但传输的距离比较近，一般只有几千米。多模光纤上的典型光波长为850～1300 nm。从折射率的角度，多模光纤可分为突变型和渐变型折射率光纤。前者在光纤内核和外覆之间的折射率变化十分显著；后者内核包括很多层玻璃纤维，折射率由内向外依次减小，是最常见的多模光纤类型。这两种多模光纤都允许同时有多种模式的光传输。

光纤在点对点通信中应用效果很好，因此在局域网中广泛采用光纤作为传输介质，但是在分支或多路存取的总线结构中应用还有一些困难，主要是光信号不像电信号那样容易分支。光纤作为网络传输介质主要有以下几个优点：

(1) 传输距离远大于铜电缆，且具有很高的传输速度、很低的误码率。传输速率能超过200 Gbit/s，而误码率可达10^{-9}，传输速度为1 Gbit/s。

(2) 光纤不易受EMC干扰，抗电磁干扰能力极强，它也不会产生电磁波或串扰，在电磁干扰严重的环境中应用十分有利。

(3) 在光缆中进行数据传输时，数据不能被窃听，因此光缆比铜电缆安全性强。

(4) 光缆重量轻，体积小，弯曲性能好。

4. 微波线路

微波线路在计算机网络中使用有两种形式，一种是点对点的信道，这种形式多半是和有线信道混合使用，以扩展有线信道的连接区域；另一种使用形式是广播通信，即整个计算机网络全部采用微波通信组成微波信道网络。某一个节点计算机发送信息，通过广播传输供网络中的所有节点接收。这种微波信道组成的局域网广泛应用于海上、空中、矿山、油田等经常移动的工作环境。

4.1.5 网络拓扑结构

拓扑结构是网络的重要特性，从网络拓扑学的观点看，网络由一组节点和连接节点的链路组成。节点可分为两类：一是转接节点，起支持网络线路连续性的作用，通过所连接的链路来转发信息；二是访问节点，访问节点除可连接链路外，还可以存储、处理并作为发信点和接收点,故访问节点也称为端节点。网络中节点的互连模式叫网络拓扑结构。常用的拓扑结构有星形结构、环形结构、树形结构、总线形结构(见图 4.17)。但在实际组网中,拓扑结构不一定是单一的,通常是几种结构的混用。在网络中,计算机、PLC 等设备作为节点,用网络介质将其连接起来,根据拓扑学原理不考虑任意两点间的距离长短以及距离是否相等,而只研究各种连接图形共同的基本性质。

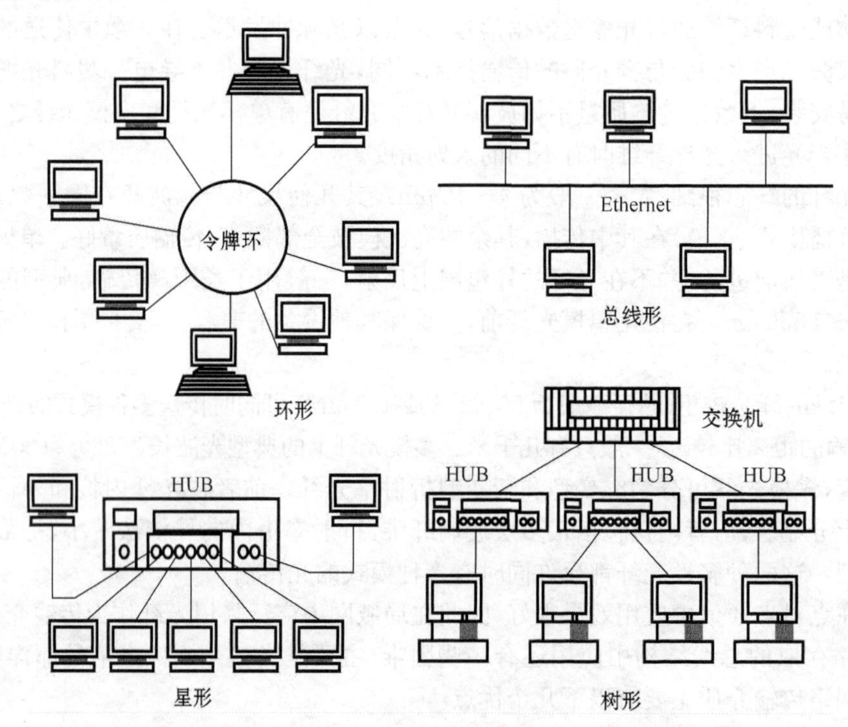

图 4.17 通常网络拓扑结构

1. 星形结构

星形结构由一个功能较强的转接中心(服务器)以及一些各自连到中心的节点组成。这种网络从节点间不能直接通信,从节点间的通信必须经过转接节点(集线器)。星形结构有两类:一是转接中心仅起几个节点连通的作用;二是转接中心有一台或多台计算机,亦称站点或终端。若从节点是站点或终端,这时转接中心有转接和数据处理的双重功能,其资源也可为各节点所共享。星形结构的优点是建网容易、结构简单、便于管理、集中控制、控制相对简单;其缺点是中央节点负担过重、网络共享能力较差、通信效率低、可靠性差。这种拓扑结构可同时连双绞线、同轴电缆及光纤等多种介质。

2. 树形结构

树形结构是联网的各台计算机按树形组成,树的每个节点都为计算机,是一种分层网。一般说来,愈靠近树根,节点的处理能力就愈强。低层计算机的功能和应用有关,一般都具有明确定义和专门任务。顶层计算机则有更通用的功能,以便控制协调整个系统的工作,低层的节点通常仅带有限数量的外围设备,相反,顶部的节点常为中型甚至大型计算机。树形结构具有一定容错能力,一般一个分支和节点的故障不影响另一分支或节点的工作,任何一个节点送出的信息都可以传遍整个传输介质,也属广播式网络。一般树形网上的链路相对具有一定的专用性，无需对原网做任何改动就可以扩充工作站。

3. 环形结构

环形结构是局域网常用的拓扑结构，它由通信线路将各节点连接成一个闭合的环，数据在环上可以是单向也可是双向传输，每个节点按位转发所经过的信息，可用令牌控制来协调控制各节点的发送，任意两节点都可通信。由于环线公用，一个节点发出的信息将穿越环中所有的环路接口，信息流中目的地址与环上某节点地址相符时，信息被该节点的环路接口所接收，而后信息继续流向下一环路接口，一直流回到发送该信息的环路接口节点为止。环形网的特点：信息在网络中沿固定方向流动，两个节点间仅有惟一的通路，大大简化了路径选择的控制；某个节点发生故障时，可以自动旁路，可靠性较高；由于信息是串行穿过多个节点环路接口，当节点过多时，影响传输效率，使网络响应时间变长。但当网络确定时，其延时固定，实时性强。由于环路封闭，故扩充不方便。环形网是局域网常用的拓扑结构之一，适合信息处理系统和工厂自动化控制系统。

4. 总线形结构

总线形结构是把联网的计算机分别连接到通信线路的不同分支处，称之为共享总线，总线形结构也是局域网最常用的拓扑结构。在总线结构中，所有网上计算机都通过相应的硬件接口直接连在总线上，任何一个节点的信息都可以沿着总线向两个方向传输扩散，并且能被总线中任何一个节点所接收。由于其信息向四周传播，类似于广播电台，故总线网络也被称为广播式网络。总线形结构有一定的负载能力，因此，总线长度有一定限制，一条总线也只能连接一定数量的节点。总线形结构的特点是，结构简单灵活、非常便于扩充、可靠性高、网络响应速度快、设备量少、价格低、安装使用方便、共享资源能力强、适合于广播式工作，即一个节点发送的信息所有节点都能接收。在总线两端连接的器件称为端结器或称为末端阻抗匹配器或终止器，主要用于与总线进行阻抗匹配，最大限度吸收传送端部的能量，避免信号反射回总线产生不必要的干扰。总线形网络结构是目前使用最广泛的结构，也是最传统的一种主流网络结构，适合于多种领域的应用。

5. 点-点连接结构

这种网的每一节点和网上其他所有节点都由通信线路连接。这种网的复杂性随计算机数目增加而迅速地增长。例如，将6台计算机用点-点方式连接起来，每台计算机要连5条线路，其通信端口数 N=5，全网共需 N(N+1)/2=15 条线路。这类网络的优点是无需路由选择，通信方便，但这种网络连接复杂，适合于在节点数少、距离很近的环境中使用。

4.1.6　介质访问控制

介质访问控制是指在总线上对网络通道占有通信权的管理与控制，介质访问控制方式有：冲突监测载波侦听多路访问方式（CSMA/CD）、令牌环方式（Token Ring）和令牌总线方式（Token Bus）等。

1. 冲突监测载波侦听多路访问方式（CSMA/CD）

CSMA/CD 方式又称随机访问技术或争用技术，主要用于总线形网络。这种访问方法，允许每一个节点在有信息要发布并且没有其他节点占用通信线时通信。当一个节点要发送信息时，首先要侦听总线是否空闲，即有无其他节点正发送信息，若没有则立即发送，并在发送过程中继续侦听是否有冲突，若出现冲突，则发送人为干扰信号放弃发送，延迟一定时间后再重复发送过程。这种方式在轻负载时优点比较突出,效率较高。但重负载时冲突增加,发送效率显著降低。当有可能发生冲突时,有两种主要的方法处理可能存在的冲突:①冲突监测(Collision Detection,CD)方法,这种方法要求所有的发送器必须同时是接收器。如果两个节点同时开始通信,它们将听到发生了冲突,都停止通信,等待一个任意长的时间后再重新通信;②逐位仲裁(Bit-wise Arbitration,BA)方法是当发生冲突时,具有优先级地址的节点享有继续通信的权力,而另一个节点则停止通信。实现冲突检测比较复杂,且在线路中常态干扰与差错往往和冲突难以区别,因此对现场总线控制系统实时性要求较高的场合,并不十分适合。所以大部分现场总线控制系统均为令牌环访问方式,只有 Lonworks 总线采用带预测 P 的改进型 CSMA 访问方式。当一个节点需要发送信息时,先预测一下网络是否空闲,有空闲则发送,没有空闲则暂时不发,这样就减少了网络冲突率,提高了重载时的效率,并采用了紧急优先机制,以提高它的实时性与可靠性。

2. 令牌环方式(Token Ring)

Token Ring 方式是一种信息转移的方法,每次循环,每个节点都有一次通信机会。令牌环方式适用于环形网络。在这种方式中,令牌是控制标志,网中只设一张令牌,令牌依次沿每个节点循环传送,每个节点都有平等获得令牌发送数据的机会。只有得到令牌的节点才有权发送数据。令牌有"空"和"忙"两个状态。当"空"的令牌传送至正待发送数据的节点时,该节点抓住令牌,再加上传送的数据,并置令牌"忙",形成一个数据报,传往下游节点。下游节点遇到令牌置"忙"的数据报,只能检查是否是传给自己的数据,若是则接收,并使这个令牌置"忙"的数据报继续下传。当返回到发送源节点时,由源节点再把数据报撤消,并置令牌"空"继续循环传送。令牌环在节点间转发还要作检查,工作较可靠,而且转发的速度也很快,令牌传递维护的算法也较简单,故可实现对多节点、大数据吞吐量的管理。使用令牌环方式时,节点有无数据发送,令牌总要经过这节点,网络负荷轻时,显得不合算,但在重载时,效率比争用方式高。

3. 令牌总线方式(Token Bus)

Token Bus 是总线拓扑网与令牌环相结合的变形,其在物理连接上是总线拓扑结构或其他结构,而在逻辑结构上则采用令牌环,兼有了总线结构和令牌环的优点。它的访问控制方式类似于令牌环,但它是把总线形或树形网络中的各个节点按一定顺序,如按接口地址大小排列形成一个逻辑环。图 4.18 是令牌环和令牌总线的逻辑环图。令牌是一组二进制码,被依次从一个节点传到下一个节点,只有得到令牌的节点才有权控制和使用网络。已发送完信息或无信息发送的节点将令牌再传给下一个节点。

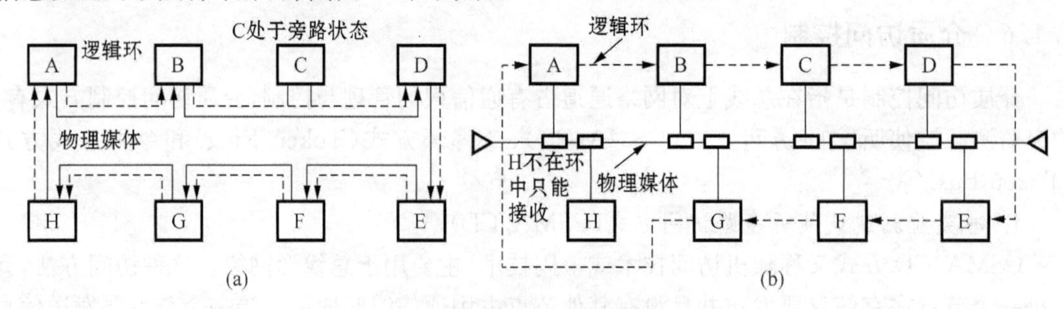

图 4.18 令牌环和令牌总线的逻辑环
(a) 令牌环 (b) 令牌总线

令牌总线方式是按照所有站点共同理解和遵守的规则进行介质访问控制，其操作次序如下：

(1) 首先建立一个逻辑环，将所有站点同物理媒体相连，然后产生一个控制令牌；

(2) 控制令牌由一个站点沿着逻辑环顺序向下一个站点传递；

(3) 等待发送帧的站点接收到控制令牌后，把要发送的帧利用物理媒体发送出去，然后再将控制令牌沿逻辑环传递给下一站点。

在令牌传送网络中，不存在控制站，不存在绝对的主从关系。这种控制方式结构简单，便于实现，成本不太高，可在任何一种拓扑结构上实现。令牌访问控制方式中，令牌总线(Token Bus)在工业界使用最为普遍，因为这种结构便于实现集中管理，分散式控制，很适合于工业现场。

令牌总线上每个站都可检测到其他站点发出的信息，这与令牌环方式不同，但只要不是含有本站地址的信息，接收站都会丢弃不要。

令牌是轮流在节点间传送。当当前令牌持有者向下一个站传递令牌时，要在令牌传递信息中加上目的地址，只有接收到目的地址是本站地址的令牌信息的工作站，才能成为新的主站，才能发送信息。由于只有获得令牌的节点才可发送信息，因此该方式下不存在冲突问题。

这种控制方式的优点是各工作站对介质的共享权力是均等的，可以设置优先级，也可以不设；有较好的吞吐能力，吞吐量随数据传输速率增高而加大，联网距离较 CSMA/CD 方式大。缺点是控制电路较复杂、成本高，轻负载时，线路传输效率低。

4.2 工业网络常用标准串行通信接口

在数据通信、计算机网络以及分布式工业控制系统中，经常采用串行通信来交换数据和信息。在工业网络控制系统中常用的标准串行通信接口有 RS232C、RS422、RS485，常用的标准并行总线是 IEC625(又称 IEEE488)、GP-IB 或 HP-IB 等。目前，通用串行总线 USB 技术和蓝牙技术(BlueTooch)也在工业网络中得到广泛应用。

RS232 C、RS422 与 RS485 串行数据接口标准，最初都是由美国电子工业协会(EIA)制订并发布的，作为工业标准，以保证不同厂家产品之间的兼容。

RS422 由 RS232C 发展而来，它是为了弥补 RS232C 通信距离短、速率低等缺点而提出的。RS422 串行通信接口标准规定了单机发送、多机接收的单向、差分平衡电气接口，并允许在一条平衡总线上连接最多 10 个接收器。差分平衡传输具有很强的抗干扰能力。

RS485 标准是在 RS422 基础上制定的，增加了多点、双向通信能力，即允许多个发送器连接到同一条总线上，同时增加了发送器的驱动能力和冲突保护特性，扩展了总线共模范围。

由于 EIA 提出的建议标准都是以"RS"作为前缀，所以在通讯工业领域，仍然习惯将上述标准以 RS 作前缀称谓。

RS232、RS422 与 RS485 标准只对接口的电气特性做出规定，而不涉及接插件、电缆或协议，对应于 OSI 模型中物理层的电气特性部分，在此基础上用户可以建立自己的高层通信协议。

4.2.1 RS232C 串行通信接口

RS232C 标准定义了数据终端设备(DTE,Data Terminal Equipment,如计算机、打印机等)和数据通信设备(DCE,Data Communication Equipment,如调制解调器)间按位串行传输的接口信息、接口的电气特性和机械特性、信号功能及传送过程。如在计算机上的COM1、COM2 接口,就是 RS232C 串行通信接口。标准还规定采用一个 25 针的 DB25 连接器,并对连接器的每个引脚的信号内容加以规定,还规定了各种信号电平。

1. RS232C 的接口信号线的功能

RS232C 串行通信接口规定,标准接口有 25 条线,其中 4 条数据线、11 条控制线、3 条定时线、7 条备用和未定义线。标准规定 RS232C 的连接中必须有两根数据传输线,一根用于发送数据,另一根用于接收数据。同时有一根信号地线作为信号电流的返回路径。另外,在 DCE 和 DTE 之间还有许多控制线,这些线用于建立和保持计算机与终端间的通信。在计算机与终端通信中,一般只使用 3~9 条引线。RS232C 最常用的 DB25 型连接器的 9 条引线的信号内容见表 4.5。

通常将 RS232C 串行通信接口的信号线分为联络控制信号线、数据发送与接收线和地线 3 类:

表 4.5 RS232C 常用的 9 条引线的信号内容(DB25 型连接器)

引脚序号	信号名称	符号	流向	功　能
2	发送数据	TXD	DTE→DCE	DTE 发送串行数据
3	接收数据	RXD	DTE←DCE	DTE 接收串行数据
4	请求发送	RTS	DTE→DCE	DTE 请求 DCE 将线路切换到发送方式
5	允许发送	CTS	DTE←DCE	DCE 告诉 DTE 线路已接通可以发送数据
6	数据设备准备好	DSR	DTE←DCE	DCE 准备好
7	信号地	SG	无方向	信号公共地
8	载波检测	DCD	DTE←DCE	表示 DCE 接收到远程载波
20	数据终端准备好	DTR	DTE→DCE	DTE 准备好
22	振铃指示	RI	DTE←DCE	表示 DCE 与线路接通,出现振铃

1) 联络控制信号线

(1) 数据装置准备好(Data Set Ready,DSR):有效(ON)状态时,表明调制解调器置于可以使用的状态。

(2) 数据终端准备好(Data Terminal Ready,DTR):有效(ON)状态时,表明数据终端可以使用。

上面两个信号有时直接连到控制电源上,一上电就立即有效。这两个设备状态信号有效,只表示设备本身可用,并不说明通信链路可以开始进行通信了,能否开始进行通信要由下面的控制信号决定。

(3) 请求发送(Request to Send,RTS):用来表示 DTE 请求 DCE 发送数据,即当终端要发送数据时，使该信号有效(ON)状态，向调制解调器请求发送。它用来控制调制解调器是否要进入发送状态。

(4) 允许发送(Clear to Send，CTS)：用来表示DTE准备好接收DCE发来的数据，是对请求发送信号RTS的响应信号。当调制解调器已准备好接收终端传来的数据，并向前发送时，使该信号有效，通知终端开始沿发送数据线TXD发送数据。

上面这对信号线RTS/CTS的请求应答联络信号是用于半双工(调制解调器)系统中发送和接收方式间的切换。在全双工系统中，因配置双向通道，故不需要RTS/CTS联络信号的收发切换控制，默认设置为有效(ON)状态。

(5) 载波检出(Data Carrier Detection，DCD)：载波检出也称为接收线信号检出(Received Line Detection，RLSD)，用来表示DCE已接通通信链路。当本地DCE设备(Modem)收到对方的DCE设备送来的载波信号时，使DCD有效，通知DTE准备接收，并且由DCE将接收到的载波信号解调为数字信号，经RXD线送给DTE。

(6) 振铃指示(Ringing，RI)：当调制解调器收到交换机送来的振铃呼叫信号时，使该信号有效(ON状态)，通知终端已被呼叫。当DCE收到交换机送来的振铃呼叫信号时，使该信号有效，通知DTE已被呼叫。

2) 数据发送与接收线

(1) 发送数据(Transmitted Data，TXD)：通过TXD终端将串行数据发送到调制解调器。

(2) 接收数据(Received Data，RXD)：通过RXD线终端接收从调制解调器发来的串行数据。

上述控制信号线何时有效和何时无效的顺序表示了接口信号的传送过程。只有当DSR和DTR都处于有效(ON)状态时，才能在DTE和DCE之间进行传送操作。若DTE要发送数据，则预先将DTR线置成有效状态，待CTS线上收到有效状态的回答后，才能在TXD线上发送串行数据。这种顺序的规定对半双工的通信线路特别有用，只有在确定DCE已由接收方向改为发送方向时，DTE才能在线路上开始发送数据。

3) 地线

有两根地线：SG—信号地线，PG—保护地线。

在实际具体应用中，某些数据线和联络控制信号线可以省略不用。例如只接收不发送数据的设备可省略发送数据线TXD；主—从通信系统可以省略联络控制信号线，主机通过TXD线主动向从机发送数据和控制信息，而从机在TXD线上收到数据和信息，并根据信息内容作出相应的回应。

2. RS232C的信号电平

RS232C串行通信接口标准要求不同的信号线采用不同信号电平。对于数据线TXD和RXD而言，采用负逻辑：+3～+12 V之间的正电压作为高电平，代表逻辑“0”(SPACE)，−3～−12 V之间的负电压作为低电平，代表逻辑“1”(MARK)；对于控制线RTS、CTS、DSR、DTR和DCD等而言，采用正逻辑，+3～+12 V之间的正电压代表逻辑“1”，−3～−12 V之间的负电压代表逻辑“0”。

不是所有终端设备的串行通信接口是RS232C标准，如TTL(Transistor-Transistor Logic)接口，其高电平是3.6～5 V，低电平是0 V～2.4 V。由于RS232C串行通信接口的高低电平表示逻辑状态的规定与TTL的规定不同，因此为了能够实现彼此串行通信连接，必须在

RS232C 串行通信接口与 TTL 电路之间进行电平和逻辑关系的转换。

3. RS232C 的数据格式

在 RS232C 串行通信接口中，数据是以串行方式传输的。在标准中，逻辑“1”信号电平称为标志(Mark)状态，逻辑“0”信号电平称为空格(Space)状态。传送字符开始时，总是首先发送起始位，起始位以后，连续传送 5 位、6 位、7 位或 8 位的数据代码，数据顺序由最低有效位(LSB)到最高有效位(MSB)发送，在数据传输线上每一位都保持位时间间隔。紧跟着数据位的是奇偶校验位，这一位用于差错校验。传输的最后一位是停止位，这些位不携带信息，但它通知接收器准备接收下一字符。停止位可以是 1 位，1.5 位或 2 位。目前最常用的数据码是 7 位 ASCII 码。

接收器和传输器的位传输速率以及奇偶校验位和停止位的数目必须保持一致。位时间决定能够传输的速率，常用的位速率为 1 200、1 800、2 400、3 600、4 800 和 9 600 bit/s，或者更高。

4. RS232C 接口的机械特性

由于 RS232C 串行通信接口并未定义连接器的物理特性，因此出现了 DB25、DBl5 和 DB9 各种类型的连接器，其引脚定义也各不相同。通信距离较近时(小于 15 m)，可用电缆线直接连接标准 RS232C 串行通信接口；若距离较远，需附加调制解调器。一些设备与计算机连接的 RS232C 串行通信接口，因为不使用对方的传送控制信号，只需三条接口线，即发送数据、接收数据和信号地，所以采用 DB9 的 9 芯插头座，传输线采用屏蔽双绞线。

完整的 DB25 型连接器引脚一般分为 4 组，定义 25 个引脚：异步通信的 9 个电压信号(含信号地 SG)2、3、4、5、6、7、8、20、22(见表 4-5)；9 个 20 mA 电流环信号 12、13、14、15、16、17、19、23、24；空 6 个(9、10、11、18、21、25)；保护地(PE)1 个，设备接地端(1 脚)1 个。

DB9 型连接器的引脚分配与 DB25 型引脚信号完全不同，它只提供 9 个异步通信的电压信号。

4.2.2 RS422 串行通信接口

RS422 串行通信接口与 RS232 串行通信接口类似，它的主要特点是采用平衡传输方式，以适应高速数据传输的需要。它也是单向不可逆传输，在接收端采用差动输入，在发送端采用差动输出，可以用终端匹配也可以不用终端匹配，其传输速率在 12 m 传输距离下可达 10 Mbit/s。其特点是：①正逻辑，+2～+6 V 之间的正电压代表逻辑“1”，−2～−6V 之间的负电压代表逻辑“0”；②接收器的共模电压可达±9 V，灵敏度为 200 mV。

图 4.19 是 RS422 传输实例，其中 SN75174 是将 TTL 电平转换为 RS422 电平(差分信号)的发送集成电路，SN75175 是将 RS422 电平转换为 TTL 电平的接收集成电路。

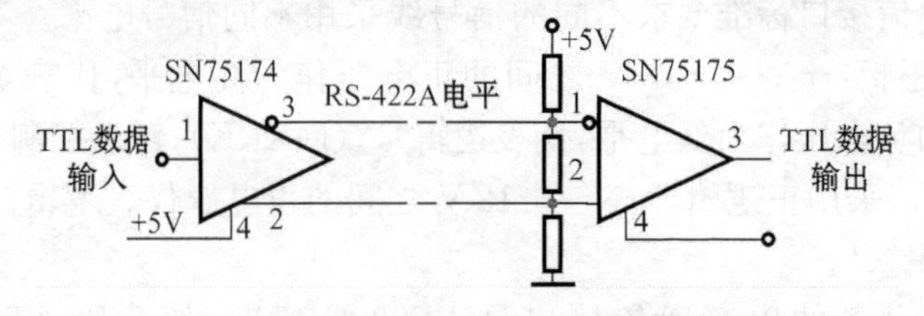

图 4.19 RS422 传输实例

4.2.3 RS485串行通信接口

RS485串行通信接口作为一种多点、差分数据传输的电气规范已成为工控领域应用最为广泛的标准通信接口之一。这种通信接口允许在一对双绞线上进行多点、双向通信，它所具有的噪声抑制能力、数据传输速率、电缆长度及可靠性是其他标准无法比拟的。因此，许多领域也都采用RS485作为数据传输链路，如电信设备、局域网、仪器仪表等。RS485串行通信接口标准得到广泛应用的另外一个原因是它的通用性。

RS485串行通信接口是一个电气接口规范，它只规定了平衡驱动器和接收器的电特性，而没有规定接插件、传输电缆和通信协议。RS485串行通信接口标准定义了一个基于单对平衡线的多点、双向(半双工)通信链路，在此基础上用户可建立自己的高层通信协议。

RS485串行通信接口支持半双工或全双工模式，网络拓扑一般采用终端匹配的总线型结构，不支持环形或星形网络。通常采用一条总线将各个节点串连，从总线到每个节点的引出线长度应尽可能短，以便使引出线中的反射信号对总线信号的影响最低。有关总线上允许连接的收发器个数，在标准中并没有做出规定，但规定了最大总线负载为32个单位负载，每单位负载的最大输入电流为1 mA，相当于约12 kΩ。

实际应用中，是否对RS485串行通信接口进行终端匹配取决于数据传输速率、电缆长度及信号转换速率。RS485接收器是在每个数据位的中点采样数据的，只要反射信号在开始采样时衰减到足够低就可以不考虑匹配。当考虑终端匹配时，有多种匹配方案可以选择。最简单的就是在总线两端各接一只阻值等于电缆特性阻抗的电阻，大多数双绞线特性阻抗大约在100～120 Ω之间。这种匹配方法简单有效，但匹配电阻要消耗较大功率，对于有功耗限制的系统不太适合。另外一种比较省电的匹配方式是RC匹配，利用一只电容器隔断直流成分可以节省大部分功率。

RS485串行通信接口具有如下特点：

(1) 正逻辑，在负载电阻R_X=54 Ω，电容C_L=50 pF的条件下为±1.5 V。

(2) 发送器的共模电压最大为3 V，接收器的共模电压为−7～+12 V，接收器的输入阻抗最小为12 kΩ。接口信号电平比RS232C串行通信接口低，不易损坏接口电路芯片，且该电平与TTL电平兼容，可与TTL电路连接。

(3) RS485串行通信接口的最高传输速率为10 Mbit/s、最大传输距离标准值为1 200 m，另外，RS232C串行通信接口在总线上只允许连接1个收发器，即单站能力，而RS485串行通信接口在总线上是允许连接多达32个收发器，甚至更多，即具有多站能力，这样可以利用单一的RS485串行通信接口方便地建立起设备网络。

(4) RS485串行通信接口是采用平衡驱动器和差分接收器的组合，抗共模干扰能力强，抗噪声干扰性能好。

(5) 因RS485串行通信接口组成的半双工网络一般只需两根连线，所以RS485串行通信接口均采用屏蔽双绞线传输，其接口连接器常采用DB9插头座。

图4.20是一个点对点的RS485传输实例，两个点的收发器挂在同一个总线上，相互间可以实现半双工通信。发送器将TXD端的TTL电平转换为总线上的RS485差分电平信号，接收器将总线的RS485电平信号转化为TTL电平，从RXD端输出。发送器的输出有两个状态：输出接通发送状态和高阻悬空状态，由使能控制端控制，总线上最多只能有一个发送器处

于输出接通发送状态，否则会引起总线冲突。

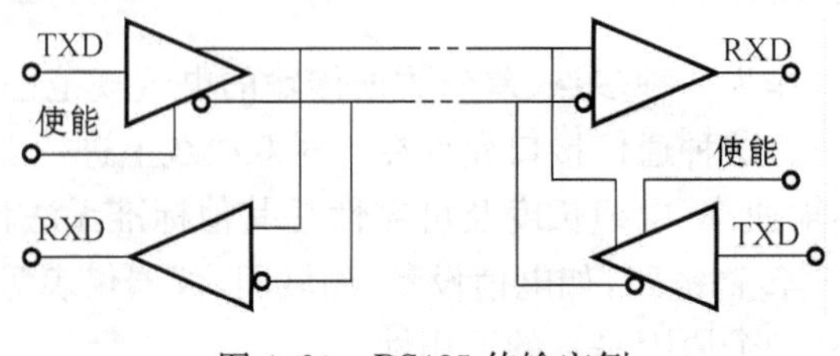

图 4.20 RS485 传输实例

4.2.4 USB 总线接口

通用串行总线 USB(Universal Serial Bus)是一种兼容低速和高速的连接技术，是一种可共享、可扩充，和使用方便的串行总线，该总线独立于主计算机系统，并在整个计算机系统结构中保持一致。目前 USB 技术已经成为计算机领域发展最快的技术之一，并为包括工控领域在内的越来越多的业界人士所接受，每一个计算机硬件及相关产品的生产商都尝试在自己的平台上应用 USB 技术。

USB 和 RS232C 不同，USB 并不完全是一个串行接口，它实际上是一种串行总线，这就意味 USB 端口可以连接许多设备，这些设备可以相互连接在一起，而且不同类型的设备可以通过一种称为 USB 集线器的硬件分离开来，这些与传统串行接口上只能连接一个设备有着本质区别。一条 RS232C 串口通信电缆只能连接一个物理设备，而 USB 却可以连接最多 127 个外设，所有这些外设都可以与主机进行通信。使用 USB 可将串行接口和并行接口等不同接口统一起来。USB 接口是一个 4 针标准插头，通过这个标准插头，采用菊花链形式(星型结构)可以把所有的外设连接起来，并且不会损失带宽，因此，人们有时也将 USB 说成是一个连接有不同设备的网络。

1. 通用串行总线体系结构

通用串行总线系统包括 USB 主机和 USB 设备，其拓扑结构采用星形结构，USB 设备与 USB 主机通过 USB 总线相连，集线器位于每个星形结构的中心，每一段都是 USB 主机(根集线器)和 USB 设备(集线器或功能部件)之间的点对点连接，也可以是集线器和其他 USB 设备之间的点对点连接。在整个 USB 系统中只允许有一个 USB 主机，根集线器集成在主机系统中，它可以提供一个或多个接口，主机系统的 USB 接口称为 USB 主控制器。USB 设备包括集线器和功能部件，集线器提供访问 USB 总线的多个接入点，功能部件向系统提供特定的功能，如鼠标、显示器、扫描仪和打印机等。

USB 集线器是 USB 系统的核心部件，用于提供更多的接入 USB 系统的端口。与以太网中的集线器很相似，它通过一条上行线与主机中的根集线器相连，并具有若干个下行端口供其他 USB 设备与之相连。虽然一个主机上的根集线器的 USB 接口通常只有两个，但通过 USB 集线器，主机可以连接多达 127 个 USB 设备。USB 集线器本身还可以具有额外的功能模块。如一个 USB 集线器上可以集成一个调制解调器，这样一个 USB 集线器不仅可以完成上面所提到的基本功能，还可以用于拨号上网。

2. USB 的机械特性

每个 USB 连接器都有 4 个接触点，并且具有屏蔽的外壳和易于插拔的特性。对应的

USB电缆拥有4根导线，一对具有标准规格的双绞数据信号线(D+和D−)和一对电源线(Vbus和GND)，每根线都有一定的电气特性。USB的插头和插座有两种类型，如图4.21所示，其中图4.21(a)是A型USB连接器的插头和插座，用于外部有电缆的USB设备的连接，例如键盘、鼠标和集线器等；图4.21(b)是B型USB连接器的插头和插座，用于外部电缆可分离的USB设备的连接，如扫描仪、打印机和调制解调器等。

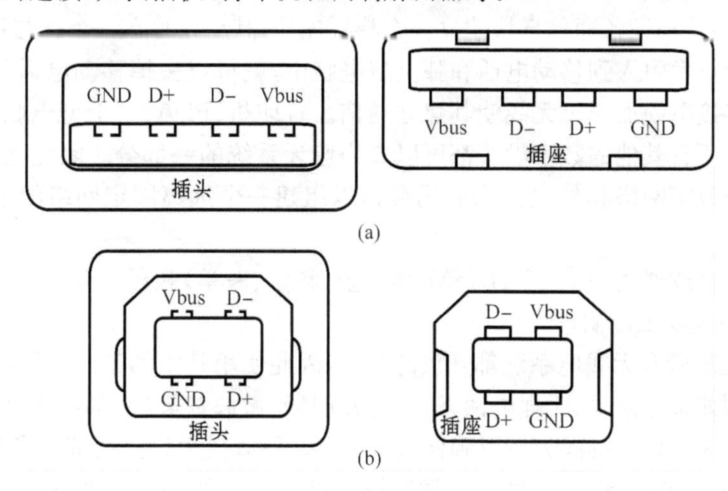

图4.21　USB连接器的插头和插座

3. USB的电气特性

1) 发送驱动器特性

USB使用一个差模输出驱动器向USB电缆传送USB数据信号。在低输出状态，驱动器稳态输出的变化幅度必须使输出低电压小于0.3 V，此时要有1.5 kΩ的负载接到3.6 V电源上；在高输出状态，驱动器稳态输出的变化幅度必须使输出高电压大于2.8 V，此时在地线上接有15 kΩ的负载。驱动器输出支持三态操作，以此来进行双向半双工通信。USB支持两种信号速率，全速率(最高速率)12 Mbit/s和低速率1.5 Mbit/s，利用一种对设备透明的方式来实现数据传送模式的切换。高速率连接可以利用屏蔽双绞线对来实现，该电缆特性阻抗为90 Ω，最大长度为5 m。每一个驱动器的阻抗必须位于19～44 Ω之间。数据信号上升和下降时间在4～20 ns之间。低速率连接可以利用非屏蔽、非双绞线对来实现，最大长度为3 m。该电缆上的上升和下降时间在75～300 ns之间。全速率驱动器应用在所有集线器和全速率功能部件的上行端口(通向主机)，既可以全数据速率，也可以低数据速率发送数据，但信号却总是使用全速率信号约定和边缘变化率，以低数据速率运行并不改变设备的特性。低速率驱动器应用于低速率功能部件的上行端口。所有集线器的下行端口都符合两种驱动器的特性，从而使得任一类型的设备都可以使用这些端口。低速率设备使用低速信号约定和边缘变化率，只能以低数据速率发送数据。

2) 接收器特性

接收USB数据信号时必须使用差模输入接收机。当两个差模数据输入以地电位作为参考，并且处于至少为0.8～2.5 V电压范围之内时，接收器具有的灵敏度至少为200 mV，0.8～2.5 V称为共模输入电压范围。当差模数据输入不在共模输入电压范围之内时，也要求能进行正确的数据接收。接收器所能承受的稳态输入电压位于−1.5～3.8 V之间。另外，对不同的接收器而言，每一条信号线都必须有一个单端接收器，这些接收器必须具有 0.8～2.0 V 的开关阈值电压。

4.2.5 蓝牙技术简介

蓝牙技术是一种无线数据与语音通信的开放性全球规范，它以低成本的近距离无线连接为基础，为固定与移动设备通信环境建立一个特别连接，其程序写在一个微芯片中。

如果把蓝牙技术引入到移动电话和膝上型电脑中，就可以去掉移动电话与膝上型电脑之间令人讨厌的连接电缆而通过无线使其建立通信。打印机、PDA、桌上型电脑、传真机、键盘、游戏操纵杆以及所有其他的数字设备都可以成为蓝牙系统的一部分。除此之外，蓝牙无线技术还为已存在的数字网络和外设提供通用接口以组建一个远离固定网络的个人特别连接设备群。

蓝牙工作在全球通用的 2.4G HzISM(即工业、科学、医学)频段。蓝牙的数据传输速率为 1 Mbit/s，可实现全双工传输。

ISM 频带是对所有无线电系统都开放的频带，因此使用其中的某个频段都会遇到不可预测的干扰源。例如某些家电、无绳电话、汽车房开门器、微波炉等等，都可能是干扰。为此，蓝牙特别设计了快速确认和跳频方案以确保链路稳定。跳频技术是把频带分成若干个跳频信道(hop channel)，在一次连接中，无线电收发器按一定的码序列(即一定的规律，技术上叫做"伪随机码"，就是"假"的随机码)不断地从一个信道"跳"到另一个信道，只有收发双方是按这个规律进行通信的，而其他的干扰不可能按同样的规律进行干扰；跳频的瞬时带宽是很窄的，但通过扩展频谱技术使这个窄带宽成百倍地扩展成宽频带，使干扰的可能影响变得很小。与其他工作在相同频段的系统相比，蓝牙跳频更快，数据报更短，这使蓝牙比其他系统都更稳定。FEC(Forward Error Correction，前向纠错)的使用抑制了长距离链路的随机噪音。应用了二进制调频(FM)技术的跳频收发器，以抑制干扰和防止衰落。

蓝牙基带协议是电路交换与分组交换的结合，在被保留的时隙中可以传输同步数据包，每个数据包以不同的频率发送。一个数据包名义上占用一个时隙，但实际上可以被扩展到占用 5 个时隙。蓝牙可以支持异步数据信道、3 个同时进行的同步话音信道，还可以用一个信道同时传送异步数据和同步话音。每个话音信道支持 64 kbit/s 同步话音链路。异步信道可以支持一端最大速率为 721 kbit/s 而另一端速率为 57.6 kbit/s 的不对称连接，也可以支持 43.2 kbit/s的对称连接。

蓝牙系统由无线单元、链路控制单元、链路管理、软件功能 Definitions 等功能单元组成。蓝牙基带技术支持同步面向连接(SCO，Synchronous Connection-Oriented，主要用于传送话音)和异步无连接(ACL，Asynchronous Connection-Less ，主要用于传送数据包)两种连接类型。ACL 链路就是定向发送数据包，它既支持对称连接，也支持不对称连接。

蓝牙是一个独立的操作系统，不与任何操作系统捆绑。蓝牙技术支持点对点和点对多点连接。几个 Piconet(通过蓝牙技术连接在一起的所有设备被认为是一个 piconet)可以被连接在一起，靠跳频顺序识别每个 Piconet。同一 Piconet 所有用户都与这个跳频顺序同步。其拓扑结构可以被描述为多 Piconet 结构。在一个多 Piconet 结构中，在带有 10 个全负载的独立的 Piconet 的情况下，全双工数据传输速率超过 6 Mbit/s。在一个 Piconet 中，所有设备都是级别相同的单元，具有相同的权限。但在 Piconet 网络初建时，其中一个单元被定义为主单元

(Master),其他单元被定义为从单元(Slave)。同一个 Piconet 中不同的主从对可以使用不同的连接类型,而且在一个阶段内还可以任意改变连接类型。每个连接类型最多可以支持 16 种不同类型的数据包,其中包括四个控制分组。Master 负责控制链路带宽,并决定 Piconet 中的每个 Slave 可以占用多少带宽和连接的对称性。Slave 只有被选中时才能传送数据。ACL 链路也支持接收 Master 发给 Piconet 中所有 Slave 的广播消息。

蓝牙空中接口是建立在天线电平为 0 dBm 的基础上的。空中接口遵循 FCC(美国联邦通信委员会)有关电平为 0 dBm 的 ISM 频段的标准。理想的连接范围为 10 cm~10 m,通过增大发送电平可以将距离延长至 100 m。

蓝牙设备需要支持一些基本互操作特性要求。对某些设备,这种要求涉及到无线模块、空中协议及应用层协议和对象交换格式。蓝牙设备必须能够彼此识别并装载与之相应的软件以支持设备更高层次的性能。软件结构需有如下功能:设置及故障诊断工具、自动识别其他设备、取代电缆连接、与外设通信、音频通信与呼叫控制、网络协议等。蓝牙规范接口可以直接集成到笔记本电脑或通过 PC 卡或 USB 接口连接。

如果将蓝牙技术引入到工业自动化系统中,就可以解决一些不便用电缆连接的系统中的问题,除此之外,蓝牙无线技术还可为已存在的数字网络和外设提供通用接口,以组建远离固定网络的特别连接设备群。如采用通用变频器和 PLC 控制的天车设备及自动流水线中的天车设备就是一些需要特别连接的设备群,这些特殊设备群可采用无线通信方式建立通信实现遥控功能。

4.3 工业控制现场总线

4.3.1 工业自动化的发展及现场总线的产生

1. 计算机网络分类

将地理位置不同而又具有各自独立功能的多个计算机,通过通信设备和通信线路相互连接起来构成的计算机系统就称为计算机网络。网络中每个计算机或交换信息的设备称为网络的站或结点。计算机网络有如下几种分类方法:

1) 按传输速率分类—低速网、高速网

一般网络的传输速率在 1 kb/s~1 Mb/s 范围内的网络称为低速网,传输速率在 1 Mb/s~1 Gb/s 范围的网称为高速网。

网络的传输速率与网络的带宽有直接关系。带宽是指传输信道的宽度,带宽的单位是 Hz (赫兹)。按照传输信道的宽度可分为窄带网和宽带网。一般将 1 kHz~1 MHz 带宽的网称为窄带网,将 1 MHz~1 GHz 的网称为宽带网,也可以将 kHz 带宽的网称窄带网,将 MHz 带宽的网称中带网,将 GHz 带宽的网称宽带网。通常情况下,高速网就是宽带网,低速网就是窄带网。

2) 按传输介质分类—有线网、无线网

传输介质采用有线介质连接的网络称为有线网,采用无线介质连接的网络称为无线网。

常用的有线传输介质有双绞线、同轴电缆和光导纤维。

目前无线网主要采用 3 种技术:微波通信,红外线通信和激光通信。这 3 种技术都是以大气为介质的。其中微波通信用途最广，目前的卫星网就是一种特殊形式的微波通信，它利用地球同步卫星作中继站来转发微波信号，一个同步卫星可以覆盖地球的 1/3 以上表面，3 个同步卫星就可以覆盖地球上全部通信区域。

3）按拓扑结构分类—总线型、星型、环型等

计算机网络的物理连接形式叫做网络的物理拓扑结构。连接在网络上的计算机、大容量的外存、高速打印机等设备均可看作是网络上的一个节点，也称为工作站。

4）按距离和覆盖面分类—全域网、广域网、局域网

全域网：GAN(Global Area Network)，它通过卫星通信连接各大洲不同国家，覆盖面积极大，范围在 1 000 km 以上，如美国 ARPA 网。

广域网(又称远程网)：它站点分布范围很广从几公里到几千公里。单独建造一个广域网价格昂贵，常借用公共电报、电话网实现。此外，网络的分布不规则，使网络的通信控制比较复杂，尤其是使用公共传送网，要求联到网上的用户必须严格遵守各种规程，限制比较死。

局域网：地理范围有限，通常在几十米到几千米；数据通信传送速率高、误码率低；网络拓扑结构比较规则，网络的控制一般趋于分布式以减少对某个结点的依赖，避免或减少了一个结点故障对整个网络的影响；价格比较低廉。

2. 对工业局域网的要求

面向工业控制的工业控制网络是一种局域网，但又不同于一般的局域网，因为工业控制网络必须满足工业现场的环境特点及控制的要求，它具有自身的特点，例如对于实时性，抗干扰性等有很高的要求，主要表现在以下几个方面：

(1) 可靠性和可用性的要求要高；

(2) 一般来说，对网络的吞吐量要求不高，但是对实时性的要求要高，希望响应时间要短，通信的延时要小；

(3) 网络所连接的对象、机种较复杂，数量通常也不少，有计算机、PLC 等终端或外围设备和数控机床、机器人等机械、电气、液压等设备；

(4) 工作环境一般比较恶劣；

(5) 网络中连接的对象相对固定，所以对路径和地址的处理可以适当简化；

(6) 对于分布式控制系统，在地理位置上分布较广，因此远程通信、故障处理和维护显得尤其重要。

3. 工业局域网主要技术与组成形式

决定局城网特性的主要技术要素有 3 点：网络拓扑、传输介质与介质访问控制方法。

在网络结构上，目前工业局域网主要采用星形、环形和总线形拓扑结构。星形和主从总线形因技术成熟、经济简单，故在直接控制级中已广泛采用。但从今后的发展趋势看，总线形和环形结构将成为工业局域网的主流拓扑结构。

在介质访问控制及通信协议方面，令牌传递方式将占主导地位。值得注意的是，与之相关的 IEEE802 协议制定的初衷是面向办公自动化的，故在工业自动化方面的考虑自然不够充分，所以在使用时，必须结合工业自动化的应用而加以修改。目前各 PLC 厂商采用的 IEEE802 协议，大部分是根据该公司的产品加以改造的。

工业局域网络的组成可以有 5 种形式：

(1) 以计算机作为主站，一台或多台的 PLC 作为从站，组成 PLC 网络；

(2) 以一台PLC作为主站,其他多台PLC作为从站,构成主从式的PLC网络;

(3) 利用现场总线构成现场总线控制系统;

(4) 将PLC网络与其他大型的控制系统相连作为大型网络系统中的一个网络专门用于控制;

(5) 使用各个PLC生产厂家所提供的专用PLC网络。

4. 现场总线的产生

由于计算机、信息技术的迅速发展,全球市场正在逐渐形成,竞争空前加剧,产品技术含量越来越高,更新换代越来越快。为了适应市场竞争的需要,逐步形成了计算机集成制造系统。它采用系统集成、信息集成的观点来组织工业生产。由于它把整个生产过程看作是信息的采集、传送及加工处理的过程,因而信息技术成为工业生产过程的重要因素。要实现整个生产过程的的信息集成,要实施综合自动化,就必须设计出一种能在工业现场环境中运行的,性能可靠、造价低廉的通信系统,以实现现场自动化智能设备之间的多点数字通信,形成工厂底层网络系统,实现底层现场设备之间以及生产现场与外界的信息交换。现场总线就是在这种背景下产生的。

数字化是实现数字通信的基础,现场总线是智能化仪表的核心技术之一。1983年,Honeywell推出了智能化仪表,使现场与控制室之间的连接由模拟信号过渡到了数字信号,通过数字通信实现信息的交换。自此以后的几十年间,世界各大公司都相继推出了各有特色的智能仪表。这些模拟数字混合仪表克服了单一模拟仪表的多种缺陷,给自动化仪表的发展带来了新的生机,为现场总线的诞生奠定了基础。但这种数字模拟信号混合运行方式只是一种不得已的过渡状态,其系统或设备间只能按模拟信号方式一对一地布线,难以实现智能仪表之间的信息交换,智能仪表能处理多个信息和复杂计算的优越性难以充分发挥;不同厂商所提供的设备之间的通信标准不统一,这也严重束缚了工厂底层网络的发展。

从用户到设备制造商都希望有一个统一的标准,组成开放互连网络,可以把不同厂商提供的自动化设备互连为系统。这里的开放意味着不同厂商生产的相同功能或不同功能的设备都遵从同一标准,用户具有高度系统集成主动权,可以自由选择不同品牌的设备达到最佳的系统集成,并当设备出现故障时,可以自由选择替换的设备。

现场总线就是这样一种工厂自动化领域的开放互连系统,具有相应的统一标准。

1984年,美国仪表协会(ISA)下属的标准与实施工作组中的ISA/SP50开始制定现场总线标准;1985年,国际电工委员会决定由Proway Working Group负责现场总线体系结构与标准的研究制定工作;1986年,德国开始制定过程现场总线(Process Fieldbus)标准,简称为PROFIBUS,由此拉开了现场总线标准制定及其产品开发的序幕。

Siemens, Rocemount, ABB, Foxboro, Yokogawa 等80家公司联合,成立了ISP(Interoperable System Protocol)组织,着手在PROFIBUS的基础上制定现场总线标准。1993年,以Honeywell,Bailey等公司为首,成立了World FIP(Factory Instrumentation Protocol)组织,有120多个公司加盟该组织,并以法国标准FIP为基础制定现场总线标准。此时各大公司均已清醒地认识到,现场总线应该有一个统一的国际标准,现场总线技术势在必行。但总线标准的制定工作并非一帆风顺,由于行业与地域发展历史等原因,加之各公司和企业集团受自身商业利益的驱动,致使总线的标准化工作进展缓慢。

1994年,ISP和World FIP北美部分合并,成立了现场总线基金会,推动了现场总线标准的制定和产品开发，于1996年第一季度颁布了低速总线H1的标准，安装了示范系统，将不同厂商的符合规范的仪表互连为控制系统和通信网络，H1低速总线开始进入实用阶段。

与此同时，在不同行业还陆续派生出一些有影响的总线标准。它们大都在公司标准的基础上逐渐形成，并得到其他公司、厂商、用户以至于国际组织的支持。考虑已有的各种总线产品的投资效益和各个公司的商业利益，预计在今后一段时间内，会出现几种现场总线标准共存、同一生产现场有几种异构网络互连通讯的局面。但发展共同遵从的统一标准规范，真正形成开放互连系统，是大势所趋。

根据现场总线基金会的定义，“现场总线是连接智能测量与控制设备的全数字式、双向传输、具有多结点分支结构的通信链路”，它是应用于工业自动化领域的许多局域网之一，也是将自动化最底层的现场控制器和现场智能仪表设备互连的实时控制通讯网络，遵循ISO的OSI开放系统互连参考模型的全部或部分通讯协议。被称为开放式、数字化、多点通信的底层控制网络。在制造业、流程工业、交通等方面的自动化系统中具有广泛的应用前景。

现场总线是近几年迅速发展起来的一种工业数据总线，是一种串行的数字数据通信链路，是应用在生产现场，在微机化测量控制设备之间实现双向串行多结点数字通信的系统。它主要解决工业现场的智能化仪器仪表、控制器、执行机构等现场设备间的数字通信以及这些现场控制设备和高级控制系统之间的信息传递问题。所以说，现场总线是在生产现场、控制设备之间形成的开放型测控网络新技术，现场总线控制系统既是一个开放式通信网络，又是一种全分布式控制系统。它作为智能设备的联系纽带，把挂接在总线上作为网络结点的智能设备连接为网络系统，并进一步构成自动化系统，实现基本控制、补偿计算、参数修改、报警、显示、监控、优化及控管一体化的综合自动化功能。

现场总线技术将专用微处理器置入传统的测量控制仪表，使得它们各自具有了数字计算和数字通信能力，采用可进行简单连接的双绞线等传输介质作为总线，把多个测量控制仪表连接成网络系统，并按照公开、规范的通信协议，在位于现场的多个微机化测量控制设备之间以及现场仪表与远程监控计算机之间，实现数据传输与信息交换，形成各种适应实际需要的自动控制系统。简单地说，就是它把单个分散的测量控制设备变成网络结点，以现场总线为纽带，把它们连接成可以相互沟通信息，共同完成自动控制任务的网络系统与控制系统。它给自动化领域带来的变化，正如众多分散的计算机被网络连接在一起，使计算机的功能作用发生的变化一样，现场总线则使自动控制系统与设备具有了通信能力，并把他们连接成了网络系统。因此，说现场总线技术是控制技术的新纪元并不过分。

4.3.2 现场总线技术特点

现场总线作为工厂设备级数字通信网络的基础，应用于生产过程自动化、制造自动化、楼宇自动化等领域的现场智能设备间的互连双向串行数字通信网络，沟通了生产过程现场及控制设备之间及其与更高控制管理层之间的联系，它不仅是一个基层网络，还是一种开放式、全分布控制系统。

1. 现场总线的技术特点

1）现场通信网络

现场总线系统采用完全的数字信号传输，这种数字化的传输方式使得信号的检错、纠错机制得以实现，传输精度也得到显著提高。

全数字通信使得多参数传输得以实现。现场设备的测量、控制信息以及其他非控制信息如设备类型、型号、厂商信息、量程、设备运行状态等都可以通过一对导线传输到现场总线网络上的任何智能设备。

现场运行的各种信息还可传送到远离现场的控制室，进一步实现与操作终端、上层控制管理网络的连接和信息共享；可通过以太网或光纤通信网与高速网的服务器、数据库、打印绘图等外部设备交换信息。

2）系统的开放性、互操作性和互用性

现场总线控制系统(FCS)采用公开化的通信协议，遵守同一通信标准的不同厂商的设备之间可以互连及实现信息交换。系统的开放性决定了它具有互操作性和互用性。互操作性是指实现互连设备间和系统间的信息传送与交换，而互用性意味着不同生产厂商的性能类似的设备可相互替换，不仅可以互相通信，而且可以统一组态，构成所需的控制回路，共同实现控制策略。

3）现场设备的智能化与功能自治性

现场总线系统将传感测量、计算、工程量处理与控制等功能分散到现场设备中完成，仅靠现场设备即可完成自动控制的基本功能，并可随时诊断设备的运行状态。

4）系统结构高度分散

由于现场设备本身已具有高度智能化与功能自主性，可完成自动控制的基本功能，并具有自诊断能力。因此，通过现场总线很容易构成一种全新的分布式控制系统的体系结构，依靠现场智能设备本身便可实现基本控制功能，简化了系统结构，提高了可靠性。

5）对现场环境的高度适应性

现场总线是专为工业现场环境下工作而设计的，可支持双绞线、同轴电缆、光缆、无线、微波、射频、红外线、电力线等通信介质，具有较强的抗干扰能力，能采用两线制实现供电与通信的双重功能，允许现场仪表直接从通信线上获取电源，并可满足本质安全防爆要求等。

2. 现场总线的优点

由于现场总线的以上特点，特别是现场总线系统结构的简化，使控制系统的设计、安装、运行及其检修维护都体现出优越性，并具有如下优点：

1）节省硬件数量与投资

由于现场总线系统中分散在设备前端的智能设备能直接执行多种传感、控制、报警和计算功能，因而可减少变送器的数量，不再需要单独的控制器、计算单元等，也不再需要 DCS 系统的信号调理、转换、隔离技术等功能单元及其复杂接线，还可以用工控 PC 机作为操作站，从而节省了一大笔硬件投资，由于控制设备的减少，还可减少控制室的占地面积。

现场总线系统的接线十分简单，一对双绞线或一条电缆上通常可挂接多个设备，因而电缆、端子、槽盒、桥架的用量大大减少，连线设计与接头校对的工作量也大大减少。当需要增加现场控制设备时，无需增设新的电缆，可就近连接在原有的电缆上，既节省了投资，也减少了设计、安装的工作量。

2）节省维护费

由于现场控制设备具有自诊断与简单故障处理的能力，并通过数字通讯将相关的诊断维护信息送往控制室，用户可以查询所有设备的运行，诊断维护信息，以便早期分析故障原因并快速排除，缩短了维护停工时间；同时由于系统结构简化、连线简单，减少了维护工作量。

3）用户具有高度的系统集成主动权

由于系统具有互操作性和互用性，不会受到设备选择范围的限制，也不会发生接口和协议不兼容问题，在设备出现故障时，可以自由选择替换的设备，使系统集成权完全掌握在用户手中。此外，由于现场总线产品标准化和功能模块化，因而还具有设计简单，易于重构等优点。

4）提高了系统的准确性与可靠性

由于现场总线设备的智能化、数字化，从根本上提高了测量与控制的准确度，减少了传送误差。同时，由于系统结构简化，设备与连线减少，现场仪表内部功能加强，减少了信号的往返传输量，提高了系统的可靠性。各种开关量、模拟量信号就近转变为数字信号，避免了信号的衰减和变形。由于总线节点具有 IP67 防护等级，具有防水、防尘、抗振动的特性，可直接安装于工业设备，大量减少了现场接线箱的数量，特别适合直接安装于石油、化工等危险防爆场所，减少系统发生危险的可能性。另外，总线在通信介质、信息检验、信息纠错、重复地址检测等方面都有严格的规定，从而确保数据通信快速、安全、可靠。

5）系统结构简化

在现场总线系统中，遵循一定现场总线协议的现场仪表都可以组成控制回路，使控制站的部分控制功能分散到各个现场仪表中，从而减轻了控制站负担，控制站可以专职于执行复杂的高层次的控制算法。对于简单的控制，甚至可以把控制站取消，在控制站的位置以起连接现场总线作用的网桥和集线器代替，操作站直接与现场仪表相连，构成分布式控制系统。

3. 现场总线控制系统的结构

1）网络硬件与现场总线产品

现场总线是一种串行数字数据通信链路，它通过网络硬件和软件沟通生产过程现场级控制设备之间、车间级设备之间及其与更高控制管理层之间的联系。网络硬件是现场总线控制系统的物质基础，不同的现场总线控制系统，在硬件方面是有差别的。连接于现场总线上的产品，可分为有源产品和无源产品两大类，有源产品可以产生通信信号、响应信号、调整信号或者全部兼有；无源总线产品只起连接作用。网络硬件和产品主要包括系统主控器、网络交换器、总线接口、总线模块（Bus Module）、节点、集线器、路由器（Router）、网关（Gateway）、网桥（Bridge）、中继器（Repeater）、电源、防火墙、有源多端口分接器（Active HUB）、无源产品及底层与之相连的其他智能化设备（包括可通信低压开关电器、通用变频器、PLC、智能化仪表、人机界面等）。现场总线系统大都采用工业控制计算机作为监控计算机，画面显示主要采用 CRT 显示器、LCD 液晶显示器；人机交互接口主要是键盘、鼠标、触摸屏、打印机、各种开关、旋钮、指示灯、数码显示器、声光报警装置等。这些人机接口硬件都需要有相应的软件驱动，配合工作。

2）企业现场总线网络系统

随着企业自动化控制系统的发展，企业将经营决策、管理、计划、调度、过程优化、故障诊断、现场控制等紧密联系在一起，将各层次计算机（包括现场智能设备）互连成企业局域网络（Intranet）实现信息的汇集与数据共享，因而企业网络中的信息是多层次的。图 4.22 描述了以现场总线为基础的企业网络系统。该系统从生产现场的底层开始，分为现场控制层、过程监控层、生产管理层、市场经营管理层多个层次，通过各层之间的沟通与信息交换，构成较为完整的企业信息网络。

图 4.22 中的现场控制层网段 H1、H2、Prfibus-DP 等，即底层控制网络，也称为网络的现

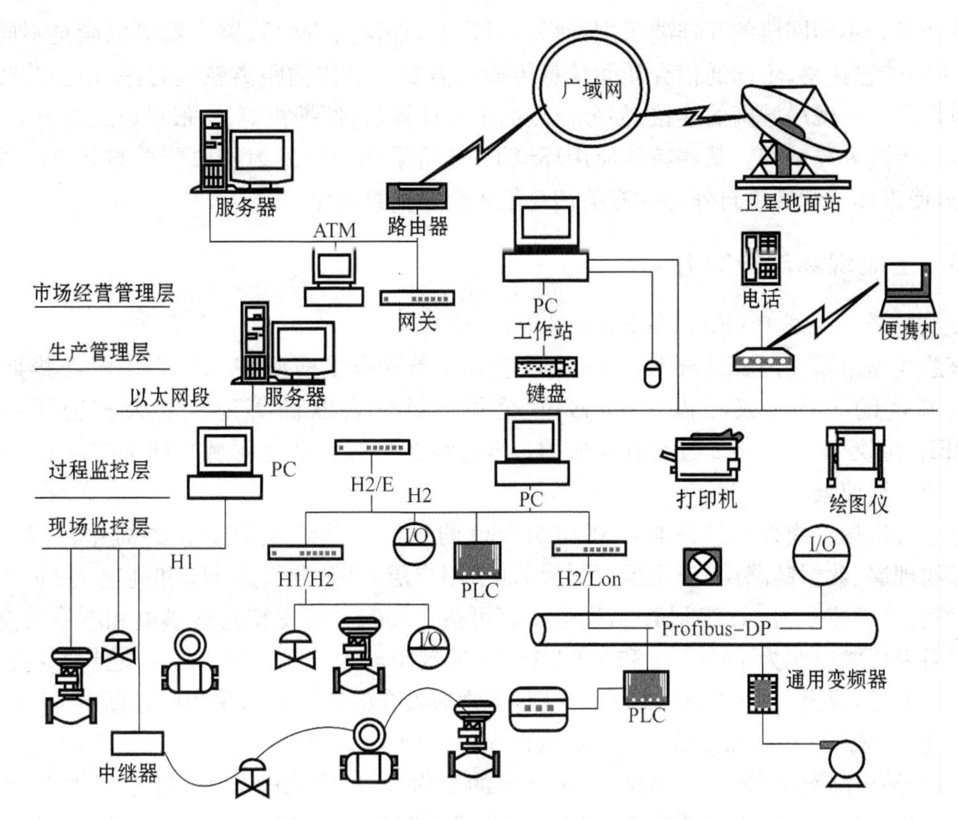

图4.22 企业现场总线网络系统结构示意图

场控制层。它们与企业现场设备直接连接，一方面将现场测量控制设备互连为通信网络，同时又将现场的各种运行信息传送到远离现场的控制室，进一步实现与操作终端、上层控制管理网络的连接和信息共享。在将现场设备的运行参数、状态及故障信息等传输到控制室的同时，又将各种控制、维护等命令输送到各相关现场设备，沟通了生产过程现场级控制设备之间及其与更高控制管理层次之间的联系。由于现场总线的任务是测量控制，因而要求信息传输的实时性强、可靠性高和传输速率快。由于历史的原因，有可能在一个企业内部，在现场级形成不同通信协议的多个网段，这些网段间可以通过网桥连接而互通信息。通过以太网或光纤通信网等，现场级测量与控制设备可以与高速网段上的服务器、数据库、打印机等外部设备等交换信息。网络的现场控制层是企业网络中网段的最低层，所以称现场总线是企业底层网络。

过程监控层将现场控制层传送到控制室的实时数据进行高等控制与优化计算、集中显示，它通常可由以太网等传送速度较快的网段组成。各种现场总线网段通过通信控制器或计算机接口卡与过程监控层交换数据。

生产管理层是由企业的生产调度、计划、销售、库存、财务、人事等构成的企业信息管理层，它是企业局域网络的上层，一般由关系数据库进行综合处理。市场经营管理层将跨越企业的局部地域，融合外界商业经营网点、原材料供应和部件生产基地的信息。

企业局域网可通过多种途径，与来自外界互连网络的市场信息等实现数据共享。完整的企业网络往往是跨地区网络，可能同时存在计算机局域网(Local Area Network，LAN)、广域网(Wide Area Network，WAN)，并涉及LAN-LAN、LAN-WAN，LAN-WAN-LAN等多种网络互连技术。不同网段的互连要采用网络接口设备，如网关、网桥、路由器等以满足不同通信协议、不同传输速率、不同通信介质间信息传输的需要。当传输距离较远时，采用公共数据网络或电话网来实现局域网的连接，如分散点的个人计算机、便携机等，一般可以通过电话线、调制解调器等进入局域网。某些特殊应用环境下，还可采用卫星发射接收装置与外界广域网交换数据，使市场经营等来自外部的有关信息汇入企业信息网络。

4.3.3 主流现场总线简介

1. 基金会现场总线(Foundation Fieldbus,FF)

该总线是由以美国 Fisher-Rousemount 公司为首联合了横河、ABB、西门子、英维斯等 80 家公司制定的 ISP 协议和以 Honeywell 公司为首联合欧洲等地 150 余家公司制定的 WorldFIP 协议于 1994 年 9 月合并而成的。该总线在过程自动化领域得到了广泛的应用，具有良好的发展前景。

基金会现场总线采用国际标准化组织 ISO 的开放化系统互联 OSI 的简化模型(1,2,7 层)，即物理层、数据链路层、应用层，另外增加了用户层。FF 分低速 H1 和高速 H2 两种通信速率，前者传输速率为 31.25 kbit/s，通信距离可达 1 900 m，可支持总线供电和本质安全防爆环境。后者传输速率为 1 Mbit/s 和 2.5 Mbit/s，通信距离为 750 m 和 500 m，支持双绞线、光缆和无线发射，协议遵循 IEC1158-2 标准。FF 的物理媒介的传输信号采用曼切斯特编码。

2. 控制器局域网(Controller Area Network,CAN)

CAN 是控制网络 Control Area Network 的简称，最早由德国 BOSCH 公司推出，用于汽车内部测量与执行部件之间的数据通信。其总线规范现已被 ISO 国际标准组织制订为国际标准，得到了 Motorola、Intel、Philips、Siemens、NEC 等公司的支持，已广泛应用在离散控制领域。

CAN 协议也是建立在国际标准组织的开放系统互连模型基础上的，不过，其模型结构只有 3 层，只取 OSI 底层的物理层、数据链路层和顶上层的应用层。其信号传输介质为双绞线，通信速率最高可达 1 Mbps/40 m，直接传输距离最远可达 10 km/5kbps，可挂接设备最多可达 110 个。

CAN 的信号传输采用短帧结构，每一帧的有效字节数为 8 个，因而传输时间短，受干扰的概率低。当节点严重错误时，具有自动关闭的功能以切断该节点与总线的联系，使总线上的其他节点及其通信不受影响，具有较强的抗干扰能力。

CAN 支持多主方式工作，网络上任何节点均在任意时刻主动向其他节点发送信息，支持点对点、一点对多点和全局广播方式接收/发送数据。它采用了非破坏性总线仲裁技术，通过设置优先级来避免冲突，当出现几个节点同时在网络上传输信息时，优先级高的节点可继续传输数据，而优先级低的节点则主动停止发送，从而避免了总线冲突。

已有多家公司开发生产了符合 CAN 协议的通信芯片，如 Intel 公司的 82527，Motorola 公司的 MC68HC05X4，Philips 公司的 82C250 等。

目前 CAN 总线在车上的应用越来越普及，不仅仅局限于高档车，中低档车也越来越多地配备了 CAN 总线。一般汽车上有 A 类、B 类、C 类 3 种网络：CAN 总线在其中都有应用。

(1) A 类：面向传感器/执行器控制的低速网络，数据传输的位速率通常只有 1～10 kbps，主要应用于电动门窗、坐椅调节、灯光照明等。

(2) B类:面向独立模块间数据共享的中速网络,位速率一般为10～100 kbps,主要应用于电子车辆信息中心、故障诊断、仪表显示、安全气囊等系统,以减少冗余的传感器和其他电子部件。

(3) C类:面向高速、实时闭环控制的多路传输网,最高位速率为1 Mbps,主要应用于悬架控制、牵引控制、发动机ECU(Electronic Control Unit,电子控制单元)、ABS(Anti-lock Brake System,防锁死刹车系统)系统。

3. 分布式智能控制网络技术(Local operating networks,LonWorks)

它由美国Echelon公司推出,并由Motorola、Toshiba公司共同倡导。它采用ISO/OSI模型的全部7层通讯协议,采用面向对象的设计方法,通过网络变量把网络通信设计简化为参数设置。支持双绞线、同轴电缆、光缆和红外线等多种通信介质,通讯速率从300 bit/s至1.5 Mbit/s不等,直接通信距离可达2 700 m(78 kbit/s),被誉为通用控制网络。Lonworks技术采用的LonTalk协议被封装到Neuron(神经元)的芯片中,并得以实现。采用Lonworks技术和神经元芯片的产品,被广泛应用在楼宇自动化、家庭自动化、保安系统、办公设备、交通运输、工业过程控制等行业。

LonWorks的Neuron集成芯片中有3个8位CPU,1个用于完成开放互连模型中第1～2层的功能,称为媒体访问控制处理器,实现介质访问的控制与处理;第2个用于完成第3～6层的功能,称为网络处理器,进行网络变量处理的寻址、处理、背景诊断、函数路径选择、软件计时、网络管理,并负责网络通信控制、收发数据报等;第3个是应用处理器,执行操作系统服务与用户代码。芯片中还具有存储信息缓冲区,以实现CPU之间的信息传递,并作为网络缓冲区和应用缓冲区。Motorola公司生产的神经元集成芯片MC143120E2就包含了2K RAM和2K EEPROM。

在开发智能通信接口、智能传感器方面,LonWorks神经元芯片也具有独特的优势,主要应用于楼宇自动化、家庭自动化、智能通信产品等方面。

4. 设备网(DeviceNet)

DeviceNet总线是20世纪90年代中期发展起来的一种基于CAN总线技术的符合全球工业标准的开放型通信网络。它最早由Allen-Bradley公司支持DeviceNet公司设计,并已于2000年6月15日正式成为IEC62026国际标准(有关低压开关设备与控制设备、控制器与电气设备接口)之一。DeviceNet现场总线由于产生和发展的时间较晚,因此它采用了更为先进的通信概念和技术,相对于其他现场总线,具有较大的领先性,突出的高可靠性、实时性和灵活性。DeviceNet是一个开放式的协议,目前有包括Rockwell等300多家自动化设备厂商的产品支持这种协议,DeviceNet在欧美和日本的现场总线市场占有很大的份额,在控制领域得到了广泛的应用。

DeviceNet的数据链路层完全遵循CAN规范的定义,并通过CAN控制器芯片实现。CAN定义了4种帧格式,分别为数据帧、远程帧、出错帧和超载帧,在DeviceNet上传输数据采用的是数据帧格式,远程帧格式在DeviceNet中没有被使用,超载帧和出错帧则被用于意外情况的处理。在总线空闲时每个节点都可尝试发送,但如果多于两个的节点同时开始发送,发送权的竞争需要通过11位标识符的逐位仲裁来解决。Devicenet采用载波侦听非破坏性逐位仲裁机制(CSMA/NBA)的方法解决总线访问冲突问题。网络上每个节点拥有一个唯一的11位标识符,这个标识符的值决定了总线冲突仲裁时节点优先级的高低。

DeviceNet 在 CAN 总线的基础上又增加了面向对象、基于连接的现代通信技术理念，并开发了应用层。其应用层规定了 CAN 数据帧的使用方式、节点重复地址检测机制、对象模型及设备的标准化。

5. 过程现场总线(Process Field Bus，PROFIBUS)

PROFIBUS 协议是一种国际化、开放式、不依赖于设备生产商的现场总线标准，可自由应用该标准设计软、硬件。PROFIBUS 是目前国际通用现场总线标准之一，技术特点独特，认证规范严格，标准开放，得到众多制造商的支持和开发应用，成为现场通信网络最优解决方案。PROFIBUS 采用 RS-485 接口，其中的 FMS(Fieldbus Message specification)和 DP (Decentralized Periphery)系统可直接连接，PA(Process Automation)系统可通过 DP/PA 耦合器连接。最多可连接 126 个站点，每段 32 个站点，最大通信速率 12 Mbps、距离 1.9 km，最大报文数据为 244 B，其协议包括 3 个主要部分。

1) ROFIBUS-DP

主站和从站之间采用轮询的通信方式，支持高速的循环数据通信，主要应用于制造业自动化系统中现场级的通信，采用 NRZ 码和异步通信方式。

2) PROFIBUS-PA

电源和通信数据通过总线并行传输，主要用于面向过程自动化系统中有本质安全要求的防爆场合，采用 Manchester 码和同步通信方式。

3) PROFIBUS-FMS

定义了主站和从站之间的通信模型，主要用于自动化系统中车间级的数据交换。

6. 可寻址远程传感器数据通道(Highway Addressable Remote Transducer，HART)

HART 最早由 Rosemount 公司开发。这种被称为可寻址远程传感高速通道的开放通信协议，其特点是在现有模拟信号传输线上实现数字通信，属于模拟系统向数字系统转变过程中工业过程控制的过渡性产品，因而在当前的过渡时期具有较强的市场竞争能力，得到了较好的发展。

HART 通信模型由 3 层组成：物理层、数据链路层和应用层。物理层采用 FSK (Frequency Shift Keying)技术在 4～20 mA 模拟信号上迭加一个频率信号，频率信号采用 Bell202 国际标准；数据传输速率为 1 200 bps，逻辑“0”的信号频率为 2 200 Hz，逻辑“1”的信号传输频率为 1 200 Hz。

数据链路层用于按 HART 通信协议规则建立 HART 信息格式。其信息构成包括开头码、显示终端与现场设备地址、字节数、现场设备状态与通信状态、数据、奇偶校验等；其数据字节结构为 1 个起始位，8 个数据位，1 个奇偶校验位，1 个终止位。应用层的作用在于使 HART 指令付诸实现，即把通信状态转换成相应的信息。它规定了一系列命令，按命令方式工作。它有 3 类命令，第 1 类称为通用命令，这是所有设备理解、执行的命令；第 2 类称为一般行为命令，它所提供的功能可以在许多现场设备 (尽管不是全部)中实现，这类命令包括最常用的现场设备的功能库；第 3 类称为特殊设备命令，以便在某些设备中实现特殊功能，这类命令既可以在基金会中开放使用，又可以为开发此命令的公司所独有。在一个现场设备中通常可发现同时存在这 3 类命令。HART 支持点对点主从应答方式和多点广播方式。按应答方式工作时的数据更新速率为 2～3 次/s；按广播方式工作时的数据更新速率为 3～4 次/s，它还可支持两个通信主设备。

7. 控制与通信链路系统(Control & Communication Link,CC-Link)

CC-Link在1996年11月,由三菱电机为主导的多家公司推出,其增长势头迅猛,在亚洲占有较大份额。在其系统中,可以将控制和信息数据同时以10 Mbit/s高速传送至现场网络,具有性能卓越、使用简单、应用广泛、节省成本等优点。其不仅解决了工业现场配线复杂的问题,同时具有优异的抗噪性能和兼容性。CC-Link是一个以设备层为主的网络,同时也可覆盖较高层次的控制层和较低层次的传感层。2005年7月CC-Link被中国国家标准委员会批准为中国国家标准指导性技术文件。

8. 世界工厂仪表协议(World Factory Instrument Protocol,WorldFIP)

WorkdFIP的北美部分与ISP合并为FF以后,WorldFIP的欧洲部分仍保持独立,总部设在法国。其在欧洲市场占有重要地位,特别是在法国占有率大约为60%。WorldFIP的特点是具有单一的总线结构来适用不同应用领域的需求,而且没有任何网关或网桥,用软件的办法来解决高速和低速的衔接。WorldFIP与FFHSE(FFH2)可以实现“透明联接”,并对FF的H1进行了技术拓展,如速率等。在与IEC61158第一类型的连接方面,WorldFIP做得最好,走在世界前列。

9. 联络总线(INTERBUS)

INTERBUS是德国Phoenix公司推出的较早的现场总线,2000年2月成为国际标准IEC61158。INTERBUS采用国际标准化组织ISO的开放化系统互联OSI的简化模型(1,2,7层),即物理层、数据链路层、应用层,具有强大的可靠性、可诊断性和易维护性。其采用集总帧型的数据环通信,具有低速度、高效率的特点,并严格保证了数据传输的同步性和周期性;该总线的实时性、抗干扰性和可维护性也非常出色。INTERBUS广泛地应用到汽车、烟草、仓储、造纸、包装、食品等工业,成为国际现场总线的领先者。

此外较有影响的现场总线还有主要应用于农业、林业、水利、食品等行业的P-Net、主要使用在航空航天等领域的SwiftNet现场总线等。

Modbus是由Modicon公司(现为施耐德电气的一个品牌)于1979年为该公司生产的PLC设计的一种通信协议,是全球第一个真正用于工业现场的总线协议。Modbus具有开放、简单的重要特性,用户可以免费使用,不用交纳许可证费;Modbus帧格式简单、紧凑,用户使用容易,厂商开发便利。Modbus在各个领域,特别是对通信要求不太苛刻的场合,已得到广泛的应用。Modbus也已成为我国国家标准。

Modbus通信协议的介绍详见第5章。

本章习题

1. 什么是异步传输? 什么是同步传输? 各有什么特点?
2. 异步传输中为什么需要起始位和停止位?
3. 简述异步传输方式的字符格式,并说明各部分的作用。
4. 试计算采用曼彻斯特编码的10 Mbps局域网的波特率。
5. 按照数据在某一时间传输的方向,线路通信有哪几种方式?
6. 使用数据信号速率为1200bit/s的通信传输电路,按一个起始位、一个停止位、一个奇偶校验位的异步方式来传输十个8位字节的数据时,共需要多少时间?
7. 采用数据速率为1200 bps、无奇偶校验、1位停止位的异步传输,问1 min内最多能传输多少个双字节字长的汉字？

8. 什么是网络通信协议？有什么功能？
9. 异步通信协议可以归属于 ISO 的哪个层次？
10. 什么是总线拓扑结构？还有哪些拓扑结构？试画图说明。
11. 什么是通信网络传输介质？常用的介质有哪几种？
12. 什么是网络通信介质访问控制？一般有哪几种介质访问控制方式？
13. RS485 是 PLC 和变频器中常用的串行通信接口，试述其特点。
14. USB 有哪些特点？
15. 蓝牙技术采用何种传输方式通信？其特点有哪些？
16. 什么是现场总线？工业现场总线是在什么背景下产生的？
17. 现场总线有哪些技术特点？目前有哪些主流现场总线？

第 5 章　Modbus 通信协议

5.1　Modbus 通信协议概述

Modbus 是 MODICON 公司为该公司生产的 PLC 设计的一种通信协议，发布于 1979 年。从其功能上看，Modbus 就是一种现场总线，现在它已经成为一通用工业标准，已得到世界上许多生产厂商的普遍认可，许多设备，如各种型号的 PLC、仪表、变频器等都支持 Modbus 协议，并被大部分监控和数据采集 HMI（Human Machine Interface）软件支持（如组态王、Cimplicity、iFIX、Intouch 等用于工业自动化及过程监控的图形化人机界面软件），已在工业生产和控制的各个领域得到了广泛应用。

具有 Modbus 接口的设备可以很方便地进行组态构成一个系统，即使是不同厂商生产的控制设备也可以连成工业网络，设备和设备之间可以通信，进行集中监控。

Modbus 可以在其标准的 Modbus 网络上转输，也可以在其他类型的网络上传输。

1989 年 Modicon 公司又开发推出了 Modbus Plus（Modbus＋）网络。Modbus Plus 以 Modbus 为基础，采用了令牌控制方式实现数据的交换，严格定义了令牌传递方式、数据校验以及通信端口等方面的技术参数。Modbus Plus 是最好的工业实时网络之一。

1998 年施耐德公司又推出了新一代基于 TCP/IP 以太网的 Modbus/TCP。Modbus/TCP 是第一家采用 TCP/IP 以太网用于工业自动化领域的标准协议。Modbus 主/从通信机理能很好地满足确定性的要求，与互联网的客户机/服务器通信机理相对应。Modbus/TCP 的应用层还是采用 Modbus 协议，简单高效；传输层使用 TCP 协议；网络层采用 IP 协议，因为因特网就使用这个协议寻址，所以 Modbus/TCP 不但可以在局域网使用，还可以在广域网和因特网使用，有了它，不同厂商生产的控制设备可以连成工业网络，进行集中监控。在市场上几乎可以找到任何现场总线连接到 Modbus/TCP 的网关，方便用户实现各种网络之间的互联。

本章主要介绍的是 Modbus 通信协议。

5.1.1　Modbus 通信协议特点

Modbus 为应用层报文传输协议，仅定义了通信的消息结构。一个 Modbus 信息帧包括从机地址、功能码、数据区和数据校验码。

Modbus 传输协议定义了控制器可以识别和使用的消息结构，而无须考虑它们是经过何种网络进行通信的。它定义了消息域格局和内容的公共格式，描述了控制器访问另一设备的过程、被访问者如何作出应答响应，以及怎样侦测差错和提交差错信息。

Modbus 把网络上的通信参与者规定为“主站”（Master）和“从站”（Slave），且网络上只能有一个主站，其余均为从站，只有主站具有主动访问的权力，可以向从站发送通信请求，从站只能被动地响应回答,所以 Modbus 是主从访问的单主控制网络。每个从站都有自己的地址编号,地址信息是一个字节长度,编号范围是 0～255。地址 00H 一般定义为广播信号地址,即专门用于同时向网络中所有工作站进行发送的一个地址。Modbus 通过协议中的功能代码用于传输总线命令,实现主站对从站具体功能的控制。Modbus 协议具有简单、高效、可靠和容易实现等优点,其主要特点归纳如下:

(1) 物理接口使用 RS-232C、RS-422、RS-485;

(2) 组成主从访问的单主控制网络;

(3) 在主节点轮询即逐一单独访问从节点时,要求从节点返回一个应答信息;

(4) 通过简单的通信报文结构完成对从节点的读写操作,报文内容包括地址、功能码、数据、差错检测码;

(5) 主节点也可以对网段上所有的从节点进行广播通信。

主站控制器(例如工控机、PLC 等)与从站设备(如 PLC、变频器、测量仪表等)通过 Modbus 网络,实现相互之间信息的交换。如在 Modbus 网络上,主站 PLC 对某从站 PLC 输入点信号的读取和输出点信号的写入;主站 PLC 对某从站变频器的状态信号的读取,对变频器频率给定信号的写入。

在实际的应用过程中,设计者可以自己修改、简化 Modbus 规约,设计一个专用的通信协议。

5.1.2 Modbus 的传输网络

1. 在 Modbus 网络上传输

Modbus 协议最早采用的标准串行接口是 RS-232C,它定义了连接器,接线电缆,信号等级,传输波特率和奇偶校验,Modbus 控制器可直接或通过调制解调器(Modem)接入总线(网络)。现在的 Modbus 控制器大多采用 RS-422、RS-485 接口,也可以使用光纤、无线等媒质实现通信。Modbus 控制器内置于设备,受设备控制器控制,使该设备能够通过 Modbus 网络与其他设备的通信。

主机可对各从机寻址,发出广播信息,从机返回信息作为对查询的响应。从机对于主机的广播查询无响应返回。Modbus 协议根据设备地址,请求功能代码,发送数据和差错校验码,建立主机查询格式。从机的响应信息也用 Modbus 协议组织,它包括确认动作的代码,返回数据和差错校验码。若在接收信息时出现一个差错或从机不能执行要求的动作时,从机会向主机返回一个差错信息。

在标准的 Modbus 网络上,Modbus 协议有两种发送模式:ASCII(American Standard Code for Information Interchange,美国信息交换标准代码)和 RTU(Remote Terminal Unit,远程终端控制系统)。在一个 Modbus 通信系统中只能选择一种模式,不允许两种模式混合使用。

2. 在其他类型网络上传输

除了标准的 Modbus 网络传输能力,有些 Modbus 控制器可以使用内置接口或网络适配器,在 Modbus Plus 网络上通信,或者在以太网上通信。在这些网络上,Modbus 控制器间采用对等(peer-to-peer)技术,即任意一个控制器可启动向其他控制器的数据传送。因此在不同的传输过程中,一台控制器既可作为从机,也可作为主机。常提供多重的内部通道,允许主机和从机的数据传输同时进行。

Modbus Plus 是一种典型的令牌环网，链路层采用的是 HDLC，它完整定义了通讯协议、网络结构、连接电缆（或者光缆）以及安装工具等方面的性能指标。Modbus Plus 比 Modbus 的性能更好，通讯速率更快，从协议开发上来说区别较大，Modbus 比较简单。

尽管在这些网络上通信方法是对等的，但由于 Modbus 协议采用的是主—从查询模式，所以在信息层面，Modbus 仍采用主从方式，即一台（主机设备）控制器发送一个信息，则期待接收的（从机设备）控制器返回一个响应；相应的，当一台控制器接受到信息时，它就马上组织一个从机设备的响应信息，并返回至原发送信息的控制器。

5.1.3　Modbus 的查询—回应周期

Modbus 的查询—回应周期见图 5.1.

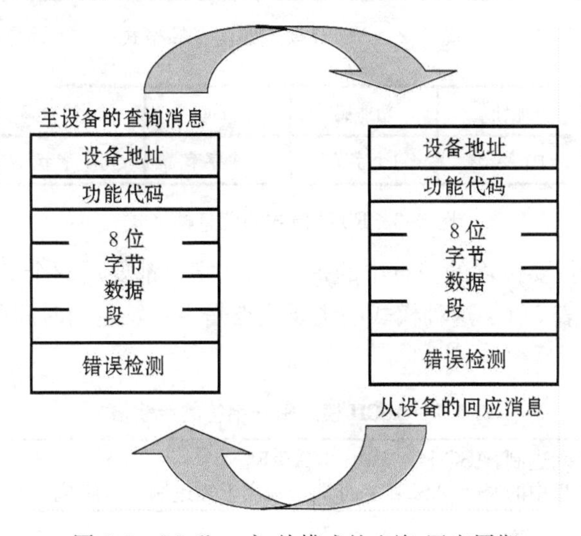

图 5.1　Modbus 主-从模式的查询-回应周期

Modbus 通信使用主从技术，即只有主机能起动数据传输周期，称为查询，而其他设备（从机）应处理查询所要求的动作，并返送对查询作出的回应。典型的主设备可以是控制或检测系统中 PC 机、可编程控制器等。典型的从设备包括可编程控制器、PLC 远程 I/O 模块、变频器、检测仪表等。

主设备可单独和某从设备通信，也能以广播方式和所有从设备通信。如果单独通信，从设备返回一消息作为回应；如果是以广播方式查询的，则所有从设备不用作任何回应。

Modbus 协议建立了主设备查询的格式：设备（或广播）地址、功能代码、所有要发送的数据、差错检测码。从设备回应消息也有类似的格式，包括确认要行动的功能代码、任何要返回的数据和一差错检测码。如果在消息接收过程中产生一个差错或从设备不能完成所请求的行为，从设备也将建立一差错消息并把它作为回应发送出去。主机接收到回复后，或在一定的时限内未收到回复，主机将根据需要，作出下一步的举措。

5.1.4　Modbus 的两种传输模式

Modbus 控制器能设置为两种传输模式：ASCII 模式和 RTU 模式，任何一种都能在标准的 Modbus 网络通信。用户根据需要选择想要的传输模式,设置有关串口通信参数(波特率、校验方式等)。在配置每个控制器的时候,在一个 Modbus 网络上的所有设备都必须选择相同的传输模式和串口参数。

所选的 ASCII 传输模式或 RTU 传输模式仅适用于标准的 Modbus 网络,它定义了在这些网络上连续传输的消息域的每一位所表达的意思,以及确定如何将信息包装成消息域和如何解码。其中首先要解决的问题是如何标注消息域的首和尾,这样才能根据约定的传输模式,按顺序正确解读消息域的信息。

ASCII 模式和 RTU 模式的消息帧格式及长度如图 5.2、图 5.3 所示。

起始符	地址	功能码	数据	LRC校验码	结束符
1个字符	2个字符	2个字符	2n个字符	2个字符	2个字符

图 5.2 ASCII 模式的消息帧格式

起始符	地址	功能码	数据	CRC校验码	结束符
时间间隔	1个字节	1个字节	n个字节	2个字节	时间间隔

图 5.3 RTU 模式的消息帧格式

ASCII 模式通信时,要传输的消息中的每个 8 bit 字节都要用两个 ASCII 字符表示并以异步方式传输,其格式见表 5.1。这种模式的主要优点是字符发送的时间间隔可达到 1 s 而不会产生差错。

表 5.1 ASCII 模式每一字符的传输格式

代码体系	十六进制,ASCII 字符 0~9,A~F 消息中的每个 ASCII 字符都是两个十六进制字符组成
位顺序	1 个起始位 7 个数据位,最小的有效位先发送 1 个奇偶校验位,无校验则无该位 1 个停止位(有校验时),或 2 个停止位(无校验时)
差错检测域	LRC(纵向冗长检测)

RTU 模式通信时,要传输的消息中的每个 8 bit 字节都是原始的十六进制字符,无需编码,也是以异步方式传输,其格式见表 5.2。这种模式的主要优点是在同样的波特率下,且数据量比较大时,可比 ASCII 模式传送更多的数据。

表 5.2 RTU 模式每一字符的传输格式

代码体系	8 bit 二进制,十六进制数 0~9,A~F 消息中的每个 8 bit 由两个十六进制字符组成
位顺序	1 个起始位 8 个数据位,最小的有效位先发送 1 个奇偶校验位,无校验则无该位 1 个停止位(有校验时),或 2 个停止位(无校验时)
差错检测域	CRC(循环冗长检测)

5.2 Modbus 消息帧格式(Modbus Message Framing)

5.2.1 消息帧包含的信息

消息帧包含4类信息,按发送的先后顺序排列,分别是地址(1个字节)、功能码(1个字节)、数据段(n个字节,n可以是0)、差错校验码(ASCII 模式时是1个字节,RTU 模式时是2个字节)。这里所说的字节数都是指未经编码的原始信息的字节数量。

消息帧中包含以上有关信息的区域分别称为地址域、功能域、数据域、差错校验域。

1. 地址域

消息帧的地址信息是一个十六进制8 bit 字节。可能的从设备地址是1~247(十进制)。主设备通过将要联络的从设备的地址放入消息中的地址域来选通从设备。当从设备发送回应消息时,它把自己的地址放入回应的地址域中,以便主设备知道是哪一个设备作出的回应。

ASCII 模式时,地址信息是 ASCII 编码,所以地址域包含两个字符字节;RTU 模式时,地址信息无需编码,所以地址域只包含一个8 bit 字节。

地址0用作广播地址,是所有从设备的公用地址,主机以广播地址发送消息时,所有的从设备都能认识并接收。当 Modbus 协议用于更高层次的网络时,广播方式可能不被允许,或用其他方式代替。

2. 功能域

消息帧中的功能代码是一个十六进制8 bit 字节。可能的代码范围是十进制的1~255。其中有些代码是适用于所有控制器,有些是应用于某种控制器,还有些保留以备后用。表5.3是一些主要的功能代码,可实现对下位机(PLC)的数字量和模拟量的读写操作。

表5.3 常用功能码

功能码	功 能	说 明
01	读开关量输出	取得一组开关输出点的当前状态(ON/OFF)
02	读开关量输入	取得一组开关输入点的当前状态(ON/OFF)
03	读取保持寄存器	在一个或多个保持寄存器中取得当前的二进制值
04	读取输入寄存器	在一个或多个输入寄存器中取得当前的二进制值
05	写开关量输出	强制控制一个逻辑输出线圈的通断状态
06	写单路寄存器	把一组二进制数据写入单个寄存器
…		
15	强制多线圈	强制控制一串连续的逻辑线圈的通断
16	预置多寄存器	把具体的二进制值装入一串连续的保持寄存器
…		

在这些功能码中较常使用的是01、02、03、04、05、06号功能码,可实现对下位机(PLC)的数字量和模拟量的读写操作。

ASCII模式时，功能代码是ASCII编码，所以功能域包含两个字符字节；RTU模式时，功能代码无需编码，所以功能域只包含一个8 bit字节。

当消息从主设备发往从设备时，功能代码域将告之从设备需要执行哪些行为。如主机要从从机读取输入开关状态、读取某组寄存器的数据内容、读取从设备的诊断状态；写指定的线圈或寄存器；允许下载、上传、校验从设备中的程序等。

当从设备回应时，它使用功能代码域来指示是正常回应（执行无误）还是异常回应（有某种错误产生）。对正常回应，从设备仅回应相应的功能代码。对异常回应，从设备返回与正常代码相同的代码，但要在其最高位置1。

例如，一从主设备发往从设备的消息要求读一组保持寄存器，将产生如下功能代码：

0 0 0 0 0 0 1 1（十六进制03H）

对正常回应，从设备仅回应同样的功能代码。对异议回应，它返回：

1 0 0 0 0 0 1 1（十六进制83H）

在异常回应时，除了修改功能代码，从设备还将一个专用的代码放到回应消息的数据域中，这能告诉主设备发生了什么差错。

主设备应用程序得到异常的回应后，典型的处理过程是重发消息，或者诊断发给从设备的消息并报告给操作员。

3. 数据域

数据域是由8 bit字节的十六进制数组合而成的，每个字节的取值范围是00～FFH。根据网络传输模式，数据域可以是由一对对ASCII字符组成或由一个个RTU字符组成。

主设备发给从设备的数据域中包含有附加的信息，是从设备执行由功能代码所定义的行为时必须要使用的信息。这包括了像开关量或寄存器地址、要处理项的数目、域中实际数据字节数。

例如，如果主设备需要从设备读取一组保持寄存器（功能代码03H），数据域指定了起始寄存器以及要读的寄存器数量；如果主设备要发送（写）数据给一组从设备的寄存器（功能代码10H），数据域则应包含要写入数据的一组寄存器的起始地址（双字节）、要写的这组寄存器的数量、要写入的具体数据。

如果执行过程中没有差错发生，从从设备返回的数据域包含请求的数据；如果有差错发生，此域包含一异常代码，主设备应用程序可以用来判断采取下一步行动。

在某种消息中数据域可以是不存在的（0长度）。例如，主设备要求从设备回应通信事件记录（功能代码0BH），从设备不再需要任何附加的信息，单该功能码就已足够说明了该行为。

4. 差错检测域

标准的Modbus网络有两种差错检测方法。差错检测域的内容视所选的检测方法而定。

当字符帧选用ASCII模式时，差错检测值是采用LRC（Longitudinal Redundancy Check，纵向冗长检测）方法对消息内容计算后得出的，称为LRC校验码，一个字节长度，所以ASCII模式的差错检测域包含两个ASCII字符。

当字符帧选用RTU模式时，差错检测值是采用CRC（Cyclic Redundancy Check，循环冗长检测）方法对消息内容计算得出的，称为CRC校验码，两个字节长度，所以RTU模式的差错检测域是两个字节的长度。

5.2.2 差错校验方法(奇偶校验、LRC校验、CRC校验)

标准的Modbus串行网络采用两种差错检测方法:位校验和帧检测(LRC或CRC)。奇偶位校验针对每个字符,帧检测(LRC或CRC)应用于整个消息,它们都是在消息发送前由发送设备设计产生的,接收设备在接收过程中检测每个字符和整个消息帧。

ASCII传输模式采用LRC帧检测,RTU模式采用CRC帧检测。

用户要给主设备组态时预设一个超时时间间隔,一旦等待从机回应超时,将取消正在进行的传输周期。这个时间间隔要足够长,以使任何从设备都能在该时间间隔内完成正常回应。如果从设备测到传输错误,消息命令将不会被执行,从机也不会向主设备作出回应。回应超时将触发主设备来处理该错误。如果向不存在的地址发送信息也会产生超时。

1. 奇偶校验

用户可以配置控制器是奇或偶校验,或无校验。这将决定每个字符中的奇偶校验位是如何设置的。

如果指定了奇或偶校验,将统计每个字符的数据位中"1"的个数(ASCII模式是7个数据位,RTU是8个数据位)。例如设RTU字符帧中某个字节包含以下8个数据位:

11000101

整个"1"的数目是4个。如果使用偶校验,因为"1"的个数已是偶数,该字符的奇偶校验位将置为0,"1"的总数仍为偶数;如果使用奇校验,该字符奇偶校验位将置1,这样"1"的总数是5,为奇数。

发送消息时,计算得到的奇偶校验位被写入每一个异步传输的字符格式中。接收设备统计接收到的每个字符的数据位中"1"的数量是奇数还是偶数,如果计算结果与该设备的预先设定不一样,接收设备将设置一个错误标志。同一Modbus网络上的所有设备都必须设置采用同一奇偶校验方法(奇校验、偶校验、或无校验)。

奇偶校验只能检测出传输过程中字符帧的奇数个位数的出错。例如,选用奇校验时,一个有3个"1"的字符在传输时丢失了2个"1",校验结果任然是奇数。

如果没有指定奇偶校验,传输时就没有校验位,也不进行校验检测,要传输的字符帧中的奇偶校验位用一附加的停止位填充替代。

2. LRC校验

使用ASCII模式时,消息帧包括了一基于LRC校验方法的差错检测域。LRC域检测了消息域中除开始的冒号及结束的回车换行号外的内容,即LRC校验码值是根据地址域、功能域和数据域的内容计算而得到的,不包括开始的冒号符及回车换行符。LRC字符附加在消息帧的回车换行符前面。

LRC域包含了一个8位二进制字节的信息(LRC值)。LRC值由传输设备来计算并以两个ASCII码字符的形式放到消息帧中发送;接收设备在接收消息的过程中计算LRC,并将它和接收到消息中LRC域中的LRC值比较,如果两值不等,说明有差错。

LRC方法的基本算法是将消息中的8位二进制的地址信息(一个字节)、功能码信息(一个字节)、数据信息(n个字节)连续累加,丢弃进位位,保留一个字节。

具体来说,Modbus网络的发送方在对原始的上述信息码元累加后,还要取其补码,即对累加值加1后再取反。与对其他域的信息码元一样,将其转换成两个ASCII码字符,填入

ASCII 模式的消息帧格式，高位在前，低位在后。

对 Modbus 网络的接收方来说，在接收到消息帧格式中所有字符，并且没有检测到奇偶错误后，将地址域、功能域、数据域、差错校验域的 ASCII 代码信息还原成原始信息码后，所有数据单元字节累加，丢弃进位位。如果累加结果是 0，认为该消息帧的传输正常无差错，否则传输失败。

3. CRC 校验

CRC 校验是数据通信中应用最广的一种差错检验方法，编码和解码方法简单，检错和纠错能力强。方法是在发送端用数学方法产生一个循环冗余检验码，在信息码位之后随信息一起发出。在接收端也用同样方法产生一个循环冗余校验码。将这两个校验码进行比较，如果一致就证明所传信息无误；如果不一致就表明传输中有差错。

使用 RTU 模式时，消息包括了一基于 CRC 方法的差错检测域。CRC 域检测整个消息的内容(地址、功能、数据)，将它们看作是一个连续的信息码元。CRC 域是两个字节，包含一 16 位的二进制值。它由传输设备计算后加入到消息中。接收设备重新计算收到消息的 CRC，并与接收到的 CRC 域中的值比较，如果两值不同，则说明传输有误。

Modbus 的 CRC 计算是先将一个 16 位寄存器全置“1”，然后逐个将消息中的 8 位字节与当前寄存器中的值进行计算处理。仅消息中每个字符中的 8 bit 数据参与 CRC 计算，异步通信字符格式中的起始位和停止位以及奇偶校验位均无效。

CRC 产生过程中，每个 8 位字符都和寄存器的当前值进行异或运算，然后结果逐位右移，向最低有效位(LSB)方向移动，最高有效位(MSB)以 0 填充。检测移出的 LSB，如果 LSB 为 1，则寄存器和预置的固定值(该固定值为 A001H，是 Modbus 的 CRC 校验码的生成多项式)异或；如果 LSB 为 0，不作异或运算。重复上述移位检测过程 8 次，在最后一位(第 8 位)完成后，下一个 8 位字节又与寄存器的当前值异或，然后再进行 8 次移位检测。当所有的消息字节完成以上过程后，最终得到的寄存器值为 CRC 值。

Modbus 的 CRC 码的具体计算步骤如下：

(1) 预置 1 个 16 位的寄存器为十六进制 FFFF(即全为 1)；称此寄存器为 CRC 寄存器；

(2) 将消息的第一个 8 bit 字节与 16 位 CRC 寄存器的低 8 位进行异或，并把结果存入 CRC 寄存器；

(3) 把 CRC 寄存器的内容右移一位(朝低位方向)，用 0 填补最高位，并检查右移后的移出位；

(4) 如果移出位为 0，重复第 3 步(再次右移一位)；如果移出位为 1，CRC 寄存器与多项式 A001H(1010 0000 0000 0001，Modbus 的 CRC 校验码的生成多项式)进行异或；

(5) 重复步骤 3 和 4，直到右移 8 次，这样整个 8 位数据全部进行了处理；

(6) 重复步骤 2 到步骤 5，进行通信消息帧下一个字节的处理；

(7) 将该通信消息帧所有字节按上述步骤计算完成后，得到的 16 位 CRC 寄存器的高、低字节进行交换；最后得到的 CRC 寄存器内容即为 CRC 码。

5.2.3 消息帧格式

不管是 ASCII 传输模式还是 RTU 传输模式，传输设备都要将 Modbus 消息转为有起点和终点的帧，才能使接收的设备在消息起始处开始工作，读取地址信息，判断是否被选中(广播方式时所有设备选中)，判知何时信息已完成。可以通过侦测某些信息，得出通信是否出错的信息。

1. ASCII 模式的帧格式

ASCII 传输模式中，消息以冒号‘:’字符(ASCII 码 3AH)开始，以回车‘CR’、换行‘LF’符结束(ASCII 码分别是 0DH，0AH)，作为消息帧的起始和结束标志。

其他域可以使用的传输字符是十六进制的 0～9，A～F。网络上的设备不断侦测‘:’字符，当接收到一个冒号时，每个设备解读下个域(地址域)的信息，来判断是否是发给自己的。

消息中字符间发送的时间间隔最长不能超过 1 秒，否则接收的设备将认为传输错误。一个典型的 ASCII 模式的消息帧如图 5.4 所示：

起始字 ‘:’	设备地址	功能代码	n个数据字节	LRC 校验码	停止字 ‘CR’	停止字 ‘LF’
1个字符	2个字符	2个字符	$2n$个字符	2个字符	1个字符	1个字符

图 5.4 ASCII 消息帧格式

地址信息是由两个十六进制字符组成的 8 bit 字节，分成高半字节和低半字节，分别用一个 7 bit 的 ASCII 码字符表示。对应高半字节的 ASCII 码字符放在地址域的前面先发送，低半字节的 ASCII 码字符放在后面。

单字节的功能代码、数据域的每个数据字节、单字节的 LRC 校验码的处理方式与地址的处理方式相同，每个字节用两个 ASCII 码字符表示，高半字节的在前面，低半字节的在后面。

所以，ASCII 码消息帧从头至尾是由一串 ASCII 码字符组成的。

在标准的 Modbus 网络上，每个字符或字节位的发送顺序是从最低位(LSB)到最高位(MSB)，即从左到右。图 5.5 是 ASCII 模式位顺序图。

有奇偶校验

启始位	1	2	3	4	5	6	7	奇偶位	停止位

无奇偶校验

启始位	1	2	3	4	5	6	7	停止位	停止位

图 5.5 ASCII 模式字符位顺序图

2. RTU 模式的帧格式

使用 RTU 模式时，消息发送至少要以 3.5 个字符时间的停顿间隔开始。1 个字符时间(T)是 RTU 模式时传输一个字符所需要的时间，根据传输格式和所使用的网络波特率可计算出字符传输的时间。

RTU 模式是用时间间隔作为消息帧的起始和结束标志，传输的信息是未经过编码的原始码元。

典型的 RTU 模式消息帧如图 5.6 所示。

RTU 模式帧传输的第一个域是设备地址，可以使用的传输字符是十六进制的 0～9，A～F。网络设备不断侦测网络总线，包括停顿的间隔时间。当接收到第一个域(地址域)，每个设

起始符	设备地址	功能代码	n个数据字节	CRC校验	结束符
$4T$间隔	8 bit	8 bit	n个8 bit	16 bit	$4T$间隔

图 5.6　RTU 消息帧格式

备都会判断是否是发给自己的。在最后一个传输字符之后，一个至少 3.5 个字符时间的停顿标定了消息的结束。一个新的消息可在此停顿后开始。

整个消息帧必须作为一连续的信息流传输。如果在帧完成之前有超过 1.5 个字符时间的停顿，接收设备将丢弃在此之前接收到的不完整的消息，并假定下一字节是一个新消息的地址域。同样地，如果一个新消息是在小于 1.5 个字符时间内接着前个消息开始，接收的设备将认为它是前一消息的延续。这将导致一个错误，因为最后的 CRC 域的值不可能是正确的。

差错检测域包含一 16 位的 CRC 校验码值(用两个字节表示)，附加在消息的最后，先是低字节然后是高字节。故 CRC 的高位字节是发送消息的最后一个字节。CRC 的值是发送设备通过对消息内容进行循环冗长检测计算后得出的。接收方在收到该字符串时按同样的方式进行计算，并将结果同收到的循环冗余校验的两个字节进行比较，如果一致则认为通信正确，如果不一致，则认为通信有误，接收方将发送 CRC 错误应答。

RTU 模式字符位的发送顺序也是从最低位(LSB)到最高位(MSB)，即从左到右，如图5.7所示。

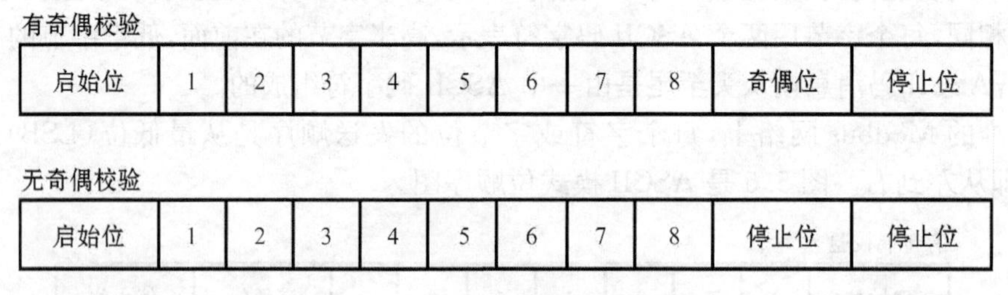

图 5.7　RTU 模式字符位顺序图

3. Modbus 网络传输举例

设在 Modbus 网络上，主机向地址为 06H 的从机发出查询，请求读取从从机地址 006BH 开始的三个 16bit 的双字寄存器数据。设这三个双字寄存器的内容依次分别是：022BH、0000H、0063H。分析收发过程，写出两种模式的帧格式。

1) 主机查询过程

Modbus 协议中寄存器的地址和数量都用双字节数表示。查找功能码表(表 5.3)，完成该行为的功能码是 03H。该例的数据域信息是寄存器地址(双字节)006BH 和寄存器数量(双字节)0003H，这是主机发给从机的包含在数据域中的附加信息，是从机执行由功能代码所定义的行为时所需要的信息。主机要向从机发送 6 个字节的原始数据：06H、03H、00H、6BH、00H、03H。

在发送前主机还要计算 LRC 校验码(ASCII 模式时)，或 CRC 校验码(RTU 模式时)，放入查询消息帧的校验域。

主机查询消息帧的格式如表 5.4 所示：

表5.4　主机查询消息帧格式

域名	信息数据(Hex)	ASCII字符	RTU8 bit域
帧头		‘:’	时间间隔
从机地址	06	‘0’,‘6’	0000 0110
功能	03	‘0’,‘3’	0000 0011
开始高字节地址	00	‘0’,‘0’	0000 0000
开始低字节地址	6B	‘6’,‘B’	0110 1011
寄存器数的高字节	00	‘0’,‘0’	0000 0000
寄存器数的低字节	03	‘0’,‘3’	0000 0011
差错检测		‘LRC高半字节’	CRC高字节
		‘LRC低半字节’	CRC低字节
帧尾		‘CR’,‘LF’	时间间隔
总字节数	6	17	8

表中单引号‘ ’表示将某个字符转换成ASCII码,例如‘:’=3AH,‘6’=36H,‘CR’=0DH,‘LF’=0AH。

ASCII模式时主机总共要发送(1+6×2+2+2)=17个字符(ASCII码)。

RTU模式时主机总共要发送(6+2)=8个字符,在消息帧两头需留空隙。

该例中查询消息帧的LRC校验码值的计算如下:

(1) 6个字节的信息数据累加,丢弃进位位:

06+03+00+6B+00+03=77(H)=0111 0111(B)

(2) 再取其补码(取反、加1):1000 1000+1=1000 1001=89(H)

(3) LRC校验码值是89(H),对应的ASCII码是:

‘LRC高半字节’=‘8’=38(H)

‘LRC低半字节’=‘9’=39(H)

每一个字符是起止式异步传输,具体格式见表5.1(ASCII码模式),或表5.2(RTU模式)。

2) 从机回应过程

从机在检测到消息帧的头(ASCII模式时的‘:’(3AH),RTU模式时的3.5个字符的时间间隔),并确认收到的地址信号是本机地址后,接收全部消息帧的信息。在检测到消息帧的尾后(ASCII模式时的‘CR’,‘LF’(0DH,0AH),RTU模式时的至少1.5个字符的时间间隔),该主机发送从机接收的过程结束。

从机在接收过程中,对接收到的每一个字符还要进行奇/偶校验(如果约定有的话),判断接收到的字符是否有差错。如有差错,接收过程结束,从机开始等待接收新的消息帧。

ASCII模式时信息是以ASCII码形式传输的,所以在消息帧中的字符全部正常接收完后,从机要根据ASCII码与字符的映射关系,将ASCII码信息转换为原码信息,包括地址、功能、数据和LRC校验码。

在消息帧中的字符全部正常接收完后,从机还要重新计算校验码,与接收到校验码值进行比较,判断接收过程是否有差错。

ASCII 模式时，接收方接受完消息帧后，还要进行 LRC 帧校验。发送方计算并发出的 LRC 校验值是地址、功能、数据字节的累加结果(丢弃进位位)的补码，所以该补码再加原先的地址、功能、数据字节的结果应是 0。接收方在帧接收结束后，根据接收到的地址、功能、数据字节重新计算校验码，与接收到的校验码进行比较，判断接收过程是否有差错。实际具体的做法是:将接收到的原码信息—地址、功能、数据和 LRC 校验码值，按字节累加，丢弃进位位，如果得到的忽略进位位的单字节结果是 0，表示该信号帧的传输正确无差错，否则表示 LRC 校验有差错，数据传输失败。

只有当奇偶字符校验、帧校验均无差错时，从机才有可能对主机正常回应，否则是异常回应，或无回应。

本例从机正常回应消息帧的格式如表 5.5 所示：

表 5.5 从机回应消息帧的格式

域名	信息数据(Hex)	ASCII 字符	RTU8 bit 域
帧头		‘:’	时间间隔
从机地址	06	‘0’,‘6’	0000 0110
功能	03	‘0’,‘3’	0000 0011
返回字节数	06	‘0’,‘6’	0000 0110
数据 1(高字节)	02	‘0’,‘2’	0000 0010
数据 1(低字节)	2B	‘2’,‘B’	0010 1011
数据 2(高字节)	00	‘0’,‘0’	0000 0000
数据 2(低字节)	00	‘0’,‘0’	0000 0000
数据 3(高字节)	00	‘0’,‘0’	0000 0000
数据 3(低字节)	63	‘6’,‘3’	0110 0011
差错检测		‘LRC 高半字节’	CRC 高字节
		‘LRC 低半字节’	CRC 低字节
帧尾		‘CR’,‘LF’	时间间隔
总字节数	9	23	11

从机的回应消息帧中功能代码还是接收到的代码，说明是正常响应，否则该代码的最高位会置 1，表示异常回应。

“返回字节数” 表明了附在数据区中的 8 bit 字节数的返回数量。当在缓冲区组织响应信息时，“字节数”区域中的值应与该信息中数据区的字节数相等。

返回的数据是双字节字长，所以划分为高字节和低字节。

回应的 LRC 校验码值的计算如下：

(1) 9 个字节的信息数据累加，丢弃进位位：

06＋03＋06＋02＋2B＋00＋00＋00＋63＝9F(H)＝1001 1111(B)

(2) 再取其补码(取反、加 1)：

0110 0000＋1＝0110 0001＝61(H)

(3) ‘LRC 高半字节’＝‘6’＝36(H)

‘LRC 低半字节’＝‘1’＝31(H)

主机在接收从机的回应时，也会通过奇偶校验和帧校验对传输过程是否存在差错作出评估。

本章习题

1. 什么是奇偶校验码？什么是 LRC（纵向冗长检测）校验码？在异步通信中是如何起校验作用的？
2. Modbus 通信协议的信息帧中包含有哪些信息？
3. Modbus 通信协议是通过什么方式来分辨出消息帧的起始和结束的？
4. Modbus 通信协议以 ASCII 模式传输一组十六进制的字节数据时，其具体发送格式是怎样的？
5. 在 ASCII 码模式的 Modbus 传输总线上探测到这样一组 ASCII 码数据：…'LF'、':'、'0'、'3'、'0'、'1'、'0'、'0'、'1'、'2'、'0'、'0'、'0'、'8'、'E'、'2'、'CR'、'LF'、':'…。问：
   (1) 所展示的这组信息中哪些数据构成了一个完整的信息帧？
   (2) 该信息帧与哪一个地址的从机有关？
   (3) 该信息帧中哪些是校验码信息？
   (4) 从接收方的角度，根据校验码信息，计算判断该信息帧是否有差错？
   (5) 以奇校验异步传输方式，画出在发送字节'LF'(=0AH)的位时序波形。
6. 如图所示是 Modbus 总线 ASCII 码模式传输一个字符时的完整波形，该字符的传输时间 $T=2.083$ ms。试回答下列问题：

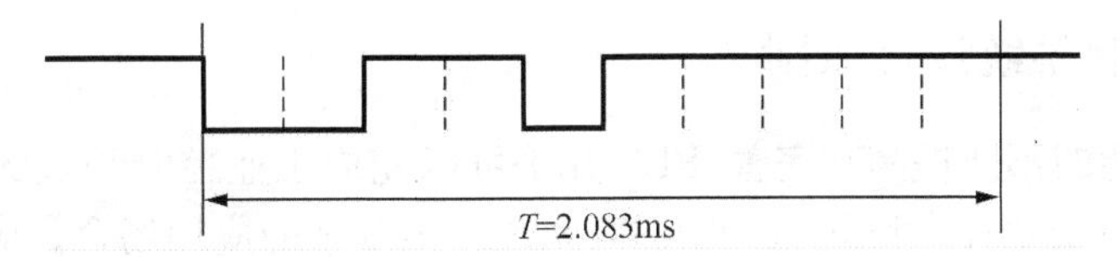

   (1) 写出该字符的二进制编码；
   (2) 说明是偶校验还是奇校验；
   (3) 传输的波特率是多少？
7. Modbus 总线上的主机向地址为 04H 的从机发送：功能代码 03H、字节数 04H、数据 1(62H)，数据 2(2BH)、数据 3(56H)、数据 4(63H)、数据 5(63H)，包括地址共 8 个十六进制字节，以 ASCII 模式发送。问：
   (1) LRC 校验码是如何计算的？校验值是多少？在收发过程中起什么作用？
   (2) 依次按发送顺序写出要发送的 ASCII 码字节（包括起始字':'=3AH，停止字'CR'=0DH、'LF'=0AH）。
8. 为什么说 PROFIBUS 现场总线协议是混合总线访问协议？

第6章　基于PLC的控制系统设计

6.1　PLC控制系统设计原则与步骤

PLC控制技术是一种用于工程实际的应用技术，在各种不同的控制场合应用十分广泛。虽然PLC是一种可靠性很高的工业控制装置，但如果使用不当，同样会产生这样那样的问题，尤其是系统设计的水平，将直接影响到控制系统、设备的运行可靠性。

根据不同的控制要求设计出运行稳定、动作可靠、安全实用、操作简单、调试方便、维护容易的控制系统，既是学习PLC技术的根本目的，也是编写本书的根本宗旨之一。

与绝大多数计算机控制系统设计一样，PLC控制系统设计也可以分为系统规划（总体设计）、硬件设计、软件设计这几个基本的步骤，每一部分的设计都有不同的要求。本章将按照实际工程设计的步骤，对PLC控制系统的具体设计过程作较为系统、完整的介绍，内容涉及控制系统规划、硬件设计、软件设计等方面的基本方法与步骤，还包括控制系统设计中需要注意的基本问题。

6.1.1　PLC控制系统设计原则

随着PLC功能的不断提高和完善，PLC几乎可以完成工业控制领域的所有任务，它最适应工业环境较差，对安全性、可靠性要求较高、系统工艺复杂的应用场合。应用PLC进行系统设计时应遵循以下原则：

1. 最大限度地满足控制要求

充分发挥PLC功能，最大限度地满足被控对象的控制要求是设计控制系统的首要前提。设计人员要深入现场进行调查研究，收集资料。同时要注意和现场工程管理和技术人员及操作人员紧密配合，收集有效的控制经验，共同解决重点问题和疑难问题。

2. 保证系统的安全可靠

控制系统长期运行中能否安全、可靠、稳定是设计控制系统的重要原则。这就要求在系统设计上、器件选择上、软件编程上要全面考虑。比如说，在硬件和软件的设计上，应该保证PLC程序不仅在正常条件下能正确运行，而且在一些非正常的情况下（如突然掉电再上电、按钮按错、信号引线断路等）也能正常运行或至少不会造成安全事故；程序能接收并且只能接收合法操作，对非合法操作能予以拒绝等。

3. 力求简单、经济、使用与维修方便

在完全满足控制对象的要求，确保系统安全性、可靠性的前提下，系统的设计应尽可能简单、实用，以降低系统的使用和维护成本。系统的简单设计也是提高系统可靠性的重要措施。

4. 适应发展的需要

在控制系统的设计时，要适当考虑到今后控制系统的发展和完善的需要。这就要求在选择 PLC 机型和 I/O 模块时，要适当留有余量。

6.1.2　PLC 控制系统设计的内容与步骤

PLC 控制系统的主要设计内容与实施步骤如图 6.1 所示。

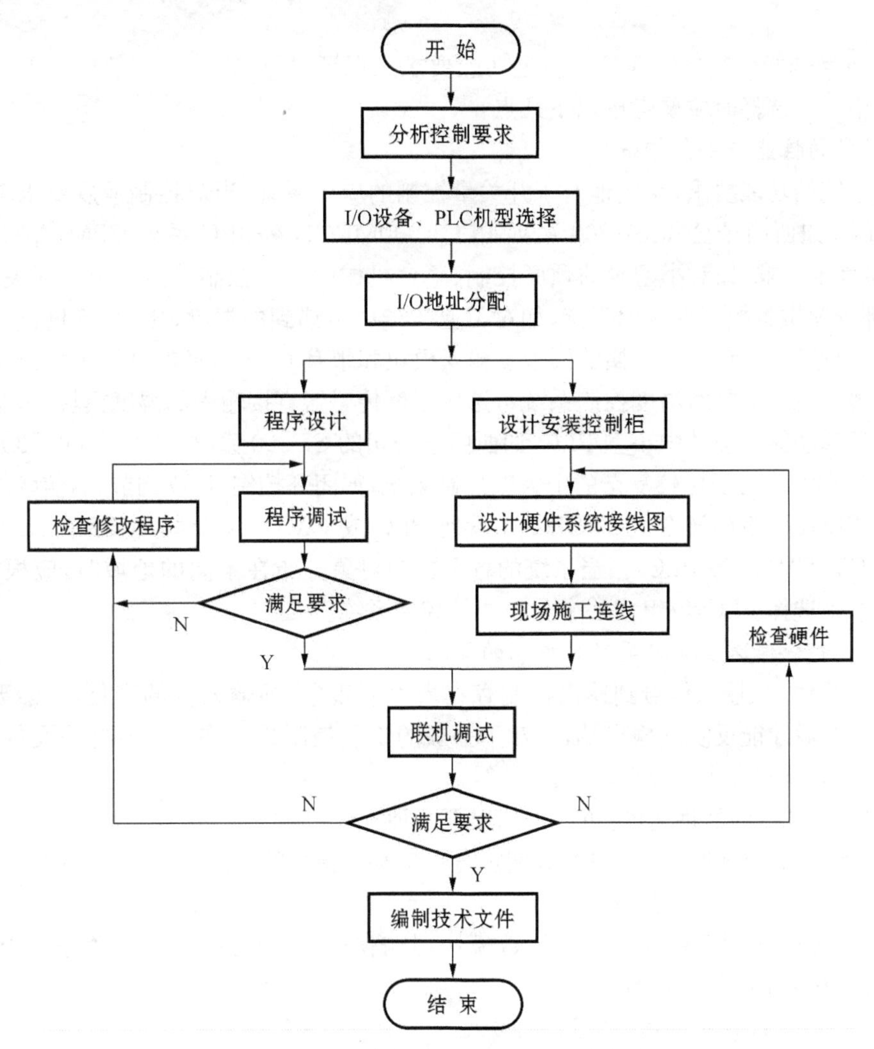

图 6.1　PLC 控制系统的主要设计内容与步骤

1. 分析被控对象并提出控制要求

详细分析被控对象的工作过程及工作特点，了解被控对象机、电、液之间的配合，提出被控对象对 PLC 控制系统的控制要求，确定控制方案，拟定设计任务书。控制要求主要是指控制的基本方式、应完成的动作、自动循环的组成、必要的保护和连锁等。

2. 确定输入/输出设备

根据系统的控制要求，确定系统所需的全部输入设备(如：按钮、选择开关、行程开关及各种传感器等)和输出设备(如：继电器、接触器、电磁阀、信号指示灯及其他执行器等)，从而确定与 PLC 有关的输入/输出设备，以确定 PLC 的 I/O 点数。

3. 选择合适的 PLC 类型

根据已确定的用户输入/输出设备,统计所需的 I/O 信号点数,选择合适的类型,包括以下几个方面:PLC 机型、PLC 容量(I/O 点数、用户程序存储器)、数字量 I/O 模块(注意输入信号的类型及电压等级,和输出方式)、模拟量 I/O 模块、电源模块、特殊功能模块、通信联网能力等。

PLC 机型选择的基本原则是在满足功能要求及保证可靠、维护方便的前提下,力争最佳的性能价格比。选择时主要考虑以下几点:

1) PLC 的性能与任务相适应

根据系统的功能要求,相应地对于开关量控制的应用系统,当对控制速度要求不高时,选用小型 PLC(如西门子公司 S7-200 系列 PLC 或 OMRON 公司 C 系列 CPM1A/CPM2A 型 PLC)就能满足要求,如对小型泵的顺序控制、单台机械的自动控制等。对于以开关量控制为主,带有部分模拟量控制的应用系统,如对工业生产中常遇到的温度、压力、流量、液位等连续量的控制,应选用带有 A/D 转换的模拟量输入模块和带有 D/A 转换的模拟量输出模块,配接相应的传感器、变送器(对温度控制系统可选用温度传感器直接输入的温度模块)和驱动装置,并且选择运算功能较强的中小型 PLC,如西门子公司的 S7-300 系列 PLC 或 OMRON 公司的 CQM1H 型 PLC。对于比较复杂的中大型控制系统,如闭环控制、PID 调节、通信联网等,可选用中大型 PLC(如西门子公司的 S7-400 系列 PLC 或 OMRON 公司的 C200HE/C200HG/C200HX、CV/CVM1 等 PLC)。当系统的各个控制对象分布在不同的地域时,应根据各部分的具体要求来选择 PLC,以组成一个分布式的控制系统。

2) PLC 的处理速度应满足实时控制的要求

PLC 工作时,从输入信号到输出控制存在着滞后现象,即输入量的变化,一般要在 1～2 个扫描周期之后才能反映到输出端,这对于一般的工业控制是允许的。但有些设备的实时性要求较高,不允许有较大的滞后时间。

为了提高 PLC 的处理速度,可以采用以下几种方法:

- 选择 CPU 处理速度快的 PLC,使执行一条基本指令的时间不超过 0.5 μs。
- 优化应用软件,缩短扫描周期。
- 采用高速响应模块,例如高速计数模块,其响应的时间可以不受 PLC 扫描周期影响,而只取决于硬件的延时。

3) 合理的 PLC 结构形式、机型系列应统一

PLC 的结构分为整体式和模块式两种。整体式结构把 PLC 的 I/O 和 CPU 放在一块电路板上,省去插接环节,体积小,每一 I/O 点的平均价格比模块式结构的便宜,适用于工程比较稳定、控制要求比较简单的系统;模块式 PLC 的功能扩展,I/O 点数的增减,I/O 点数的比例,都比整体式方便灵活,维修更换模块、判断与处理故障快速方便,适用于工艺过程变化较多、控制要求复杂的系统。在使用时,应按实际情况进行选择。

在一个单位或一个企业中,应尽量使用同一系列的 PLC,这不仅使模块通用性好,减少备件量,而且给编程和维修带来极大方便,还给系统的扩展升级带来方便。

4. 分配 I/O 点并设计 PLC 外围硬件线路

1) 分配 I/O 点

画出 PLC 的 I/O 点与输入/输出设备的连接图或对应关系表,该部分也可在第 2 步中

进行。

2）设计 PLC 外围硬件线路

画出系统其他部分的电气线路图，包括主电路和未进入 PLC 的控制电路等。

由 PLC 的 I/O 连接图和 PLC 外围电气线路图组成系统的电气原理图。至此，系统的硬件电气线路已经确定，然后就可以进行 PLC 程序设计，同时也可进行控制柜或操作台的设计和现场施工。

5. 程序设计

1）程序设计

根据系统的控制要求，采用合适的设计方法来设计 PLC 程序。程序要以满足系统控制要求为主线，逐一编写实现各控制功能或各子任务的程序，逐步完善系统指定的功能。除此之外，程序还应包括连锁保护、设备状态检测故障诊断的内容。

2）程序模拟调试

程序模拟调试的基本思想是，以方便的形式模拟产生现场实际状态，为程序的运行创造必要的条件。根据产生现场信号的方式不同，模拟调试有硬件模拟法和软件模拟法两种形式。硬件模拟法是使用一些硬件设备（如用另一台 PLC 或一些输入器件等）模拟产生现场的信号，并将这些信号以硬接线的方式连到 PLC 系统的输入端，其时效性较强；软件模拟法是在 PLC 中另外编写一套模拟程序，模拟提供现场信号。该方法简单易行，但时效性不易保证。

模拟调试过程中，可采用分段调试的方法，将程序分解为一段段分别进行调试，并且利用编程器的监控功能。

6. 硬件实施

硬件实施方面主要是进行控制柜（台）等硬件的设计及现场施工，主要内容有：①设计控制柜和操作台等部分的电器布置图及安装接线图；②设计系统各部分之间的电气互连图；③根据施工图纸进行现场接线，并进行详细检查。

由于程序设计与硬件实施可同时进行，因此 PLC 控制系统的设计周期可大大缩短。

7. 联机调试

联机调试是将通过模拟调试的程序进一步进行在线统调。联机调试过程应循序渐进，从 PLC 只连接输入设备、再连接输出设备、再接上实际负载等逐步进行调试。如不符合要求，则对硬件和程序作调整。通常只需修改部份程序即可。

全部调试完毕后，交付试运行。经过一段时间运行，如果工作正常、程序不需要修改，应将程序固化到 EPROM 中，以防程序丢失。

8. 整理和编写技术文件

技术文件包括设计说明书、硬件原理图、安装接线图、电气元件明细表、PLC 程序以及使用说明书等。

6.2　PLC 应用系统程序设计

根据 PLC 系统硬件结构和生产工况要求，或软件规格说明书，使用相应的编程语言指令，编制可正常投入使用的实际应用程序，并编写程序说明书，这就是应用系统软件（程序）设计所要完成的主要任务。

6.2.1 PLC应用系统程序设计过程

PLC程序设计一般可分为以下6个步骤:前期准备工作、编制I/O分配表、绘制PLC程序框图、程序编写、程序调试、编写程序说明书。

1. 前期准备工作

首先要了解并熟悉被控对象(机电设备或生产过程)的工况(需要完成的动作及完成这些动作的顺序等)和控制要求,明确PLC系统必须具备的功能。

2. 编制I/O分配表

分配输入/输出设备,并将PLC的输入、输出口与之对应进行分配,编制I/O分配表。PLC是按编号来区别操作元件的,I/O分配时对元件的编号使用一定要明确。同一个软件继电器的线圈(输出点)和它的触点要使用同一编号;每个元件的触点使用时没有数量限制,但每个元件的线圈在同一程序中不能出现多用途。

为了增加PLC程序的直观性与易读性,PLC的软元件可以用具有特别含义的别名来表示。例如,假设西门子S7系列PLC的输入点I0.0接的是一个控制设备启动运行的按钮,则可以在编程软件中将I0.0取名为Start_B,表示是"启动按钮",设置定义后程序中的I0.0和Start_B将是等同的。

编程中所用到的内部辅助继电器、时间继电器、标志位、寄存器等也需进行分配,编制相应的表格,加强程序的可读性。

3. 绘制PLC程序框图

在完成前期准备工作的基础上进行总体设计,绘制总程序框图,将整个程序根据功能的要求分成若干个相对独立的部分,分析它们之间在逻辑上、时间上的相互关系,使设计出的软件在总体上结构清晰、简洁,流程合理;在总框图的基础上,再根据工况要求,绘制出各个功能单元的详细功能框图。

框图是编程的主要依据,要尽可能地准确,功能图要尽可能地详细。

4. 编写程序

根据设计出的程序框图,用梯形图或其他编程语言设计PLC程序。编写程序过程中要及时对编写的程序进行注释,便于之后的查看和修改。

5. 程序调试

程序测试是整个程序设计工作中一项很重要的内容。测试可以按功能单元进行,程序的许多功能是在测试中得以修改和完善的。各功能单元达到要求后再进行整体测试。程序测试可以是离线模拟测试,有时也需要现场在线进行。在线进行时一般不允许直接与外围设备连接,以免发生重大事故。

6. 编写程序说明书

程序说明书是程序设计的综合说明,便于以后程序的调试和修改。程序说明书一般应包括程序设计的依据、程序的基本结构、各功能单元分析、各参数的来源与设定、程序设计与调试的关键点等。

6.2.2 PLC应用系统程序设计方法

从应用的角度来看,运用PLC技术进行PLC应用系统的软件设计与开发有两个要求。

第一是学会PLC硬件系统的配置；第二是掌握编写程序技术，以进行PLC应用系统的软件设计。

在熟悉PLC的指令系统后，即可进行简单的PLC编程，但对于一个较为复杂的控制系统，设计者必须具有一定的软件设计知识和机电液控制基础知识，还要有一定的现场实践经验，这样才能开发出有实际应用价值的PLC应用系统。

值得注意的是，PLC控制系统程序不是一个单纯的软件，是与系统的输入/输出密切相关的，所以必须要熟悉系统的硬件配置，了解输入/输出设备的特性。

本节将在已熟知PLC的指令系统、系统程序的设计内容，以及编程工具软件的基础上，对PLC程序的设计方法进行比较全面的介绍。

PLC的程序设计方法通常有逻辑设计法(解析法)、经验设计法(翻译法)、功能转移图设计法(顺序功能图法)等，以及模块化设计法。

1. 模块化程序设计方法

把一个程序分成具有多个明确任务的程序模块，分别进行编写和调试，最后再把它们连接在一起，形成一个完成总任务的完整程序，这种程序设计方式叫模块化程序设计。

(1) 模块化的优点：

- 模块功能明确，难点分散，易于编程；
- 程序较清晰，可读性强；
- 程序便于修改、扩充或删节，可改性好；
- 频繁使用的功能可以编制成模块化标准程序，供移植反复使用，大大简化编程；
- 程序的设计与调试可以分块进行，便于分工，有利于加快工作速度；
- 每个模块程序可以用逻辑设计法、经验设计法、功能转移图设计法进行设计。

模块化程序设计方法的原理是：针对一个问题或任务，程序设计人员立足于全局，考虑如何解决这一问题的总体思路，而不涉及每个局部细节；在确保全局的正确性之后，再分别对每个局部进行考虑，而每个局部又将是一个问题或任务；如有必要，每个局部还可以进一步细化，分解成更小的模块。所以模块化程序设计方法是自上而下、逐步求精的方法。

(2) 模块的划分：

划分模块必须根据任务确定，模块的划分具有相当的灵活性，但也并不是说灵活得可以任意划分。划分时应有一些指导原则，这些原则大概可归纳为以下几个方面：

- 每个模块应该具有独立的功能，能产生一个明确的结果。
- 模块进入和退出的条件应尽量简单，模块间传递的信息量应尽量小。
- 模块的长度应适中，因为模块太长，对于理解和调试会发生困难，失去模块化的优越性，若是太短，则为模块所做的连接反而变得繁杂。
- 专门设计一个输出控制模块，综合其他模块中的输出控制信号后统一输出，以避免多线圈输出。其他模块中的输出控制信号都用辅助继电器等表示，不直接使用输出点。
- 一般还需要设计一个初始化模块，只在用户程序开始执行的第一个扫描周期内运行一次，做一些初始化的操作，为启动作必要的准备，避免系统发生误动作。初始化程序的主要内容有：对某些数据区、计数器等进行清零，对某些数据区所需数据进行恢复，对某些继电器进行置位或复位，对某些初始状态进行显示等等。
- 检测、故障诊断和显示等程序。这些程序相对独立，一般在程序设计基本完成时再添加。

所以，系统总程序一般由一个初始化模块、若干功能模块和一个输出控制模块组成，其中功能模块中还包括了检测、故障诊断和显示等模块。

模块化程序设计方法适用于比较大而复杂的设计任务，如果待解决的问题比较简单，所编制的程序又不大时，就可以将整个程序放在一个模块中，不必再划分。

目前大多 PLC 编程环境都支持子程序功能。子程序的特点是一次编程，多次使用。子程序是不能够单独执行的，它只能被其他的程序调用。因为子程序不能够单独的执行，所以不同的子程序中使用了同一个输出线圈，也不会产生双线圈问题。在定义子程序时使用形参完成内部的程序流程，然后调用这个子程序，将实参传递到子程序中，可以大大减少工作量。

系统程序模块化设计的框架下，各模块的具体设计可以采用以下要介绍的几种方法。

2. 基于经验的设计方法

经验设计法对于一些比较简单程序设计是比较奏效的，可以收到快速、简单的效果。但是，由于这种方法主要是依靠设计人员的经验进行设计，所以对设计人员的要求也比较高，特别是要求设计者有一定的实践经验，对工业控制系统和工业上常用的各种典型环节比较熟悉。经验设计法没有规律可遵循，具有很大的试探性和随意性，往往需经多次反复修改和完善才能符合设计要求，所以设计的结果往往很不规范，可读性差。

经验设计法一般适合于设计一些简单的梯形图程序或复杂系统的某一局部程序（如手动程序等）。

3. 基于逻辑函数的设计方法

逻辑设计方法是基于逻辑量之间的与、或、非关系，以逻辑组合或逻辑时序的方法和形式来处理逻辑量的输入与输出之间的关系，并根据得到的逻辑函数式设计 PLC 程序。

逻辑设计法适合于设计开关量控制程序，它是将输入输出元件的通、断电状态视为触点的通、断状态并以逻辑变量表示，对控制任务进行逻辑分析和综合，获得各输出与输入之间的逻辑关系。逻辑设计方法可分为组合逻辑设计法和时序逻辑设计法两种。组合逻辑的输出仅与输入的现状有关，而与输入的历史情况无关；时序逻辑的输出不仅与输入的现状有关，而且还与输入的历史状况有关。

逻辑设计方法既有严密可循的规律性，明确可行的设计步骤，又具有简便、直观和规范的特点，它是建立在数字电路基础之上的，其理论基础是逻辑代数。逻辑代数的三种基本运算“与”、“或”、“非”都有着非常明确的物理意义，逻辑函数表达式的线路结构与 PLC 梯形图相互对应，可以直接转化。

用逻辑设计法进行程序设计一般可分为以下几个步骤：

1）明确控制任务和控制要求

通过分析工艺过程绘制工作循环和检测元件分布图，取得电气执行元件功能表。

2）绘制系统状态转换表

详细绘制系统状态转换表，通常它由输出信号状态表、输入信号状态表、状态转换主令表和中间记忆装置状态表 4 个部分组成。状态转换表全面、完整地展示了系统各部分、各时刻的状态和状态之间的联系及转换，非常直观，对建立控制系统的整体联系、动态变化的概念有很大帮助，是进行系统分析和设计的有效工具。

3）系统逻辑设计

根据状态转换表进行系统的逻辑设计，包括列写中间记忆元件的逻辑函数式和列写执行元件（输出量）的逻辑函数式。这两个函数式组，既是生产机械或生产过程内部逻辑关系和变化规律的表达形式，又是控制系统实现控制目标的程序设计理论依据。

4）逻辑设计结果转化为PLC程序

逻辑设计的结果（逻辑函数式）能够很方便地过渡到PLC程序，特别是语句表形式，其结构和形式都与逻辑函数式非常相似，很容易直接由逻辑函数式转化。当然，如果设计者需要由梯形图程序作为一种过渡，或者选用的PLC的编程器具有图形输入的功能，则也可以首先由逻辑函数式转化为梯形图程序。

4. 基于功能转移图的设计方法

状态迁移图，又称状态流程图、状态转移图，简称状态图，用来描述一个系统可能出现的所有工作状态，并且指示引起或导致一个工作状态转换到另一个工作状态的转换条件。

状态迁移图是描述控制系统的控制过程、功能和特性的一种有力工具，具有直观、简单的特点。在状态图中用圆形框或椭圆框表示状态，通常在框内标上状态名或代号；从一个状态到另一个状态的转换用箭头线表示，箭头表明转换方向，箭头线上写上状态转换的条件，如图6.2所示。

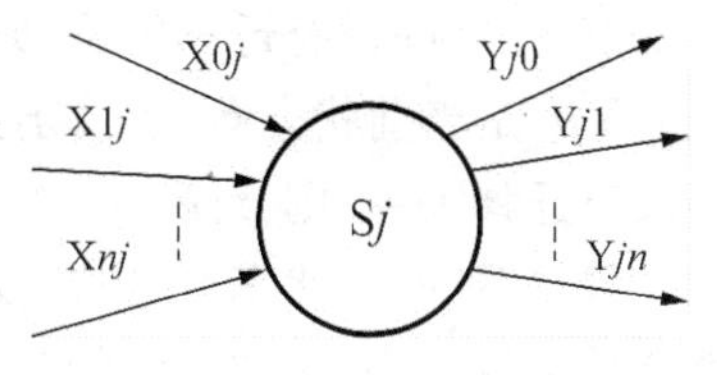

图6.2　状态及迁移条件

除了状态迁移图，还可以用状态迁移表来表示状态之间的关系。状态迁移表的优点是信息涵盖面大，缺点是视觉上不够直观，因此它并不能取代状态迁移图。实际使用中可以将图形和表格结合应用，用图形展现宏观，用表格说明细节。

各状态的标志用PLC的中间继电器表示，或用不同的数字量表示。进入条件成立时，状态将发生迁移，对应的源状态退出，进入当前状态；退出条件成立时，当前状态退出，进入另一个目标状态。当前状态的源状态和目标状态可以有多个。

采用状态迁移图设计法进行PLC程序设计的基本步骤是：状态划分、转换条件确定、状态迁移图和功能表图绘制、梯形图（或其他语言）程序编制。

1）状态的划分

状态是多维的，从不同的角度对系统的状态进行划分，可以得到不同的状态组合。用户的控制要求不同，或设计者的设计思路不同，系统状态的划分与状态之间的连接形式也有所不同。本文针对的是对系统控制过程的划分。

控制状态划分的一般原则是：每个状态具有进入和退出的条件（结束状态是例外，只有退出条件，无进入条件），不能随时进入，也不能随时退出，必须有所控制；每个状态的功能相对单一，输出量的状态基本稳定不变，相邻状态之间至少有一个输出量发生变化。

状态的进入和退出可以是受时间（定时器），或其他信号，如按钮、位置、压力、温度等的控制。除起始状态外，状态的进入与某个或多个状态的退出有关，某一时刻一个状态的进入，意味着此时至少有一个状态的退出，即状态的转换是相互的，一个状态的退出条件是一个或几个状态的进入条件。

每个状态可能有不同的进入条件，表明其有多个源状态，是在满足进入条件的情况下从某个源状态迁移过来的。在这种情况下，该状态呈现为一个是从多个并行源状态出发迁移过来的结合点。

每个状态可能有不同的退出条件，表明其有多个目标状态，在满足退出条件的情况下迁移到某个目标状态。在这种情况下，该状态呈现为一个向多个目标状态并发迁移的出发点。因此，系统的状态与状态之间是可以相互交叉的。

初始状态是系统完成某些初始化操作，然后等待起动命令的相对静止的状态。系统程序设计时至少应该有一个初始状态。

2) 状态的描述方式

图 6.2 是过程状态 Sj(j=0～n，共有 n+1 个状态)及其迁移条件的图形符号和文字符号，其中 S 是状态标记，j 是状态的代号；带箭头的线段表示状态的迁移条件及方向；Xij 是状态 Sj 的进入迁移条件，其中 i(i=0～n)表示该条件来自状态 Si；Yjk 是状态 Sj 的退出迁移条件，其中 k(k=0～n)表示当前状态退出后将进入状态 Sk。

(1) 状态进入条件：

Xij 是当前状态 Sj 的进入条件，也是源状态 Si 的退出条件，所以 Xij＝Yij。若状态 Si 与状态 Sj 之间没有迁移关系，则 Xij＝Yij＝0，对应的状态转换箭头也不用画。

Yjk 是当前状态 Sj 的退出条件，也是目标状态 Sk 的进入条件。当状态 Sj 与状态 Sk 之间没有迁移关系，则 Yjk=0，对应的线段也不用画。

只要 Sj 的源状态 Si 是有效状态(被激活的状态)，且从 Si 迁移到 Sj 的条件 Xij 成立，Sj 就会从无效状态(未被激活的状态)转换为有效状态，所以状态 Sj 的进入条件 Ij 为：

$$\mathrm{I}j = \mathrm{S}0 \cdot \mathrm{X}0j + \mathrm{S}1 \cdot \mathrm{X}1j + \cdots + \mathrm{S}n \cdot \mathrm{X}nj\ ;j = 1 \sim n$$

式中，每一个进入条件都与对应的源状态有关，是要强调只有在源状态有效的状态下进入条件才起作用。每一个进入条件是源状态的退出条件，当源状态退出后该条件可能仍然是有效的，如果不对其限制，当前状态会随时进入，系统的状态迁移时序会出现混乱。

(2) 状态退出条件：

当 Sj 成为当前状态，在完成了该状态所要完成的功能后，就会产生某一个退出当前状态进入下一个目标状态的条件。只要其可能的若干个退出条件中有一个成立，当前状态就会退出。状态 Sj 的退出条件 Qj 为：

$$\mathrm{Q}j = \mathrm{S}j \cdot (\mathrm{Y}j0 + \mathrm{Y}j1 + \cdots + \mathrm{Y}jn)\ ;j = 0 \sim n$$

3) 状态迁移控制的程序实现

在完成系统状态的划分、各状态功能的定义、各状态迁移条件的建立后，如何用 PLC 程序来实现各状态的迁移是系统程序设计的主要任务之一，在此基础上才能进行下一步的工作—各状态功能的综合实现。

状态迁移的理想状况是对应退出与进入的状态与状态之间无间隙、无重叠。无间隙是保证状态迁移链路的连续性，无重叠是避免状态功能的冲突。

PLC 的梯形图程序中，可以用 3 种方式来实现对上述状态的描述：退出优先的启-保-停实现方法、进入优先的启-保-停实现方法、复位/置位指令的实现方法。

(1) 退出优先的启-保-停实现方法：

启动-保持-停止电路简称为启-保-停电路，它有两个信号分别控制电路的启动和停止，用与启动电路并联的自保持触点来实现记忆保持功能。退出优先的启-保-停实现方法的状态逻辑式是：

$$\mathrm{S}j = (\mathrm{I}j + \mathrm{S}j) \cdot \overline{\mathrm{Q}j}$$

区别在于当启动停止信号同时有效时,即 $Ij=1$,$Qj=1$ 时,$Sj=0$,Sj 是启动状态,是状态进入优先的启-保-停电路。实现的梯形图程序如图 6.3 所示。

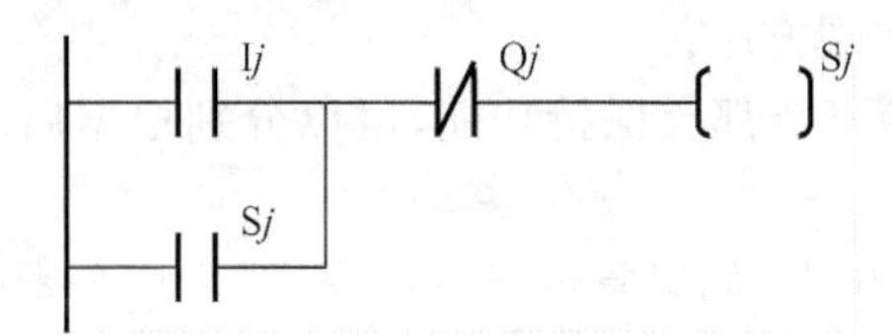

图 6.3　退出优先的梯形图

启动信号 Ij 触发状态 Sj 使其进入有效状态后才可以消失。进入条件 Ij 与 Sj 的某个源状态有关,所以在状态迁移的时序上要求:当前状态进入在先,源状态退出在后。如果不遵循该时序要求,将无法进入应该要进入的状态 Sj,使状态迁移链中断。

造成状态迁移链中断的问题是由退出优先启-保-停电路的性质所决定的。

满足上述状态时序要求后,该方法仍然存在以下问题:

问题一:状态 Sj 的进入条件 Ij 成立时,如果该状态的退出条件 Qj 也已成立(表示此时该状态的持续时间为 0),将无法进入 Sj,这对 Sj 本身是合理的,但 Sj 将无法完成其另一个功能—状态迁移的功能,不能进入下一个目标状态,同样使状态迁移链中断。

问题二:满足上述状态时序要求后,虽然解决了一般情况下的状态迁移链中断问题,但会出现另一个问题—状态重叠问题,这是由所要求的状态转换时序引起的。状态重叠现象会使状态的输出功能发生冲突。为了避免状态重叠,在编程时必须考虑:在满足状态转换时序的前提下,在一个 PLC 程序扫描周期内完成状态的迁移;或有状态重叠时,对可能出现的输出功能冲突进行必要的"互锁"。

(2) 进入优先的启-保-停实现方法:

进入优先的启-保-停电路与退出优先的启-保-停类似,也有两个控制信号,启动和停止,区别在于当启动停止信号同时有效时,即 $Ij=1$,$Qj=1$ 时,$Sj=1$,Sj 是启动状态。这种实现方法的状态逻辑式是:

$$Sj = Ij \cdot (Sj + \overline{Q}j)$$

实现的梯形图程序如图 6.4 所示。

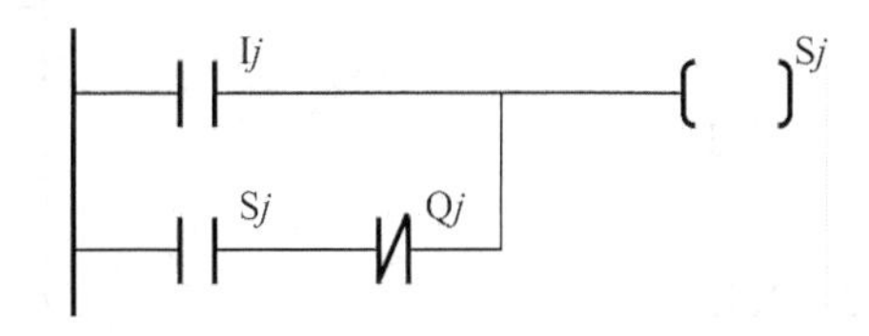

图 6.4　进入优先的梯形图

这种进入优先的启-保-停方法对状态迁移的时序有同样的要求:当前状态进入在先,源状态退出在后,避免出现状态迁移链中断问题。

满足上述状态时序要求后,除了状态重叠问题,该方法仍然存在以下问题:当出现与停止优先方法中出现的相同现象,即当状态 Sj 的进入条件 Ij 成立时,如果该状态的退出条件 Qj 也已成立(表示此时该状态的持续时间为 0),出现的问题将不是无法进入 Sj,从而造成状态迁移链中断,而是不需进入时也会进入,在保持一个 PLC 程序扫描周期后,Sj 再将有效状态迁移给下一个目标状态,然后退出。这种多余的状态进入现象会产生多余的甚至是危险的状态动作。

造成迁移过程中状态多余的问题是由进入优先启-保-停电路的性质所决定的。

(3) 复位/置位指令的实现方法:

复位(Reset)/置位(Set)指令都有保持功能,可以分别根据启动和停止信号,独立完成启动、停止控制功能。

对于同一个状态位或输出点,如果复位指令在先、置位指令紧跟在后,则是停止(退出)优先;如果置位指令在先、复位指令紧跟在后,则是启动(进入)优先。

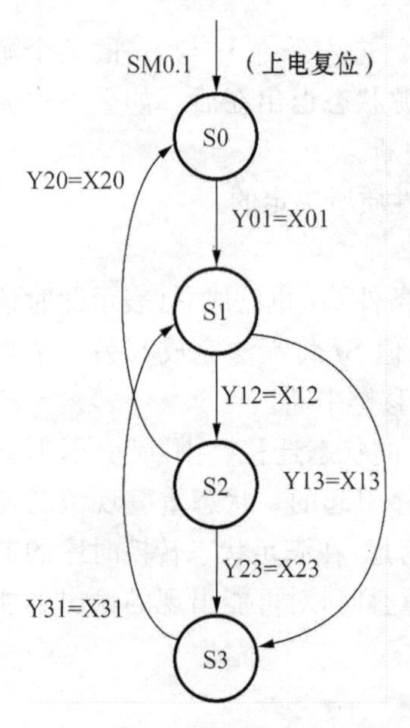

图 6.5 系统状态迁移图

如果仅从单个状态的角度出发,对每个状态逐个使用 Reset、Set 指令或 Set、Reset 指令来控制状态的转移,可以完成上述两种启-保-停方式的功能,但并不能解决它们在状态迁移控制过程中存在的问题。为了解决这个问题可以采用以下的设计思路:利用 Reset 指令和 Set 指令相对独立可以在程序中分开放置的特点,从状态进入和退出控制功能的角度出发,先进行所有状态的进入控制(Set),紧接着再进行所有状态的退出控制(Reset)。

图 6.5 是一个系统状态划分的例子,共有 4 个状态:S0～S3,分别用软中间继电器 M0.0、M0.1、M0.2、M0.3 表示。在 PLC 程序开始执行的第一个扫描周期(SM0.1=1),程序自动进入状态 S0。图中 Xij、Yjk 是状态 Sj 的进入条件和退出条件。

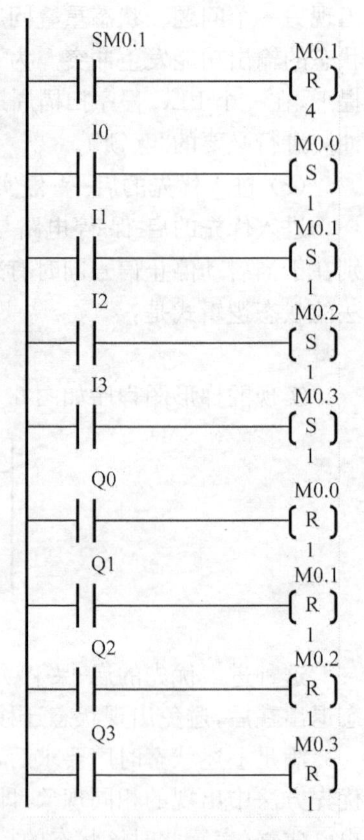

图 6.6 置位/复位指令状态迁移梯形图

图 6.6 是采用状态组进入控制在先、状态组退出控制在后的状态迁移方法,根据各状态的进入/退出条件,用置位/复位指令实现各状态迁移控制的梯形图程序。其中各状态的进入条件:

I0=SM0.0+M0.2·X20

I1=M0.0·X01+M0.3·X31

I2=M0.1·X12

I3=M0.1·X13+M0.2·X23

各状态的退出条件:

Q0=M0.0·Y01

Q1=M0.1·(Y12+Y13)

Q2=M0.2·(Y20+Y23)

Q3=M0.3·Y31。

由于状态组的进入控制(Set)在前、退出控制(Reset)在后,所以不会出现状态迁移链中断问题;虽然从程序执行的角度看,在状态组 Set/Reset 指令的执行过程中,先置位后复位,暂时会有当前进入状态位和源退出状态位的重叠，或有多余状态的出现，但这只是状态迁移控制过程中出现的暂时现象，在该功能模块程序执行结束之前会被修复，所以所控制的状态链不会中断，最后的输出状态不会重叠，也不会有多余的状态进入。

编程时系统状态的迁移控制功能可以作为一个功能程序模块或一个子程序的形式来编写。

4）各状态输出控制功能的综合实现

在状态迁移模块程序之后，是输出综合控制模块程序，用于控制PLC的输出，实现各状态的功能。该程序模块要完成两个基本功能：各状态的控制功能，和PLC输出点的综合输出功能。此外，如果状态的退出是由时间控制的，则该状态还有一个辅助的功能—定时功能：在进入状态后需马上激活一个定时器，该定时器输出信号是当前状态的退出信号，也是有关目标状态的进入信号。

各状态对应有不同的控制功能，这在功能划分时已经定义。各功能又是对应着不同的PLC输出组合，所以同一个输出点可能出现在不同的状态中。为了避免多线圈输出，不能单独对每个状态的输出进行直接的控制。

通过不同的中间变量（中间继电器或数字寄存器内的数字），根据各状态的输出功能，标记在每一个状态对每一个输出点的控制，最后再综合各状态对各输出点的控制标记，对PLC输出点进行综合控制输出。另一种方法是根据状态变量和输出点之间的对应关系，设法找出输出点和状态变量之间的逻辑关系。

设本例中各状态的输出功能如表6.1所示。

表6.1　输出功能表

状态	S0	S1	S2	S3
输出功能	Q0.0=0	Q0.0=1	Q0.0=0	Q0.0=0
	Q0.1=0	Q0.1=1	Q0.1=1	Q0.1=0
	Q0.2=0	Q0.2=0	Q0.2=1	Q0.2=1

由于某一个输出点可能同时在几个状态中都为1，所以不能单纯地在每一个状态独立地控制输出点，例如Q0.1=S1=M0.1，Q0.1=S2=M0.2，这会产生多线圈输出问题。

列出输出点关于状态变量真值表，见表6.2，然后写出各输出点关于状态变量的逻辑表达式：

Q0.0=S1=M0.1

Q0.1=S1+S2=M0.1+M0.2

Q0.2=S1+S3=M0.2+M0.3

表6.2　输出点真值表

S0	S1	S2	S3	Q0.0	Q0.1	Q0.2
1	0	0	0	0	0	0
0	1	0	0	1	1	0
0	0	1	0	0	1	1
0	0	0	1	0	0	1

注：本例中只有这四种状态组合

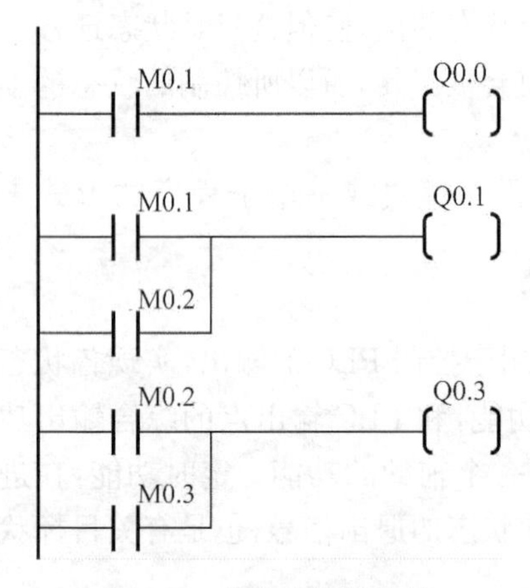

图 6.7 状态功能输出控

依据逻辑表达式编写的输出点关于状态的综合控制程序如图 6.7 所示。

基于功能转移图的 PLC 系统程序设计是面向控制过程的设计方法，主要包括系统状态的划分、状态模型的建立、状态迁移程序的设计方法、状态输出的综合实现。

这种设计方法对状态的划分没有特殊的要求，(并行)进入条件、(并行)退出条件、输出控制功能是每个状态的要素；状态之间除了常见的串并联连接(并联连接有选择性分支、并行分支、选择性汇合、并行汇合连接)，还允许交叉连接；状态组进入在先、退出在后的状态迁移方法，保证了状态“无缝隙”、“无重叠”的理想迁移，杜绝了由状态迁移问题可能导致的程序缺陷。

这种设计方法的主要设计步骤归纳为以下几步：①设计 PLC 地址分配表，包括输入地址、输出地址、中间继电器地址、时间继电器地址；②划分系统状态，设计状态迁移图和状态迁移表；③程序设计，主要包括状态迁移模块、各状态功能及综合实现模块。

6.3 系统的安全性可靠性设计

6.3.1 可靠性概念

随着科学技术的不断发展，工厂技术装备越来越复杂，自动化程度越来越高，控制系统的可靠性日益受到人们的重视。考虑到这一点，在此首先介绍有关可编程控制系统可靠性设计的一些概念。

1. 有关术语

1) 可靠度

系统连续工作到 t 时刻的概率称为可靠度，一般是按指数规律分布的。计算公式如下，其中 λ 是失效率。

$$R(t) = e^{-\lambda t}$$

2) 失效率

在上式中的 λ 是失效率，即系统在单位时间内出现问题或故障的概率。失效率也称为故障率。

3) 平均故障间隔时间($MTBF$)

$MTBF$ 是失效率或故障率的倒数，用来表示部件或系统的可靠性。

$$MTBF = \frac{1}{\lambda}$$

平均故障间隔时间 $MTBF$ 也叫平均寿命($MTTF$)。

4) 平均维修时间($MTTR$)

$MTTR$ 是指每次系统出现故障后的平均维修时间。

5) 可用性 V

可用性定义如下：

$$V = \frac{MTBF}{MTBF + MTTR}$$

由上式可以清楚看出，增加系统可用性的方法就是增加平均故障间隔时间或减少平均维修时间。

2. 系统可靠度计算

系统的可靠度是按不同的系统结构进行的，下面简要介绍3种典型结构系统的可靠度计算。

1）串联结构系统的可靠度计算

当控制系统由几个独立部件串联构成时，任意部件出现故障都将导致系统失效。图6.8给出了采用远程I/O接口的可编程序控制器系统结构，其可靠度为：

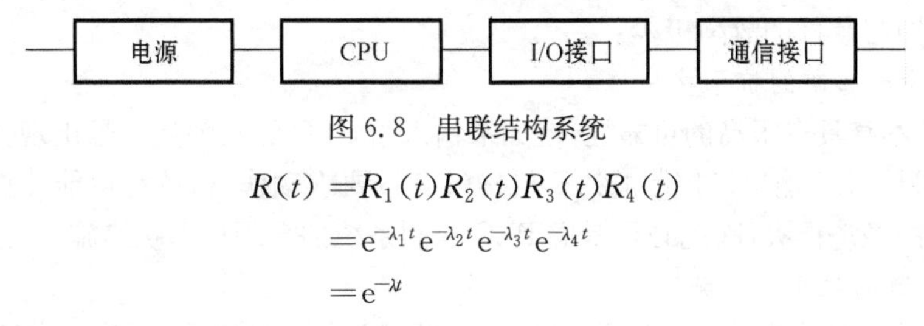

图6.8　串联结构系统

$$\begin{aligned} R(t) &= R_1(t)R_2(t)R_3(t)R_4(t) \\ &= e^{-\lambda_1 t}e^{-\lambda_2 t}e^{-\lambda_3 t}e^{-\lambda_4 t} \\ &= e^{-\lambda t} \end{aligned}$$

失效率为：

$$\lambda = \lambda_1 + \lambda_2 + \lambda_3 + \lambda_4$$

平均故障时间为：

$$MTBF = \frac{1}{\lambda}$$

2）并联结构系统的可靠度计算

当系统由几个独立部件并联构成时，所有部件都失效时系统才失效。图6.9为两台可编程序控制器构成的主机热备冗余系统。

热备冗余的可靠度与平均故障间隔时间分别为：

$$R(t) = e^{-\lambda_1 t}[2 - e^{-\lambda_1 t}] = 1 - (1 - R_1)^2$$

$$MTBF = \frac{3}{2\lambda_1}$$

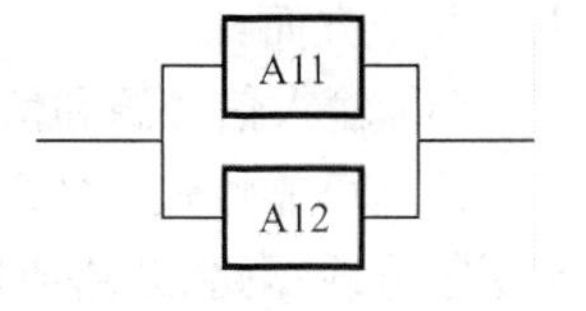

图6.9　并联结构系统

3）串/并联复合结构的系统可靠度计算

图6.10所示为串/并联复合结构系统。对于这类结构的系统可靠度可根据前面并联和串联可靠度的计算方法加以计算，即先计算出并联部分的可靠度，然后将这部分当作A2、A3相串联，计算整个系统的可靠度。下式给出了复合系统的可靠度。

$$R(t) = \{1 - [1 - R_1(t)]^2\}R_2(t)R_3(t)$$

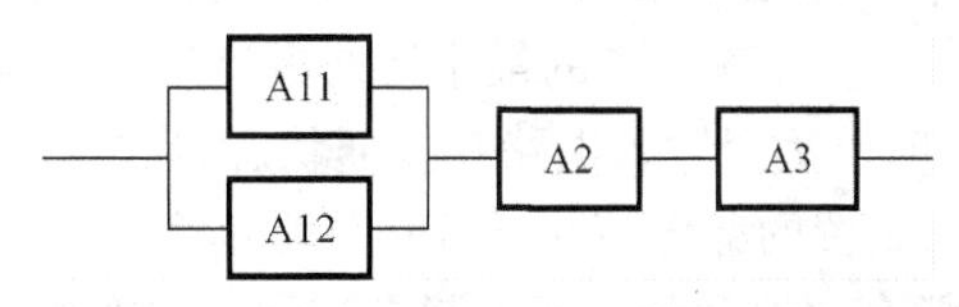

图6.10　串/并联复合结构系统

前面已经介绍了3种典型连接形式的系统可靠度的计算方法，因此对于更复杂的系统可靠度计算就可以根据上述方法加以计算。

6.3.2 抗干扰设计

可编程序控制器(PLC)属于一类专用工业控制计算机,因其本身具有高可靠性、较强的工业环境适应性以及编程简单、操作方便等特性,而在工业领域得到广泛应用。但是在过于恶劣的环境下(如过强的电磁场、超高温、超低压等),或安装使用不当(如电源、布线、接地等)及保护程序有问题(如冗余及容错程序考虑不周到),都可能引起 PLC 内部信息的破坏,从而降低 PLC 控制系统的可靠性。因此,在 PLC 系统设计中考虑相应的抗干扰措施是极为重要的。

在 PLC 的控制系统中,绝大多数故障来自于 PLC 外部电路的电器,其次则是 PLC 自身的输入、输出接口电路。由于采用光电隔离、电磁隔离、电磁屏蔽等措施,PLC 内部 CPU、存储器等电路(硬件)与软件的故障极少。

1. 输入/输出通道的抗干扰措施

虽然 PLC 本身具有很高的可靠性,但如果输入给 PLC 的开关量信号出现错误,模拟量信号出现较大偏差,PLC 输出口控制的执行机构没有按要求动作,这些都可能使控制过程出错,造成无法挽回的经济损失,因此必须考虑 PLC 控制系统的合理抗干扰措施。

1) 输入通道的抗干扰措施

PLC 数字输入模块为了防止外界线路产生的干扰(如尖峰电压,干扰噪声等)引起 PLC 的非正常工作甚至是元器件的损坏,一般在 PLC 的输入侧都采用光电耦合器件,来切断 PLC 内部线路和外部线路之间电气上的联系,保证 PLC 的正常工作。并且在输入线路中都设有 RC 滤波电路,以防止由于输入点抖动或外部干扰脉冲引起的错误信号。由于 PLC 输入通道自身已具备了足够的抗干扰和保护的能力,所以作为控制系统的设计者和 PLC 的使用者,应注意以下几个方面:

(1) 输入信号源和信号线路:

选择可靠性较高的现场信号变送器和各种开关,加强信号传输线路的维护,防止出现引起传送信号线短路、断路或接触不良的各种因素。

(2) 输入通道的类型和电压等级:

根据现场输入信号及周围环境来选择合适的输入电路的类型和电压等级。交流 110 V、220 V 的输入模块适用于有油雾、粉尘的恶劣环境,也适用于传输距离较远的场合;直流输入模块(常用的是直流 24 V)的延迟时间较短,还可以直接与接近开关、光电开关等电子输入设备连接,一般用于传输距离较近的场合。

(3) 输入装置的漏电流:

光电传感器、接近开关或带氖灯的限位开关等作为输入装置与 PLC 的输入端连接时,由于这些元件在关断时也会有一定的漏电流流入输入端,可能会引起输入电路误动作并错误接通。S7-200 系列 PLC 的 24 V 直流输入点的最小接通电流是 2.5 mA,最大关断电流是 1 mA,即当输入电流大于 2.5 mA 时能确保输入电路在接通状态,当电流小于 1 mA 时能确保输入电路在断开状态。所以当输入装置的漏电流小于 1 mA 时不会有错误接通问题,但一旦漏电流大于 1 mA 时,输入点将不能有效地关断。解决漏电流问题的方法,是在 PLC 的相应输入端并联一个泻放电阻,对漏电流分流,使流入输入电路的漏电流小于 1 mA。需注意的是,该泻放电阻值不能太小,要确保输入装置在接通时为输入电路提供的电流要大于 2.5 mA 的接通电流。

(4) 输入通道的滤波延时时间设置:

对PLC设置合适的输入滤波延时时间,使PLC在读取输入点的转变状态之前,保证输入点的状态已进入稳定,以防止由于输入点抖动或外部干扰脉冲引起的错误信号。

(5) 输入信号的软件处理:

在程序中增加数字滤波程序,对数字输入信号和模拟输入信号进行数字滤波,可以进一步增强输入信号的可信度。

2) 输出通道的抗干扰措施

PLC的开关量输出,有继电器输出、晶体管输出、晶闸管输出3种形式。具体选择要根据负载要求来决定。从抗干扰和可靠性角度考虑,应注意以下几个方面:

(1) 输出端的反电势保护和抗干扰:

PLC输出端子若接有感性负载,输出信号由ON变为OFF时,感性负载断电会产生很高的反电势,对输出单元电路产生冲击,故应使用外部抑制电路,以保护PLC的输出电路及减小电磁干扰。对于直流负载,通常是在感性负载,如继电器或接触器线圈两端并联续流二极管D,二极管应尽可能靠近负载;对于交流负载,应在线圈两端并联RC串联的吸收电路,根据负载容量,电容可取0.1~0.47μF,电阻可取120~47 Ω,且RC吸收电路尽可能靠近负载。

(2) 输出点的外部驱动电路:

对于PLC输出点不能直接驱动的负载,必须要用由继电器、接触器、固态继电器或晶闸管等组成的外部电路进行驱动,同时采用有关保护电路和浪涌吸收电路。需要特别指出,对于常见的AC 220 V感性小负载,例如交流接触器、交流线圈继电器、电磁阀等,尽管其技术标称可能在PLC输出点的驱动范围内,工程上也绝对不主张PLC直接驱动的简约设计,而是通过中间继电器间接驱动。通过中间继电器,相同类型的PLC输出点可以用来控制各种电压等级和功率大小的负载。

(3) 电子开关输出点的漏电流:

对于晶体管或双向晶闸管输出点,当其接上负载后,由于端子漏电流和残余电压的存在,可能造成控制对象的误动作。解决方法是在负载两端并联一定阻值的旁路电阻。S7-200系列PLC的源型场效应晶体管输出点的漏电流仅为10 μA。

2. 抑制电源干扰的措施

影响PLC系统正常工作,降低其安全可靠性的电磁干扰源有很多,总的可分为3种:辐射、感应、传导。从电源进线传导引入的外界干扰是主要的干扰源之一。由于电网的覆盖面广,远处的闪电雷击、电网电压波动、开关操作浪涌、大型电力设备起停、交直流传动装置引起的谐波、电网短路暂态冲击等,都会通过输电线路干扰需电网供电的PLC系统。对于由电源线路引入的干扰可以考虑采取以下预防措施:

1) 使用隔离变压器供电

使用隔离变压器,并将变压器的屏蔽层接地,对抑制电网中的干扰信号有良好的效果。如果没有隔离变压器,不妨使用普通变压器。为了改善隔离变压器的抗干扰效果,必须注意两点:一是屏蔽层要可靠接地,避免电网上的干扰信号通过变压器的原副边绕组之间的寄生电容耦合到PLC系统;二是变压器的副边绕组连接线要使用双绞线,以减少电源线间的干扰。

2) 使用滤波器

可以用交流滤波器替代隔离变压器,在一定的频率范围内也有一定的抗电网干扰作用,但要选择好滤波器的频率范围是困难的。因此，通常是把滤波器接入电源后再串接隔离变压器。隔离变压器的原副边绕组接线用双绞线，布线时离开一定距离。

3) 采用分离供电系统

采用分离供电系统，可将控制器、I/O 通道和其他设备的供电，特别是主回路的供电分离开来，以抑制电网的干扰。

3. 控制系统接地设计

设备、控制系统的良好接地，不仅是保证操作人员人身安全所需的电击触电防护措施，也是抑制干扰、提高系统可靠性的重要手段。

控制系统的接地可按图 6.11 所示的方法。

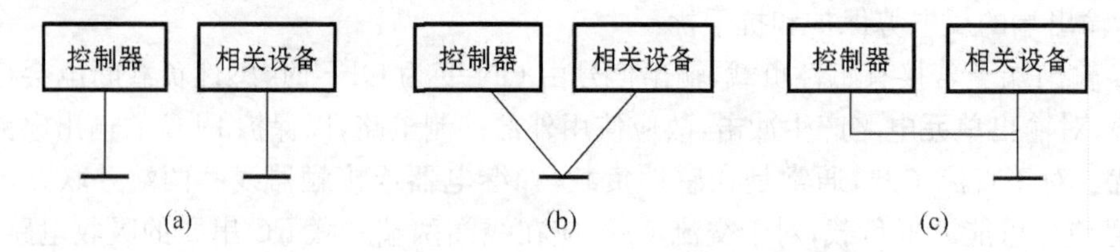

图 6.11 控制系统接地方式

(a) 独立接地 (b) 公用接地 (c) 共通接地

其中图 6.11(a)为控制系统和其他相关设备独立接地方式，这是最好的接地方式。如果做不到每个设备独立接地，可使用图 6.11(b)所示的公用接地方式。但不允许使用 6.11(c)所示共通接地方式，特别是应避免与电动机、变频器等动力设备共通接地。

控制系统的接地还应注意以下几点：

- 接地线应尽可能地粗，一般应选用大于 2 mm^2 的线接地。
- 接地电阻要小于 100 Ω。
- 接地点应尽量靠近控制器，接地点与控制器之间的距离应不大于 40 m。
- 接地线应尽量避开强电回路和主回路电线，不能避开时应垂直交叉，尽量缩短平行走线长度。

4. 控制系统的布线设计

控制系统布线时应注意以下几个方面：

- 系统的动力线应足够粗，以降低大容量设备起动时引起的线路压降。
- 系统高压电源线和高压电器应远离 PLC 控制器，间距应大于 200 mm。
- I/O 线、动力线及控制线应分开走线，尽量不要在同一线槽中。
- 交流线与直流线、输入线与输出线最好分开走线。
- 开关量与模拟量的 I/O 线最好分开走线，传送模拟量信号的 I/O 线最好用屏蔽线，且屏蔽线的屏敝层应一端接地。
- PLC 的基本单元与扩展单元之间电缆传送的信号小、频率高，很容易受干扰，不能与其他的连线敷埋在同一线槽内。
- PLC 的 I/O 回路配线，必须使用压接端子或单股线。

5. 采用光电耦合措施

为了使输入/输出从电气上完全隔离，抑制外部噪声对 PLC 系统的干扰，在 PLC 控制系统中引入光电耦合器和光纤传导技术是行之有效的。

6.3.3　环境技术条件设计

1. 可编程序控制器的环境适应性

由于可编程序控制器是直接用于工业控制的工业控制器，所以生产厂家都把它设计成能在恶劣的环境条件下可靠地工作。尽管如此，每种控制器都有自己的环境技术条件，用户在选用时，特别是在设计控制系统时，对环境条件要给予充分的考虑。

一般可编程序控制器及其外部电路，如I/O模块、辅助电源等，都能在下列环境条件下可靠地工作：

温度	工作温度：0～55℃，最高为60℃
	保存温度：－20～＋85℃
湿度	相对湿度：5％～95％（无凝结霜）
振动和冲击	满足国际电工委员会标准
电源	AC 200 V，允许变化范围：－15％～＋15％，频率：47～53 Hz，瞬间停电保持10 ms。

环境周围空气不能混有可燃性、爆炸性和腐蚀性气体。

2. 环境条件对可编程序控制器的影响

1）温度的影响

可编程序控制器及其外部电路都是由半导体集成电路（简称IC）、晶体管和电阻、电容等元器件构成的，温度的变化将直接影响这些元器件的可靠性和寿命。

温度高时容易产生下列问题：IC、晶体管等半导体器件性能恶化，故障率增加和寿命降低；电容器件等漏电流增大，故障率增大，寿命降低；模拟电路的漂移变大，精度降低等。如果温度偏低，除模拟电路精度降低外，电路的安全系数变小，超低温时可能引起控制系统的动作不正常。特别是温度的急剧变化（高、低温冲击），由于电子器件热胀冷缩，更容易引起电子器件的性能恶化。

2）湿度的影响

在湿度大的环境中，水分容易通过模块上的金属表面缺陷浸入内部，引起内部元件的恶化，印制板可能由于高压或高浪涌电压而引起短路。在极干燥的环境下，绝缘物体上可能带静电，特别是MOS集成电路，由于输入阻抗高，可能由于静电感应而损坏。

当控制器不运行时，由于温度、湿度的急骤变化可能引起结露。结露后会使绝缘电阻大大降低，由于高压的泄漏，可使金属表面生锈。特别是AC 220 V、AC 110 V的输入/输出模块，由于绝缘的恶化可能产生预料不到的事故。

3）振动和冲击的影响

一般可编程序控制器可抗振动和冲击的频率为10～55 Hz，振幅为0.5 mm，加速度为2 g，冲击为10 g。超过这个极限时，可能会引起电磁阀或断路器误动作、机械结构松动、电气部件疲劳损坏，以及连接器接触不良等后果。

4）环境污染的影响

不宜把PLC安装在有大量污染物（如灰尘、油烟、铁粉等）、腐蚀性气体和可燃性气体的场所，尤其是有腐蚀性气体的地方，易造成元件及印刷线路板的短路和腐蚀。

综上所述，环境条件对可编程序控制器的控制系统可靠性影响很大，为此必须针对具体应用场合采取相应的改善环境措施。

6.3.4 冗余系统设计

冗余系统是指系统中有多余的部分，在系统出现故障时，这多余的部分能立即替代故障部分而使系统继续正常运行。

对于像核电站、化工厂、发电站、高温高压炉的控制等场合要求PLC控制系统具有极高的可靠性和安全性，采用冗余技术是提高系统可靠性的有效手段。PLC控制系统的冗余设计包括以下几个方面：

1. 环境条件冗余

改善环境条件设计的目的在于使控制器工作在合适的环境中，且使环境条件有一定的裕量。例如，温度，虽然控制器能在60℃高温下工作，但为了保证可靠性，环境温度最好控制在40℃以下，即留有三分之一以上的裕量，其他环境条件也是如此，最好留有三分之一以上的裕量。

2. 控制器的并列运行

用两台控制功能完全相同的控制器，输入/输出也分别连接到两台控制器上，当某一台控制器出现故障时，可切换到另一台控制器继续运行。

具体实现方法如图6.12所示，所有输入/输出都与两台控制器连接，图6.12只画出了一个控制输入点和一个输出点。当某一台控制器出现故障时，由主控制器自动或人为切换到另一台控制器，使其继续执行控制任务。“PLC投入选择”是人工切换PLC控制器的选择信号。

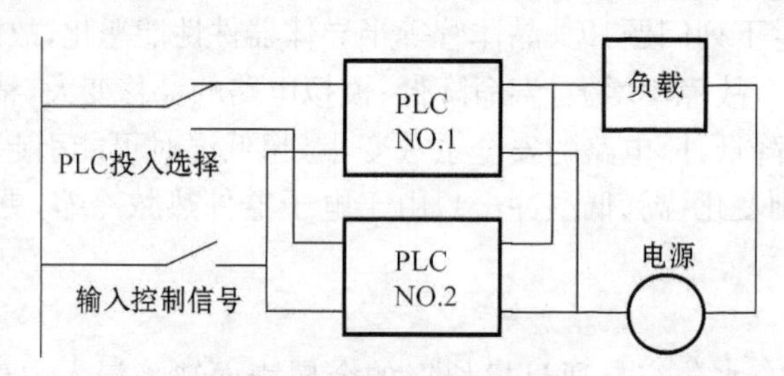

图6.12 控制器的并列运行方式

控制器并列运行方案仅适用于I/O点数比较少，布线容易的小规模的控制系统。对于大规模的控制系统，由于I/O点数多，电缆配线变得复杂，同时控制系统成本相应增加（几乎是成倍增加），这就限制了它的应用。

3. PLC双机热备/双机后备/双机双工控制系统

当PLC出现故障时，为了保证整个控制系统仍然能够正常运行，需要有替代的PLC接替原先的PLC工作，这就是PLC双机热备/双机后备/双机双工控制系统的基本思想。

目前比较常用的作为替补的备用系统有3种类型：双机热备、双机后备、双机双工。这3种备用系统实际上都是为核心系统提供一种故障自恢复功能。

1) PLC双机热备

PLC双机热备的形式是：主机＋备机，是将核心PLC模块安装成互为备份的两套，同一时间只有一套PLC在运行，另一套PLC不工作，处于等待状态，是备机。当运行中的PLC主机出现故障时，PLC备机都将在2～3 ms自动启动，接管主机的所有工作，从而恢复整个系统的工作。其中还可以分两种情况，一种是分主备机，如果主机不能正常工作，备机接管服务，但一旦主机恢复正常工作，系统将再做一次切换，由主机再次接管；另一种不分主备机，如果工作机1不能正常工作，工作机2接管服务，但是当工作机1恢复正常后，系统将不做切换，继续由工作机2进行服务，只有当工作机2发生故障时，才会再次切换到工作机1。第一种情况一般用于两套不同配置的PLC，主机配置得较好，备机只是用来应付一下临时的工作；第二种情况下的PLC具有相同的配置和功能。

2) PLC双机互备

PLC双机互备的形式是：主机(备机)+备机(主机)，系统中主机和备机同时工作，系统的部分应用运行于主机，部分应用运行于备机，但彼此均设为备机，当任何一套PLC故障时，所有服务会自动切换到正常的PLC上。当某一套PLC出现故障时，另一套正常运行的PLC可以在短时间内将故障PLC的应用接管过来，从而保证了应用的持续性。双机互备的性能要求比较高，系统配置相对要好。

3) PLC双机双工

PLC双机双工的形式是：主机+主机，两台主机都处于工作状态，同时运行相同的应用。任何一台PLC故障时，所有服务会自动切换到正常的PLC上。

4. 表决式冗余系统

表决式冗余系统原理图如图6.13所示。在该系统中3个CPU同时接收外部数据的输入，而对外部输出的控制则由2/3表决模块依据3个CPU的并行输出状态表来决定。只要3个CPU中的任何两个的输出一致，2/3表决模块的输出就是这两个CPU输出的“与”函数。这种系统的典型产品为三菱公司的A3VTS系统。

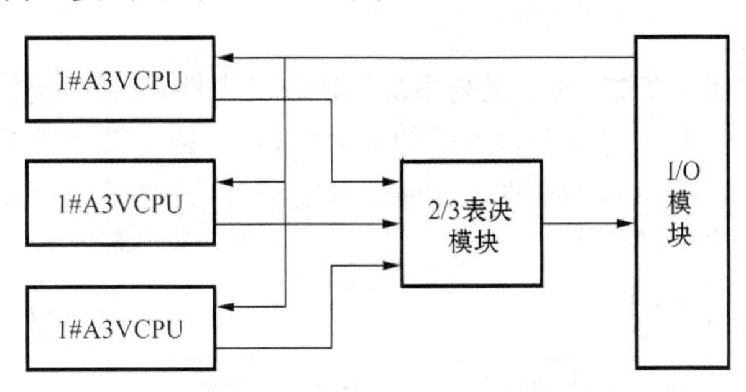

图6.13 A3VTS冗余系统原理图

5. 网络冗余

通过网络冗余技术，提高网络工作的可靠性。网络的冗余，应该包括通信线路冗余与有关硬件设备的冗余。

6.3.5 供电系统设计

供电系统的设计直接影响控制系统的可靠性，因此在设计供电系统时应考虑下列因素：

- 输入电源电压允许在一定的范围内变化。
- 当输入交流电断电时，应不破坏控制器程序和数据。
- 在控制器不允许断电的场合，要考虑供电系统的冗余。
- 当外部设备电源断电时，应不影响控制器的供电。

• 要考虑电源系统的抗干扰性。

考虑到上述对电源系统的要求，在进行电源系统设计时，可以采用下面几种设计方案。

1. 采用隔离变压器分离供电方式

必要时，控制器与I/O及其他装置分别由各自的具有隔离功能的变压器供电，并与主回路电源分开，如图6.14所示，各个变压器的次级绕组的屏蔽层接地点应分别接入各绕组电路的地，最后再根据系统的需要，选择必要和合适的公共接地点接地以达到最佳的屏蔽效果。

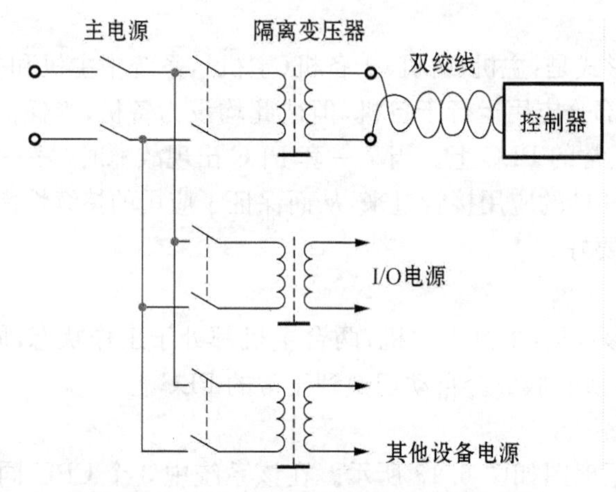

图6.14　采用隔离变压器分离的供电系统

对控制器、驱动器、输入/输出电路等其他设备，通过各自独立的具有一定保护功能的开关供电，可以为系统调试、维修提供便利。

2. 双路供电系统

在重要的PLC控制系统中，为了提高系统工作的可靠性，在条件允许的情况下，交流供电最好采用双路冗余供电，两路电源引自不同的变电站，当一路电源出现故障时，可自动切换至另一路电源供电。图6.15所示为实现此功能的双电源自动转换开关的结构图。

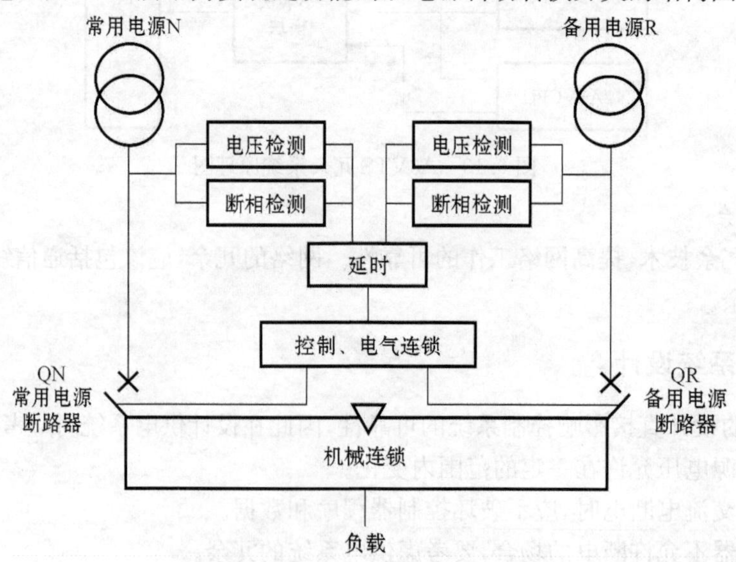

图6.15　双路供电系统的典型结构图

3. 采用UPS供电系统

UPS(Uninterruptible Power System)是不间断电源系统。在市电供电时,它有稳压和滤波的作用,以消除或削弱市电的干扰,保证设备正常的工作;在市电中断时,它又可以通过把它的直流供电部分(电池组,柴油发电机等)提供的直流电转化为完美的交流电供负载使用。由市电供电转电池供电一般为0时间切换,这样使负载设备在感觉不到任何变化的情况下继续保持正常的通电状态,保证设备的不间断运行,保护设备的软、硬件和数据不被破坏。

由电池组供电的UPS平时处于充电状态,当自动切换到输出状态后,继续向PLC控制系统等负载供电的持续时间一般可达几分钟到几十分钟,这足以能让所要保护的系统保存好数据并正常退出系统的运行状态。

6.3.6 安全电路设计

在PLC控制系统硬件设计中,PLC的I/O等外围电路设计是控制系统中最简单的部分,但往往也是影响系统运行安全性、可靠性,决定系统成败的关键。PLC是专门为工业环境设计的控制装置,其本身的安全性、可靠性已经得到了良好的保证。但是,如果外部条件不能满足PLC的基本要求,同样可能影响系统的正常运行,造成设备运行的不稳定,甚至危及设备及人身安全。因此,在系统设计时必须始终将安全性、可靠性放在重要的位置。

可靠性是指系统或元件在规定条件下,规定时间内,完成规定功能的能力,而安全性则是指系统的安全程度。

可靠性与安全性有共同之处,从某种程度上讲,可靠性高的系统,其安全性通常也比较高,许多事故之所以发生,就是由于系统可靠性较低所致。

但可靠性又不同于安全性,可靠性要求的是系统完成规定的功能,只要系统能够完成规定功能,它就是可靠的,而不管是否带来安全问题;安全性则要求识别系统的危险所在,并将它从系统中排除。

所以,安全性与可靠性之间有十分密切的联系,两者之间也存在着差别。系统可靠的不一定是安全的,安全的不一定是可靠的,在系统设计中必须对两者进行综合考虑,让系统既安全又可靠,可能需要某种折中,但安全性应该是放在第一位的。

一般情况下系统至少应当具备以下安全保护功能:①工作人员误操作时,被控设备至少不应出现设备及人身安全事故;②PLC系统输入器件(例如行程开关、传感器等)问题导致输入信号出错时,被控设备至少不应出现设备及人身安全事故;③PLC系统输出器件自身出现故障而无法按正常要求动作时,被控设备至少不应出现设备及人身安全事故。

系统设计时,要根据被控设备的工作特点和实际情况,提出合理的故障假设,对可能会出现的严重的设备与人身安全事故,必须采取措施加以避免。

可以在以下几个主要方面采取措施,来提高系统的安全可靠性。

1. 紧急分断电路设计

用于工业设备的电气控制装置,在出现危险情况时必须通过紧急分断电路尽快使部分或整个控制器停止运行,以免对人或设备造成伤害。

对紧急分断的安全电路设计的要点和要求如下:

- 用于紧急分断的接触器,必须通过若干个接触器的触点同时工作,以实现“冗余”,保证在一个接触器故障时,安全回路仍然能够保持有效。

- 用于紧急分断的操作元件必须能够保持在“紧急分断”的位置，且只有通过手或工具（例如通过旋转复位、拉拔复位、使用钥匙等）直接作用于操作元件才能进行解除。
- 安全电路使用的接触器，其“常开”、“常闭”触点必须满足“强制执行”条件，“常开”、“常闭”触点不允许有“同时接通”的现象。
- 用于紧急分断的安全电路，不允许通过 PLC 进行控制，必须使用机电式执行元件，如接触器等。
- 用于紧急分断的安全电路，不允许在控制线路中接入除紧急分断控制的主令元件、控制触点以外的其他继电器/接触器触点、线圈等电器元件。

图 6.16 是一个典型的标准安全电路，由标准继电器/接触器组合而成，称之为安全继电器/接触器，能够互补彼此的异常缺陷，降低触点动作的失效率，即使发生触点熔结故障也能做出强制性分断动作，确保安全。

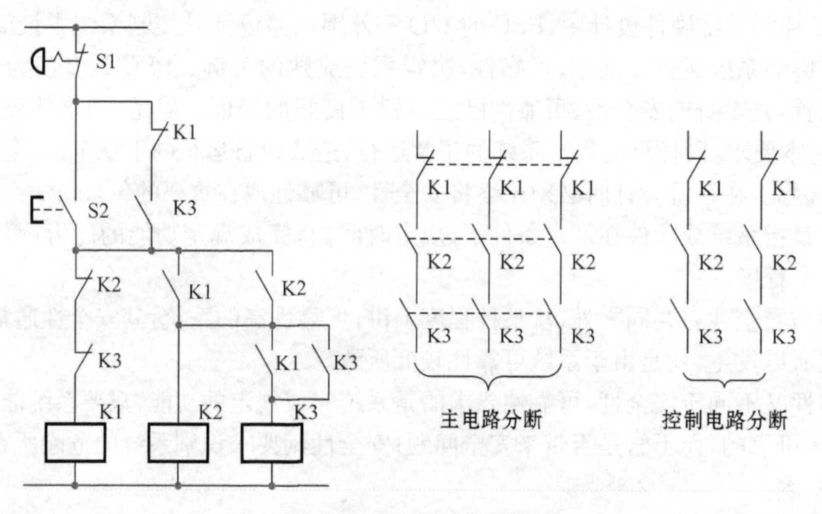

图 6.16 标准安全电路

将安全继电器和其他组件组合配套，把基本的紧急停止电路、安全电路组成电路模块的产品称为安全继电器模块，市场上有现成的产品，如 SIEMENS 公司的 3TK28 系列接触器安全组合装置、PILZ 公司的 PNOZ 系列和 ELAN 公司的 SRBF 系列的紧急分断特殊继电器等标准产品。

标准安全电路的紧急分断信号可以不止一个，可以是手动的也可以是通过控制回路进行远距离控制。可以由安置在不同位置的多个常闭的蘑菇头紧停按钮、常闭的极限限位开关、其他设备的常闭紧停故障信号等串联组合而成，只要其中一个信号起作用，安全电路即刻进入“紧急分断”状态，切断系统中相关设备的电源。非“紧急分断”状态的安全电路进入接通状态的条件可以是有条件的按钮信号、控制回路的触点信号，或是 PLC 的输出信号。

标准安全电路的分断触点用来分断/接通主回路和其他控制回路，如有需要可以通过接触器/继电器扩展。

2. 安全触点的使用

用于设备紧急停止的按钮、超程保护的开关等，必须使用由机械力或手动直接作用使其断开的“常闭”触点，而不可以使用常开触点信号。采用“常闭”触点的优点是：即使触点发生“熔焊”，也可以通过直接作用力产生的机械变位有效断开“熔焊”，保证安全回路的正常动作。

用于紧急分断的操作件，必须能保持在操作(紧急分断)的位置上；只有使用手或者工具直接作用于紧急分断操作电器上，才能解除操作，也就是说，不允许使用自动“复位”的普通按钮和限位开关作为紧急分断的操作件。

所以，用于设备紧急停止的按钮、超程保护的开关等，只能使用“常闭”触点，而且必须具有“自锁”功能，即应采用具有安全功能的行程开关(如SIEMENS SIGUARD 3SE2/3SF3系列行程开关)、旋转复位或拉/压复位的“紧停”按钮。

3. PLC输入信号触点类型的选择

PLC输入软继电器的触点有常开和常闭的，可以随意使用，所以从理论上讲，接在输入点上的启动按钮、停止按钮、限位开关等类型可以任意选择，可以是常开的也可以是常闭的，只需在编程时根据控制要求考虑使用哪种类型的软触点：是常开还是常闭。

例如，在输入点I0.0上接了一个NO(常开)按钮SB，在编程中也使用对应该输入点的NO软触点，则按钮SB未按下时，I0.0=0，相应的NO软触点不通；SB按下时，I0.0=1，对应的NO软触点就通。如果将SB由NO改为NC(常闭)，编程时也改用对应的NC软触点，则相同的操作动作可以达到相同的操作结果：SB未按下时，I0.0=1，相应的NC软触点不通，SB按下时，I0.0=0，相应的NC软触点通。这是因为硬件按钮和软件触点的类型都做了相应的改变，做了“取反”的处理。

1) 启动/停止等控制开关类型的选择

下面通过一个例子来说明控制输入开关类型的选择虽然对功能没有影响，但对系统的安全性是有影响的。

设有两个按钮SB1、SB2，分别用来由PLC通过接触器KM控制一台电动机的启动运行和停止。启动按钮SB1接于PLC输入点I0.1、停止按钮SB2接于I0.2，PLC的输出点Q0.0控制接触器KM的接通和断开。SB1、SB2是常开还是常闭的，可以有四种组合。有针对性地设计相应的程序，每种组合都能满足相同的启动/停止功能，如图6.17所示。注意图中开关类型与程序的对应关系。

虽然图6.17中(a)、(b)、(c)、(d)四种组合的功能相同，但每种组合的安全性是不同的，这与常开、常闭按钮类型的选择有关。假设本例中出现的故障是由于开关故障或接线松脱、拉断所造成的电路开路故障，这是比较常见的故障。

如果启动按钮的输入电路开路，不管是否按下，I0.1输入点的输入采样值总是0，I0.1的NO软触点不通、NC软触点通，所以采用常开启动按钮的(a)、(b)组合，虽然启动按钮按下了电动机也将无法启动(如果已在运行状态将不受影响)，而采用常闭启动按钮的(c)、(d)组合，虽然启动按钮未按下，电动机也会自行启动(如果已在运行状态将继续保持)。虽然都是由于输入电路开路引起的故障，但其危险的程度是不同的。前一种故障的后果是电动机在需要启动的时候无法启动，而后一种故障的后果是电动机在不需要启动的时候却自行启动了。显然后一种故障的危险性要大得多，由此得到结论：在一般情况下，电动机的启动按钮总是选用常开的按钮。

如果停止按钮的输入电路开路，不管是否按下，I0.2输入点的输入采样值总是0，I0.2的NO软触点不通、NC软触点通，所以采用常闭停止按钮的(a)、(c)组合，未按停止按钮时电动机也将自行停止(如果已在停止状态将不受影响)，而(b)、(d)组合的电动机即使按了停止按钮也会无法停止(如果已在停止状态将继续保持)。前一种故障的后果是电动机在不需要停止

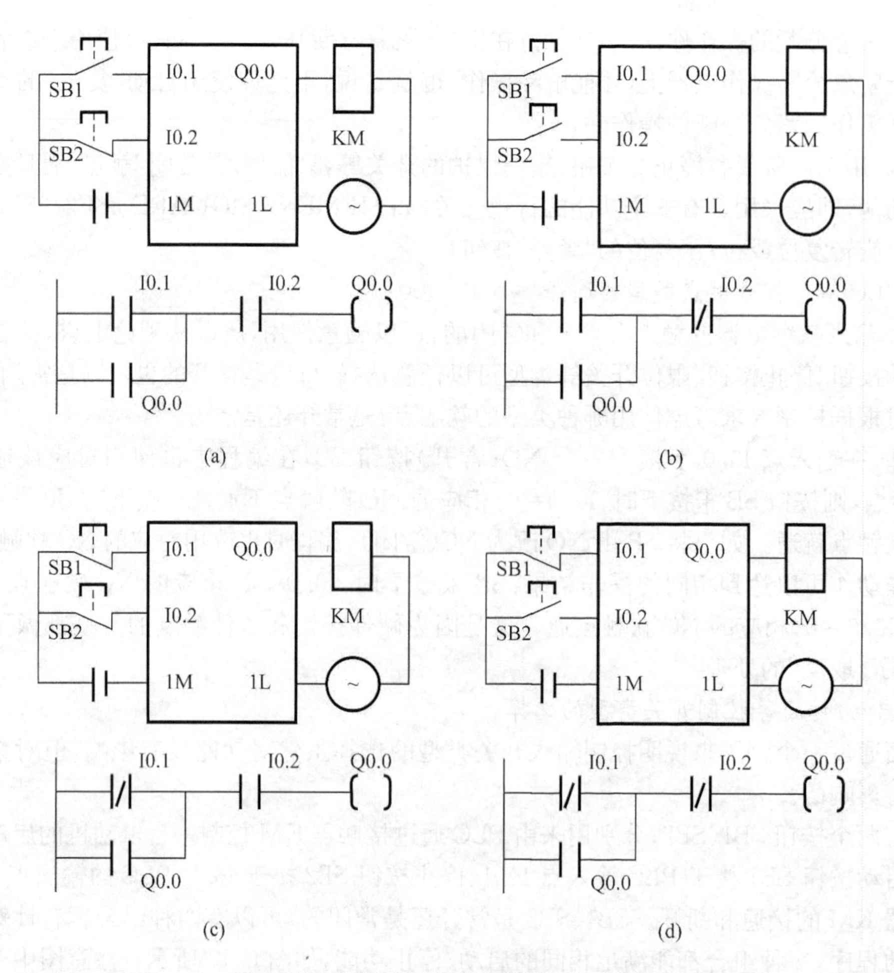

图 6.17 启停控制的四种按钮组合及程序
(a) 常开启动按钮/常闭停止按钮 (b) 常开启动按钮/常开停止按钮
(c) 常闭启动按钮/常闭停止按钮 (d) 常闭启动按钮/常开停止按钮

的时候自行停止了,而后一种故障的后果是电动机在需要停止的时候却无法停止。显然后一种故障的危险性要大得多,由此得到结论:在一般情况下,电动机的停止按钮总是选用常闭的按钮。

所以,一般情况,启动按钮常开、停止按钮常闭的控制电路,其安全性是比较好的。

2) 设备状态反馈信号开关类型的选择

PLC 控制系统中需要对某些设备的状态进行检测,并依此信号对其进行必要的安全保护。如起重机上升到一定高度和下降到一定高度后分别要对其进行限速保护,控制器为了完成限速保护功能,需要获得反应上升高度和下降高度的限位开关信号。

PLC 控制器也会通过检测设备反馈的有关信号,对设备的状态进行检测,一旦出现问题马上采取措施,避免出现更大的事故。起重机制动器是一个很重要的设备,PLC 控制器需要对其进行实时检测,通过安装在制动器边上的制动限位开关向 PLC 反馈制动器的当前状态信号:是制动状态还是在非制动状态,PLC 依据对制动器发出的控制信号(松闸/抱闸)和此反馈回来的信号,对制动器作出是正常还是故障的判断。

上述反馈设备状态的开关信号："断开"与"接通"，可以用来表示设备的两种状态，假设分别为设备"状态0"和设备"状态1"。PLC对输入采样后程序中对应的是布尔值0和1："状态0"—"断开"—布尔值0；"状态1"—"接通"—布尔值1，布尔值与设备状态之间是一一对应关系。

如果开关信号电路出现断路故障，将破坏布尔值与设备状态之间的对应关系，"状态0"对应的是布尔值0，"状态1"对应的还是布尔值0，在PLC控制器看来当前设备的状态就是"状态0"，将按照在"状态0"下的模式进行控制。

假设"状态0"是相对比较安全的状态，如起重机上升时还没有超过需要限速的高度，则"状态1"将是控制器需要对其进行上升限速处理的比较危险的区域。由于起升高度信号电路断路，即使当前上升限位开关的触点是闭合的，起升机实际状态是需要上升限速的"状态1"，控制器也会误认为是不需限速的"状态0"，是安全状态，这样起重机可能以不加限制的高速上升，容易造成冲顶的严重事故。

相反，如果假设"状态0"是危险需要上升限速的状态，而"状态1"是不需上升限速的安全状态，当起升高度信号电路断路，即使当前开关信号是"接通"，实际状态是不需要限速的"状态1"，控制器也会误认为是需限速的"状态0"，是不安全状态，这样起重机在起升高度比较低的区域内也会对上升速度进行限制，不允许高速上升，其后果是影响生产效率，但不会造成严重后果。

同样是输入信号电路断路故障，由于用触点开关的"接通"和"断开"来表示被控设备的两种状态的选择不同，所造成的系统故障的严重程度是不同的，在上述例子中，显然我们愿意接受后者，所以所选择的上升限位开关应是起升高度未到上升限速位时触点是闭合接通的，超过后触点是断开不通的。

由此我们可以总结出关于设备状态反馈信号开关类型选择的方法：①对触点开关通/断所要表示的设备的两个状态进行评判，分出安全状态和非安全状态；②用触点开关的"接通"表示设备的安全状态，"断开" 表示设备的非安全状态。

【例1】 下降限速限位开关类型选择

起重机下降到一定高度后需要限速，防止由于惯性来不及停止，对地面物体的冲击。控制器需要一个检测下降高度的触点开关信号，依据该信号作出是否要下降限速的判断。触点开关所要反应的是起重机当前的状态：是需要限速的下降状态(下降限速位以下高度)，还是不需限速的下降状态(下降限速位以上高度)。因为不需限速的状态是相对安全的状态，所以用触点开关的"接通"表示下降限速位的以上高度，"断开" 表示下降限速位以下高度。

【例2】 起重机起升制动器制动状态信号开关选择

起重机起升制动器是断电抱闸、得电松闸类型的。现要制动器边上安装一个限位开关或接近开关，向控制器提供制动器是否在抱闸状态的信号，用于系统控制和制动器故障检测。该开关要反应的两个状态是"制动状态"和"非制动状态"。起重机正常工作时的状态是"非制动状态"，需要由起升电动机提供转矩，控制起升速度；"制动状态"是起重机停止工作时的状态，是断电停机后的正常状态。所以"制动状态"应该是制动器的安全状态，所选的制动信号开关在"制动状态"时应该是被触动"接通"的，在"非制动状态"时是"断开"的，所以应选用常开的限位开关或接近开关，并安装在制动器抱闸时能被触动或感应的位置上。

4. 控制线路的互锁

机电控制系统中,当两个(只)电器执行元件(如电机正/反转控制接触器)同时动作时,可能会引起电源短路、机械部件损伤等问题。为了保证控制系统工作的可靠性,在继电器/接触器控制系统中,需要通过触点进行电气“互锁”。

在使用 PLC 控制的系统中,如果这些执行元件是通过 PLC 的输出进行控制的,那么在设计时不仅要在 PLC 程序中保证这些执行元件不可能同时动作,而且还必须同时通过线路中的电磁执行机构(或机械装置)进行电气(或机械)“互锁”,保证这些执行元件不存在可能同时动作的可能性。

6.3.7 系统故障自我诊断

PLC 可编程控制器技术日益成熟,从单机到大型生产线设备的全程控制,在工业控制领域得到愈来愈广泛的普及应用。如何设计一套更完善、稳定、安全,更便于操纵和维护的控制系统显得有更加重要的现实意义。

在 PLC 控制系统中,就 PLC 控制器本身而言,一般故障率比较低,但这并不能保证整个系统,特别是比较大的系统的稳定、可靠和安全运行。只要构成控制系统的外围设备或元器件,例如传感器、接触器、电动机、电磁阀、接插件等电器元件,只要有一个发生故障,就会影响整个系统的正常运行,甚至严重事故。

为了提高系统的安全可靠性,有必要进一步开发利用 PLC 自身的能力,对系统的状态进行检测、判断,实现系统故障的自我诊断,及时探测到系统的各种故障并作出相应的反应,以避免或减小故障的损害程度。系统故障自我诊断系统还能为用户提供有关故障信息(故障地点、可能原因、解决方法等),能最大限度地缩短系统修复时间,使系统尽快恢复正常。在硬件上,系统故障的自我诊断需要增加 PLC 输入点和传感器、触点开关等检测器件,以获取系统自我诊断所需的信号;在软件上,则需要设计专门用来系统故障诊断的程序。

系统各种可能产生的故障可以分别用软继电器触点表示,称之为故障标志位,“1”表示有故障,“0”表示无故障。具有自我诊断功能的其他系统设备可以直接输出故障信号,PLC 读取后据此修改故障标志位。无故障诊断功能的设备或器件由 PLC 通过对其工作状态的检测,判断是否达到了应有的控制要求,如没有则说明有故障。

一旦出现故障,PLC 控制器会发出声光报警信号,并可能以各种形式显示故障的有关信息,同时根据故障的性质和严重程度,控制器会采取相应的应对措施。有的故障对系统的工作影响不大,只需做出提示,在运行过程中就能解决问题;有的故障在一定的时间内暂时不会影响系统运行,如电动机过载、设备温升偏高,则系统仍然可以正常运行或适当降低速度减小负载,在允许的时间内完成当前工序后再停下解决问题,这是属于较低等级的故障;出现严重等级的故障时,如变频器故障、主接触器故障、起升制动器故障,或按动紧急停止按钮时,系统主电路即刻“紧急分断”,切断相关设备的电源,系统进入紧急停止状态。

系统详尽的状态信息和故障信息可以显示在本地的人机界面上,也可以通过通讯网络传送到任何地方,便于远程诊断。

下面是一个对起升制动器进行故障诊断的例子。

设 PLC 的输出点 Q0.0 通过控制中间继电器 KA 的常开触点控制接触器 KM 的线圈,KM 的常开主触点控制得电松闸的电磁制动器 YB;制动器抱闸制动时会触碰到限位开关 ST,

ST 触点接至 PLC 的输入点 I0.0。要求检测制动器的工作状态，判断其是否工作正常，设故障标志位是 M0.0。

该例只是对制动器进行故障诊断，编写有关故障标志位 M0.0 的程序，而对制动器的控制，何时松抱闸，应在另外的控制程序模块中根据工况编程完成。

制动器控制信号的传输过程是：输出点 Q0.0=1 时中间继电器 KA 常开触点闭合，接触器 KM 的线圈得电，制动器 YB 得电后松闸；而输出点 Q0.0=0 时，制动器 YB 失电后抱闸。

考虑到安全性，ST 使用常开限位开关，并将其安装在制动器抱闸时已使开关闭合的位置。这样，制动器的状态检测信号的传输过程是：制动器 YB 得电后松闸时，常开限位开关 ST 脱离制动器的机械压力，开关触点断开，PLC 输入信号 I0.0=0；当制动器 YB 失电抱闸后，常开限位开关 ST 受到制动器的机械压力，开关触点闭合，PLC 输入信号 I0.0=1。

所以当制动器 YB 及控制信号传输线路（包括继电器 KA 和接触器 KM）和状态反馈信号传输线路（包括限位开关 ST）没有出现故障时，PLC 的输出控制信号 Q0.0 和输入反馈信号 I0.0 的组合（Q0.0，I0.0）是（1，1）和（0，0），而 Q0.0 和 I0.0 的另外两种组合（1，0）和（0，1）只有在故障时才会出现。

（1，0）（Q0.0=1，I0.0=0 时）是“制动器不抱闸故障”信号组合；（0，1）（Q0.0=0，I0.0=1 时）是“制动器不松闸故障”信号组合。故障产生的原因可能是制动器 YB 的电磁线圈故障、YB 的机械故障、接触器 KM 故障、中间继电器 KA 故障、限位开关 ST 故障、连接线故障。

图 6.18 是制动器的故障诊断程序，将上述两种故障组合在一起，用故障标志位 M0.0 表示。因为制动器、继电器和接触器都有动作时间，动作反馈信号 I0.0 滞后于动作控制信号 Q0.0（假设本例的总滞后时间不大于 200 ms），在动作控制信号发出后的滞后时间段内会出现疑似故障的信号组合，所以程序中要用一个时间继电器（T37）用来消除疑似故障信号。本例中，故障标志位 M0.0 可以用来控制一个故障指示灯，作为最简单的人机界面。

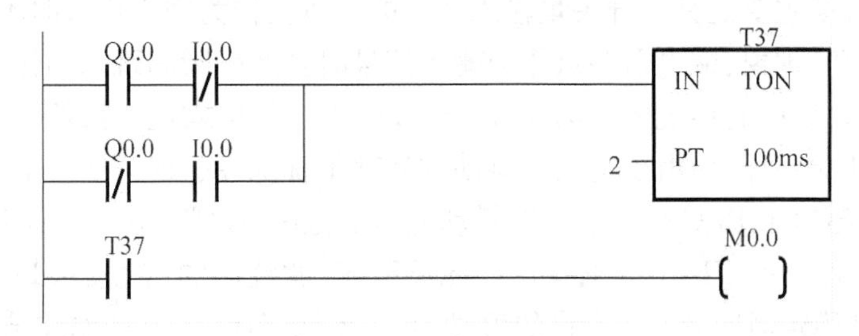

图 6.18　故障诊断程序

如果制动器的故障只是动作迟钝（也可能是继电器、接触器没有及时动作），松闸、抱闸的动作时间超过了规定的最大动作时间（200 ms），但还是完成了动作，故障标志位 M0.0=1 的时间可能很短暂，容易被忽略，所以需要加自保功能，锁定故障。

有了自保还需加复位，图 6.19 是有自保、复位功能的故障诊断程序，常闭的复位按钮接在 I1.0 输入端子上。程序使用的是故障优先，而不是复位优先的启保停格式，保证故障还存在时按复位按钮不能清除故障标志位。复位按钮一般是所有故障共用的。

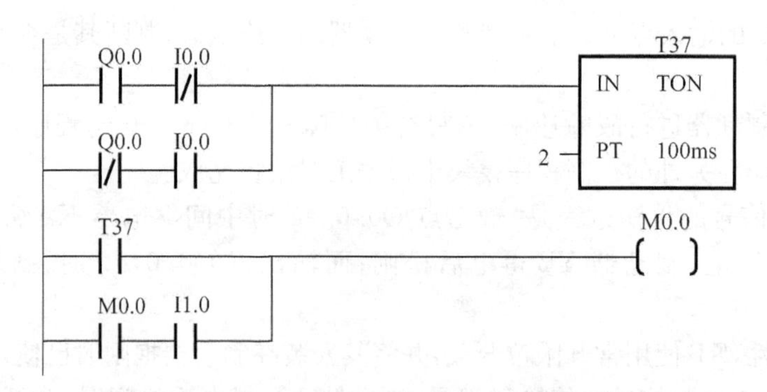

图 6.19 有自保/复位功能的故障诊断程序

6.3.8 PLC 程序可靠性设计

为了提高 PLC 控制系统的可靠性，在系统的硬件配置上需要精心设计，选择可靠性高的外围设备和器件，并进行有机组合。PLC 控制器可以在工业环境下使用，这是因为 PLC 在硬件与系统软件两个方面都采取了很多措施，确保它能可靠工作。

在软件方面，用户程序如何设计也关系到 PLC 控制系统的可靠性，必须在多方面采取相应的措施，包括：提高 PLC 输入/输出信号的可靠性、故障检测程序的设计、数据和程序的保护以及软件容错等。

1. PLC 输入程序可靠性

除了在硬件上采取措施，如有针对性地选择输入电路类型和输入器件，采取必要的抗干扰措施，还可以在软件上采取措施，通过提高 PLC 输入程序的可靠性，改善系统的整体可靠性。对输入程序可采取的措施有输入信号防抖动、数字滤波、非法输入防止、输入冗余及输入容错。

1）输入开关信号防抖动

输入信号防抖动主要是针对开关量输入信号的。按钮作为输入信号时不可避免会出现触点时通时断的“抖动”现象、继电器触点作为输入信号时会产生瞬间跳动动作，诸如此类现象都将会产生错误的信号，引起系统的误动作，影响 PLC 工作的可靠性。虽然 PLC 的开关输入信号通道已有滤波功能，以防止由于输入点抖动或外部干扰脉冲引起的错误信号，但对于抖动强度比较大的信号，超出了 PLC 输入通道防抖动能力的范围，就需要由程序来进行滤波，去除抖动信号。图 6.20 是一个防 I0.0 接通抖动的滤波程序，滤波后的信号是 M0.0。从图中可知，当 I0.0 接通时，且稳定时间超过 PT 设的值时，T33 才能接通，I0.0 的滤波结果 M0.0 为 ON；当 I0.0 断开抖动时，M0.0 马上为 OFF，不是断开抖动结束后才 OFF。虽然该程序没有防断开抖动的滤波功能，但只要断开抖动时的间隔时间不超过 PT 的设定值，M0.0 也不会发出 ON 的错误信号。

图 6.21 是防断开抖动的滤波程序，滤波后的信号是 M0.1。也可以将两个功能结合起来，设计出既防接通抖动又防断开抖动的程序。

2）输入模拟量的软件抗干扰

PLC 通过模拟通道采集模拟量，将其转换成数字量，即 A/D 转换，供 PLC 内部处理使用。多数 A/D 单元自身有滤波功能，再加上硬件电路上的抗干扰措施，因此进入 PLC CPU 的已是排除干扰后的信号。

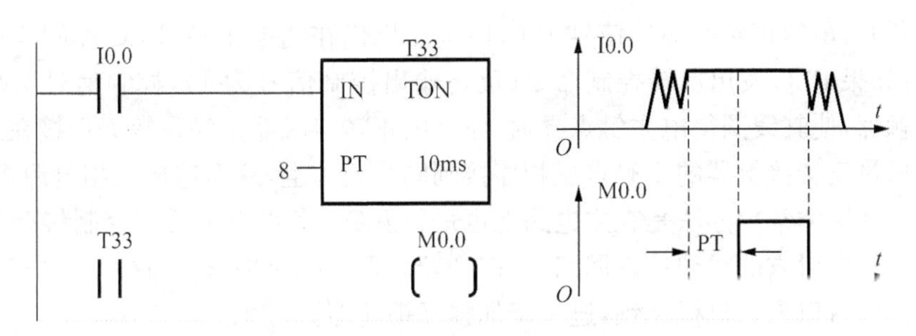

图 6.20　防接通抖动的滤波程序

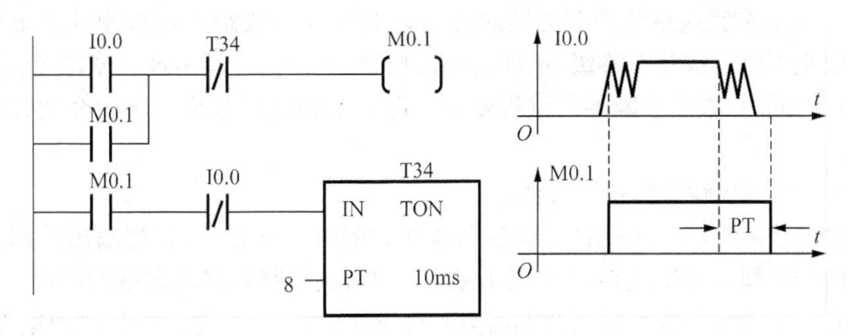

图 6.21　防断开抖动的滤波程序

硬件上的抗干扰措施是应优先考虑的，也是最有效的。在此基础上还可以通过软件对采集到的 A/D 转换值进行数字滤波，是硬件防干扰措施的一种补充。

数字滤波的方法很多，主要有：求平均值或加权平均值、中值算法、抑制脉冲算术平均法、一阶惯性滤波法、递推平均滤波法等，可以参照有关的书籍和资料深入了解。

2. PLC 输出控制可靠性

在输入信号可靠没有错误的前提下，PLC 输出控制的可靠度是输出控制量可靠度、输出信号传递可靠度与输出执行机构可靠度的串联，与系统的硬件和软件都有关系。在软件上，为提高 PLC 输出控制的可靠性可以采取以下几个方面的措施：

1）输出互锁功能

在使用 PLC 控制的系统中，如果这些执行元件是通过 PLC 的输出进行控制的，那么在设计时不仅要在 PLC 程序中保证这些执行元件不可能同时动作，而且还必须同时通过线路中的电磁执行机构（或机械装置）进行电气（或机械）"互锁"，保证这些执行元件不存在可能同时动作的可能性。

首先是要在硬件上进行必要的电气互锁或机械互锁，再在编程中考虑软件互锁，互相配合，进一步保证系统安全可靠地运行。需注意的是，单纯在 PLC 内部逻辑上的互锁，往往在外电路发生故障时起不到应有的作用。

例如在电动机正反转控制电路中，对电动机正、反转接触器的互锁仅在软件上来实现是不够的。大功率电动机有时会出现因接触器主触点"烧死"而在线圈断电后主电路仍不断开的故障。假设有这样一个 PLC/接触器控制的电动机正反转电路，当 PLC 的正转输出控制信号为 0 时，正转接触器线圈失电，按理正转接触器的主触点断开切断电源，电动机停止运行；正转输出信号为 0 后串联在反转控制指令中起软件互锁作用的正转控制信号的常闭触点接通，反转的互锁信号解除，为电动机进入反转运行状态做好准备。现在如果由于正转接触器的主触点

“烧死”不能断开，虽然正转的输出信号为0，但电动机仍在通电正转，PLC控制程序却对此毫不知情，此时如果PLC发出反转控制命令(反转输出控制信号为1)，控制信号会毫无阻拦地传向反转接触器，使其线圈得电主触点导通，原已因正转接触器主触点故障仍接在三相电源上的电动机又通过反转接触器的主触点反相序接到同一电源上，从而造成三相电源短路事故。

解决这一问题的常规办法是在主电路上也进行互锁，将两个正反转控制接触器的常闭辅助触点互相串接在对方的线圈控制回路中，起到较为理想的保护作用，这就是电气上的硬件互锁。如有必要还可以采用机械互锁，进一步加强互锁功能。

2) 故障检测

PLC控制系统在完成系统功能的同时还可以对自身的状态进行检测并作出故障级别的评估。故障级别可以分成几个等级，例如：警告、报警、紧停。一旦出现故障，控制系统在显示/上传故障信息的同时，根据故障的严重程度应立即作出相应的举措。下面介绍几种系统故障的检测方法。

(1) 针对对象的故障逻辑检测方法：

前面说过的故障检测方法是针对设备和器件的逻辑检测方法，根据输出控制信号和反馈回来的输入信号之间的逻辑关系，看动作执行了没有，从而判断其状态是否正常。

逻辑判断程序的运行视被控系统的特点与要求决定，可以安排每个扫描周期都运行，也可安排在被控设备运行开始时扫描逻辑判断程序，还可采用诸如中断、定时等运行方式。

由于是采用对输入信号进行检测比较，从某种程度上讲是对部分事故的隐患进行检测。而这种检测通常安排在事故发生前进行。因此，采用这种方法可以避免部分事故的发生，起到防患于未然的作用。

(2) 针对系统的故障逻辑检测方法：

还可以有针对整个或局部系统的逻辑检测方法。在PLC控制系统正常的情况下，各输入、输出信号和中间记忆变量之间存在着一定的逻辑关系，一旦出现异常逻辑关系，必定是控制系统出现了故障。因此，可以事先在用户程序中编好一些常见故障的异常输入信息，事先存入PLC内部寄存器列表中；通过编制和运行数据逻辑判断程序，将实时输入信号与列表中的信号进行比较。只要其中一个比较结果的状态为“1”，就表示出现了相应的设备故障，即可将该状态作为故障信号输出，用来实现报警、停机等控制。

也可以事先在用户程序中编好系统所有正常的逻辑关系表，只要在检测过程出现了表中没有的逻辑关系，就认为设备不正常。

(3) 时间故障检测法：

时间故障检测法是针对过程状态的检测方法。一般来讲，大多数的顺序控制中，每个状态持续的时间大致有一个相对准确值，即使变化也不会太大，因此可以以这些时间为参考，在PLC发出输出信号，相应的外部执行机构开始动作时启动一个监控定时器，定时器的设定值比正常情况下该动作的持续时间长20%左右。当该“状态”的实际工作时间未超过监控定时器的监控时间时，则认为该“状态”工作正常；若实际工作时间超过监控定时器的时间，则认为该“状态”工作出现问题，PLC根据事先编制好的监控保护程序作出相应的动作(报警显示、禁止输出、紧急停止等)，而技术维修人员则可以根据报警信号对系统进行检查以确定故障原因。

3) 指令冗余

在尽可能短的周期内将数据重复输出，使受干扰影响的设备在还没有来得及响应时就又收到了正确的信息，这样可以及时防止误动作的产生。

本章习题

1. 进行PLC系统设计时应遵循哪几个原则？
2. PLC控制系统设计一般分哪几个阶段进行？每个阶段的主要设计任务是什么？
3. PLC程序设计一般可分为哪几个步骤？
4. 基于功能转移图的PLC系统程序设计方法包含了哪几个设计步骤？
5. 什么是模块化程序设计方法？有什么特点？
6. PLC控制系统的一般调试方法有哪些？
7. 为了提高PLC控制系统的抗干扰能力，需要采取哪些措施？
8. 什么是冗余系统设计？
9. PLC控制系统可靠性设计一般从哪些方面加以保证？
10. 对系统的紧急分断电路设计应有哪些要求？
11. 为什么一般系统的启动按钮是常开的，停止按钮是常闭的？是出于什么考虑？否则可能会出现什么问题？
12. 某控制系统用一个限位开关触点的通（逻辑1）和断（逻辑0）来反馈一个运动部件的两个位置状态A和B。问，是选择“通”与状态A对应、“断”与状态B对应，还是相反选择？为什么？
13. 为了保证PLC控制系统的可靠性，设计过程中应该在哪些方面采取哪些必要的措施？
14. 设PLC的输出点Q1.0控制中间继电器KA的线圈，KA的常开触点控制接触器KM的线圈，KM的常开触点控制得电松闸的电磁制动器YB；制动器松闸时会触碰到一个常闭的限位开关ST，使其断开，ST接至PLC的输入点I2.0。
   (1) 说明控制输出点Q1.0、中间继电器常开触点KA、接触器常开触点KM、制动器YB、限位开关常闭触点ST和反馈输入点I2.0之间的状态信号逻辑关系；
   (2) 用“0”和“1”来表示输出点Q1.0和输入点I2.0的状态，试写出关于制动器的正常控制状态组合和非正常控制状态组合；
   (3) 设M1.0是制动器非正常的故障标志位（非正常是1），试写出关于M1.0的梯形图程序。

第 7 章　PLC 和变频器在起重机控制系统设计中的应用

7.1　起重机起升机构组成与控制要求

随着现代科学技术的迅速发展,工业生产规模的扩大和自动化程度的提高,起重机在现代化生产过程中的应用越来越广泛。起重机的种类有很多,应用于不同的行业,如门式起重机,桥式起重机,塔式起重机,单梁起重机,汽车起重机等。岸边集装箱起重机(Quayside Container Crane)、轮胎式集装箱龙门起重机(Rubber Tyred Gantry Crane)、轨道式集装箱龙门起重机(Rail Mounted Gantry Crane),是目前集装箱码头上具有代表性的现代起重机设备,完成港口集装箱的装卸作业。

起重机,无论结构简单还是复杂,都由 3 大部分组成,即能够承受载荷的金属结构、能使起重机发生某种动作(如升降、移动、变幅等)的传动机构、能控制起重机各个运转动作的电气控制系统。

起重机的电气控制系统由传统的继电器—接触器控制,已发展到现在的由交流变频驱动的 PLC 控制。

起升机构用来实现物料垂直升降,是任何起重机不可缺少的部分,因而是起重机最主要、也是最基本的机构。本章讨论由 PLC 控制、交流变频器驱动的起升机构电气控制系统的设计思路及方法。

7.1.1　起重机的起升机构和控制结构

1. 起重机起升机构

起重机的起升机构见图 7.1,由驱动装置、传动装置、卷绕系统、取物装置、制动器及其他安全装置等组成。不同种类的起重机需配备不同的取物装置,其驱动装置亦有不同,但布置方式基本上相同。

1) 驱动装置

大多数起重机采用电动机驱动,布置、安装和检修都很方便。流动式起重机(如汽车起重机、轮胎起重机等)以内燃机为原动力,传动与操纵系统比较复杂。

2) 传动装置

包括减速器、联轴器和传动轴。减速器常用封闭式的卧式标准两级或三级圆柱齿轮减速器,起重量较大时可增加一对开式齿轮以获得低速大力矩。

3) 卷绕系统

卷绕系统指的是卷筒和钢丝绳滑轮组。

卷筒用来卷绕钢丝绳,将旋转运动转换为所需要的直线运动。卷筒有单层卷绕与多层卷

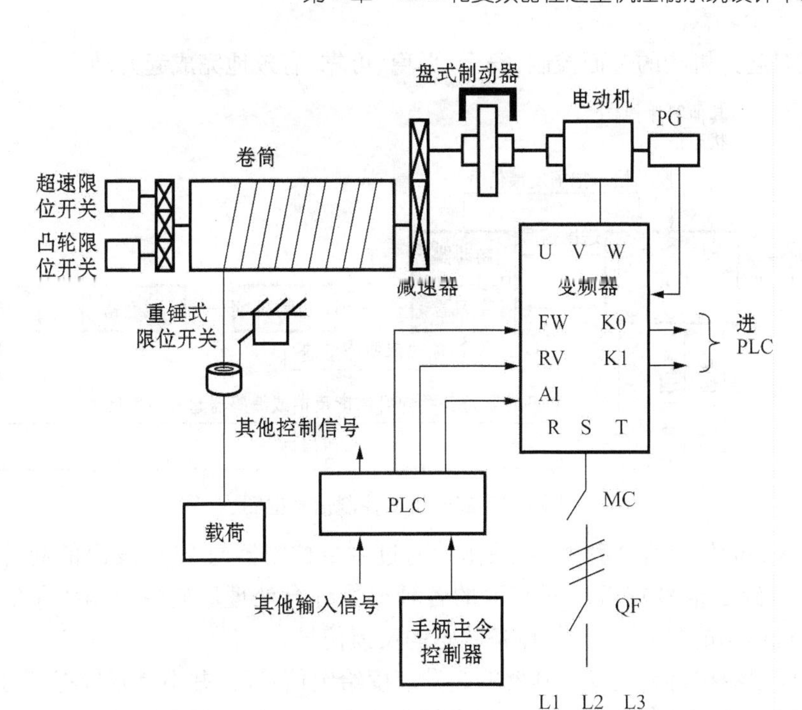

图7.1　起重机起升机构

绕之分，一般起重机大多采用单层卷绕的卷筒。单层卷绕筒的表面通常切出螺旋槽，以增加钢丝绳的接触面积，并防止相邻钢丝绳互相摩擦，从而提高钢丝绳的使用寿命。

4）取物装置

它是根据被吊物料的种类、形态不同，采用不同种类的取物装置。取物装置种类繁多，使用量最大的是吊钩。

5）制动器及安全装置

制动器既是机构工作的控制装置，又是安全装置。起升机构的制动器必须是常闭式的。起重机常用的是电力液压块式制动器和电力液压盘式制动器。

此外，起升机构还配备起重量限制器、上升极限位置限制器等安全装置。

2. 起升机构工作原理

电动机通过联轴器（和传动轴）与减速器的高速轴相连，减速器的低速轴带动卷筒，吊钩等取物装置与卷绕在卷筒上的钢丝绳连接。当电动机正反两个方向的运动传递给卷筒时，通过卷筒不同方向的旋转将钢丝绳卷入或放出，从而使吊钩与吊挂在其上的物料实现升降运动，将电动机输入的旋转运动转化为吊钩的垂直直线运动。常闭式制动器在通电时松闸，允许机构运转；在失电情况下抱闸制动，使吊钩连同货物停止升降，并在指定位置上保持静止状态。当吊钩升到最高极限位置时，上升极限位置限制器（重锤式限位开关，常闭）被触碰动作，使吊钩紧急停止上升。

除了重锤式限位开关信号外，出现其他危险状态信号时也应及时切断主电源使起升机构紧急停止运行，以保证安全，如当吊载严重超载时起重量限制器发出的报警信号、紧急情况下人为按动的紧急按钮信号、变频器等设备的故障信号等。

3. 起升机构控制信号

图7.2是起升机构的控制信号框图。作为控制系统的大脑，PLC负责接收、处理、发出各

种信号，实现对起升机构的全面控制，安全、平稳、可靠、有效地完成起升动作。

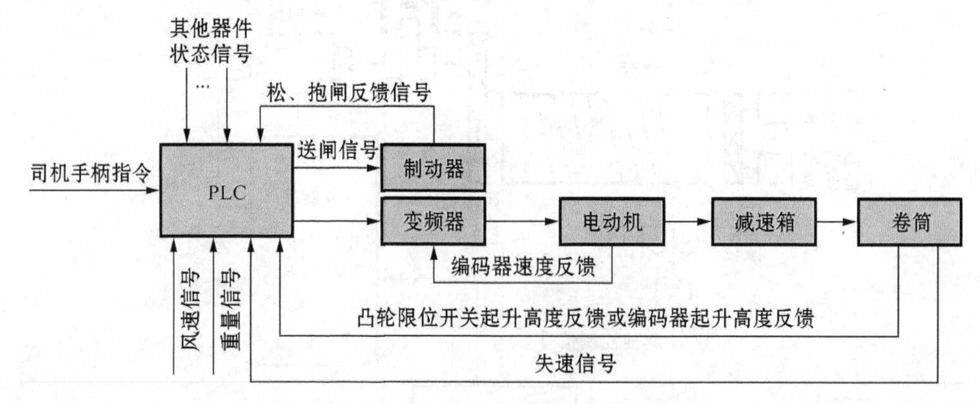

图 7.2 起升机构控制信号框图

与 PLC 有关的信号有 3 种类型：操作者通过主令控制器向 PLC 发出的起升机构的运行速度命令信号（给定信号）；PLC 对获取的各种信号综合处理后向各控制对象发出的控制信号；反映起升机构当前状态、各器件设备状态的反馈信号。

当 PLC 控制器在得到主令控制器的起升速度给定信号后，并不是直接将信号传送给起升电机变频驱动器，使其按照给定的速度要求控制起升运行，这样做不安全！而是要根据当前状态反馈信号，对命令信号进行修改后再发送给变频驱动器。

安全检测是控制系统的一个重要功能。实时获取有关机构运行的状态反馈信号，如起升机构的升降高度，及时反馈到对系统起升的控制中，自动限制起升运行的方向和速度；在实时检测到起升失速保护信号、超极限位置信号等需要系统紧急停止运行的信号时，紧急分断主电源，进入立即断电抱闸制动状态，避免出现严重的生产事故；根据反馈的信号，对器件和设备的运行状态作出判断，及时准确地发现故障，在避免生产事故的同时也便于系统的维修、维护和管理。

在电动机轴上安装了旋转编码器，向变频器反馈转速信号，可以使变频器工作在需要转速反馈的矢量控制方式，提高变频驱动系统的性能。

7.1.2 起重机控制要求

作为本章要讨论的具体电控系统设计例子，对该起升机构的控制有如下基本要求：

1. 速度限制

在不同的高度对应有相应的起升或下降速度；当上升到一定高度时起升速度限为一档低速；上升到最高允许高度时限为零速；当下降到一定高度时下降速度限为一档低速；下降到最低允许高度（地面）时限为零速；在其他高度速度档位不受限制。速度反馈信号由安装在起升卷筒轴上凸轮限位开关提供。超高时还有重锤式限位开关的极限保护。

2. 系统设备的故障判断

系统能检测以下故障，并当出现这些故障时，系统主电路立即跳闸断电，声光报警电路同时开启。这些故障是：变频器故障，主接触器及控制电路故障，抱闸装置故障，按下紧停按钮的紧停故障。

3. 制动器的动作情况

1) 失电抱闸的情况

(1) 起升手柄回到零位时,由于惯性电动机不会立即到达零速,变频器设有频率下降时间,只有当输出频率下降接近0时,制动器才可以断电抱闸(紧急状态下立即断电抱闸制动)。该接近零速的信号可设定为电动机的额定滑差频率,当变频器的输出频率小于额定滑差频率时认为是零速。零速信号由变频器的输出点输出。当手柄档位在零位,且零速信号有效时,制动器就断电抱闸,两个条件需同时满足。

(2) 系统出现任何一个可检测到的严重故障(例如变频器故障、PLC故障、接触器故障等),或是系统紧停按钮被按下时,制动器紧急断电抱闸。

2) 得电松闸的情况

在满足以下所有条件时,系统控制器将发出制动器松闸信号,使制动器得电进入松闸状态:主电源接触器已闭合、变频器状态正常、起升机构器件正常无故障、起升操作手柄不在零位。

4. 紧急停止按钮

起升控制系统有一个或多个紧急停止按钮,安装在醒目、触手可及的位置上,一旦按下其中任何一个按钮,系统主接触器跳闸断电,制动器紧急抱闸,系统发出声光报警信号。在查清紧停原因并且问题得到解决后,只有通过手动复位紧停状态才可以解除。

5. 声光报警

当系统出现故障(包括按下紧停按钮)时,蜂鸣器和闪烁指示灯被触发开始报警工作。在按下报警复位按钮后蜂鸣器停止工作,但闪烁指示灯仍然闪烁。只有当故障消除后按报警复位按钮,才会使闪烁指示灯停止工作。

7.1.3　起升控制系统的主要器件

1. PLC(S7-224XP)

西门子S7可编程控制器有多种系列:S7-200、S7-300、S7-400等,从小型到大型,功能逐步强大,价格也依次递增,适用于不同行业和场合对自动化检测、监测及控制等的需求。

S7-200系列是整体式的,CPU模块、I/O模块和电源模块都在一个模块内,通称为CPU模块;而S7-300和400系列的电源模块、I/O模块、CPU模块都是单独的。

200系列在西门子的PLC产品类里属于小型PLC系统,适合的控制对象一般都在256点以下的;300系列在西门子的PLC产品类里属于中型PLC系统,适合的控制对象一般都在256点以上,1024点以下的;400系列在西门子的PLC产品类里属于大型PLC系统,适合的控制对象一般都在1024点以上的。

本起升控制系统实例属于小型系统,故可采用西门子S7-200系列的PLC作为控制器。

S7-200 CPU包括CPU 221、CPU 222、CPU 224、CPU 224XP和CPU 226等型号。CPU 224XP有2个通讯端口,含有14个开关量输入端子(I0.0～I1.5),有10个继电器输出端子(Q0.0～Q1.1),2个模拟量输入(AIW1,AIW2),2个共用1个内存(AQW0)的模拟量输出(V/I)。本设计中需要用的I/O端子数已经超过14个/10个,故需要添加扩展模块。

本例中选用的PLC控制器型号是CPU 224XP AC/DC/继电器(6ES7 214-1BD23-0XB0),扩展模块型号是EM223 24VDC 8输入、8继电器输出(6ES7 223-1PH22-0XA0)。

2. 变频驱动器 MM440

西门子变频器 MicroMaster(MM)系列有 3 个子系列:MM420、MM430、MM440。MM420 的 I/O 数量少,不支持矢量控制,无自由功能块可使用,功率范围小。MM430 专为风机水泵设计,不支持矢量控制,功率范围大,在恒压供水等场合有很实用的功能。MM440 的功能相对强大,是新一代广泛应用的多功能标准变频器。

MM440 是适合用于三相电动机速度控制和转矩控制的变频器系列,功率范围涵盖 120W 至 250 kW 的多种型号可供用户选用。MM440 由微处理器控制并采用具有现代先进技术水平的绝缘栅双极型晶体管 IGBT 作为功率输出器件,因此它具有很高的运行可靠性和功能多样性;其脉冲宽度调制的开关频率是可选的,因而降低了电动机运行的噪声;采用高性能的矢量控制技术,提供低速高转矩输出和良好的动态特性;创新的 BiCo(内部功能互联)功能有无可比拟的灵活性;全面而完善的保护功能为变频器和电动机提供了良好的保护。

MM440 变频器具有缺省的工厂设置参数,是直接为简单电动机变速驱动系统供电的理想变频驱动装置。由于 MM440 具有全面而完善的控制功能,在设置相关参数以后可以适合用于需要多种功能的电动机控制系统。

1) MM440 主要特性

- 参数设置的范围很广,确保它可对广泛的应用对象进行配置
- 具有多个继电器输出
- 具有多个模拟量输出(0～20 mA)
- 多个带隔离的数字输入并可切换为 NPN/PNP 接线
- 2 个模拟输入

  AIN1:0～10 V,0～20 mA 和-10～+10 V

  AIN2:0～10 V,0～20 mA
- 2 个模拟输入可以作为第 7 和第 8 个数字输入
- BiCo 二进制互联连接技术
- 模块化设计,配置非常灵活
- 内置的 RS485 串行通讯接口

2) MM440 性能特征

- 矢量控制:无传感器矢量控制 (SLVC)、带编码器的矢量控制 (VC)
- V/f 控制:磁通电流控制 (FCC)(改善了动态响应和电动机的控制特性)、多点 V/f 特性
- 自动再起动
- 捕捉再起动
- 滑差补偿
- 快速电流限制 (FCL)(避免运行中不应有的跳闸)
- 电动机的抱闸制动
- 内置的直流注入制动
- 复合制动功能(改善了制动特性)
- 设定值输入:模拟输入、串行通讯接口、点动(JOG) 功能、电动电位计、固定频率设定值
- 斜坡函数发生器:起始和结束段带平滑圆弧,起始和结束段不带平滑圆弧

- 具有比例、积分和微分特性的 PID 控制器
- 各组参数的设定值可以相互切换
- 自由功能块
- 直流回路电压控制器
- 动力制动的缓冲功能
- 定位控制的斜坡下降曲线

3）保护特性

- 过电压/欠电压保护
- 变频器过热保护
- 接地故障保护
- 短路保护
- I^2t 电动机过热保护
- PTC / KTY84 温度传感器的电动机保护

4）MM440 的参数设定和操作板

为了选择具体的控制功能，以满足实际应用的要求，需要对通用变频器进行适当的参数设定。

MM440 有两类参数：一是直接影响变频器功能的“P”参数—设定参数，可以写入和读出；二是用于显示变频器内部量，如状态和实际值的“r”参数—监控参数，这种参数只能读出不能修改。每个参数用参数号和规定的属性（如可读出、可写入、BICO 属性、组属性等）来识别。在一个任意实际变频传动系统中，参数号是唯一的。

对于 MicroMaster 变频器，可用下列操作单元访问参数：

（1）BOP（基本操作板）；

（2）AOP（高级操作板）；

（3）基于 PC 的调试（启动）工具“Drive Monitor”或“STARTER”。

图 7.3 是 MM440 的操作板图。除了参数设定功能，操作板还有对变频器的运行控制、故障诊断以及调试功能。由于 AOP 可以显示说明文本，因而便于操作人员的操作控制、故障诊断以及调试过程。

BOP

AOP

图 7.3　MM 变频器操作板

5）MM 变频器的接线端子

图 7.4 是 MicroMaster440 的简易框图。

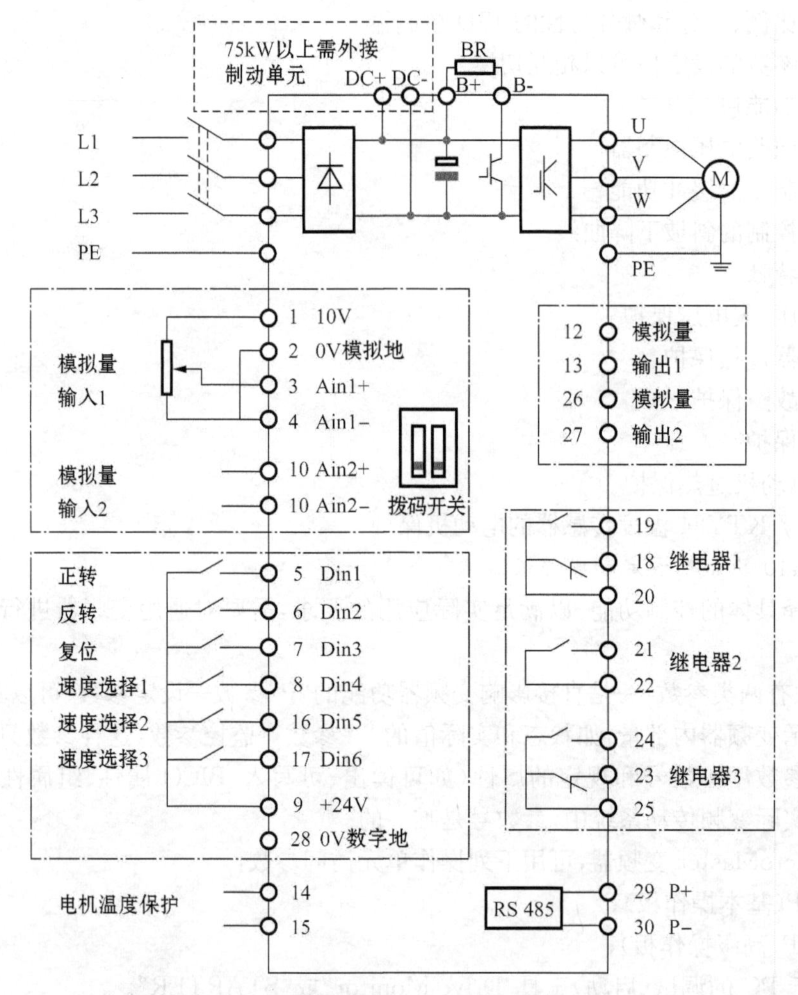

图 7.4 MM440 的简易框图

接线端子 3、4 用于模拟输入，如果采用变频器的内置电压 10 V 时，必须接至少 4.7 kΩ 的电阻，通过滑动变阻器的划片位置，可以改变接入 3,4 端口的电压，从而实现模拟量的输入。模拟量输入的时候，必须对 DIP 拨码开关进行设置，若为模拟电压输入，则 DIP 1 和 DIP 2 都设为 OFF 状态；若为模拟电流输入时，则 DIP 1 和 DIP 2 都设为 ON 状态。

3. 光电旋转编码器

光电编码器是一种通过光电转换将输出轴上的机械几何位移量转换成电气信号或数字量的传感器，可以高精度测量被测物的转角或直线位移量。转换角度位移的是旋转编码器，转换直线位移的是直线编码器。按编码方式来分，旋转编码器可分为绝对式编码器、增量式编码器和混合式编码器。

1) 增量式光电旋转编码器

增量式编码器的特点是每转动一个预先设定的角度将输出一个脉冲信号，将连续的角度位移量增量化，产生与位移增量等值的脉冲信号，通过统计脉冲信号的数量来计算旋转的角度，或者通过统计单位时间段内的脉冲信号数计算出平均转速。编码器输出的位置数据是相对的，它反应的是转轴相对于某个基准点的相对位置增量，而不是轴的绝对位置量。无论轴是正转还是反转，增量式编码器都能产生相同的脉冲信号，所以仅依据这样一个脉冲信号是无法区别出轴的转向，即无法确定是哪个转向上的增量。

图 7.5 中另外 3 个输出信号 $\overline{A}$、$\overline{B}$、$\overline{Z}$ 分别是 A、B、Z 的反向信号。增量式光电编码器主要由光源、码盘、检测光栅、光电检测器件和转换电路组成，如图 7.5 所示。码盘上刻有节距相等的辐射状透光缝隙，相邻两个透光缝隙之间代表一个增量周期；检测光栅上刻有 A、B 两组与码盘相对应的透光缝隙，用以通过或阻挡光源和光电检测器件之间的光线。它们的节距和码盘上的节距相等，并且两组透光缝隙错开 1/4 节距，使得光电检测器件输出的信号在相位上相差 90°电度角，即所谓的两组正交输出信号。当码盘随着被测转轴转动时，检测光栅不动，光线透过码盘和检测光栅上的透过缝隙照射到光电检测器件上，光电检测器件就输出两组相位相差 90°电角度的近似于正弦波的电信号 a 和 b，电信号经过转换电路的信号处理，可以得到被测轴的有关转角信息的电平信号 A、B。A、B 两相信号，除了用来计量转角还可方便地判断出旋转方向。有的编码器还有一个称之为零位信号的 Z 相脉冲信号输出，码盘每旋转一周，Z 只发出一个脉冲。Z 脉冲信号通常用来指示机械位置，或对计数器的累计值清零。

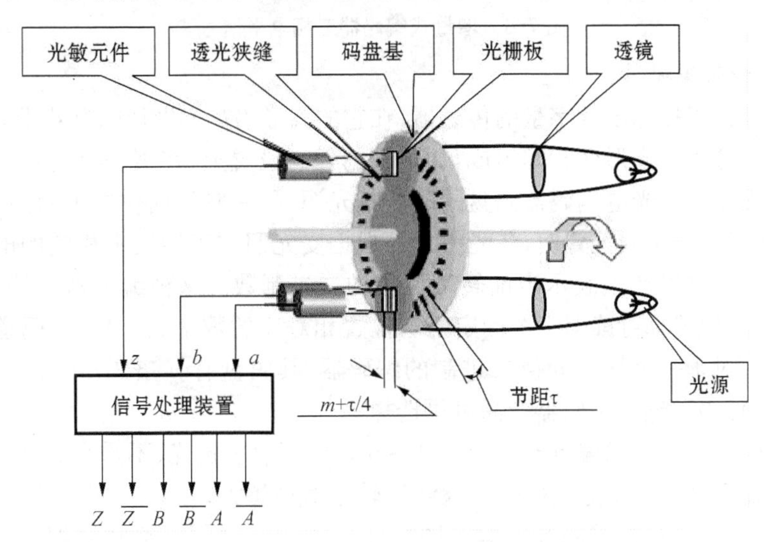

图 7.5　光电旋转编码器原理图

增量式光电编码器输出信号波形如图 7.6 所示。

旋转编码器的分辨率是以编码器轴转动一周所产生的输出信号基本周期数来表示的，即脉冲数/转(PPR)。码盘上的透光缝隙的数目就等于编码器的分辨率，码盘上刻的缝隙越多，编码器的分辨率就越高。可选择的分辨率通常是 200PPR 及其以上，最高可上万。

如果编码器是以系统“地”作为电压参考点，输出一个代表逻辑信号“1”和“0”的高低电平，则该编码器是单端信号输出只有 A、B、Z 信号，没有 $\overline{A}$、$\overline{B}$、$\overline{Z}$ 输出；如果编码器仍以系统“地”作为电压参考点，但输出的是两个反相的电平信号，则该编码器是双端差分信号输出，双端电压之差的极性代表逻辑信号“1”和“0”。图 7.6 中的编码器就是差分信号输出编码器，三相差分信号分别是 A 和 $\overline{A}$、B 和 $\overline{B}$、Z 和 $\overline{Z}$，有 6 根信号线，此外还有 1 个未画出的公共地线。

差分信号接收端是通过比较双端电压的差值来判断发送端发送的是逻辑状态“1”还是“0”，而单端信号接收端是依靠高低两个阈值电压来判断的，所以差分信号适合远距离传输；此外，差分传输线的抗干扰的能力也比较强。

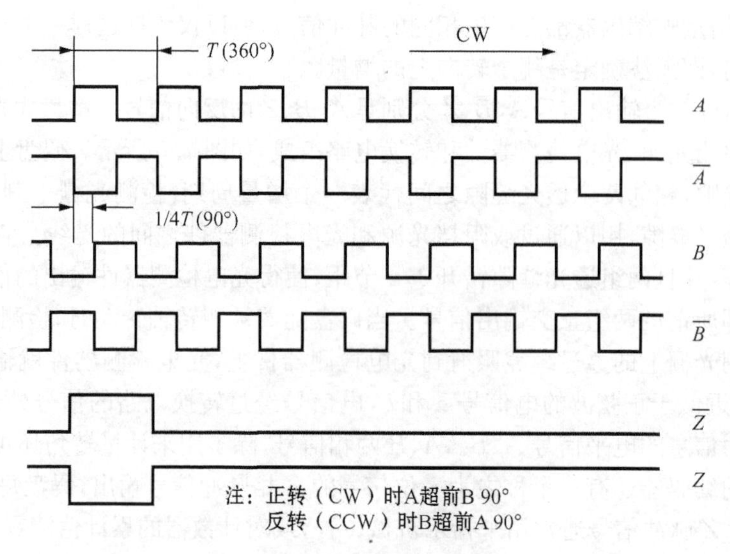

图 7.6 增量式编码器三相电平信号

2）绝对式旋转编码器

绝对编码器是直接输出数字量的传感器，在它的圆形码盘上沿径向有若干同心码道，每条道上由透光和不透光的扇形区相间组成，在转轴的任意位置上，在某一个转角范围内，扇形区的分布是独一无二的。光电编码器码盘的一侧是光源，另一侧径向位置上对应每一码道有一光敏元件；当码盘处于不同位置时，各光敏元件根据受光照与否转换出相应的电平信号，所有电平信号组合起来可以产生表示当前转轴位置的二进制数。这种编码器的特点是不要计数器，在转轴的任意位置都可读出一个固定的与位置相对应的数字码。显然，码道越多，转角的分辨率就越高。对于一个具有 n 位二进制的编码器，其码盘有 n 条码道，分辨率是 $360°/2^n$。目前有 10～16 位多种绝对编码器产品可供选择。

绝对式编码器与增量式编码器不同之处在于圆形码盘上透光、不透光的缝隙图形，绝对编码器是根据码盘上读出的缝隙编码信息检测转轴绝对位置的。编码的设计可采用二进制码、循环二进制码（格雷码）、二进制补码等。图 7.7 是 4 位二进制的绝对式编码器码盘，4 个码道，格雷码位置数据，分辨率是 $360°/2^n = 22.5°$。

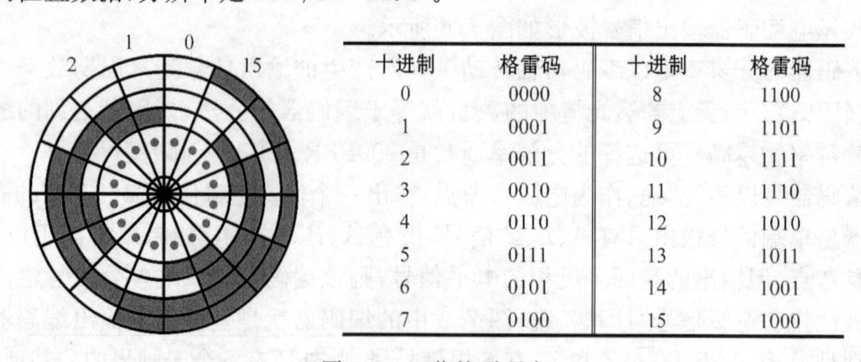

十进制	格雷码	十进制	格雷码
0	0000	8	1100
1	0001	9	1101
2	0011	10	1111
3	0010	11	1110
4	0110	12	1010
5	0111	13	1011
6	0101	14	1001
7	0100	15	1000

图 7.7 四位格雷码盘

绝对式编码器的特点是：

- 可以直接读出由机械位置决定的角度坐标的绝对值；

- 没有累积误差；
- 电源切除后位置信息不会丢失。

旋转单圈绝对式编码器，以转动中测量光码盘各道刻线，以获取唯一的编码，当转动超过 360°时，编码又回到原点，这样就不符合绝对编码唯一的原则，这样的编码器只能用于旋转范围 360°以内的测量，称为单圈绝对式编码器。

如果要测量的旋转角度超过 360°范围，就要用到多圈绝对式编码器。编码器生产厂家运用钟表齿轮机械的原理，当中心码盘旋转时，通过齿轮传动另一组码盘(或多组齿轮，多组码盘)，在单圈编码的基础上再增加圈数的编码，以扩大编码器的测量范围，这样的绝对编码器就称为多圈式绝对编码器。它同样是由机械位置确定编码，每个位置编码唯一不重复，有自我记忆功能。多圈式绝对编码器的另一个优点是由于测量范围大，实际使用时往往富裕较多，这样在安装时不需费劲找零点，只需将某一中间位置作为起始点就可以了，大大降低了安装调试难度。

由于绝对式编码器在定位方面的优势，已被越来越多地应用于工业控制定位中。同时由于体积、重量都较大，并且造价昂贵，在一定程度上也限制了绝对式编码器的使用。

通过几芯电缆线并行传送位置编码数据的称为并行绝对值旋转编码器；以用标准的接口和标准化的协议串行传送位置编码数据的称为串行绝对值旋转编码器。目前通过现场总线传送信息的绝对值旋转编码器的使用正在不断增加。现代岸边集装箱起重机司机室的机构运行主令控制器是高科技的机电一体化产品，它通过推拉操作手柄轴上的绝对式编码器将司机的操作动作传感为数据码，然后通过 Profibus 现场总线传送给总控电气房的主 PLC 控制器。

3) 混合式绝对值编码器

混合式光电编码器，就是在增量式光电编码器的基础上，增加了一组用于检测永磁伺服电机磁极位置的码道。它输出两组信息：一组信息用于检测磁极位置，带有绝对信息功能；另一组则完全同增量式编码器的输出信息。一般来说，在码盘的最外圈刻有高密度的增量式透光缝隙，中间分布在 4 圈圆环上有 4 个二进制 4 位循环码，每一个 4 位二进制码对应圆盘 1/4 圆角度，即每 1/4 圆由 4 位二进制循环码分割成 16 个等分位置。码盘最里圈仍有发一转信号的线条。混合式光电编码器输出的绝对值信息在一定的精度上与磁极的位置具有对应关系。通常它给出相位相差 120°的三相信号，用于控制永磁伺服电机定子三相电流的相位。

4. 起升高度限制器

为了防止起重机在作业时产生各种危险，需要采取安全技术措施并在起重机上配置各种安全防护装置，对人和设备安全加以防护和保护，防止和限制危险的发生。就起升机构而言，安全防护装置有超载限制器、极限力矩限制器、上升/下降极限位置限制器、运行极限位置限制器、超速限制器等等。

高度限制器适用于各类起升机构，起升降行程保护作用是限制起升高度和速度的安全保护装置。在起升机构上广泛使用的起升高度限制器有两种：安装在上升极限高度的重锤式限位开关，和正常上升/下降过程中用于限制升降速度的凸轮行程开关。

1) 重锤式限位开关

当起升机构上升，吊具超越工作高度范围仍在上行时，就会发生吊具顶到上方支承结构，从而造成拉断起升钢丝绳并使吊具和货物坠落的严重事故。采用上升极限限制器并保持其有效，可防止这种过卷扬事故。《起重机械安全规程》规定，凡是动力驱动的起重机，其起升机构均应装设上升极限位置限制器。

重锤式限位开关就是这样一种限制器,结构上可以看作是由一个常开的限位开关和一个悬挂在限位开关作用臂上的重物块组成。它安装在吊具上方,靠重锤块的拉力使限位开关的常开触点闭合。该触点与紧停按钮等一起串联在起升机构的主控电路中。当吊具上升超越工作高度,碰到托起重锤后,本来闭合的限位开关断开,切断控制电路,系统进入紧急停止工作状态,起到安全防护作用。此时起升机构只能在有关技术人员的协助操作下缓速下降进入安全高度范围。

在吊具到达极限高度之前有一个正常停止位,正常情况下起升机构会在该位置停止上升,所以使用重锤式限位开关是冗余的安全措施,平时不会动作,只在紧急情况下起安全保护作用。

2) 凸轮行程开关

除了要限制起升机构的上升极限高度,还需要在上升过程中对其起升速度进行限制:上升到一定高度后,控制器会对司机的上升速度指令信号加以限制,允许上升的速度越来越慢,直至到达正常的上升停止高度位时速度限制为 0,不再允许上升,只允许下降;下降低于一定高度后,控制器也会对下降的速度加以限制,高度越低允许下降的速度也越慢,直至到达正常下降停止位(比如吊具接触到地面,钢丝绳稍有松弛的位置),速度限制为 0,不再允许下降,只允许上升。

为了达到上述速度限制要求,控制系统要有能检测起升高度的传感器。考虑到性能、成本、可靠性和实际安装等问题,目前起升机构上普遍使用的是安装在卷筒轴上,根据卷筒转过的圈数间接检测出起升高度,并以触点信号形式输出的的传感器是凸轮行程开关。

凸轮行程开关由卷筒轴带动蜗杆、蜗轮转动,在蜗轮轴上的凸轮片亦随之转动,转到某一位置时凸轮的凸缘部分通过滚轮和杠杆带动动触点动作,使行程开关断开或闭合,如图 7.8 所示。根据触点动作时所对应的起升高度,凸轮片在蜗轮轴上的径向角度位置可以通过调节螺钉来改变,使其控制的触点在该高度时正好动作,改变触点的通断状态。

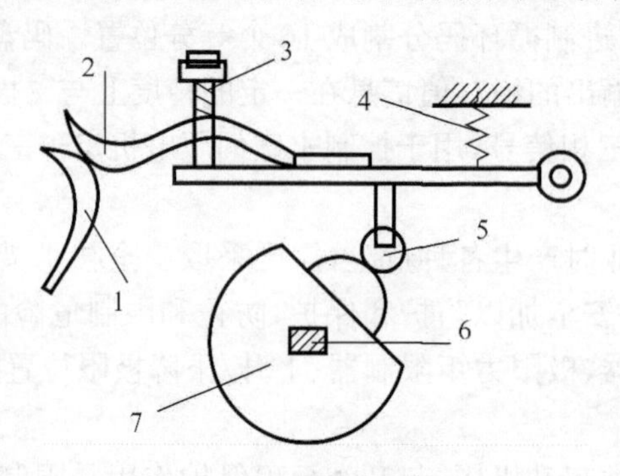

图 7.8 凸轮控制器结构原理

1. 静触头;2. 动触头;3. 触点弹簧;4. 复位弹簧;5. 滚轮;6. 蜗轮轴;7. 凸轮

蜗轮蜗杆的传动比要选择得当,卷筒带动蜗杆在起升机构的上下全程高度范围内活动时,凸轮片的转角应小于一周即小于 360°。

蜗轮轴上有多个凸轮片,每个凸轮片控制一对触点,一个闭合,则另一个断开。每对触点的动作对应着一个起升高度。起升限速用凸轮行程开关一般有 4 对触点,反映 4 个高度。根据需要凸轮片和触点对可以增加。在使用时，对应某一高度的一对触点中到底选用哪一个触点来表示这个高度，主要应从系统的安全性角度考虑。

凸轮行程开关和绝对式旋转编码器都能用来检测起升高度，且都有记忆功能，数据信号不会因为断电而丢失。凸轮行程开关的分辨率低，但可靠性高，成本低，完全能满足一般起升机构的安全控制要求；绝对式旋转编码器的分辨率非常高，能输出高精确的转角数字信号，但价格昂贵，对工作环境的要求也高，一般用于对位置和速度精度要求高的控制系统中。

5. 接近开关

接近开关又称接近传感器，或无触点行程开关。在没有物理接触的情况下接近开关可以检测到接近它的物体，并根据接近的程度完成判断和控制电子开关的闭合或断开。接近开关具有使用寿命长、工作可靠、重复定位精度高、无机械磨损、无火花、无噪音、抗振能力强等特点，因此接近开关的应用范围会日益广泛。

接近开关的主要作用是行程控制和限位保护，此外还能起到非接触式的检测功能，例如检测工件的尺寸或移动速度等。

接近开关可以分为多个种类，以下是常见的几种：

1）电感式接近开关

感应式传感器由线圈、振荡器、检测器电路和物理输出端组成，如图7.9所示。

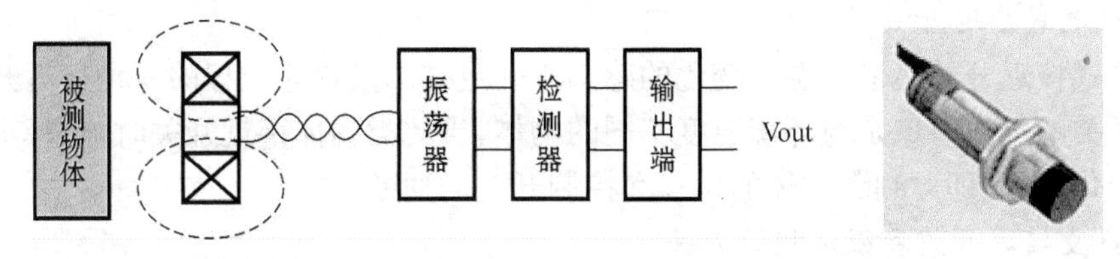

图7.9　感应式接近开关原理图和外形之一

电感式接近开关工作时，振荡器产生一个交变磁场。当金属被测物体接近这一磁场，并到达感应距离内时，在被测物体内产生涡流，从而导致振荡衰减，以至停振。振荡器振荡及停振的变化被后级检测电路识别出，并转换成电子开关信号，经信号端输出，用来触发驱动控制器件，达到非接触式的检测目的。当金属物体离开探测区域，振荡器重新恢复原先的振幅。

除了圆柱形，接近开关的外形还有方形、构形、贯通形等。

接近传感器的接线和启动的方式与传感器的类型和应用有关，图7.10是三线接近开关的接线图。

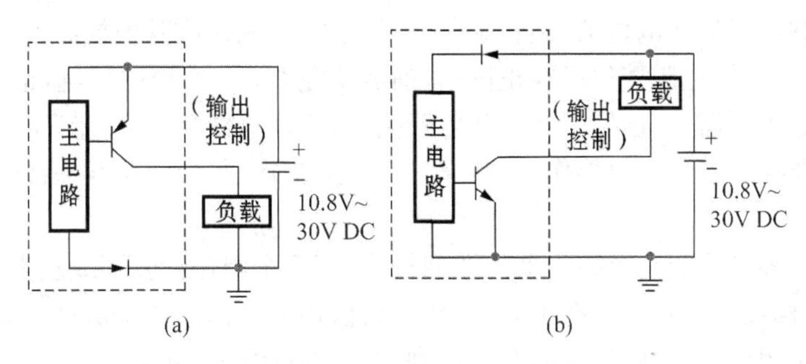

图7.10　三线接近开关的接

(a) 源型输出(PNP)　(b) 漏型输出(NPN)

在源型输出或 PNP 晶体管输出条件下，负载应接在传感器和地之间，电流经过传感器流向负载，然后流入地。漏型输出或 NPN 晶体管输出条件下，负载应接在传感器和电源正极之间，电流经过负载流入传感器，最后流向地。

除了三线接近开关，还有两线接近开关。

2）电容式接近开关

电容式接近开关是利用电容的介电常数变化来感知物体位移的。电容式接近开关在周围有物体移动时，电容的介电常数会发生改变，导致电容量的变化，电容式接近开关的相连电路状态也就随之发生变化，并控制开关的通断。

3）霍尔接近开关

霍尔接近开关是依靠磁敏元件来感应物体位移的，它的主要元件就是霍尔元件，因此得名霍尔接近开关。霍尔接近开关工作时，磁性物体的位移会令霍尔元件产生霍尔效应，而使得开关内部电路状态变化，并控制开关的通断。

4）光电式接近开关

光电式接近开关的工作原理是光电效应。光电式接近开关的组成部件包括发光器件和光电器件，当有物体在光电式接近开关周围发生位移时，光电器件就会接收到反射光并输出信号，由此来判断物体的位移并控制开关的通断。

5）热释电式接近开关

热释电式接近开关是依靠温度变化的感知来确定被测量物体位移的一种接近开关。热释电式接近开关的工作对象是与环境温度不同的物体，当此类物体接近开关时，热释电器件的输出会发生变化，以此即可判断物体的位移和控制开关的通断。

6）超声波接近开关和微波接近开关

超声波接近开关和微波接近开关都是以多普勒效应为基本原理而设计制造的。超声波接近开关和微波接近开关在检测到周围的物体接近时，所接收到的波频率就会发生偏移，根据偏移信号即可判断出位移的状态和控制开关的通断。

6. 凸轮式主令控制器

凸轮式主令控制器（或称操作手柄）的结构可分为操纵机构，凸轮开关两大部分，主要由转轴、凸轮块、动触头及静触头、定位机构及手柄等组成，见图 7.11。机构的转动为齿轮传动，通过操作手柄动作，经齿轮传动，带动凸轮开关中的凸轮转动，以实现凸轮开关触头组的开闭动作。凸轮开关中凸轮/触头组采用积木式插接结构，传动轴上可以安装多个凸轮/触头组。根据需要，主令控制器可加装电位器、旋转编码器，用于变频调速或其他控制。

主令控制器的手柄控制档位可在正反向（前后或左右）0～6 档内任选，最多可控制 2 台凸轮开关（即双主令控制器）。当控制 2 台凸轮开关时，手柄可做“十”或“米”字形操作；控制单台凸轮开关（单主令控制器）时，只能作“1”字或“一”字形操作，每台凸轮开关常开/常闭的触头对数最多为 12 对。

图 7.12 是某种型号的主令控制器的图型符号，有 7 个档位，前后（或左右）各 3 档、中间停止档。在不同的档位上 5 对触点有不同的合断组合，传递手柄的档位信息。如手柄在“0”档位时，只有触点对 1 闭合；当手柄位置向右转动到“2”档位（R2）后，触点 2、4 闭合。

为了更清楚地表示其触点分合状况，还常用表格来表示主令控制器的触点合断组合与手柄档位的对应关系。表 7.1 是图 7.12 所示主令控制器的合断表。

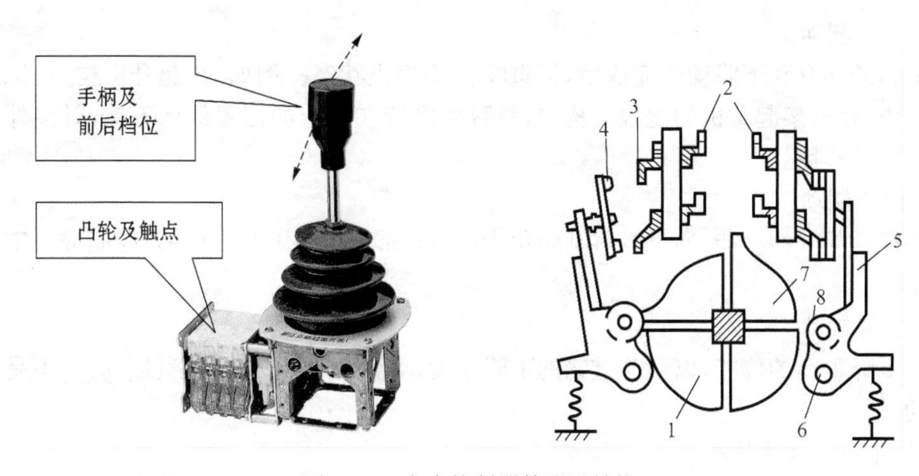

图 7.11　主令控制器外形及结构

1、7. 凸轮块；2. 接线端子；3. 静触点；4. 动触点；5. 支杆；6. 转动轴；8. 小轮

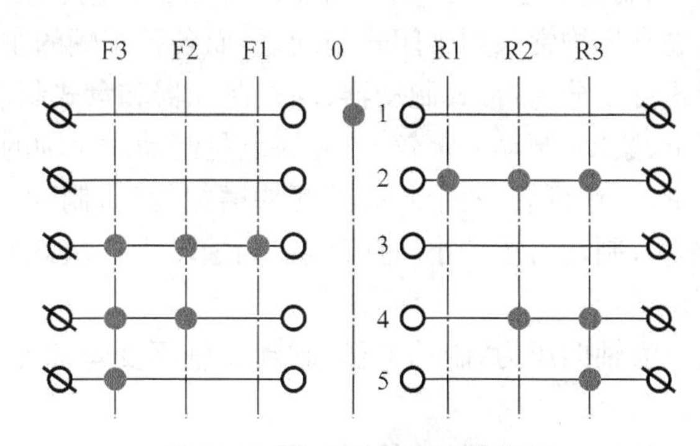

图 7.12　主令控制器图形符号

表 7.1　某型号主令控制器合断表

触点对接线号	FORWARD 档位功能说明			停止位 0	REVERSE 档位		
	F3	F2	F1		R1	R2	R3
1				X			
2					X	X	X
3	X	X	X				
4	X	X				X	X
5	X						X

注：X 表示手柄转动在该位置时触点闭合，空格表示断开。

7. 起升制动器

由于起重机周期及间歇性的工作特点，使各个工作机构经常处于频繁启动和制动状态，制动器成为动力驱动的起重机各机构中不可缺少的组成部分，它既是机构工作的控制装置，又是保证起重机作业的安全装置。

1) 起升制动器的作用

起重机用制动器有以下作用：

(1) 支持制动：

当重物的起升和下降动作完成后，使重物保持静止状态。例如，在起升机构中，保持吊重静止在空中；在臂架起重机的变幅机构中，将臂架维持在一定的位置保持不动；对室外起重机起防风抗滑的作用。

(2) 停止制动：

消耗运动部分的动能，通过摩擦副转化为摩擦热能，使机构迅速在一定时间或一定行程内停止运动。

(3) 下降制动：

消耗下降重物的位能，以调节重物的下降速度。现在一般都采用电气制动，而不是这种机械式制动。

2) 起升制动器的种类

起升制动器按工作状态可分为常闭式和常开式。常闭式制动器经常处于合闸即制动状态，只有施加外力才能解除制动状态；常开式制动器经常处于松闸状态，必须施加外力才能实现制动。起重机械中的提升机构常采用常闭式制动器，而各种车辆的主制动器则采用常开式。

制动器按其构造形式可以分为：带式制动器、块式制动器和盘式制动器。

带式制动器结构简单、紧凑，制动力矩较大；其缺点是制动时对轴的横向作用力也大。

块式制动器结构简单，工作可靠，两个对称的瓦块磨损均匀，制动力矩大小与旋转方向无关，制动轮轴不受弯曲作用；制动力矩较小，宜安装在高速轴上。块式制动器在电动起重机械中应用较普遍。

盘式制动器的上闸力为轴向压力，制动平稳，制动轮轴不受弯曲作用，可用较小的轴向压力产生较大的制动力矩。

电力液压推杆制动器是块式制动器，其外形如图 7.13 所示。

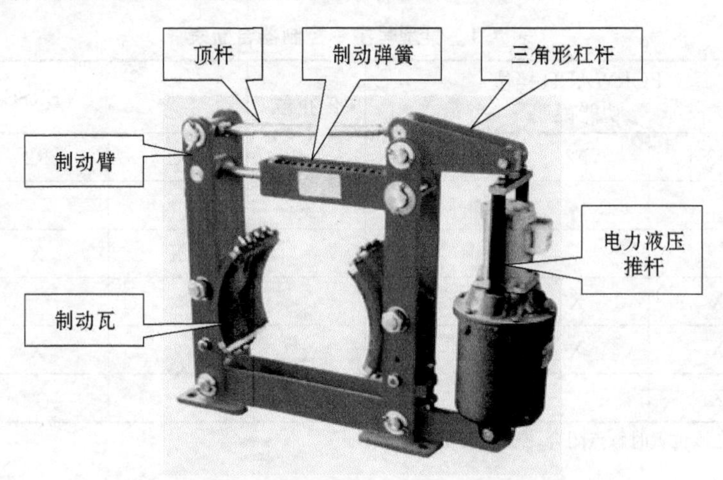

图 7.13　电力液压推杆制动器

电力液压块式制动器包括电力液压推动器和块式制动架两部分组成，涉及机械、流体力学、液压、电磁等学科。其工作原理是通过电力驱动装置的电能变成机械能，通过叶轮旋转，使缸体内液流形成高低压腔推动活塞向上运动，从而通过三角形杠杆机构克服制动弹簧的弹性力，使左右制动臂向外偏转，带动制动瓦离开制动轴，完成松闸过程，制动器进入松闸状态；当电液制动器断电时，制动弹簧的弹性力通过制动臂传递到制动瓦，在制动轴上形成压力，产生摩擦，起到制动作用，制动器进入上闸状态。

现代岸边集装箱起重机的起升机构中，除了在起升卷筒的高速端装备电力液压块式制动器，还在起升卷筒的低速端装备盘式制动器。

7.2 起重机控制系统设计—变频器端子控制方式

7.2.1 控制系统技术设计

在完成 PLC 的总体设计，确定控制的总体方案后，可以进行控制系统的技术设计。技术设计是对系统进行的原理、安装、施工、调试、维修等方面的具体设计。技术设计必须认真、仔细，确保全部图样与技术文件的完整、准确、齐全、系统、统一，并贯彻国际、国家和行业等有关标准。

PLC 控制系统的技术设计，通常可以分为硬件与软件设计两大部分。第一阶段应首先完成系统的硬件设计。

1. 主电路设计

在电气控制系统中，习惯上将高压、大电流的电路称为主电路。在常见的 PLC 控制系统中，主电路通常包括动力驱动装置的电源电路、控制变压器的原边输入电路、控制系统各部分电源的输入与控制电路等，其中包括通断控制的接触器、保护断路器等器件。

本例控制系统的主电路见图 7.14。

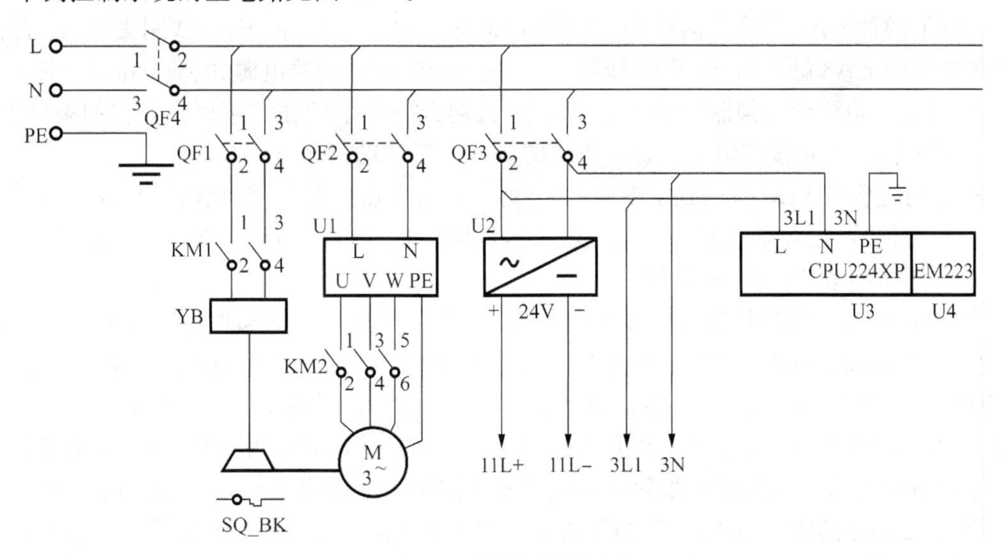

图 7.14 控制系统主电路

主电路三相总电源进线的接通/断开，由总开关 QF4 进行控制。QF4 之后的电源，被分成 3 路相对独立的主电路：

- 断路器 QF1 控制的起升制动器电源电路；
- 断路器 QF2 控制的变频驱动器电源电路；
- 断路器 QF3 控制的控制电路总电源电路。

这样的主电路设计,可以为调试、维修提供方便。

电液压制动器 YB 由 PLC 输出点通过接触器 KM1 控制其通断电。KM1 闭合时 YB 得电,制动器的机械抱闸装置松开;KM1 断开时 YB 断电,制动器在自身机械弹簧力的作用下抱闸制动。制动时机械抱闸装置会触碰到安装在边上的常开限位开关 ST_BK。ST_BK 连接到 PLC 的某一个输入点,使 PLC 对 YB 的制动状态进行监测。

关于变频器控制的输入/输出信号或通讯线路,在控制电路中具体设计。在正常工作状态下,主电路中接触器 KM1 由 PLC 程序根据起升机构的工况要求进行通断控制,而接触器 KM2 一直是得电状态;在紧急情况下,例如按下紧急停止按钮、系统出现严重故障时,除了在软件上使 KM1、KM2 线圈失电,更要保证在硬件上使其失电,使电动机立即断电、制动器立即抱闸、相关的 PLC 输出点立即为零,起到紧急分断的作用。

2. 控制电路设计

PLC 控制系统中的控制电路,主要包括 PLC 的输入/输出控制电路、动力驱动装置的外围控制电路、继电/接触器控制电路等。

PLC 是弱点控制器,在对强电电气设备进行控制时需要通过继电/接触器电路,完成控制信号的传递、放大、电气隔离的作用。

图 7.15 和图 7.16 分别是主电源分-合控制电路和 PLC 控制电路。

1) 启动/停止和分断电路

图 7.15 中的 KA8 触点为 PLC 输出点控制的中间继电器 KA8 的常开触点,是控制系统停止工作、主电路分断的信号。在一般情况下,PLC 输出点 Q0.5 总使 KA8 线圈得电,常开的 KA8 触点总是闭合,为启动中间继电器 KA6 的得电提供条件。

在以下两种情形下,输出信号 Q0.5=0,PLC 发出分断信号,使 KA8 线圈失电,分-合控制电路中常开的 KA8 触点断开,KA6 线圈失电,使其控制的制动器电源、电动机电源分断:

- PLC 在检测到变频器发出了零速信号,且起升操作手柄在零速档位位置的条件下,又接收到了停止按钮信号。这是正常的停止分断过程。
- 运行过程中 PLC 检测到了变频器故障信号(输入点上 KA5 触点信号),或起升高度超极限信号(输入点上 KA10 触点信号),或紧停信号(输入点上 ESB 触点信号)。这是非正常的紧急停止分断过程。

KA8 是由 PLC 软件控制的停止分断信号,主要在正常情况下起作用。当出现变频器故障、起升高度超极限故障、有紧停按钮揿下紧急状况时,KA8 只是起到停止分断的“冗余”作用,更能及时、直接、可靠地分断电源,使系统紧急停止运行的动作应有硬件电路完成,分-合控制电路中的 KA5、KA10 触点和 SB_E 紧停按钮就能起到这样的作用。其中 KA5 是变频器故障紧停,KA10 是起升高度超上限紧停,SB_E 紧停按钮是紧急状态下的人为动作。

K1 是变频器的常开输出触点,被设置定义为变频器的自我故障诊断信号。变频器上电后的初始化过程中,和在之后的运行过程中,不断进行自我诊断。在正常状态下常开的 K1 触点闭合,变频器状态不正常有故障时 K1 触点断开。所以,变频器未上电或上电后出现故障时,中间继电器 KA5 线圈不会得电,其两对常开触点——一对触点串接于启动/停止和分断电路中,是变频器故障时的紧急分断停止信号,另一对触点是进入 PLC 的变频器故障检测信号,都是断开的;当变频器运行正常时,这两对常开触点均是闭合的。

SQ_OH 是安放在起升极限高度位置的重锤式限位开关。起升未超高时,中间继电器

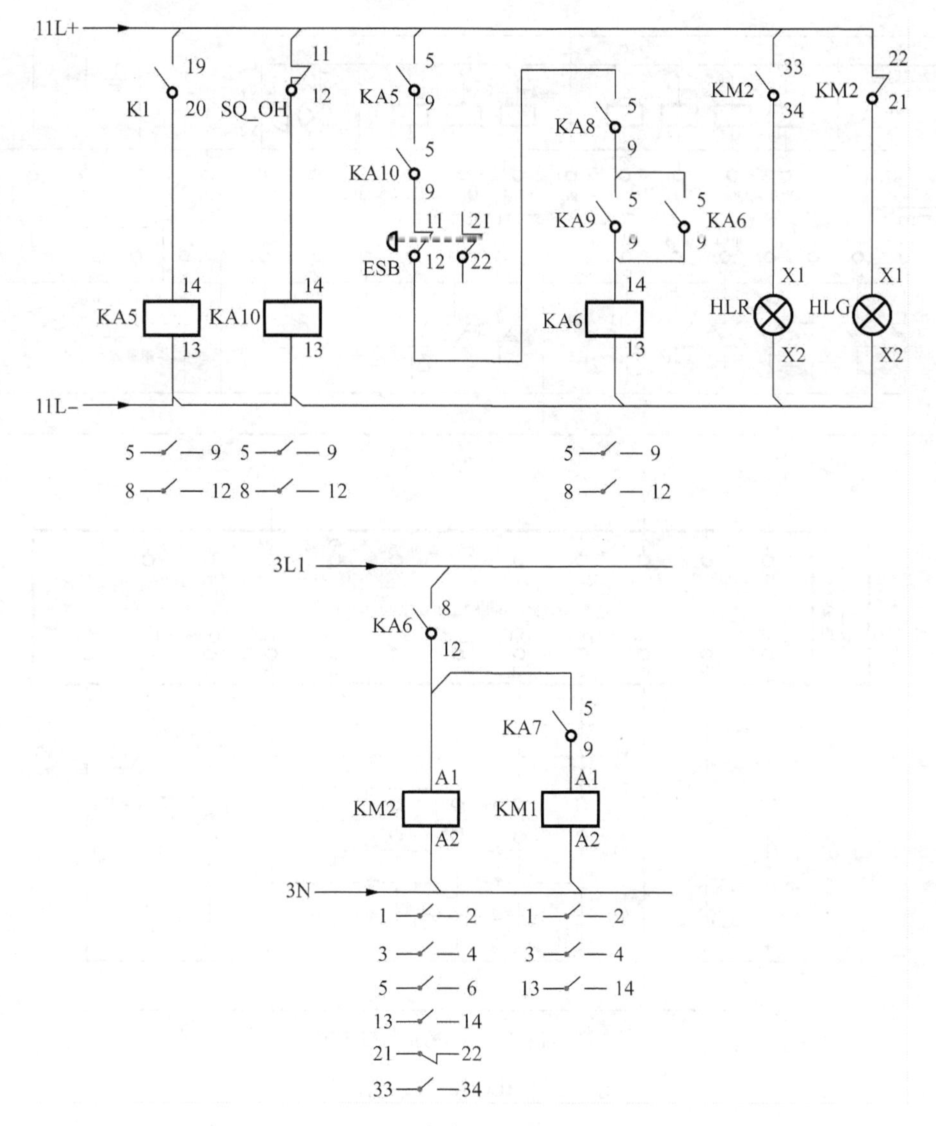

图7.15　分-合继电器控制电路

KA10线圈得电，两对常开触点均闭合。串接于启动/停止和分断电路中的KA10触点是起升超高分断停止信号；另一对KA10触点接于PLC的输入点，供PLC对起升超高状态的监测。

ESB是两对常闭联动的、具有"自锁"功能的紧停按钮，一对触点串接于启动/停止和分断电路中，紧急分断电源用；另一对接于PLC的输入点，向PLC提供紧急停止的状态信号。

上述3个紧急停止分断信号在硬件上直接起到紧急停止分断作用的同时，也都进入了PLC的程序内部，使PLC在获得更多系统状态信息的基础上，提高系统的安全可靠性，增强系统的状态监测功能，为用户提供更多的系统状态信息，便于系统的维护和管理。

2) PLC输入/输出电路

本例中PLC输入点使用CPU224XP的内部24V直流电源供电，即使在紧停状态时也不会分断，保证PLC对当前状态信息的读取。

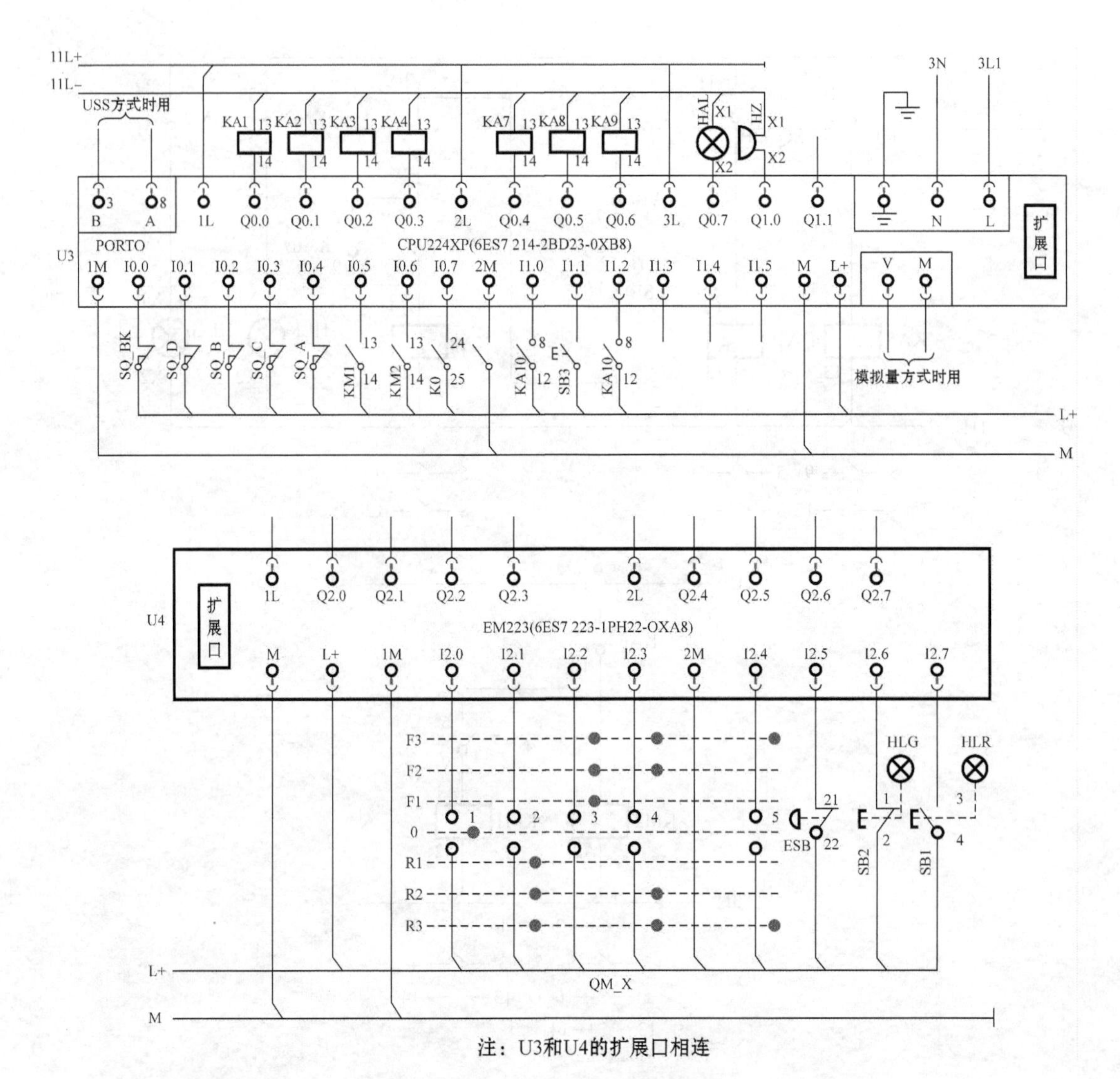

图 7.16　PLC 输入/输出电路

按信号的作用来分，PLC 输入信号可以分为：参与系统控制的给定信号（按钮、操作手柄等信号）和反馈信号（限位开关等信号），及不参与控制的监测信号。图 7.16 中的 QM_X 是由 6 个触点组成的七档位主令控制器，向 PLC 提供上升、下降分别为三档再加一个停止档的司机操作指令。

PLC 输出点一般不直接控制负载，特别是大电流大电压负载，而是通过控制中间继电器的线圈（一般是直流 24V），再利用中间继电器的触点驱动接触器，控制负载电源通断。

本例中输出点电路的电压都是 24VDC，由（11L＋，11L－）向输出中间继电器和报警电路供电。

3）变频器控制电路

本例中是通过变频器的数字输入端子对变频器进行操作控制，实现正反三段速频率运转，变频器的控制接线见图 7.17。变频器 MM440 的简易框图见图 7.4。

变频器控制用输入端子定义如下：

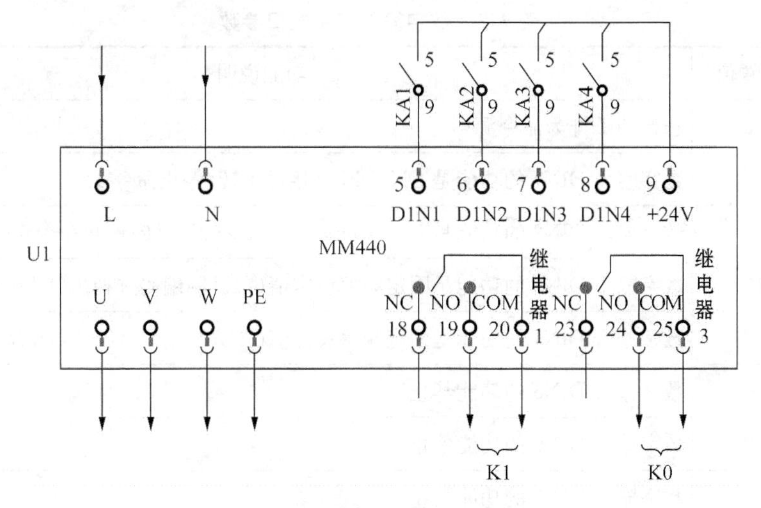

图 7.17　变频器端子控制接线电路

- DIN1(5)：变频器正转相序三相变频电压输出使能
- DIN2(6)：变频器反转相序三相变频电压输出使能
- DIN3(7)：固定频率设定值 1(二进制编码选择＋ON 命令)
- DIN4(8)：固定频率设定值 2(二进制编码选择＋ON 命令)
- DIN5(16)、DIN6(17)：禁止数字输入，不用

变频器控制用输出端子定义如下：

- 继电器 1：变频器故障信号，常开触点(19，20)在变频器正常运行状态时闭合
- 继电器 2：不用
- 继电器 3：变频器 0 速输出信号，常开触点(24，25)在变频器的输出频率大于 5 Hz 时闭合，否则断开

3. 变频器主要参数

MM440 变频器的功能强大，需设置的参数非常多，详细的资料要参见 MM440 的用户手册，这里只列出一部分有关数字输入控制端口的参数，见表 7.2。

MM440 包含了 6 个数字开关量的输入端子(DIN1～DIN6)，每个端子都有一个对应的参数用来设定该端子的功能。如果有需要，还可以将两个模拟输入电路另行配置，作为附加的数字输入 DIN7 和 DIN8。

采用二进制编码选择＋ON 命令作为选择固定频率的方法时，最多有 15 个可以选择的固定频率 P1001～P1015，与 4 个数字输入端 DIN1～DIN4 关联，它们之间的对应关系如表 7.3 所示。

由于本例中 DIN1 和 DIN2 定义为它用，表 7.3 中 DIN1 和 DIN2 永远为 0。所以根据电路接线图中对 DIN3 和 DIN4 的数字状态定义(见表 7.2 的注解)，“低速”设定频率是 P1008(＝15 Hz)，“中速”设定频率是 P1004(＝30 Hz)，“高速”设定频率是 P1012(＝45 Hz)。

表 7.2 数字输入控制端口参数

参数号	设置值	功能说明
P0700	2	选择端子排为命令源
P0701	1	数字输入 DIN1 的功能是 ON/OFF1(接通正转/停止命令 1)
P0702	2	数字输入 DIN2 的功能是 ON reverse/OFF1(接通反转/停止命令 1)
P0703	17	数字输入 DIN3 的功能是固定频率设定值(二进制编码选择+ON 命令)
P0704	17	数字输入 DIN4 的功能是固定频率设定值(二进制编码选择+ON 命令)
P0705	0	数字输入 DIN5 的功能禁止
P0706	0	数字输入 DIN6 的功能禁止
P0707	0	数字输入 DIN7 的功能禁止
P0708	0	数字输入 DIN8 的功能禁止
P0731	52.3	数字输出 1(继电器 1)的触点状态在变频器故障时是常态,变频器正常时常开触点(18,20)闭合,否则断开
P0733	53.5	数字输出 3(继电器 3)的触点状态在实际频率大于比较频率 P2155 时,常开触点(24,25)闭合,否则断开
P1000	3	选择频率设定值是固定频率
* P1008	15.00	一档(低速)固定频率(Hz)(对应 DIN3=0,DIN4=1)—见表 7.3
* P1004	30.00	二档(中速)固定频率(Hz)(对应 DIN3=1,DIN4=0) —见表 7.3
* P1012	45.00	三档(高速)固定频率(Hz)(对应 DIN3=1,DIN4=1) —见表 7.3
P1080	0.00	最低的电动机频率
P1082	50.00	最高的电动机频率
P1120	1.00	给定斜坡上升时间设定为 1s
P1121	1.00	给定斜坡下降时间设定为 1s
P2155	3.33	与实际频率比较的门限频率设置为 3.33 Hz

* 本例中将数字输入端子 DIN3:DIN4 的状态定义为:0:1—低速,1:0—中速,1:1—高速。

表 7.3 固定频率与数字输入端对应关系

输入端 固定频率	DIN4 数字输入 4	DIN3 数字输入 3	DIN2 数字输入 2	DIN1 数字输入 1
P1001	0	0	0	1
P1002	0	0	1	0
P1003	0	0	1	1

（续表）

固定频率＼输入端	DIN4 数字输入4	DIN3 数字输入3	DIN2 数字输入2	DIN1 数字输入1
P1004	0	1	0	0
P1005	0	1	0	1
P1006	0	1	1	0
P1007	0	1	1	1
P1008	1	0	0	0
P1009	1	0	0	1
P1010	1	0	1	0
P1011	1	0	1	1
P1012	1	1	0	0
P1013	1	1	0	1
P1014	1	1	1	0
P1015	1	1	1	1

7.2.2　控制系统PLC控制程序设计

PLC系统控制程序采用模块化设计方法，按照控制要求将系统程序分成具有多个明确任务的程序模块，见表7.4，分别进行编写和调试，最后再把它们连接在一起，形成一个实现系统总功能的完整程序，见图7.18。

表7.4　程序模块功能

序号	功能	子程序
模块0	初始化	SBR_0
模块1	故障诊断，设置故障标志位，声光报警控制	SBR_1
模块2	分-合控制，设置系统允许运行标志位	SBR_2
模块3	读取操作手柄的档位信息并进行修改，设置升允许标志位和降允许标志位	SBR_3
模块4	制动器松闸/抱闸控制	SBR_4
模块5	变频器速度控制	SBR_5

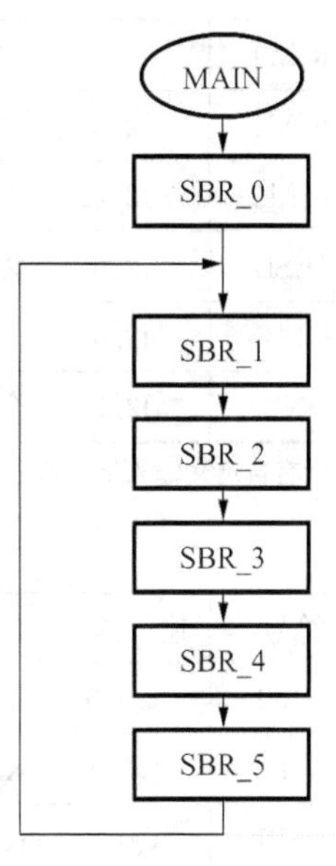

图7.18　系统程序框图

1. 系统资源分配

PLC控制系统的数字量输入地址分配、数字量输出地址分配分别如表7.5、表7.6所示，表7.7是程序设计中所用的中间继电器地址分配表，表7.8是中间变量表。

表 7.5 数字量输入地址分配表

<table>
<tr><th>符号</th><th>输入地址</th><th colspan="2">对应的输入器件</th></tr>
<tr><td>ISQBK</td><td>I0.0</td><td colspan="2">制动限位开关 SQ_BK，制动状态时常开触点闭合</td></tr>
<tr><td>IUZLS</td><td>I0.1</td><td>上停止限位开关 SQ_D</td><td rowspan="4">4 个凸轮行程开关，检测 4 个高度</td></tr>
<tr><td>IUSLS</td><td>I0.2</td><td>上减速限位开关 SQ_C</td></tr>
<tr><td>IDSLS</td><td>I0.3</td><td>下减速限位开关 SQ_B</td></tr>
<tr><td>IDZLS</td><td>I0.4</td><td>下停止限位开关 SQ_A</td></tr>
<tr><td>IKM1</td><td>I0.5</td><td colspan="2">KM1 常开触点反馈信号（未用，直接反馈其控制的制动器状态）</td></tr>
<tr><td>IKM2</td><td>I0.6</td><td colspan="2">KM2 常开触点反馈信号</td></tr>
<tr><td>IDRZ</td><td>I0.7</td><td colspan="2">变频器继电器 3 输出零速信号 K0（小于 3.33 Hz 时得电闭合）</td></tr>
<tr><td>IDRF</td><td>I1.0</td><td colspan="2">变频器继电器 1 输出故障信号 K1（故障时失电断开）</td></tr>
<tr><td>IFRST</td><td>I1.1</td><td colspan="2">声光报警复位按钮 SB3（常开）</td></tr>
<tr><td>IUOH</td><td>I1.2</td><td colspan="2">起升超高信号（未超高时闭合）</td></tr>
<tr><td>ICM1</td><td>I2.0</td><td colspan="2">主令控制器 1 号触点 QM_1</td></tr>
<tr><td>ICM2</td><td>I2.1</td><td colspan="2">主令控制器 2 号触点 QM_2</td></tr>
<tr><td>ICM3</td><td>I2.2</td><td colspan="2">主令控制器 3 号触点 QM_3</td></tr>
<tr><td>ICM4</td><td>I2.3</td><td colspan="2">主令控制器 4 号触点 QM_4</td></tr>
<tr><td>ICM5</td><td>I2.4</td><td colspan="2">主令控制器 5 号触点 QM_5</td></tr>
<tr><td>IESB</td><td>I2.5</td><td colspan="2">紧急停止按钮 ESB 常闭触点</td></tr>
<tr><td>IOFBN</td><td>I2.6</td><td colspan="2">分按钮 SB2（内置绿色指示灯 HLG）</td></tr>
<tr><td>IONBN</td><td>I2.7</td><td colspan="2">合按钮 SB1（内置红色指示灯 HLR）</td></tr>
</table>

注：所有自定义输入地址符号的第一个字母都是“I”，表示是输入。

表 7.6 数字量输出地址分配表

符号	输出地址	对应的输出器件
QFWD	Q0.0	KA1，变频器正转/停止数字输入端 DIN1
QREV	Q0.1	KA2，变频器反转/停止数字输入端 DIN2
QSP1	Q0.2	KA3，变频器速度信号 1 数字输入端 DIN3
QSP2	Q0.3	KA4，变频器速度信号 2 数字输入端 DIN4
QBRK	Q0.4	KA7，制动器松闸控制输出信号
QNOFF	Q0.5	KA8，变频器输出电源“不分”输出信号
QON	Q0.6	KA9，变频器输出电源合输出信号
QALML	Q0.7	报警灯 HLR
QBUZZ	Q1.0	蜂鸣器 HZ

注：所有自定义输出地址符号的第一个字母都是“Q”，表示是输出。

表7.7　中间继电器地址分配表

符号	中间继电器地址	功能说明
MRDY	M0.0	系统允许运行标志位
MUPP	M0.1	升允许标志位
MDNP	M0.2	降允许标志位
MFAULT	M1.0	系统故障标志位
MDRVF	M1.1	变频器故障标志位
MKM2F	M1.2	KM2故障标志位
MESB	M1.3	紧急停止按钮故障
MBKF	M1.4	制动器故障标志位
MFLTP	M1.7	故障脉冲,一旦新的故障出现就会有故障脉冲出现,即使已消音,过蜂鸣器仍会响起
ALW_ON	SM0.0	特殊标志位,总是为1
FST_ON	SM0.1	特殊标志位,只有在第一个扫描周期时为1
MUOHF	M1.5	起升超高故障标志位

注:所有自定义中间继电器地址符号的第一个字母都是"M",表示是中间继电器。

表7.8　中间变量地址分配表

符号	中间变量地址	功能说明
VX	VB0	实际操作手柄的升降信息,定义为: 3—升3档,2—升2档,1—升1档,0—0档,11—降1档,12—降2档,13—降3档
VY	VB1	根据当前状态修改后的升降信息,定义同上

注:所有自定义中间变量地址符号的第一个字母都是"V",表示是变量。

2. 系统程序

系统主程序如图7.19所示。初始化子程序SBR_0只在第一个扫描周期执行一次,其他功能程序从第二个扫描周期开始循环执行。

1) 初始化程序SBR_0

初始化程序如图7.20所示,对表7.7中的三个允许标志位清0;对表7.8中的两个中间变量清0。

2) 故障诊断及声光报警子程序SBR_1

该子程序见图7.21和图7.22。程序中共有四个故障诊断标志位,分别是变频器故障、接触器KM2电路故障、按钮紧停故障、制动器故障。

变频器故障信号是由变频器实时发出的。变频器通电后对自身的状态不断进行检测,并将检测结果以事先通过参数设置所确定的形式输出。本例中,变频器故障信号是通过数字输出1,即输出继电器1的触点输出(参数P0731=52.3),并连接到PLC的I1.0(IDRF)数字输入点。如果变频器正常,继电器1的线圈处于通电状态,其常开触点(端子号19、20)闭合;故障时该常开触点断开。只有当上电初始化后变频器才会控制输出表示无故障的触点闭合的信

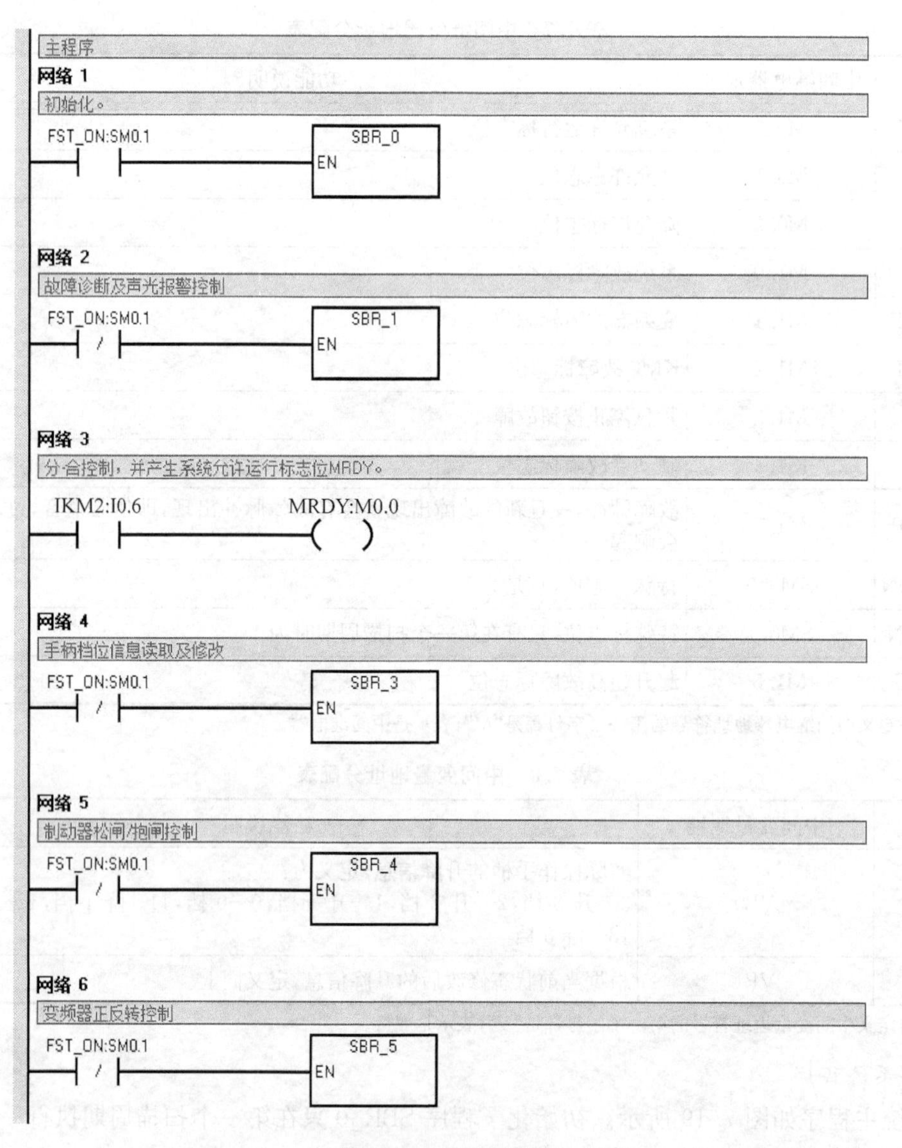

图 7.19 系统主程序

号，而未上电时该触点总是断开的，所以在变频器故障标志位 MDRVF 的控制中，I1.0(IDRF)信号前串入了表示变频器已上电的系统允许运行标志信号 MRDY。

按钮紧停故障 MESB 是紧停按钮按下并被保持的状态信号。

接触器 KM2 的故障信号 MKM2F 是对当前 KM2 的输出控制信号 QBRK 与当前 KM2 的状态反馈信号(辅助触点信号)IKM2 之间的对应关系判断后得出的，所以 MKM2F 反映的是整个控制信号和反馈信号通道上的问题，包括导线、连接、中间继电器等，而不仅仅是 KM2 的问题。

由于电磁惯性和机械惯性，从控制信号发出到控制状态信号返回之间有时间延时，再考虑到 PLC 的扫描周期，所以在 MKM2F 控制中用到了软件延时继电器 T33。一般中间继电器的动作时间和复位时间在 20 ms 以下，接触器在 40 ms 以下。

制动器故障信号 MBKF 是对松闸/抱闸控制信号 QBRK 和抱闸限位开关反馈信号

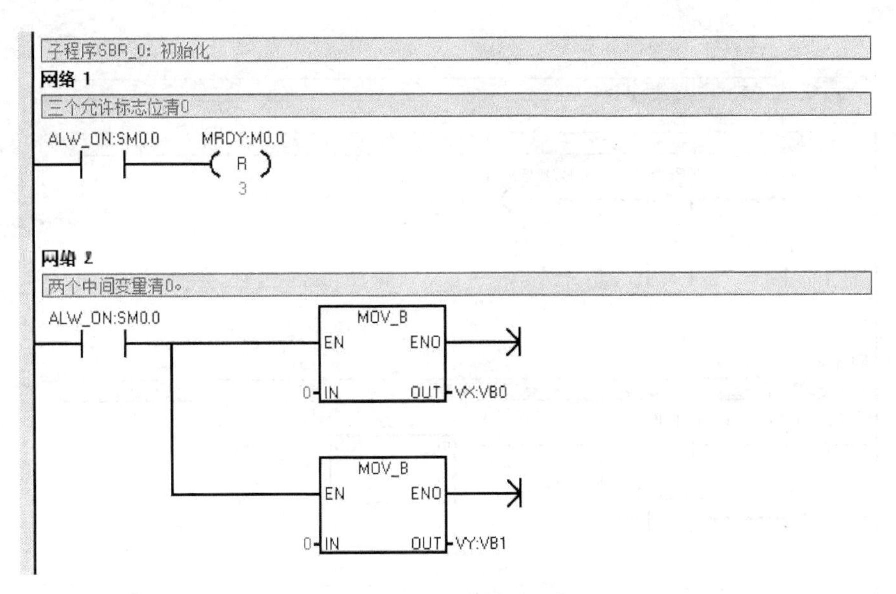

图7.20　初始化子程序

ISQBK 比较后得到的。考虑到制动器的动作时间，时间继电器 T34 设定为 200 ms 延时。

各设备的故障标志位采用故障激活优先的激活-自保-复位控制方式。只要故障信号出现，不管出现时间长短，故障标志位将持久保持；只有当故障信号消失后，故障复位按钮才会起作用，通过信号 IFRST 将其复位。

所有故障标志位的逻辑"或"是系统的总故障标志位 MFAULT。

一旦出现故障，报警灯一直保持亮，按故障消音/复位按钮不起作用，除非故障现象已消失；每当出现故障，蜂鸣器都会被激活，按故障消音/复位按钮能关闭蜂鸣器，起消音作用，但当新的故障出现时，蜂鸣器会再次被激活。

3) 主电路分-合控制子程序 SBR_2

主电路分-合控制子程序见图 7.23。

该程序的功能之一，是在条件允许的情况下，用户按下操作面板上的"合"按钮后控制接通系统主电路，并产生系统允许运行软件标志位 MRDY，为后续的起升控制做准备；功能之二，是正常情况下用户按"分"按钮后的主电路跳闸断电控制，或是紧急状态下的主电路紧急跳闸断电控制。

(1) "不分"输出信号 QNOFF 的控制：

程序中"不分"输出信号 QNOFF 控制分-合电路中继电器 KA8 的常开触点。QNOFF＝1 时该触点闭合，为主电路的"合"提供条件，是"不分"状态；QNOFF＝0 时该触点断开，时"分"状态，主电路的电源断开。

使 QNOFF＝1 进入"不分"状态的条件是：操作手柄在 0 档位(ICM1＝1、ICM2＝0、ICM3＝0)和没有按下常闭的合按钮(IOFBN＝1)。在满足上述条件后 QNOFF(Q2.2)＝1，控制电路中 KA8 常开触点自动闭合，为主电路的"合"做好准备。

使 QNOFF＝0 进入"分"状态的条件是：系统故障，故障标志位 MFAULT＝1，或操作手柄在 0 档位且变频器输出频率为 0(接近 0，IDRZ＝1)时按下分按钮。前者是主电路紧急断电操作，后者是正常的停机断电。

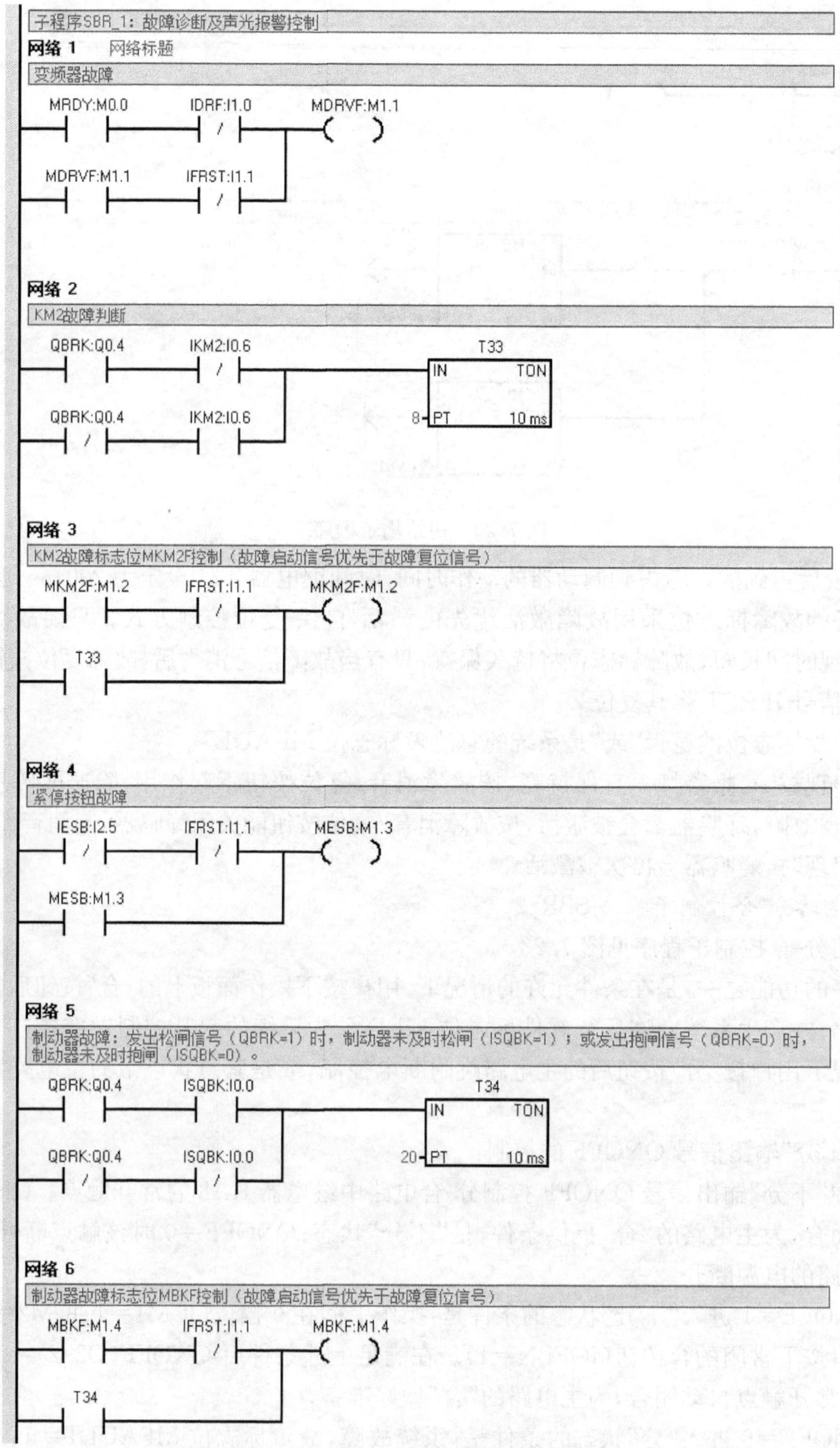

子程序SBR_1：故障诊断及声光报警控制

网络 1 网络标题

变频器故障

MRDY:M0.0 IDRF:I1.0 MDRVF:M1.1

MDRVF:M1.1 IFRST:I1.1

网络 2

KM2故障判断

QBRK:Q0.4 IKM2:I0.6 T33 IN TON

QBRK:Q0.4 IKM2:I0.6 8-PT 10 ms

网络 3

KM2故障标志位MKM2F控制（故障启动信号优先于故障复位信号）

MKM2F:M1.2 IFRST:I1.1 MKM2F:M1.2

T33

网络 4

紧停按钮故障

IESB:I2.5 IFRST:I1.1 MESB:M1.3

MESB:M1.3

网络 5

制动器故障：发出松闸信号（QBRK=1）时，制动器未及时松闸（ISQBK=1）；或发出抱闸信号（QBRK=0）时，制动器未及时抱闸（ISQBK=0）。

QBRK:Q0.4 ISQBK:I0.0 T34 IN TON

QBRK:Q0.4 ISQBK:I0.0 20-PT 10 ms

网络 6

制动器故障标志位MBKF控制（故障启动信号优先于故障复位信号）

MBKF:M1.4 IFRST:I1.1 MBKF:M1.4

T34

图 7.21 故障诊断及声光报警子程序(1/2)

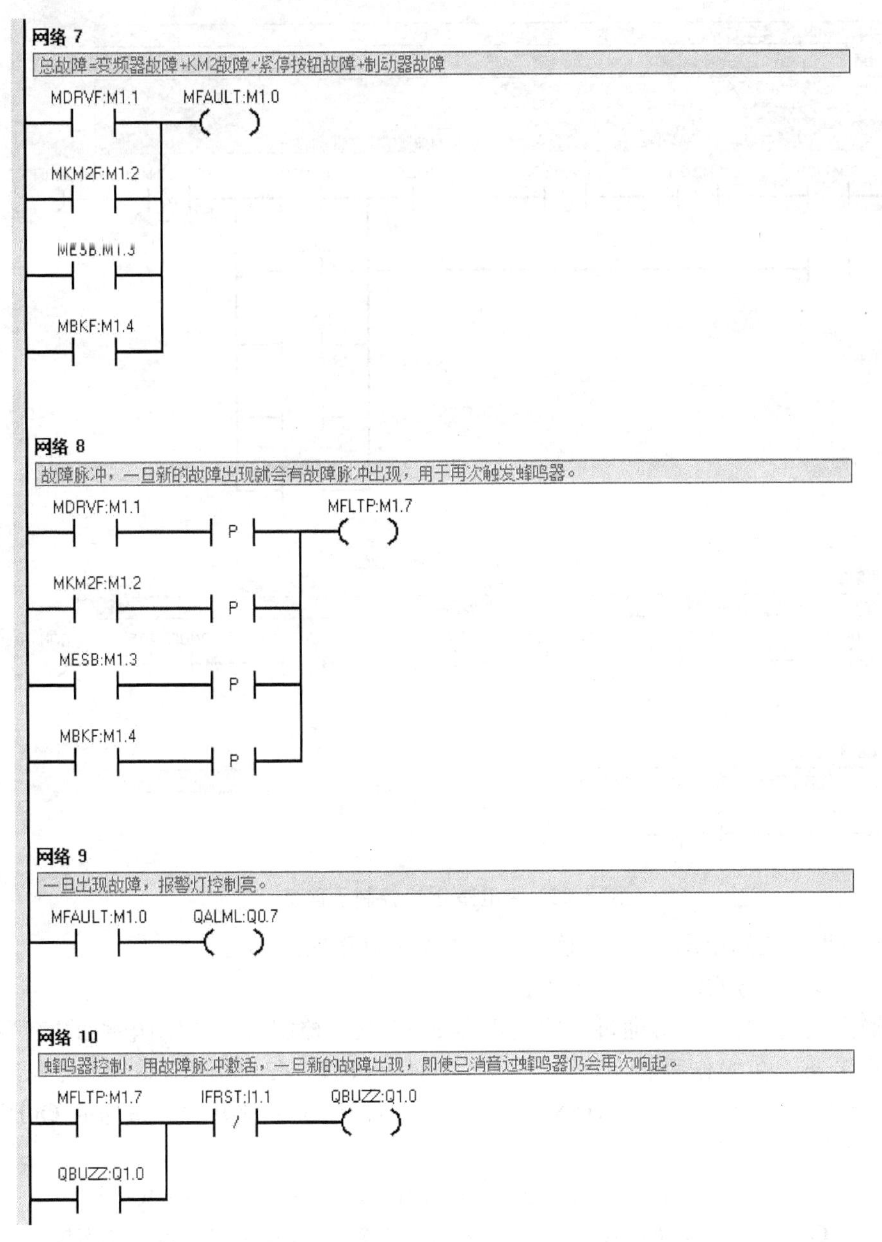

图 7.22 故障诊断及声光报警子程序(2/2)

总的分的正逻辑信号是：

$$OFF = MFAULT + ICM1 \cdot \overline{ICM2} \cdot \overline{ICM3} \cdot IDRZ \cdot \overline{IOFBN}$$

当分信号有效，即OFF=1时，作为启-保-停软件格式中的停止信号应该为0，所以对OFF取反：

$$\overline{OFF} = \overline{MFAULT} \cdot (\overline{ICM1} + ICM2 + ICM3 + \overline{IDRZ} + IOFBN)$$

$\overline{OFF}$就是输出点QNOFF(Q2.2)的启-保-停控制格式中的“停止”信号，见图7.23的网络1。

除了软件上的紧急分断，当出现变频器故障、起升超高故障、紧停按钮故障时，硬件电路上

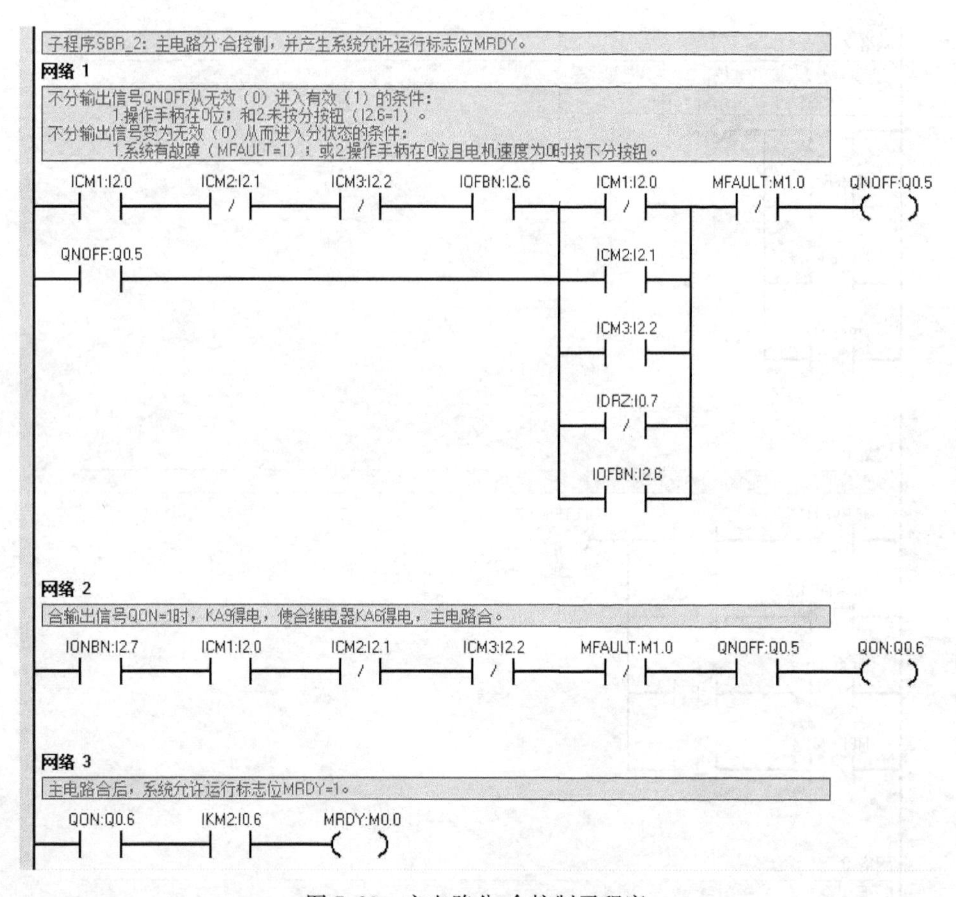

图 7.23　主电路分-合控制子程序

有直接立刻分断主电路电源的能力，确保系统的安全可靠性。

(2) “合”输出信号 QON(Q2.3)的控制：

PLC 输出点 QON(Q2.3)通过中间继电器 KA9 触点控制分-合控制电路的“合”操作，使主电路电源接通。在操作手柄处于 0 档位（ICM1＝1、ICM2＝0、ICM3＝0）、系统无故障(MFAULT＝0)、“不分”信号成立(QNOFF＝1)的条件下，按下常开的合按钮时 QON(Q2.3)输出“1”，其逻辑关系式是：

$$QON = (ICM1 \cdot \overline{ICM2} \cdot \overline{ICM3}) \cdot \overline{MFAULT} \cdot QNOFF \cdot IONBN$$

当合信号 QON 有效后，如果检测到 KM2 的反馈触点信号也已经闭合(IKM2＝1)，说明主电路电源已接通，系统运行的基本条件已成立，系统允许运行标志位置 1。

4) 升降信息读取和修改子程序 SBR_3

子程序 SBR_3 的功能有：读取操作手柄的升降档位信息(VB0)(图 7.24、图 7.25)、根据起升高度修改升降档位信息(VB1)(图 7.27)、设置升允许标志位 MUPP 和降允许标志位 MDNP (图 7.28)。

(1) 升降档位信息读取：

升降操作手柄的合断表见本章的表 7.1，或图形符号见图 7.16，据此写出各手柄档位的逻辑表达式。例如用软中间继电器 M9.3 表示下降一档信号为：

$$M9.3 = \overline{ICM1} \cdot \overline{ICM2} \cdot ICM3 \cdot ICM4 \cdot ICM5$$

用中间继电器表示各档位信息的设定和对应的梯形图程序见图 7.24。

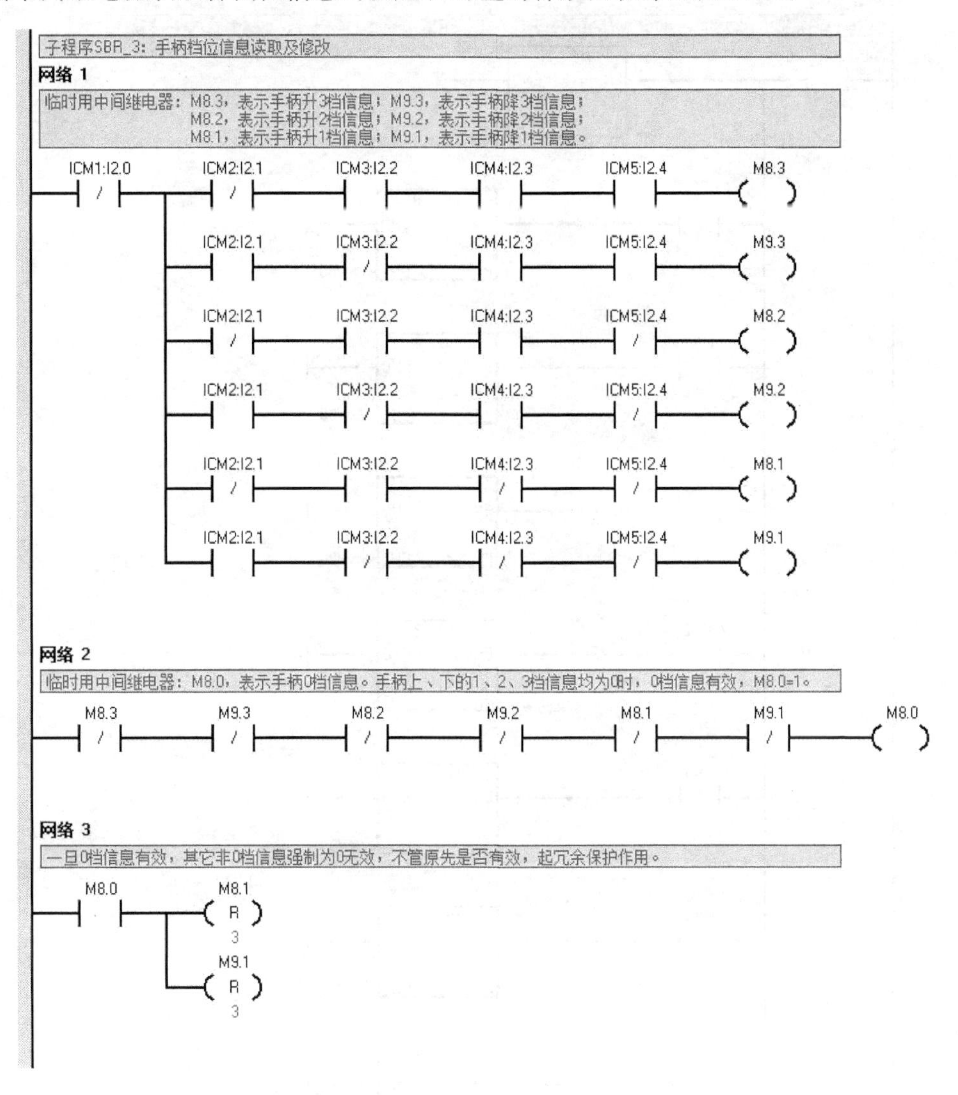

图 7.24　升降信息读取和修改子程序(1/4)

其中网络 2 和网络 3 程序的用意是，将除了上升 1、2、3 档和下降 1、2、3 档之外唯一正常的 0 档组合信息以及其他可能出现的不正常的组合信息，都归结为最安全的 0 档信息，避免手柄触点或连线出现问题时带来的错误档位信息。

将得到的标志位档位信号转换为数字信号，暂存于中间变量寄存器 VB0 中，程序如图 7.25所示。VB0 的数值与档位之间的对应关系见表 7.9。

表 7.9　VB0 的升降档位定义值

档位	升 3 档	升 3 档	升 3 档	0 档	降 1 档	降 2 档	降 3 档
VB0	3	2	1	0	11	12	13

(2) 升降档位信息修改：

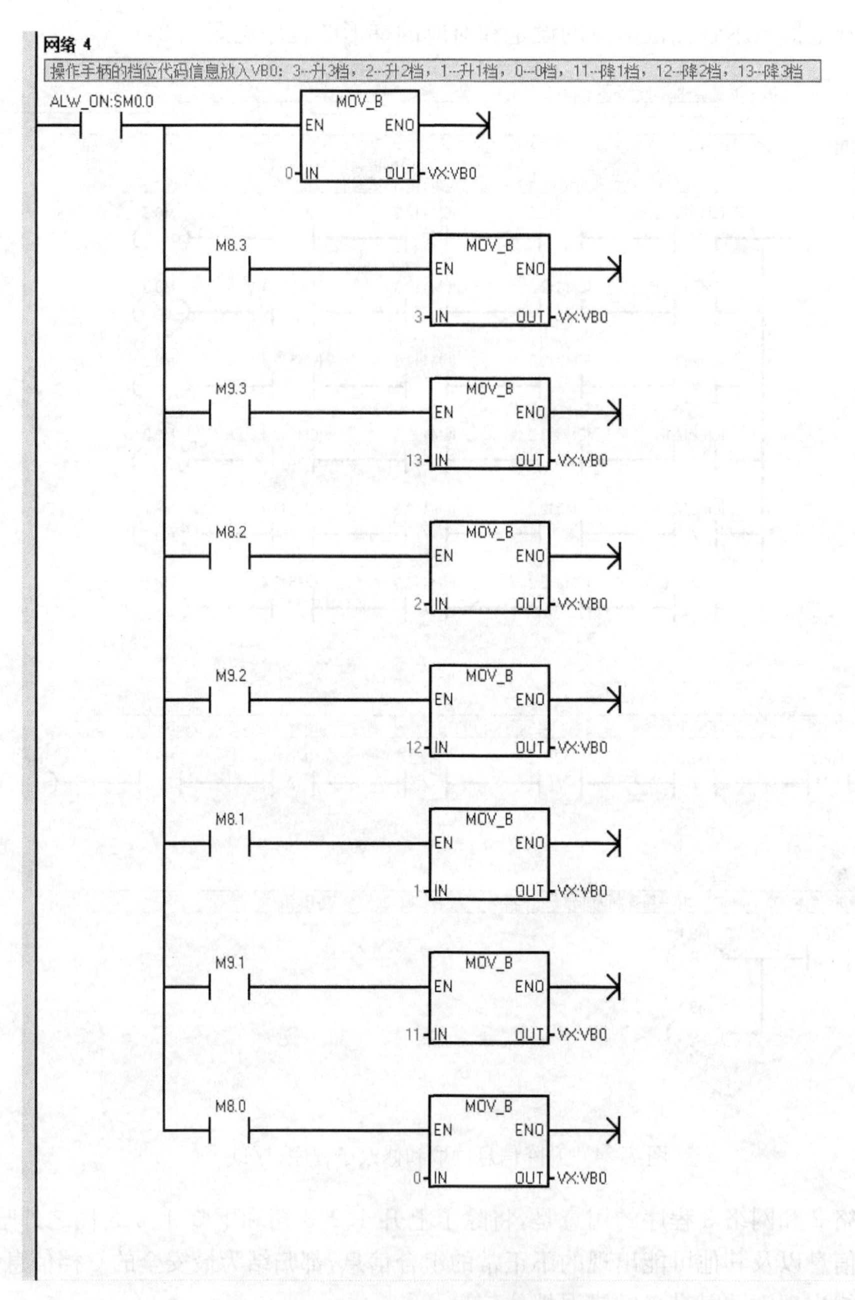

图 7.25　升降信息读取和修正子程序(2/4)

从手柄读取的档位信息不能直接用来控制变频器的速度运行，而是要根据高度限制器的4个凸轮行程开关(SQ_A、SQ_B、SQ_C、SQ_D)的状态所指示的4个高度A、B、C、D的信息，见图7.26，进行适当的限速修改。非复位型的4个凸轮行程开关分别与4个起升高度对应，各自对应高度会改变其触点的原有通断状态。SQ_A触点在A高度以下时断开，在B高度以上时闭合；SQ_B触点在B高度以下时断开，在B高度以上时闭合；SQ_C触点在C高度以下时闭合，在C高度以上时断开；Q_D触点在D高度以下时闭合，在D高度以上时断开。触点的通/断状态(1/0)代表这个高度的上/下还是下/上，需从系统安全的角度考虑，取决于该触点信号的用处。一般情况下，上升限速用的触点，在机构从下到上经过该高度时应是由通到断的，SQ_C、SQ_D 属于这类触点；上降限速用的触点，在机构从上到下经过该高度时应是由通到断的，SQ_C、SQ_D 属于这类触点。

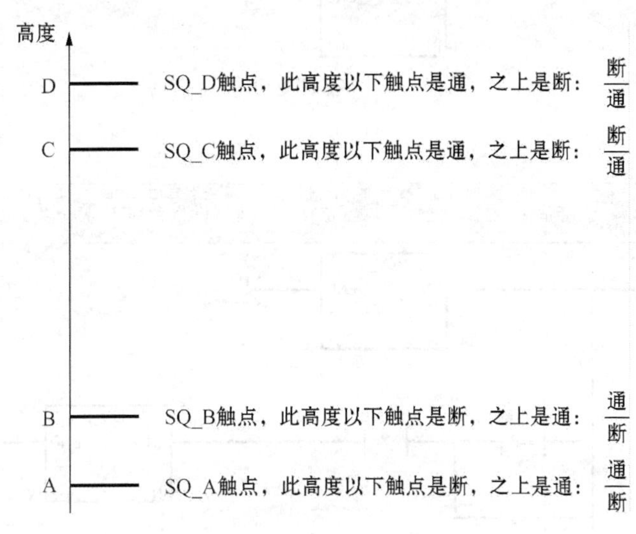

图 7.26　4 个凸轮行程开关与高度的关系

SQ_A、SQ_B、SQ_C、SQ_D 分别接入 PLC 的输入点 I0.4(IDZLS)、I0.3(IDSLS)、I0.2(IUSLS)、I0.1(IUZLS)，见图 7.16 和表 7.5。根据这 4 个输入点的高度信号，将起升高度分成 5 个区域，每个区域有不同的限速要求，如表 7.10 所示。

表 7.10　高度信号及速度限制要求

高度区域	SQ_D I0.1	SQ_C I0.2	SQ_B I0.3	SQ_A I0.4	限速要求
D 以上	0	0	1	1	上升禁止
C～D 之间	1	0	1	1	上升最高档位 1 档
B～C 之间	1	1	1	1	上下档位无限制
A～B 之间	1	1	0	1	下降最高档位 1 档
A 以下	1	1	0	0	下降禁止

利用 PLC 程序由上到下周期扫描运行的特点，升降档位信息修改程序的设计采用了由松到严逐级修改的方式，先是一档限速，再是 0 档限速。该修改程序段见图 7.27。

当系统允许标志位 MRDY 无效时，最终档位信息 VB1=0。

当 MRDY 有效时，先将未修改的档位信息赋予 VB1；然后判断当前高度是否在需上升一档限速的 C 高度上？若是，即 I0.2=0 时，将上升 3 档(VB1=3)，或上升 2 档(VB1=2)修改为上升 1 档(VB1=1)，上升 0 档或 1 档不用修改；再判当前高度是否在需上升 0 档限速的 D 高度上？若是，即 I0.1=0 时，将上升 3 档(VB1=3)，或上升 2 档(VB1=2)，或上升 1 档(VB1=1)修改为上升 0 档(VB1=0)。

下降档位的修改程序与上升档位的修改程序类似。

(3) 设置升/降允许标志位：

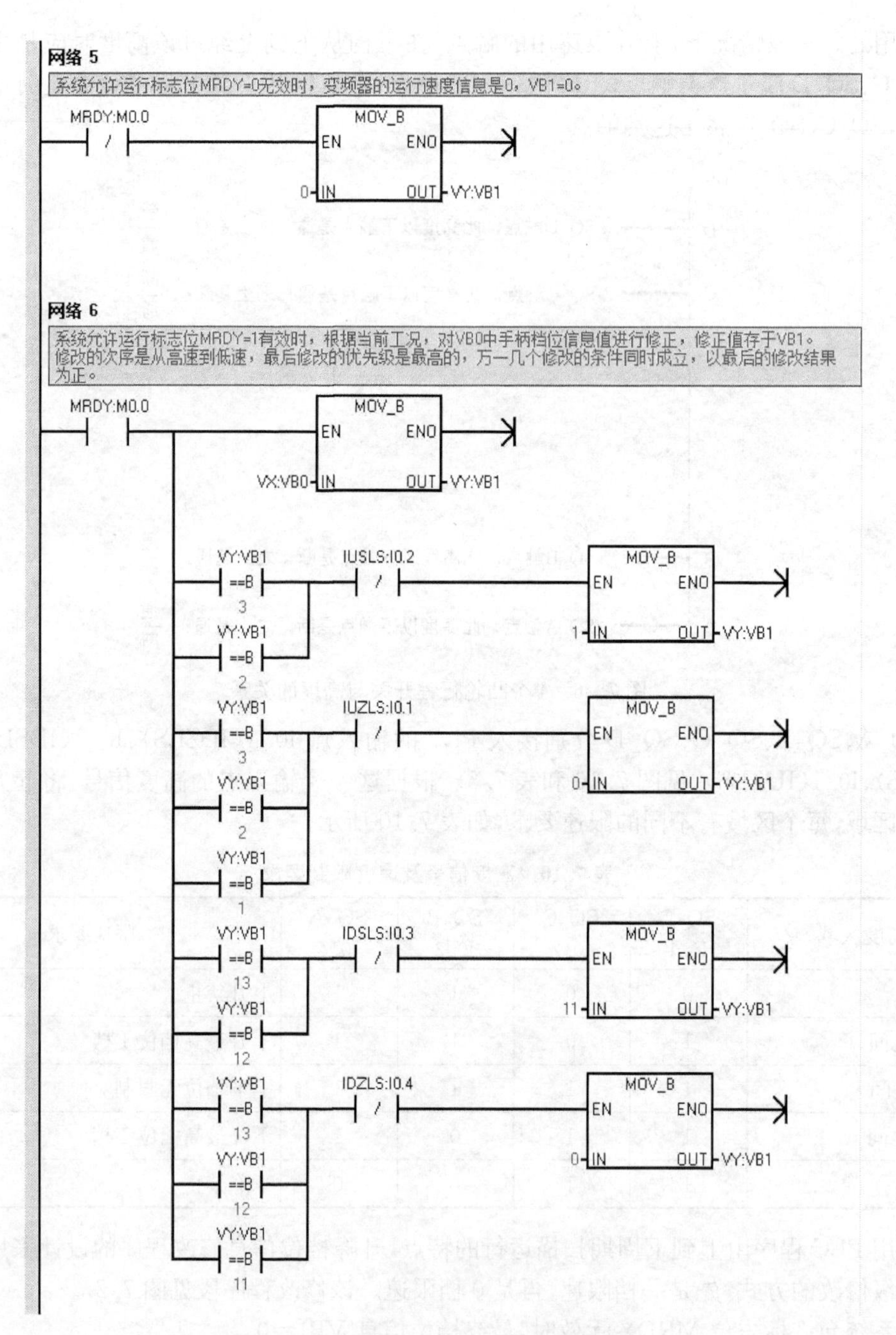

图 7.27 升降信息读取和修正子程序(3/4)

该功能段程序见图 7.28，根据 VB1 中修改后的档位信息产生升允许标志位 MUPP，和降允许标志位 MDNP。

升允许标志位 MUPP 和降允许标志位 MDNP 与修改后档位信息 VB1 之间的关系为：

MUPP＝(VB1＝1)＋(VB1＝2)＋(VB1＝13)

MDNP＝(VB1＝11)＋(VB1＝12)＋(VB1＝13)

图 7.28 是据此逻辑关系设计的梯形图程序。

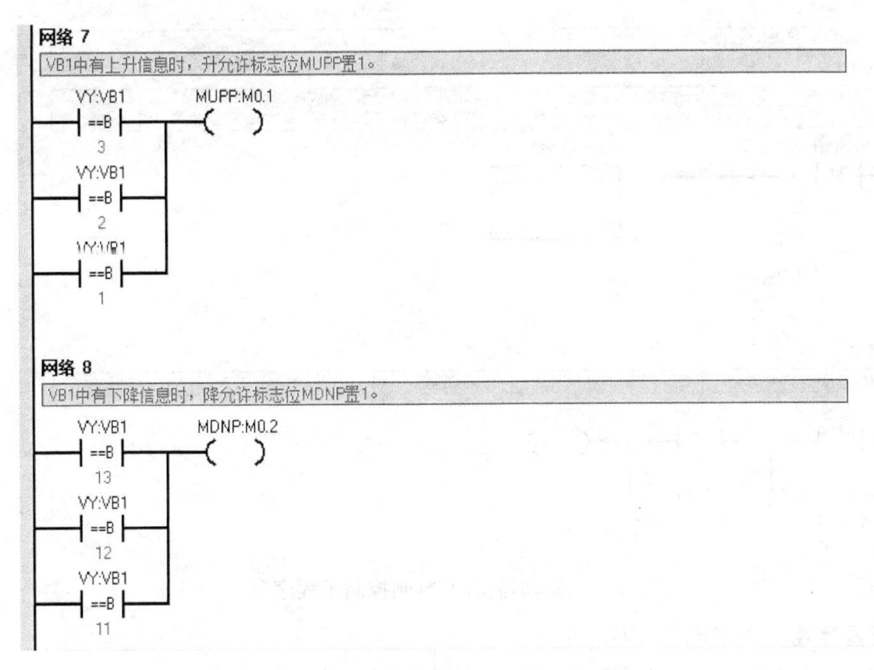

图 7.28　升降信息读取和修正子程序(4/4)

5）制动器松闸/抱闸控制子程序 SBR_4

制动器的松闸控制是输出点 Q0.4(QBRK)输出 1，通过中间继电器 KA7 和接触器 KM1，使制动器 YB 通电后松闸。软件上 Q0.4 的控制是启-保-停方式。

当修改后的档位信息不为 0 时，表示系统已进入了允许实际升降的状态，变频器的输出频率控制也在同一程序扫描周期内进行，所以“档位信息不为 0”应是松闸控制的启动信号。

本例中小功率电动机的额定转速是 1 400 r/min，所以额定滑差频率是：

$$50 \times (1\,500 - 1\,400) \div 1\,500 = 3.33\ \text{Hz}$$

变频器的给定斜坡上升时间设定为 1s(见表 7.2)，输出频率从 0 开始达到 3.33 Hz 的时间是 66.6 ms。假设制动器总的松闸时间是 50 ms，66.6－50＝16.6 ms，所以制动器在“档位信息不为 0”条件成立后，还需延时 16.6 ms(取 20 ms)后再开始松闸，图 7.29 中 T35 就是该松闸信号。

修改后档位信号 VB1 为 0 后，变频器的频率给定信号为 0，输出频率开始减小，电动机的转速下降。当频率减小到额定滑差频率(本例中是 3.33 Hz)时，电动机的转速也接近 0，这时应进行抱闸控制。MM440 变频器有这种比较判断的功能，比较值(门限频率)设在 P2155 参数寄存器中；设定变频器的继电器 3 是该比较结果的输出继电器，控制参数设为 P0733＝53.5，当实际输出频率低于 P2155 的设定值时，继电器 3 线圈失电(原先得电)，接至 PLC 输入点 I0.7(IDRZ)的常开触点从原先的闭合回复到断开，此时制动器应该断电抱闸，即 Q0.4(QBRK)停止输出的逻辑条件是 VB1＝0 和 IDRZ＝0 同时成立，即逻辑表达式(VB1＝0)·(IDRZ)＝1。作为启-保-停格式中的停止信号，对该表达式取反并写成梯形图程序可以表示的形式：

$$\begin{aligned}\overline{(\text{VB1} = 0)\cdot(\text{IDRZ} = 0)} &= \overline{(\text{VB1} = 0)} + \overline{(\text{IDRZ} = 0)} \\ &= (\text{VB} \neq 0) + (\text{IDRZ} \neq 0)\end{aligned}$$

对应该停止信号的程序见图 7.29 的网络 2。

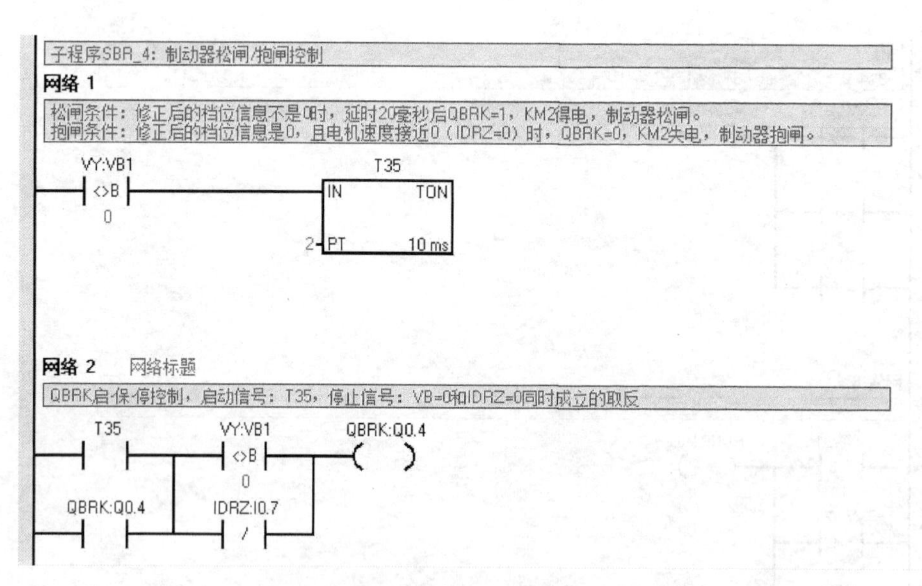

图 7.29 制动器松闸/抱闸控制子程序

6）变频器速度控制子程序 SBR_5

子程序 SBR_5 的功能是根据子程序 SBR_3 中获得的升降允许标志位(MUPP 和 MDNP)、修改后档位信息 VB1,转换成适应目前变频器控制方式的控制信号—端子控制信号：

- 升/停止信号—DIN1 端子,由 PLC 输出点 Q0.4(QFWD)控制
- 降/停止信号—DIN2 端子,由 PLC 输出点 Q0.5(QREV)控制
- 速度编码信号 1—DIN3 端子,由 PLC 输出点 Q0.6(QSP1)控制
- 速度编码信号 2—DIN4 端子,由 PLC 输出点 Q0.7(QSP2)控制

其中速度编码信号的组合与档位速度(给定频率)之间的关系见表 7.11,有关变频器的组合速度参数参见表 7.3。

表 7.11 速度编码信号组合与档位速度关系

Q0.6/QSP1 (DIN3)	Q0.7/QSP2 (DIN4)	档位信息 VB1	档位速度	变频器参数
0	0	0	0 档速度(0 Hz)	—
0	1	1 或 11	1 档速度(15 Hz)	P1008=15
1	0	2 或 12	2 档速度(30 Hz)	P1004=30
1	1	3 或 13	3 档速度(45 Hz)	P1012=45

4 个 PLC 输出点都受控于档位信息 VB1,某个输出点在不同的档位信息时可能都会有效(=1)。为了避免多线圈输出,可以用输出点关于各 VB1 值的真值表,找出每个 PLC 输出点与所有 VB1 值之间的逻辑关系,表达式子如下：

$$\begin{aligned} OFWD &= (VB1 = 1) + (VB1 = 2) + (VB1 = 3) \\ &= MUPP \end{aligned}$$

$$\begin{aligned} QFEV &= (VB1 = 11) + (VB1 = 12) + (VB1 = 13) \\ &= MDNP \end{aligned}$$

$$QSP1 = (VB1 = 2) + (VB1 = 12) + (VB1 = 3) + (VB1 = 13)$$
$$QSP2 = (VB1 = 2) + (VB1 = 11) + (VB1 = 3) + (VB1 = 13)$$

图7.30是对应的程序段，其中QFWD和QREV之间加入了互锁。

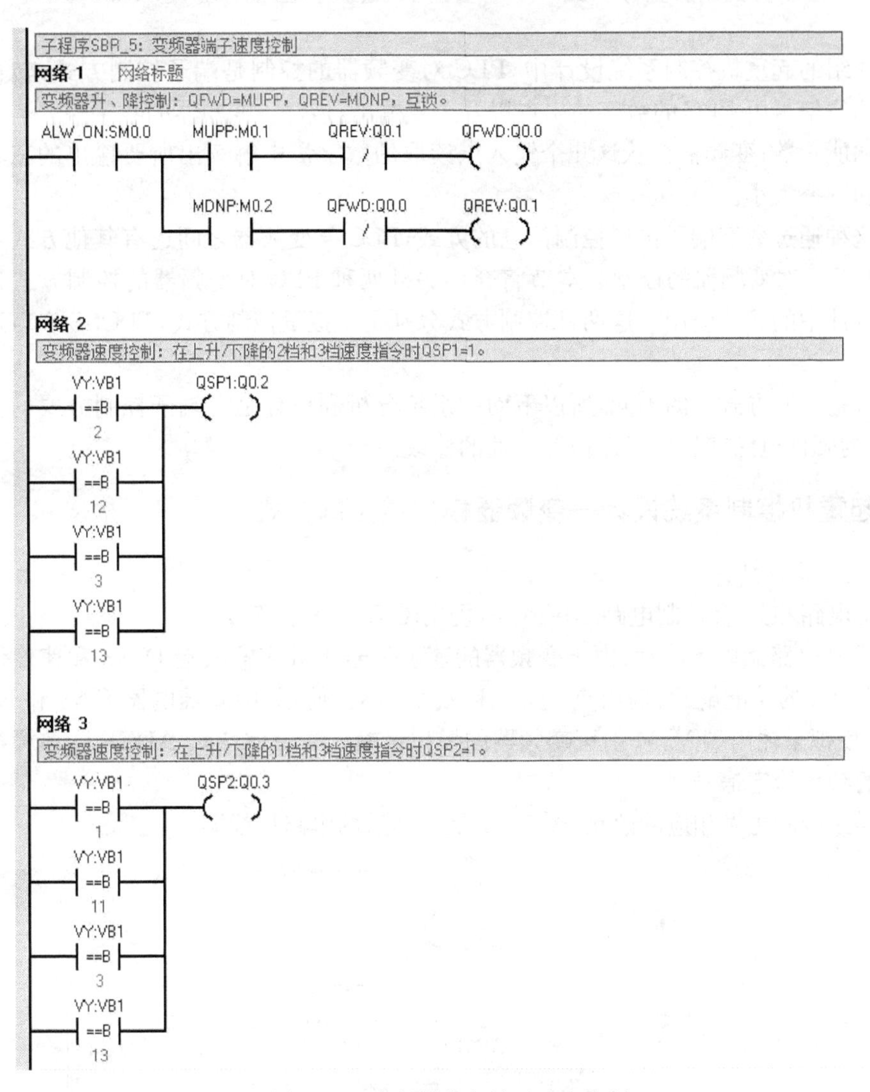

图7.30　变频器数字端子速度控制

至此，系统程序设计完毕。回顾整个程序设计过程，总结出有以下几个方面值得注意：①要熟悉系统结构功能和电控系统，特别是有关PLC的控制电路，只有在此基础上才能将要求设计的控制功能完整可靠地体现在控制程序上；②采用模块化程序设计思路，把一个复杂的程序分解成多个比较简单的小程序或子程序，使主程序的功能结构清晰合理；③程序设计过程中多写标注和说明，便于之后自己和他人对程序的解读、调试和修改，同时写标注和说明的过程也是梳理设计思路、发现和修改程序错误的过程；④输入输出控制量、中间继电器、变量等之间的关系要明确、严谨、逻辑性强，尽量用逻辑表达式、表格等形式进行描述，不能只凭经验给出；⑤除了在硬件设计上强调系统的安全可高性，程序设计上同样要如此，注重安全冗余设计，并在完成系统基本功能的基础上，增加系统状态监测功能，并将监测的结果用于安全控制，和/或上传显示，便于系统的维修和管理。

7.3 起重机控制系统设计—变频器其他控制方式

上节介绍的起重机控制系统设计中，PLC对变频器的控制是端子控制方式，转速方向信号和大小档位信号由PLC的数字输出点以开关量输出，传送给变频器的数字输入点。根据预先设定的功能参数，变频器会从这几个输入点读取的数字量中解读出所要输出的三相交流电源的相序和频率大小。

除了这种通过数字端子传递控制信息的方式，PLC与变频器之间还有其他方式可以传递信息，实现PLC对变频器的控制。本节将介绍另外两种PLC对变频器的控制方式在起重机控制系统设计中的具体应用。这两种控制方式分别是模拟量控制方式，和USS串行通讯控制方式。

由于只是控制方式上的不同，所以下面的系统分析和设计是在端子控制方式的基础上进行，对原先的硬件电路和软件只需做针对性的修改。

7.3.1 起重机控制系统设计—变频器模拟量控制方式

1. 系统电路设计

系统主电路和分-合控制电路不用改动，仍用图7.14和图7.15。

PLC控制电路做以下改动：由于变频器的速度信号1数字输入端DIN3和速度信号2数字输入端DIN4的功能解除，输出点Q0.2和Q0.3不再使用，中间继电器KA3和KA4可以取消；PLC模拟量输出端V、M引至变频器的模拟量输入端ADC1＋、ADC1－，该模拟信号作为变频器的频率给定信号。

变频器接线图也做相应的改动，图7.31是改动后的电路接线图。

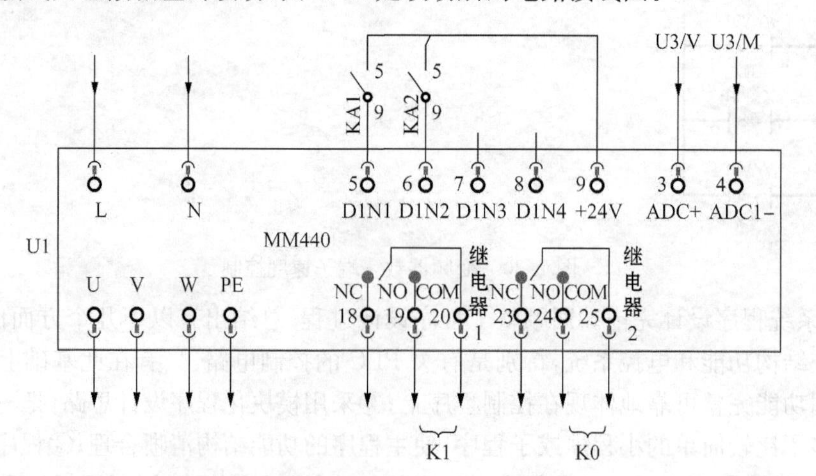

图7.31 模拟量控制方式时的变频器接线图

用字传送指令向CPU224XP的模拟量输出寄存器AQW0写入0～32000的数据，PLC会自动完成A/D转换功能，模拟量输出端V输出0～＋10 V的相应直流电压（M是参考端）。输出电压U与AQW0数据的关系式是：

$$U = 10 \times \frac{AQW0}{32\,000} = \frac{AQW0}{3\,200}(V)$$

2. 变频器主要参数

表7.12是变频器模拟量给定方式的主要参数。

开关量输入端子DIN1和DIN2仍作为正反转的控制命令，三档绝对速度和0速度信号由输入模拟量控制给定。

3. PLC输出模拟量与频率的关系

根据表7.12中关于($x1$,$y1$)和($x2$,$y2$)的标定值，变频器输出频率f与给定电压U之间的关系式子是：$f=5U$。由$f \sim U$和$U \sim AQW0$之间的对应关系，得出变频器输出频率f与PLC输出寄存器AQW0值的关系式：

$$f = \frac{AQW0}{640}$$

或：

$$AQW0 = 640f$$

0档和三档速度(频率)所对应的模拟电压值U和数据值AQW0如表7.13所示。

表7.12　模拟量输入方式主要参数

<table>
<tr><th>参数号</th><th>设置值</th><th colspan="2">功 能 说 明</th></tr>
<tr><td>P0700</td><td>2</td><td colspan="2">选择端子排为命令源</td></tr>
<tr><td>P0701</td><td>1</td><td colspan="2">数字输入DIN1的功能是ON/OFF1(接通正转/停止命令1)</td></tr>
<tr><td>P0702</td><td>2</td><td colspan="2">数字输入DIN2的功能是ON reverse/OFF1(接通反转/停止命令1)</td></tr>
<tr><td>P0731</td><td>52.3</td><td colspan="2">数字输出1(继电器1)的触点状态在变频器故障时是常态，变频器正常时常开触点(18,20)闭合，否则断开</td></tr>
<tr><td>P0733</td><td>53.5</td><td colspan="2">数字输出3(继电器3)的触点状态在实际频率大于比较频率P2155时，常开触点(24,25)闭合，否则断开</td></tr>
<tr><td>P756</td><td>0</td><td colspan="2">单极性电压输入(0～+10 V)</td></tr>
<tr><td>P757</td><td>0</td><td>标定ADC的x1值(V)</td><td rowspan="2">给定0 V对应0 Hz</td></tr>
<tr><td>P758</td><td>0.0</td><td>标定ADC的y1值(%)</td></tr>
<tr><td>P759</td><td>10</td><td>标定ADC的x2值(V)</td><td rowspan="2">给定10 V对应50 Hz</td></tr>
<tr><td>P760</td><td>100.0</td><td>标定ADC的y2值(%)</td></tr>
<tr><td>P1000</td><td>2</td><td colspan="2">频率设定值由模拟量输入</td></tr>
<tr><td>P1080</td><td>0.00</td><td colspan="2">最低的电动机频率</td></tr>
<tr><td>P1082</td><td>50.00</td><td colspan="2">最高的电动机频率50 Hz</td></tr>
<tr><td>P1120</td><td>1.00</td><td colspan="2">给定斜坡上升时间设定为1s</td></tr>
<tr><td>P1121</td><td>1.00</td><td colspan="2">给定斜坡下降时间设定为1s</td></tr>
<tr><td>P2155</td><td>3.33</td><td colspan="2">与实际频率比较的门限频率设置为3.33 Hz</td></tr>
</table>

表 7.13 f、U、AQW0 的对应值

档位	f/Hz	U/V	AQW0
0	0	0	0
1	15	3	9 600
2	30	6	19 200
3	45	9	28 800

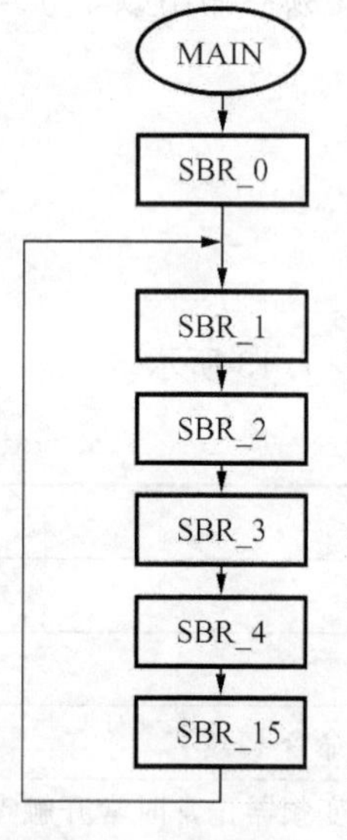

图 7.32 系统程序框图(模拟)

4. PLC 系统程序—变频器模拟量控制方式

系统程序的结构框图与原先的相同,还是由 6 个子程序组成。SBR_0～SBR_4 模块的功能不变,相应的硬件电路也没有改动,所以在这里直接调用。原来的 SBR_5 是变频器是端子控制方式的速度控制模块,现在改为"正传/停止、反转/停止、速度模拟量" 控制的方式,所以程序模块要重新设计,该模块取名为 SBR_15。系统主程序框图见图 7.32。

子程序 SBR_15 的功能是:根据升允许标志位 MUPP(M0.1)和降允许标志位 MDNP(M0.2)的状态控制变频器的正反转;根据档位修改信息 VY(VB1),计算出三档速度的 D/A 转换数字信号并写入 QAW0,通过 PLC 的模拟量输出点 V 为变频器提供频率模拟给定信号 U。

子程序 SBR_15 的梯形图程序如图 7.33(b)所示。

图中网络 2 是一条安全冗余指令,有了这条指令可以在 VB1 中出现非正常的档位信息时强制输出 0 速信号。如果在最后加上这样一条指令也能取得相同的效果,如图 7.33(a)所示。

即当档位修改信息 VB1 中出现不正常的数据时,不能让它输出,而是强制为 0 输出。

7.3.2 起重机控制系统设计—USS 通讯控制方式

1. 系统电路设计

系统主电路和分-合控制电路不用改动,仍用图 7.14 和图 7.15。

PLC 控制电路在图 7.16 基础上做以下改动:输出点 Q0.0、Q0.1、Q0.2、Q0.3 不再使用,中间继电器 KA1、KA2、KA3 和 KA4 可以取消;PLC 的串行通讯口 PORT0 的 B(3 号孔)、A(8 号孔)引出分别接变频器的 RS485 通讯口端子 P+(29 号端子)、N-(30 号端子),PLC 和变频器将通过通讯口进行 USS 通讯,相互之间交换信息,主要是 PLC 向变频器发送速度控制命令。

变频器接线图也做相应的改动,图 7.34 是改动后的电路接线图。

2. 变频器主要参数

表 7.14 所列参数能满足变频器 USS 控制方式下的基本控制要求,要实现更多的功能需要设置更多的参数。

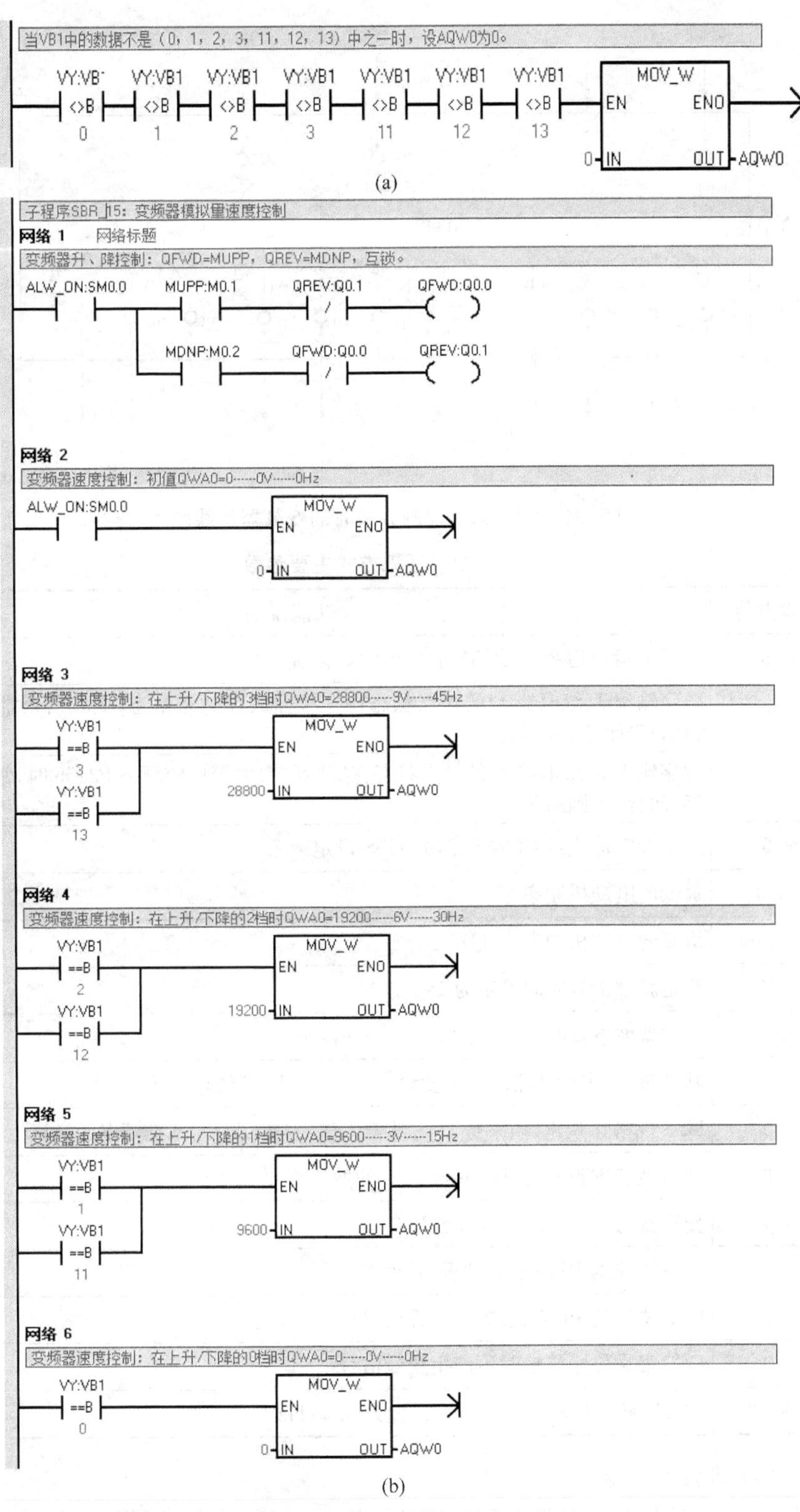

(a)

(b)

图 7.33　变频器模拟量速度控制

(a) 安全冗余指令　(b) SB_15 梯形图

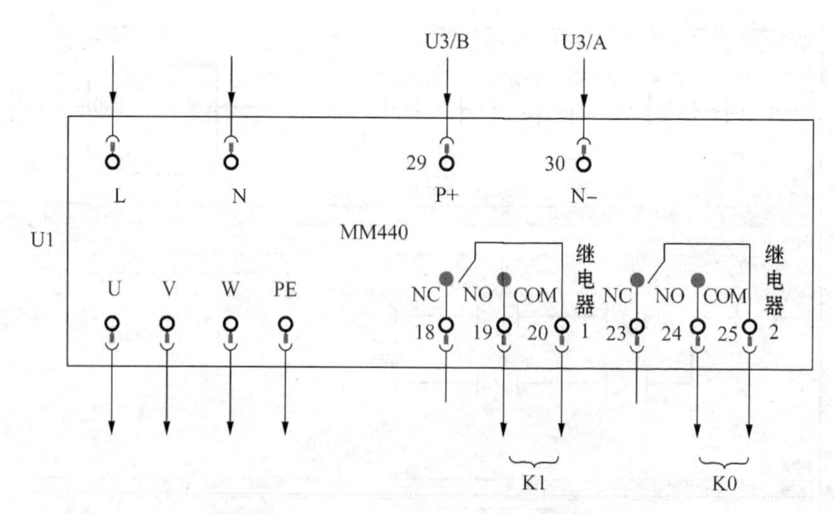

图 7.34 USS 通讯控制方式时的变频器接线图

表 7.14 USS 通讯方式主要参数

参数号	设置值	功能说明
P0700	5	变频器运行指令由 COM 链路的 USS 设置
P0731	52.3	数字输出 1(继电器 1)的触点状态在变频器故障时是常态,变频器正常时常开触点(18,20)闭合,否则断开
P0733	53.5	数字输出 3(继电器 3)的触点状态在实际频率大于比较频率 P2155 时,常开触点(24,25)闭合,否则断开
P1000	5	频率设定值通过 COM 链路的 USS 设定
P1080	0.00	最低的电动机频率
P1082	50.00	最高的电动机频率 50 Hz
P1120	1.00	给定斜坡上升时间设定为 1s
P1121	1.00	给定斜坡下降时间设定为 1s
P2000	50.00	基准频率,串行链路的满刻度设定值,对应 USS 的输入 4 000H
P2009	0	USS 规格化禁止,频率是 USS 的输入(0～4 000H)与基准频率的换算
P2010	6	USS 波特率设置为 9 600(与 PLC 的波特率要一致)
P2011	0	变频器的串行通讯地址设置为 0
P2012	2	USS 协议的 PZD(过程数据)长度
P2013	127	USS 协议的 PKW(参数识别标记 ID-数据区)长度
P2014	0	USS 报文停止传输时不产生故障信号
P2155	3.33	与实际频率比较的门限频率设置为 3.33 Hz

3. PLC 的 USS 控制指令

所有的西门子 PLC 和变频器都带有一个 RS485 通讯口,并支持 USS 通讯协议。PLC 作为主站,最多允许 31 个变频器作为通讯链路上的从站,根据各变频器的地址或者采用广播方式，可以访问需要通讯的变频器。只有主站才能发出通讯请求报文，报文中的地址字符指定要传输数据的从站，从站只有在接到主站的请求报文后才可以向从站发送数据，从站之间不能直接进行数据交换。

S7-200 系列 PLC 的编程软件 STEP7-Micro/WIN 的指令库提供 14 个子程序、3 个中断程序和 8 条指令来支持 USS 协议。编程时插入一条 USS 指令，会在程序中自动加入若干个隐藏的子程序和中断服务程序，程序设计者可以不用过多关心 USS 通讯协议的报文结构，以及 USS 指令的内部结构，可以非常简便地完成有关 USS 通讯的功能—对变频器的控制、变频器参数的读取/写入。

8 条 USS 指令的功能说明如下：

1）初始化指令 USS_INIT（指令格式如图 7.35 所示）

初始化指令 USS_INIT 用于改变 USS 的通讯参数，只需要调用一次即可，只有当该指令成功执行完成（完成位 Done 置位）后，才能继续执行下面的指令。

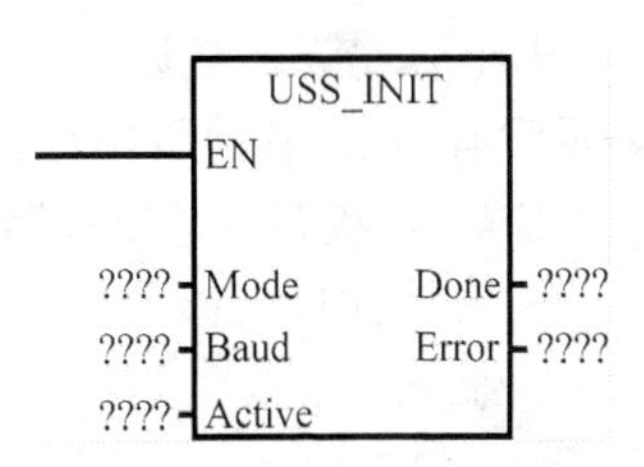

图 7.35　USS_INIT 指令

EN："使能"输入端，应使用边沿脉冲信号调用指令。

Mode：输入值为"1"时，端口 0 启用 USS 协议；输入值为"0"，端口 0 用作 PPI 通信，并禁用 USS 协议。

Baud（波特率）：PLC 与变频器通信波特率的设定。将波特率设为 1 200、2 400、4 800、9 600、19 200、38 400、57 600 或 115 200。

Active：现用变频器的地址（站点号）。双字型的数据，双字的每一位控制一台变频器，位为"1"时，该位对应的变频器为现用。bit0 为第 1 台，bit31 为第 32 台。例如输入 0008H，则 bit3 位的对应的地址 3 的变频器被激活，PLC 将对其轮询。

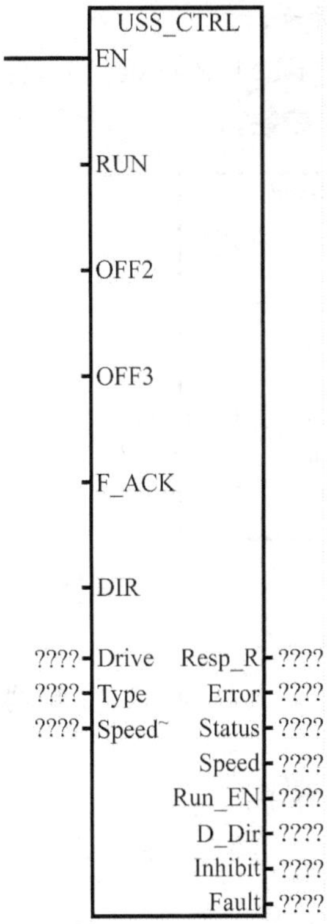

Done：当 USS_INIT 指令完成时，Done 输出为"1"。

Error：指令执行结果代码输出，字节型数据。"0"表示没有错误，其他数据是错误代码。

2）控制指令 USS_CTRL（指令格式如图 7.36 所示）

USS_CTRL 指令用于控制已经用 USS_INIT 激活了的变频器，每台变频器只能使用一个 USS_CTRL 指令，该指令将用户命令放到通讯缓冲区内，如果指令的参数 Drive 指定的变频器已经激活，则此命令将被发送到指定的变频器。

USS_CTRL
EN
RUN
OFF2
OFF3
F_ACK
DIR
????-Drive　Resp_R-????
????-Type　Error-????
????-Speed~　Status-????
Speed-????
Run_EN-????
D_Dir-????
Inhibit-????
Fault-????

图 7.36　USS_CTRL 指令

EN：指令"使能"输入端，EN＝1 时，启用 USS_CTRL 指令。USS_CTRL 指令要始终保持使能，所以 EN 端应一直为"1"。

RUN（运行）：变频器运行/停止控制端。

当 RUN（运行）位＝1 时，变频器接收命令，以指定的速度和方向运行。为了使变频器运行，该变频器在 USS_INIT 中激活，OFF2 和 OFF3 必须设为 0，Fault（故障）和 Inhibit（禁止）位必须为 0。当 RUN（运行））＝0 时，变频器减速直至停止。

OFF2：用于变频器自由停车。

OFF3：用于变频器迅速（带电气制动）停止。

F_ACK(故障确认):用于确认变频器中的故障。当变频器已经清除故障,F_ACK 从 0 转为 1 时,通过该信号清除变频器报警。

DIR(方向):电机转向控制信号,通过控制该信号为“1”或“0”来改变电机的转向。

Drive:输入变频器的地址。向该地址发送 USS_CTRL 命令。有效地址:0 至 31。

Type:输入变频器的类型。MM 4 变频器类型设为 1,更早版本变频器的类型设为 0。

Speed_SP(Speed~,速度设定值):以百分比形式给出速度(频率)的给定输入。Speed_SP 的负值会使变频器逆转旋转方向。范围:-200.0%~200.0%。

Resp_R(响应收到):告知收到来自变频器响应的指示位。每次 S7-200 接收到来自变频器的响应时,Resp_R 位在一个扫描周期内接通并且所有 USS_CTRL 的输出状态被更新。

Error(错误):最近一次向变频器发出的通讯请求的执行结果输出代码,字节型数据。“0”表示没有错误,其他数据是错误代码。

Status(状态):是变频器工作状态输出。

Speed(速度):以百分比形式给出变频器的实际输出速度(频率)。范围:-200.0%~200.0%。

Run_EN(运行启用):变频器运行、停止指示位。“1”表示运行、“0”停止。

D_Dir:变频器的实际转向指示位。

Inhibit(禁止):变频器禁止状态(0-不禁止,1-禁止)指示位。要清除该禁止位,Fault(故障)位必须为 0,RUN(运行)、OFF2 和 OFF3 输入也必须为 0。

Fault(故障):变频器故障指示位,“0”表示变频器无故障,“1”表示变频器故障。

3) 读取变频器参数的 USS_RPM_X 指令(指令格式如图 7.37 所示)

读取变频器参数的指令包括 USS_RPM_W、USS_RPM_D、USS_RPM_R 三条指令,分别用于读取变频器的一个无符号字、一个无符号双字和一个实数类型的参数。

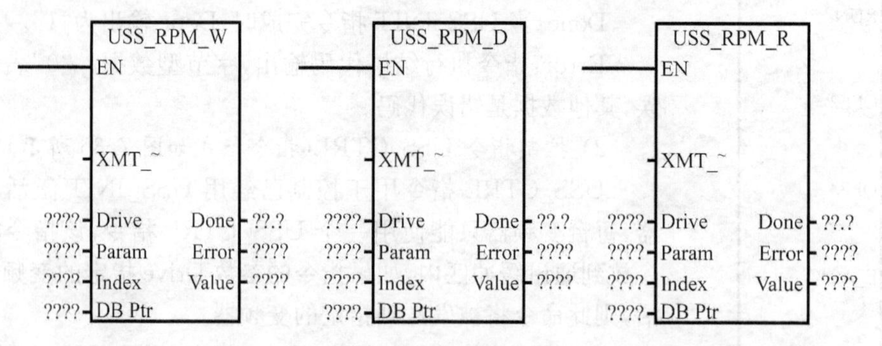

图 7.37 USS_RPM_X 指令

EN:指令“使能”输入端,使能为“1”时,允许执行变频器参数阅读指令。

XMT-REQ:参数阅读请求,只能使用脉冲信号触发,XMT_REQ 输入值为“1”,变频器参数传送到 PLC,XMT_REQ 输入值为“0”,停止参数传送。

Driver:向其发送该指令的驱动器地址。每台驱动器的有效地址为 0~31。

Param(参数):变频器的参数号码。

Index:要读的变频器参数的索引值。

DB-Ptr:用于存储向变频器发送命令的执行结果的 16 字节缓存区的地址。

Done:当 USS_RPM_X 指令正确执行完成时,“Done”输出为“1”。

Error:指令执行错误代码输出。

Value:变频器的参数值。

4) 写变频器参数的 USS_WPM_X 指令(指令格式如图 7.38 所示)

写变频器参数的指令包括 USS_WPM_W、USS_WPM_D、USS_WPM_R 三条指令,分别用于向指定变频器写入一个无符号字、一个无符号双字和一个实数类型的参数。

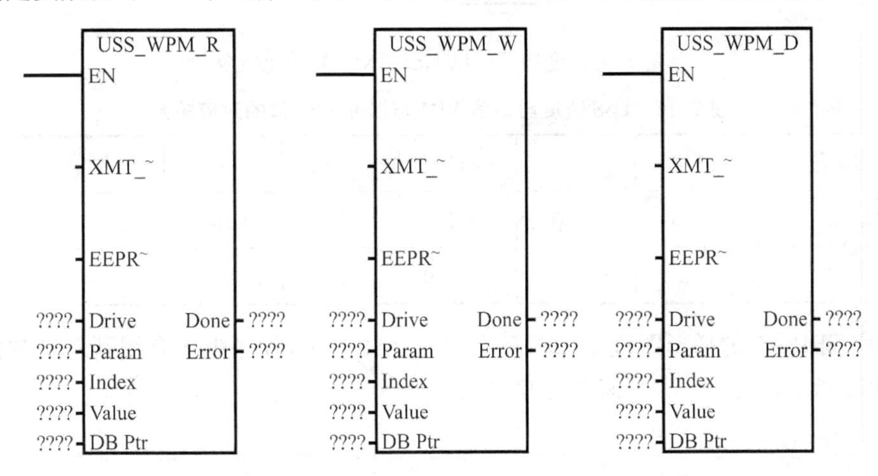

图 7.38 USS_WPM_X

EN:指令“使能”输入端,输入“1”允许执行变频器参数写入指令。

XMT-REQ:参数写入请求,“1”PLC 参数写入变频器,“0”停止参数传送。XMT_REQ 输入应当通过一个边沿脉冲信号触发。

EEPROM: EEPROM 输入为“1”时,同时写入到变频器的 RAM 和 EEPROM,为“0”时,只写入到 RAM 中。

Drive:向其发送该指令的驱动器地址。每台驱动器的有效地址为 0~31。

Param:变频器的参数号。

Index:要写的变频器参数的索引号。

Value:写入的变频器参数值。

DB-Prt:用于参数传送的 16 字节缓存区的地址。

Done:当指令正确执行完成时,“Done”输出为“1”。

Error:指令执行错误代码输出。

4. PLC 系统程序—变频器 USS 控制方式

系统程序的结构框图与原先的相同(见图 7.18),仍由 6 个子程序组成,但有部分改动。SBR_1~SBR_4 模块的功能不变,直接调用。原先端子控制方式的 SBR_5 模块改为 USS 通讯控制方式的 SBR_25。初始化模块 SBR_0 中加入图 7.39 所示的 USS_INIT 初始化指令。

子程序 SBR_25 的输入信号是修改后的档位信息 VB1,经计算得到各档速度值,存与 VD4。该速度给定值是有正负极性的满速度(50 Hz)的百分值,能控制速度大小和方向。对应各档速度的给定值见表 7.15。

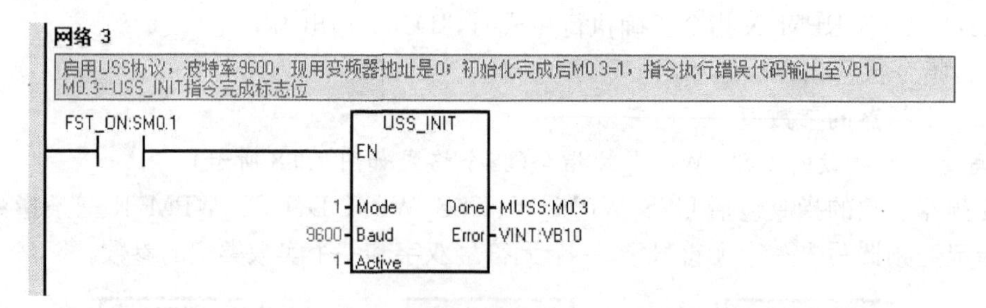

图 7.39 变频器通讯 USS_INIT 初始化指令

表 7.15 USS 速度给定值 VD4 与档位 VB1 值的对应关系

档位 VB1 值	13	12	11	0	1	2	3
频率/Hz	−45	−30	−15	0	15	30	45
给定值 VD4/%	−90.0	−60.0	−30.0	0.0	30.0	60.0	90.0

子程序 SBR_25 的梯形图程序如图 7.40、图 7.41 所示，程序中没有用到对变频器的数据读写的 USS 指令，只做了 USS 速度控制给定。

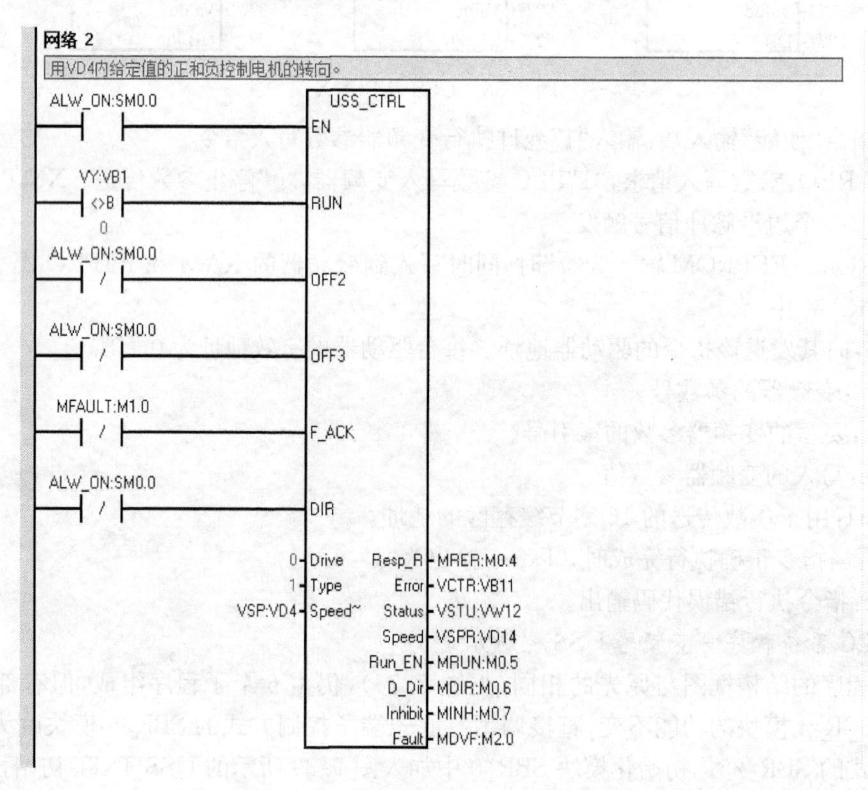

图 7.40 变频器 USS 速度控制(1/2)

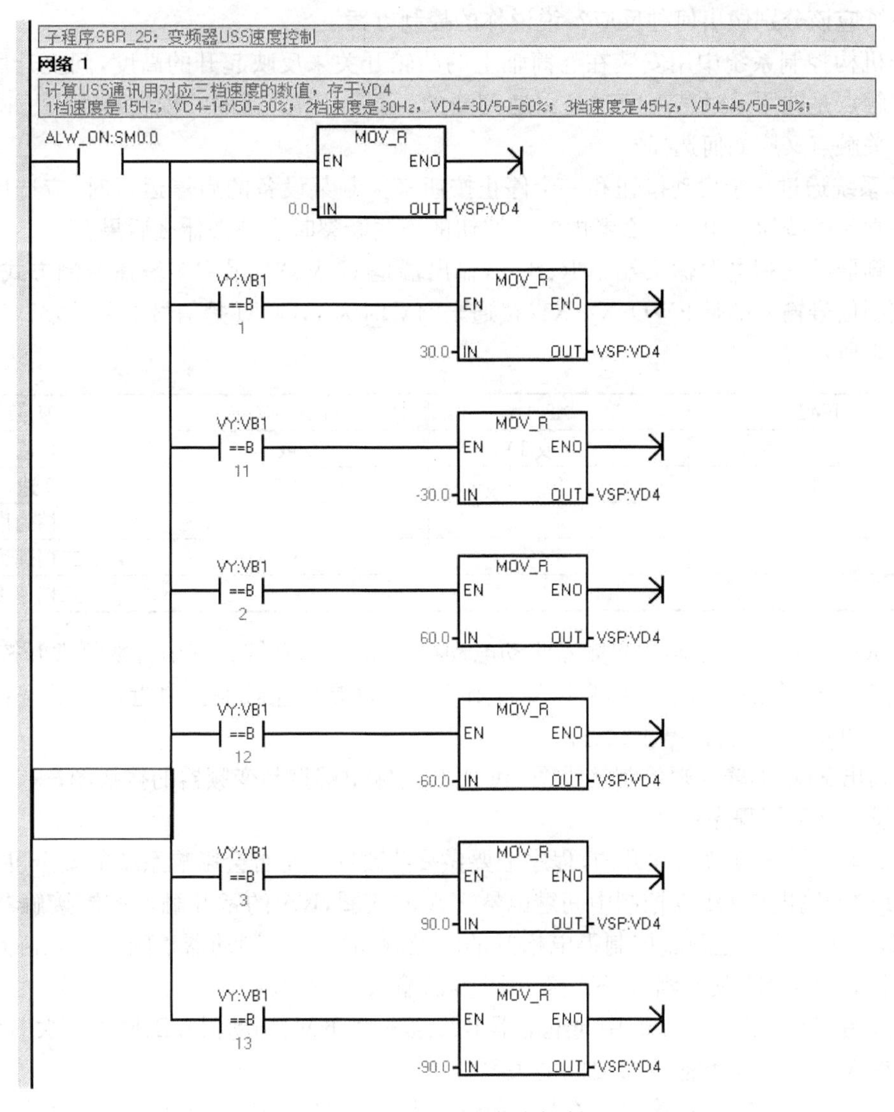

图 7.41　变频器USS速度控制(2/2)

本章习题

1. 起升机构运行时，除了司机的操作手柄指令，还有哪些信号也会参与对电动机转速的控制？具体说明这些信号的控制作用。
2. 为什么起升机构要采用得电式松闸断电式抱闸制动的升降制动器？
3. 什么是接近开关？有哪些类型？与限位开关或行程开关比较，接近开关有什么特点？
4. 什么是绝对式旋转编码器？什么是增量式旋转编码器？
5. 在小车运行轨道的终端处会安装一个或几个短距离间隔的限位开关，用于检测小车是否已在终端位置上并设法限制其超越。试问，(1)这种限位开关在小车未触碰到时应该选用的触点类型是常开的还是常闭的？为什么？(2)为什么要安装多个限位开关？出于什么考虑？(3)设有两个终端限位开关，当小车触碰到第一个限位开关，或两个都触碰到时，控制系统应该分别做出何种反应？说说你的控制方案。

6. 起升机构控制系统中用安装在卷筒轴上的凸轮开关来反映起升的高度，问上升用的限位开关触点是选用通过某高度时是由通到断的，还是由断到通的？说明理由。下降用的限位开关触点又应如何选择？

7. PLC系统通过一个启动按钮和一个停止按钮来控制某设备的启停运行时，应选用常开的还是常闭的按钮？出于什么考虑？当按钮的连线断裂时会带来什么后果？

8. 设变频器的三相电源输入端是R、S、T，输出端是U、V、W；采用多段速控制方式，正转速度控制信号输入端是FWD、X2、X1(接通+24V时为1，COM是信号的公共端)，控制逻辑如下表所示：

FWD	X2	X1	速度
0	—(0或1)	—(0或1)	0速
1	0	0	0速
1	0	1	一档速度
1	1	0	二档速度
1	1	1	三档速度

试设计由PLC控制的变频器驱动电动机M的调速系统。三个自恢复常开按钮SB1、SB2、SB3分别控制三档速度，自恢复常闭按钮SB0是停止控制。最近按过的按钮决定并能保持电动机的运行/停止状态。

(1) 画出PLC的输入端控制接线图，和PLC的输出端控制变频器的接线图；

(2) 设计梯形图程序；

(3) 如果按钮SB0改用常开的，程序上要做哪些改动？是否会影响系统的安全可靠性？

9. 设PLC的输出点Q1.0控制中间继电器KA的线圈，KA的常开触点控制接触器KM的线圈，KM的常开主触点控制得电松闸的电磁制动器YB；制动器松闸时会触碰到一个常闭的限位开关ST使其断开，ST接至PLC的输入点I2.0。

(1) 说明控制输出点Q1.0、中间继电器KA、接触器KM、制动器YB、限位开关ST和反馈输入点I2.0的状态信号之间的关系；

(2) 用“0”和“1”来表示输出点Q1.0和输入点I2.0的状态，写出正常的的状态组合和非正常的状态组合；

(3) 设M1.0是非正常的故障标志位，试写出M1.0的梯形图程序。

10. 某手柄主令控制器通过PLC、变频器控制系统轨道小车的运行，手柄图形符号、PLC端子、小车运行方向和限位开关的布置如图所示。PLC读取主令控制器发出前进和后退的三档速度：一档(低速)、二档(中速)、三档(高速)；Q0.0、Q0.1、Q0.2控制小车的驱动变频器(端子控制方式)：Q0.2、Q0.1=0、0时变频器输出0速，Q0.2、Q0.1=0、1时输出一档速，Q0.2、Q0.1=1、0时输出二档速，Q0.2、Q0.1=1、1时输出三档速；在前进禁速区禁止前进，在后退禁速区禁止后退，在前进限速区不允许一档以上的速度前进(后退不受限制)，在后退限速区不允许一档以上的速度后退(前进不受限制)，在非限速区速度不受限制。

(1) 完成手柄主令控制器与PLC输入端的连接；

(2) 设M0.0是表示手柄的0位标志位，M0.1、M0.2、M0.3分别表示手柄的前进(F)一档、二档、三档标志位，M1.1、M1.2、M1.3分别表示手柄的后退(R)一档、二档、三档

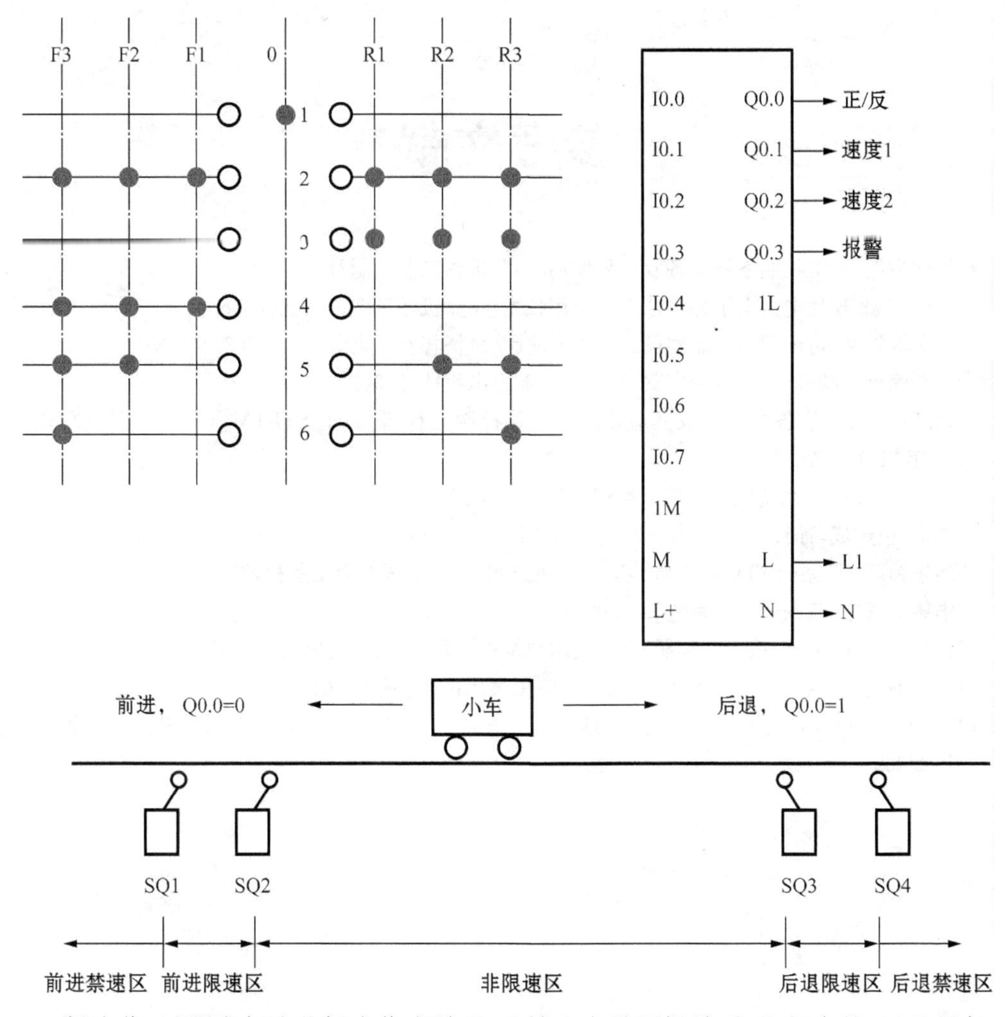

标志位，试写出与这些标志位有关 PLC 输入点的逻辑关系，和相应的 PLC 程序；

(3) 当小车从非限速区前进进入前进限速区时，限位开关 SQ2 的通、断状态将发生变化，问这个状态变化应该是由通到断还是由断到通？为什么？回答关于 SQ1、SQ3、SQ4 的状态变化的同样问题；

(4) PLC 根据限位开关的状态需要对手柄的档位信号进行修改处理，设 M2.0 是处理后的 0 位标志位，M2.1、M2.2、M2.3 分别是处理后的前进(F)一档、二档、三档标志位，M3.1、M3.2、M3.3 分别是处理后的后退(R)一档、二档、三档标志位，试写出这些标志位与处理前各档位标志位、各限位开关对应输入点信号的逻辑关系和相应的 PLC 程序；

(5) 分别写出输出点 Q0.0、Q0.1、Q0.2 与各修改处理后档位标志位之间的逻辑关系(提示：列出关于修改后档位标志与输出点的真值表)，以及相应的 PLC 程序；

(6) 一旦小车进入前进禁速区或后退禁速区，Q0.3 发出报警信号，直至退出禁速区，写出该段程序。

参考文献

[1] 彭旭昀主编.机电控制系统原理及工程应用[M].机械工业出版社,2006.

[2] 徐德鸿主编.现代电力电子器件原理与应用技术[M].机械工业出版社,2008.

[3] 陈在平等编著.可编程序控制器(PLC)系统设计[M].电子工业出版社,2003.

[4] 李方圆编著.变频器行业应用实践[M].中国电力出版社,2006.

[5] 徐鹏.PLC 双机热备的建立及其应用[J].工业控制计算机 INDUSTRIAL CONTROL COMPUTER 2005 年 18 卷 6 期.

[6] 宋伯生编著.PLC 系统配置及软件编程[M].中国电力出版社,2008.

[7] 龚仲华,史建成,孙毅编著.三菱 FX/Q 系列 PLC 应用技术[M].人民邮电出版社,2006.

[8] 刘瑞华编著.S7 系列 PLC 与变频器综合应用技术[M].中国电力出版社,2009.

[9] 李华德主编.交流调速控制系统[M].电子工业出版社,2003.

[10] 王仁祥,王小曼编著.通用变频器选型、应用与维护[M].人民邮电出版社,2006.

[11] 刘华波等编著.西门子 S7-200 PLC 编程及应用案例精选[M].机械工业出版社,2009.

[12] 西门子(中国)有限公司自动化与驱动集团.MicroMaster 440 0.12 kW-250 kW 标准变频器使用大全[M],2003.

附　录

附录 1　ASCII 码表

ASCII 值			字符	ASCII 值			字符
十进制	十六进制	二进制		十进制	十六进制	二进制	
0	00	000,0000	NUL	25	19	001,1001	EM
1	01	000,0001	SOH	26	1A	001,1010	SUB
2	02	000,0010	STX	27	1B	001,1011	ESC
3	03	000,0011	ETX	28	1C	001,1100	FS
4	04	000,0100	EOT	29	1D	001,1101	GS
5	05	000,0101	ENQ	30	1E	001,1110	RS
6	06	000,0110	ACK	31	1F	001,1111	US
7	07	000,0111	BEL	32	20	010,0000	space
8	08	000,1000	BS	33	21	010,0001	!
9	09	000,1001	HT	34	22	010,0010	”
10	0A	000,1010	LF	35	23	010,0011	#
11	0B	000,1011	VT	36	24	010,0100	$
12	0C	000,1100	FF	37	25	010,0101	%
13	0D	000,1101	CR	38	26	010,0110	&
14	0E	000,1110	SO	39	27	010,0111	′
15	0F	000,1111	SI	40	28	010,1000	(
16	10	001,0000	DLE	41	29	010,1001	)
17	11	001,0001	DC1	42	2A	010,1010	*
18	12	001,0010	DC2	43	2B	010,1011	+
19	13	001,0011	DC3	44	2C	010,1100	,
20	14	001,0100	DC4	45	2D	010,1101	−
21	15	001,0101	NAK	46	2E	010,1110	.
22	16	001,0110	SYN	47	2F	010,1111	/
23	17	001,0111	TB	48	30	011,0000	0
24	18	001,1000	CAN	49	31	011,0001	1

（续表）

ASCII值			字符	ASCII值			字符
十进制	十六进制	二进制		十进制	十六进制	二进制	
50	32	011,0010	2	80	50	101,0000	P
51	33	011,0011	3	81	51	101,0001	Q
52	34	011,0100	4	82	52	101,0010	R
53	35	011,0101	5	83	53	101,0011	X
54	36	011,0110	6	84	54	101,0100	T
55	37	011,0111	7	85	55	101,0101	U
56	38	011,1000	8	86	56	101,0110	V
57	39	011,1001	9	87	57	101,0111	W
58	3A	011,1010	：	88	58	101,1000	X
59	3B	011,1011	；	89	59	101,1001	Y
60	3C	011,1100	＜	90	5A	101,1010	Z
61	3D	011,1101	＝	91	5B	101,1011	[
62	3E	011,1110	＞	92	5C	101,1100	\
63	3F	011,1111	？	93	5D	101,1101	]
64	40	100,0000	@	94	5E	101,1110	ˆ
65	41	100,0001	A	95	5F	101,1111	—
66	42	100,0010	B	96	60	110,0000	、
67	43	100,0011	C	97	61	110,0001	a
68	44	100,0100	D	98	62	110,0010	b
69	45	100,0101	E	99	63	110,0011	c
70	46	100,0110	F	100	64	110,0100	d
71	47	100,0111	G	101	65	110,0101	e
72	48	100,1000	H	102	66	110,0110	f
73	49	100,1001	I	103	67	110,0111	g
74	4A	100,1010	J	104	68	110,1000	h
75	4B	100,1011	K	105	69	110,1001	i
76	4C	100,1100	L	106	6A	110,1010	j
77	4D	100,1101	M	107	6B	110,1011	k
78	4E	100,1110	N	108	6C	110,1100	l
79	4F	100,1111	O	109	6D	110,1101	m

（续表）

ASCII值			字符	ASCII值			字符
十进制	十六进制	二进制		十进制	十六进制	二进制	
110	6E	110,1110	n	119	77	111,0111	w
111	6F	110,1111	o	120	78	111,1000	x
112	70	111,0000	p	121	79	111,1001	y
113	71	111,0001	q	122	7A	111,1010	z
114	72	111,0010	r	123	7B	111,1011	{
115	73	111,0011	s	124	7C	111,1100	|
116	74	111,0100	t	125	7D	111,1101	}
117	75	111,0101	u	126	7E	111,1110	～
118	76	111,0110	v	127	7F	111,1111	DEL

ASCII码表中字符的含义

NUL	空字符	VT	纵向制表	SYN	同步
SOH	标题开始	FF	换页	ETB	分组结束
STX	正文开始	CR	回车	CAN	作废
ETX	正文结束	SO	移位输出	EM	纸尽
EOT	传输结束	SI	移位输入	SUB	换置
ENQ	查询	DLE	数据链转义	ESC	退出
ACK	承认	DC1	设备控制 1	FS	文件分隔符
BEL	报警	DC2	设备控制 2	GS	组分隔符
BS	退一格	DC3	设备控制 3	RS	记录分隔符
HT	横向制表	DC4	设备控制 4	US	单元分隔符
LF	换行	NAK	否定	DEL	删除

附录 2　MM440 变频器功能框图及接线端子图

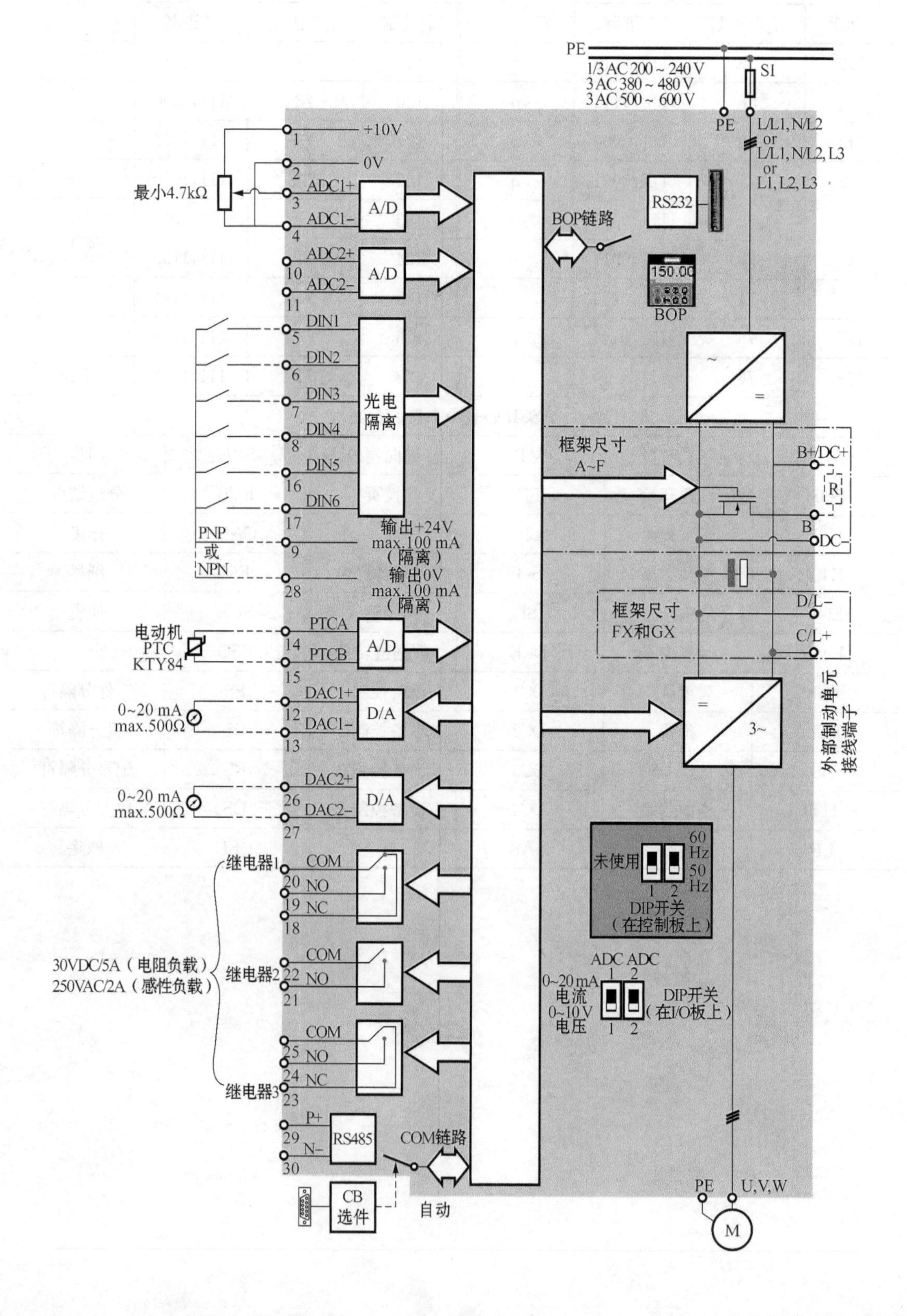